DIMENSIONSTHEORIE

VON

KARL MENGER

PROFESSOR AN DER UNIVERSITÄT WIEN

1928

Springer Fachmedien Wiesbaden GmbH

ISBN 978-3-663-15484-6 ISBN 978-3-663-16056-4 (eBook)
DOI 10.1007/978-3-663-16056-4

Ursprünglich erschienen bei B.G. Teubner in Leipzig 1928
Softcover reprint of the hardcover 1st edition 1928

Inhaltsverzeichnis.

I. Einführung in die mengentheoretische Geometrie.

1. Die mengentheoretische Epoche der Geometrie.

In diesem Buche soll eine Gruppe der ältesten und schwierigsten Probleme der Mathematik zusammenfassend behandelt werden. Es sollen die Fragen beantwortet werden, welche sich auf die Dimension der Raumgebilde beziehen. Wir wollen diese Probleme in möglichst allgemeiner Weise, also auf mengentheoretischer Grundlage, behandeln und schicken deshalb den eigentlich-dimensionstheoretischen Untersuchungen einige allgemeine Ausführungen über die neue Epoche der Geometrie, die mengentheoretische Epoche, voran.

Die ursprünglichen Gegenstände geometrischer Untersuchungen waren ganz einfache Gebilde: Dreiecke, Vierecke, einfache Polygone und Polyeder, später Kreise, Kugeln, Kegelschnitte, Gerade, Ebenen u. dgl. Es wurden Längen-, Winkel-, Flächen- und Volumsmessungen an diesen Gebilden vorgenommen; die Eigenschaften und gegenseitigen Beziehungen dieser Gebilde wurden untersucht. In dem auf uns gekommenen Kompendium der *Elementargeometrie* von Euklid wird aus einigen diese einfachen Gebilde betreffenden Definitionen und Axiomen ein großes System von Sätzen deduziert.

Eine zweite Epoche der Geometrie, die *analytische* Epoche, beginnt mit der Entdeckung der arithmetischen Charakterisierbarkeit geometrischer Gebilde durch Descartes und Fermat. Es ergab sich vor allem eine Korrespondenz zwischen den Punkten der Geraden, den Punkten der Ebene und den Punkten des Raumes einerseits und den reellen Zahlen, den Paaren reeller Zahlen und den Tripeln reeller Zahlen anderseits. Nachdem noch die auf diesem Standpunkt naheliegende Verallgemeinerung des ein-, zwei- und dreidimensionalen Raumes zum n-dimensionalen entdeckt worden war, dessen Punkte mit den n-Tupeln reeller Zahlen korrespondieren, entwickelte sich die Erkenntnis: Jeder Punkt des n-dimensionalen *Cartesischen Raumes* (des n-dimensionalen Koordinatenraumes ohne Maßbestimmung) ist gegeben als geordnetes n-Tupel reeller Zahlen. Ist je zwei Punkten (Koordinaten-n-Tupeln) eines n-dimensionalen Cartesischen Raumes $(x_1, x_2, \ldots, x_n)$ und $(y_1, y_2, \ldots, y_n)$ als „Abstand" die Zahl

$$(*) \qquad \sqrt{(x_1 - y_1)^2 + (x_2 - y_2)^2 + \cdots + (x_n - y_n)^2}$$

zugeordnet, so sprechen wir von einem n-dimensionalen *Euklidischen Raum* (einem n-dimensionalen Cartesischen Raum mit Pythagoreischer Abstandsfestsetzung). Was die Raum*gebilde* betrifft, so stellte sich heraus, daß die Objekte der älteren geometrischen Untersuchungen durch sehr einfache arithmetische Beziehungen zwischen den Koordinaten ihrer Punkte charakterisierbar sind: Die Punkte einer Geraden in der Ebene besitzen Koordinaten, welche einer linearen Gleichung genügen; die Koordinaten der Punkte eines Kegelschnittes genügen einer quadratischen Gleichung. Völlig naturgemäß ist es auf diesem Standpunkt, auch Gebilde zu untersuchen, welche durch kompliziertere Gleichungen zwischen den Koordinaten ihrer Punkte charakterisiert sind, durch Gleichungen dritten, vierten, $n$ten, $\frac{1}{m}$ten, $\frac{n}{m}$ten Grades, ja durch irgendwelche analytisch formulierbare, evtl. transzendente Beziehungen. In diesem Programm lag die außerordentliche Fruchtbarkeit des neuen Gedankens; es ist ja klar, welche Fülle neuer Objekte der geometrischen Forschung durch ihn erschlossen wurde.

Die Entdeckung der infinitesimalen Methoden durch Leibniz und Newton ermöglichte, zahlreiche Probleme, die bis dahin bloß für die elementaren Gebilde behandelt worden waren (Tangentenbestimmungen, Ausmessungen u. dgl.), für die allgemeinen Gebilde zu lösen und veranlaßte zugleich analytisch-geometrische Untersuchungen in neuen Richtungen.

Durch Gaußens differentialgeometrische Untersuchungen der Flächen angeregt, nahm Riemann eine bedeutsame Abstraktion vor. Es waren bis dahin nur Gebilde eines n-dimensionalen Euklidischen Raumes (eines n-dimensionalen Cartesischen Raumes mit Pythagoreischer Abstandsbestimmung) analytisch untersucht worden. Die Punkte der in der Differentialgeometrie behandelten m-dimensionalen Gebilde eines n-dimensionalen Euklidischen Raumes sind nun (wenigstens in gewissen Nachbarschaften ihrer Punkte) ebenso wie die Punkte des m-dimensionalen Cartesischen Raumes durch m reelle Zahlen charakterisierbar, wobei allerdings die Abstandsbestimmung im allgemeinen von der Pythagoreischen abweicht, wobei m. a. W. die Abstandszahl, welche zwei Punkten (Koordinaten-m-Tupeln) zugeordnet ist, von den Koordinaten der beiden Punkte im allgemeinen nicht durch die Formel (*), sondern in irgendeiner anderen Weise abhängt. In sich betrachtet, sind also die wichtigsten Gebilde der Differentialgeometrie (in der Nachbarschaft ihrer Punkte) Cartesische Räume mit einer im allgemeinen nicht-pythagoreischen Abstandsfestsetzung. Durch diese Erkenntnis war eine bemerkenswerte Verallgemeinerung des Raumbegriffes gewonnen.

Eine dritte Epoche der Geometrie, die *mengentheoretische* Epoche, wurde eingeleitet durch die Gedanken G. Cantors. Wiederum handelt es sich um eine unermeßliche Erweiterung des Bereiches der geometrischen Forschungsobjekte. Sie beruht auf dem Gedanken, beliebige Teilmengen des Raumes zu untersuchen. Einige Beispiele mögen die durch diesen Gedanken hervorgerufenen Neuerungen veranschaulichen.

Was weiß die *Elementar*geometrie etwa über die *Gerade* auszusagen? Sie lehrt die Strecken der Geraden zu messen, sie behandelt (seit Pasch u. a. das euklidische Axiomensystem in dieser Richtung ergänzt haben) die Anordnungsrelationen, welche zwischen den Punkten einer Geraden bestehen, insbesondere die für die Punkte einer Geraden definierte Zwischenbeziehung. Was fügen die Methoden der *analytischen* Geometrie zur Lehre von der Geraden hinzu? Die Erkenntnis des Zusammenhanges der Geraden mit den reellen Zahlen — an speziellen Erkenntnissen jedoch naturgemäß nichts. Denn die Punkte einer Geraden haben ja nur je eine Koordinate, während die durch die analytischen Methoden neu erschlossenen Gebilde gerade jene sind, die mehrere Koordinaten besitzen, zwischen denen analytisch formulierbare Beziehungen bestehen. Was leistet Cantor für die Geometrie der Geraden? Wir wollen aus der Fülle geometrischer Typen von Teilmengen der Geraden nur einige Beispiele angeben: Die Menge aller Punkte, deren Koordinaten natürliche Zahlen sind. Die Menge aller Punkte mit den Koordinaten $\frac{1}{n}$ $(n = 1, 2, \ldots$ ad inf.). Die Menge aller Punkte, deren Koordinaten rationale Zahlen sind. Die Menge aller Punkte, deren Koordinaten irrationale Zahlen sind. Die Menge aller Punkte, die entweder dem Intervall $[-1, 0]$ angehören oder eine Koordinate der Form $\frac{1}{n}$ $(n = 1, 2, \ldots$ ad inf.) haben. Das Cantorsche Diskontinuum, d. i. die Menge aller Punkte, deren Koordinate als Ternalbruch ohne Zähler 1 geschrieben werden kann.

Oder betrachten wir die Geometrie der *Ebene*. Die *Elementar*geometrie lehrt uns Schnittpunktsätze über Gerade, Sätze über Kegelschnitte, über Polygone, über die Inhalte einfacher Gebilde. Die *analytische* Geometrie fügt dazu eine Theorie der ebenen Kurven, soweit sie durch analytische Beziehungen zwischen den Koordinaten ihrer Punkte definierbar sind (eine Lehre von ihren Tangenten, von ihrer Rektifikation, von der Flächenausmessung der durch sie begrenzten Gebiete usw.). Die *mengentheoretische* Geometrie der Ebene behandelt alle Teilmengen der Ebene, ihre Eigenschaften und gegenseitigen Beziehungen. Sie lehrt uns, daß die Punkte der Ebene eineindeutig den Punkten der Geraden zugeordnet werden können; daß eine Quadratfläche von einem sich stetig bewegenden Punkt durchlaufen werden kann; daß es ebene Kontinua gibt, welche keine Bögen enthalten; daß es ebene Kurven gibt, welche zu jedem ihrer Punkte mehr als zwei in dem betreffenden Punkt zusammenstoßende Teilbögen enthalten. Noch lange ließe sich die Reihe merkwürdiger, vielfach zunächst ganz unglaublicher Beispiele fortsetzen und als Illustration der Tatsache anführen, wie unermeßlich der Bereich geometrischer Gebilde ist, in dem die mengentheoretische Geometrie *Ordnung* herstellt und *Gesetzmäßigkeiten* findet. Denn vor allem lehrt ja die mengentheoretische Geometrie allgemeine Gesetze, sie stellt die Bedingungen auf, unter welchen die anschaulich plausiblen geometrischen Sätze wirklich gelten, und erweist nebenbei durch merkwürdige Beispiele die Unerläßlichkeit einschränkender Voraussetzungen! Die mengentheoretische Geometrie lehrt die Bedingungen kennen, welche notwendig und hinreichend dafür sind, daß ein Gebilde durch stetige Bewegung eines Punktes erzeugt werden kann; die Eigenschaften, welche für die einfachen Bögen charakteristisch sind; die Gesetze über die Verteilung singulärer Punkte von Raumgebilden; die Lehre vom Maß der ebenen Mengen usw. Und sie findet nicht bloß merkwürdige Ausnahmen, sondern auch unerwartete Gesetzmäßigkeiten. Diese Feststellungen genügen wohl zu einer vorläufigen Kennzeichnung der Neuerungen, welche die mengentheoretische Geometrie gegenüber der elementaren und analytischen Geometrie mit sich gebracht hat.

Bekanntlich wurde auch nach der Entdeckung der analytischen Geometrie die Elementargeometrie durch hervorragende Entdeckungen bereichert. Man denke an die Fortbildung der Lehre von der Kreisteilung, an die Entdeckung der nicht-euklidischen und der n-dimensionalen Geometrie, an die Untersuchungen zur Verknüpfung des elementaren und des analytischen Standpunktes durch gruppentheoretische Betrachtungen und andere geometrische Ergebnisse. Ebenso wird natürlich auch mit dem Beginn der mengentheoretischen Epoche der Geometrie die Bearbeitung der Problemkreise, welche früheren Zeiten entstammen, keineswegs aufhören. Die Beschäftigung mit den einfachen Gebilden der bisherigen Geometrie wird nunmehr im Gegenteil noch in einer neuen Richtung angeregt, nämlich durch das Problem, die einzelnen bisher betrachteten einfachen Gebilde in verschiedener Hinsicht unter den allgemeinen Gebilden der mengentheoretischen Geometrie zu kennzeichnen.

Sind denn aber, so hört man bisweilen fragen, über derlei allgemeine Gebilde, wie die beliebigen Teilmengen der Gerade, der Ebene oder noch allgemeinerer Räume, *geometrische* Aussagen möglich? Es steht natürlich jedem frei, die zahlreichen Aussagen, welche über diese allgemeinen Gebilde möglich sind, nicht zur Geometrie zu rechnen. Es ist ja die Umgrenzung jeder Wissenschaft willkürlich, und besonders deutlich tritt dies stets für Wissenschaften zutage, die eben fundamentale Erweiterungen erfahren haben. Es wäre auch den dogmatischen Vertretern des elementargeometrischen Standpunktes nach Entdeckung der analytischen Methoden freigestanden, dieselben nicht zur Geometrie zu rechnen. Wer nun zur

Geometrie jede auf den Raum bezügliche Erkenntnis rechnen will, der wird nicht umhin können, die tiefliegenden Aussagen der mengentheoretischen Geometrie, und ganz insbesondere jene auf die Dimension der Raumgebilde bezügliche Theorie, welche in diesem Buch entwickelt wird, zur Geometrie zu rechnen. Übrigens sind diese Fragen terminologischer Natur und ganz bedeutungslos. Sie werden das Eindringen mengentheoretischer Betrachtungsweisen in die Raumlehre nicht verhindern und dem Einfluß der dimensionstheoretischen Methoden auf alle künftige Geometrie keinen Abbruch tun.

2. Das Operieren mit beliebigen Teilmengen von Räumen.

Die mengentheoretische Geometrie der Euklidischen Räume behandelt beliebige Teilmengen dieser Räume. Auf die Frage: *„Was ist eine Menge?“* brauchen wir in der mengentheoretischen Geometrie ebensowenig einzugehen, als man in der Zahlentheorie die Frage: *„Was ist eine Zahl?“* zu berücksichtigen hat. Wir haben es in der mengentheoretischen Geometrie nicht mit irgendwelchen Mengen zu tun, sondern zunächst mit den Teilmengen einer uns wohlbekannten Menge, des Euklidischen Raumes, so wie es die Zahlentheorie nicht mit irgendwelchen (etwa transfiniten) Zahlen, sondern zunächst mit den uns wohlbekannten natürlichen Zahlen zu tun hat. Es ist die mengentheoretische Geometrie ebensowenig eine Anwendung der abstrakten Mengenlehre, wie die Zahlentheorie eine Anwendung der allgemeinen Lehre von den Zahlen (die transfiniten Zahlen mit eingeschlossen) ist. [Nebenbei halte ich die Fragen: „Was ist eine Menge?“ und „Was ist eine Zahl?“ zumindest in dieser Form und Allgemeinheit überhaupt für sinnlos.]

Bemerkenswert ist jedoch in diesem Zusammenhang, daß der Begriff der Teilmenge eines Euklidischen Raumes (nur in anderer Terminologie) auch in der elementaren und analytischen Geometrie zu finden ist. Wenn Euklid den Kreis als σχῆμα der Punkte einer gewissen Art definiert — wenn man heute den Kreis als den *geometrischen Ort* aller Punkte, die von einem gewissen Punkt den gleichen Abstand haben, bezeichnet —, oder wenn man ihn in der analytischen Geometrie die *Gesamtheit* aller Punkte, deren Koordinaten einer gewissen Gleichung genügen, nennt — so treten in allen diesen Definitionen andere Bezeichnungsweisen oder Umschreibungen des Wortes „Menge“ auf! Diese Tatsache ist zugleich ein Hinweis darauf, wie sehr die mengentheoretische Betrachtungsweise dazu berufen ist, eine allgemeine Basis auch für analytische und für gewisse elementare geometrische Untersuchungen zu liefern.

Von Wichtigkeit für die mengentheoretische Geometrie ist das *Operieren* mit den Teilmengen des Raumes. Die Möglichkeit, mit den Teilmengen eines Raumes zu operieren, wollen wir ebenso als gegeben annehmen, wie man bei der Entwicklung der Zahlentheorie das Rechnen mit den natürlichen Zahlen als gegeben nimmt.

Wir bezeichnen die Teilmengen des Raumes stets mit großen lateinischen Buchstaben. Vor allem wird für die Teilmengen des Raumes eine *Gleichheits*relation angenommen: Für je zwei Teilmengen A und B des Raumes gilt entweder $A = B$ oder $A \neq B$, wobei stets aus der Beziehung $A = B$ die Beziehung $B = A$ und aus dem Zusammenbestehen der Beziehungen $A = B$ und $B = C$ die Beziehung $A = C$ folgt. Zwei Teilmengen A und B des Raumes heißen dann und nur dann gleich, wenn jeder Punkt von A auch Punkt von B und jeder Punkt von B auch Punkt von A ist.

Sind A und B zwei Teilmengen des Raumes, so existiert eine Teilmenge $A + B$ des Raumes, die *Summe* von A und B, d. i. die Menge aller Punkte, die in mindestens einer der beiden Mengen A und B enthalten sind und eine Teilmenge $A \cdot B$ des Raumes, der *Durchschnitt* von A und B, d. i. die Menge aller Punkte, die in beiden Mengen A und B enthalten sind. Summen- und Durchschnittsbildung sind assoziativ und kommutativ, d. h. es gelten die Formeln

$$A + (B + C) = (A + B) + C, \qquad A \cdot (B \cdot C) = (A \cdot B) \cdot C,$$
$$A + B = B + A, \qquad A \cdot B = B \cdot A,$$

und es gilt für jede Teilmenge A des Raumes

$$A + A = A = A \cdot A,$$

was zur Folge hat, daß in den Beziehungen zwischen den Teilmengen des Raumes keine Multipeln oder Potenzen auftreten.

Von den zwei Beziehungen

$$A + B = B \qquad \text{und} \qquad A \cdot B = A$$

gilt entweder keine oder es gelten beide. Wenn letzteres der Fall ist, so heißt A *Teilmenge* von B, was durch die Zeichen

$$A \subset B \qquad \text{und} \qquad B \supset A$$

ausgedrückt wird. A ist dann und nur dann Teilmenge von B, wenn jeder Punkt von A Punkt von B ist. Das Zusammenbestehen der Beziehungen $A \subset B$ und $B \subset A$ ist mit $A = B$ gleichbedeutend. Aus $A \subset B$ und $B \subset C$ folgt stets $A \subset C$.

Es existiert eine Teilmenge L des Raumes, die *leere* Menge, d. i. die Menge, welche keinen Punkt enthält, so daß für jede Teilmenge A des Raumes $A + L = A$ gilt. Bezeichnet R den Raum, so gilt für jede Teilmenge A des Raumes $A \cdot R = A$. Für jede Teilmenge des Raumes gilt also $L \subset A \subset R$.

Zu jeder Teilmenge A des Raumes R existiert eindeutig eine Teilmenge, die mit $R - A$ bezeichnet und das *Komplement* von A genannt wird, so daß die Beziehungen gelten

$$A \cdot (R - A) = L, \qquad A + (R - A) = R.$$

Das Komplement von A ist die Menge der Punkte des Raumes, die nicht in A enthalten sind. Insbesondere gilt

$$R - L = R, \qquad R - R = L.$$

Ist A irgendeine vorgelegte Teilmenge des Raumes, so erfüllen die Teilmengen von A alle Beziehungen, welche von den Teilmengen des Raumes erwähnt wurden. Aus $B \subset C$ und $C \subset A$ folgt ja $B + C \subset A$ und $B \cdot C \subset A$. Zu jeder Teilmenge B von A existiert eine Menge $A - B$, das *Komplement von B zu A*, so daß die Beziehungen $B \cdot (A - B) = L$, $B + (A - B) = A$ zusammenbestehen. $A - B$ ist die Menge der in B nicht enthaltenen Punkte von A. Von Wichtigkeit sind die Formel

$$A - (A - B) = B,$$

ferner die sog. de Morganschen Formeln

$$(1) \quad A - (B + C) = (A - B) \cdot (A - C), \quad A - B \cdot C = (A - B) + (A - C)$$

und die Distributivitätsformeln

$$(2) \quad B \cdot (C + D) = B \cdot C + B \cdot D, \quad B \cdot C + D = (B + D) \cdot (C + D).$$

Die Summen- und Durchschnittsbildung läßt sich ohne weiteres für jede endliche Anzahl von Teilmengen erklären. Wir werden auch mit der Summe und dem Durchschnitt von Mengen*folgen* operieren. Ist

$$\{A_k\} \quad (k = 1, 2, \ldots \text{ evtl. ad inf.})$$

eine abzählbare (endliche oder unendliche) Folge von Teilmengen des Raumes, so bezeichnen wir mit $\sum_{k=1}^{(\infty)} A_k$ bzw. $\prod_{k=1}^{(\infty)} A_k$ die Menge aller Punkte, die in mindestens einer bzw. in allen Mengen A_k enthalten sind. Auch hinsichtlich der Folgen von Teilmengen sind Summen- und Durchschnittsbildung assoziativ und kommutativ, und es gilt die Distributivitätsformel

$$(3) \qquad A \cdot \sum_{k=1}^{(\infty)} B_k = \sum_{k=1}^{(\infty)} A \cdot B_k.$$

An die Stelle von (1) treten, wenn die Mengen B_k Teilmengen von A sind, die allgemeineren Formeln

$$(4) \qquad A - \sum_{k=1}^{(\infty)} B_k = \prod_{k=1}^{(\infty)} (A - B_k), \qquad A - \prod_{k=1}^{(\infty)} B_k = \sum_{k=1}^{(\infty)} (A - B_k).$$

3. Die Zahlengerade und die Cartesischen Räume.

Nachdem wir im vorangehenden die Verknüpfungsbeziehungen zwischen den Teilmengen des Raumes festgestellt haben, wollen wir untersuchen, wie der Raum selbst, und zwar der n-dimensionale Cartesische Raum, und seine Punkte uns gegeben sind. Es wird sich sogleich zeigen, daß dieser Raum völlig analog dem der gesamten Analysis zugrunde liegenden Begriff der Menge aller reellen Zahlen eingeführt werden kann, so daß wir mit einer Analyse dieses letzteren Begriffes beginnen.

Den Begründungen der Lehre von den reellen Zahlen ist gemeinsam, daß sie als Ausgangspunkt irgendein abzählbares System wählen. Man kann z. B. von dem abzählbaren System R der rationalen Zahlen ausgehen (wobei jede rationale Zahl als ein gewissen Rechenregeln genügendes Paar von natürlichen Zahlen betrachtet werden kann). Man kann nun mit Dedekind als reelle Zahl jeden *Schnitt im System der rationalen Zahlen* bezeichnen, d. h. jede Darstellung von R als Summe von zwei nichtleeren Summanden $R = R' + R''$ derart, daß 1. jede zu R' gehörige rationale Zahl größer ist als jede Zahl von R'', daß 2. wenn r' zu R' gehört und $\bar{r}' > r'$ ist, auch $\bar{r}'$ zu R' gehört, und daß 3. wenn r'' zu R'' gehört und $\bar{r}'' < r''$ ist, auch r'' zu R'' gehört. Insbesondere gibt es dieser Definition zufolge abzählbarviele reelle Zahlen, von denen jede in gewisser Weise einer rationalen Zahl zugeordnet ist und, ohne daß gefährliche Verwechselungen entstehen könnten, mit demselben Symbol wie die entsprechende rationale Zahl bezeichnet werden kann, nämlich jene reellen Zahlen, für welche entweder eine kleinste Zahl von R' oder eine größte Zahl von R'' existiert.

Oder man kann, von der Menge der rationalen Zahlen ausgehend, unter den Folgen rationaler Zahlen in bekannter Weise *konvergente Folgen* definieren und mit Cantor die reelle Zahl als konvergente Folge rationaler Zahlen bezeichnen.

Man kann ferner, und diesen Weg wollen wir etwas näher andeuten, von der abzählbaren Menge aller *rationalen Intervalle* ausgehen. Dabei ist als rationales Intervall ein Paar verschiedener rationaler Zahlen zu verstehen. Dem durch die rationalen Zahlen r und r' definierten Intervall ordnet man die Zahl $|r - r'|$ als *Durchmesser* oder Länge zu. Aus der Begründung der Lehre von den reellen Zahlen ist bekannt, daß man durch Paare rationaler Zahlen sowohl „offene“ als auch „abgeschlossene“ Intervalle definieren kann. Der Unterschied zwischen dem System der offenen und dem System der abgeschlossenen Intervalle liegt in der Art, wie gewisse Relationen für die Intervallpaare definiert werden. Z. B. gelten die offenen Intervalle (0, 1) und (1, 2) als fremd, die abgeschlossenen Intervalle [0, 1] und [1, 2] dagegen als nicht fremd. Wir wollen die Einführung der reellen Zahlen ausgehend von den sog. rationalen *offenen* Intervallen skizzieren.

Das durch die rationalen Zahlen r und r' bestimmte offene Intervall bezeichnen wir, wenn $r < r'$ gilt, mit (r, r'). Wir sagen, das Intervall (r_1, r_1') sei *Teil* des Intervalles (r_2, r_2'), und schreiben $(r_1, r_1') \subset (r_2, r_2')$, wenn $r_2 \leqq r_1 < r_1' \leqq r_2'$ gilt. Wir nennen die Intervalle (r_1, r_1') und (r_2, r_2') zueinander *fremd*, wenn entweder $r_1' < r_2$ oder $r_2' < r_1$ gilt. Eine Folge von rationalen offenen Intervallen $\{(r_k, r_k')\}$ ($k = 1, 2, \ldots$ ad inf.) heißt *monoton abnehmend*, falls für jedes natürliche k die Beziehung $(r_{k+1}, r_{k+1}') \subset (r_k, r_k')$ gilt. Gewisse monoton abnehmende Folgen rationaler offener Intervalle werden als reelle Zahlen bezeichnet. Wir nennen **reelle Zahl** eine Folge $\{(r_k, r_k')\}$ ($k = 1, 2, \ldots$ ad inf.) von offenen Intervallen, wenn *erstens* für jedes natürliche k die Beziehung gilt $r_k < r_{k+1} < r_{k+1}' < r_k'$ (also etwas mehr, als erforderlich ist, damit die Intervallfolge monoton abnehmend heißt) und wenn *zweitens* die Durchmesser der Intervalle der Folge mit wachsendem k unter jede positive Schranke sinken, wenn also die Beziehung gilt $\lim\limits_{k=\infty} | r_k - r_k' | = 0$. Wir sagen, die reelle Zahl, welche gegeben ist durch die Folge $\{(r_k, r_k')\}$ ($k = 1, 2, \ldots$ ad inf.) sei in dem Intervall (r, r') *enthalten*, wenn für eine natürliche Zahl k (und daher wegen der Monotonie der Folge $\{(r_k, r_k')\}$ für fast alle natürlichen k) die Beziehung gilt $(r_k, r_k') \subset (r, r')$. Um mit den so definierten reellen Zahlen rechnen zu können, muß die Definition vor allem ergänzt werden durch eine Festsetzung, wann zwei reelle Zahlen als gleich betrachtet werden. Diese Gleichheitsdefinition erfolgt nicht etwa in der Art, daß die Zahlen $\{(r_k, r_k')\}$ und $\{(s_k, s_k')\}$ bloß dann als gleich bezeichnet werden, wenn für jedes natürliche k die Beziehung $(r_k, r_k') = (s_k, s_k')$ gilt. Vielmehr heißen die Zahlen $r = \{(r_k, r_k')\}$ und $s = \{(s_k, s_k')\}$ dann und nur dann **gleich**, wenn für jedes k die Zahl r im Intervall (s_k, s_k') und die Zahl s im Intervall (r_k, r_k') enthalten ist. Eine und dieselbe reelle Zahl kann also durch verschiedene Folgen rationaler Intervalle gegeben werden. Eine reelle Zahl r ist infolge der angegebenen Definition für die Gleichheit reeller Zahlen nicht bloß gleich *einer* Folge von rationalen Intervallen, sondern gleich *einer Menge von Folgen rationaler Intervalle*, von denen jede die Zahl r bestimmt. Wenn wir von der reellen Zahl r, um über sie irgend eine Aussage herzuleiten, sagen, sie sei gleich der Folge von rationalen Intervallen $\{(r_k, r_k')\}$ ($k = 1, 2, \ldots$ ad inf.) (oder sie sei durch diese Folge gegeben), so meinen wir damit, die Folge $\{(r_k, r_k')\}$ gehöre zu der Menge der die Zahl r definierenden Folgen rationaler Intervalle, und könnten das Studium der Zahl r ebensogut auf eine andere r definierende Folge von rationalen Intervallen stützen. Dabei bemerken wir noch: Wenn die Zahlen r und s verschieden sind, so existieren zwei zueinander fremde rationale Intervalle (r', r'') und (s', s''), von denen das erste die Zahl r, das zweite die Zahl s enthält. Und wir sehen ferner: Wenn die Zahl r im Intervall (r', r'') enthalten ist, so können wir ein r enthaltendes rationales Intervall $(\bar{r}', \bar{r}'')$ bestimmen, welches Teil von (r', r'') ist, so daß jede Zahl, welche nicht in (r', r'') enthalten ist, in einem zu $(\bar{r}', \bar{r}'')$ fremden rationalen Intervall enthalten ist. Wir brauchen, um dies zu erreichen, die Zahlen $\bar{r}'$ und $\bar{r}''$ bloß gemäß der Bedingung $r' < \bar{r}' < \bar{r}'' < r''$ zu wählen.

Als *Zahlgerade* oder R_1 bezeichnet man die Menge aller reellen Zahlen. Mit den Teilmengen des R_1 wird nach den im vorigen Abschnitt angeführten Gesetzen operiert.

Jedem offenen rationalen Intervall (r, r'), welches zunächst rein arithmetisch (als Paar verschiedener rationaler Zahlen) eingeführt worden war, kann eine gewisse Teilmenge des R_1 zugeordnet werden, nämlich die Menge jener reellen Zahlen, welche im Intervall (r, r') enthalten sind. Die reelle Zahl r, welche durch die Intervallfolge $\{(r_k, r_k')\}$ $(k = 1, 2, \ldots$ ad inf.) definiert ist, bildet den Durchschnitt der Folge jener Mengen, welche den Intervallen (r_k, r_k') entsprechen. Man sieht überdies unschwer ein, daß die den Intervallen (r_k, r_k') entsprechenden Mengen sich in gewissem Sinn auf die Zahl r *zusammenziehen*, daß nämlich jede einem rationalen offenen Intervall entsprechende Menge, welche die Zahl r enthält, für fast alle natürlichen k die dem Intervall (r_k, r_k') entsprechende Menge als Teilmenge enthält.

Für die so eingeführten reellen Zahlen ist auch ein *Limes*begriff definierbar. Ist $\{r^i\}$ $(i = 1, 2, \ldots$ ad inf.) eine Folge reeller Zahlen, wobei r^i durch die Intervallfolge $\{(r_k^i, \bar{r}_k^i)\}$ $(k = 1, 2, \ldots$ ad inf.) gegeben ist, so sagen wir, die Folge $\{r^i\}$ konvergiere gegen die reelle Zahl r, welche gegeben ist durch die Intervallfolge $\{(r_k, \bar{r}_k)\}$ $(k = 1, 2, \ldots$ ad inf.), und schreiben $r = \lim\limits_{i=\infty} r^i$, falls in jedem vorgelegten Intervall $(r_k, \bar{r}_k)$ fast alle reellen Zahlen r^i enthalten sind.

Nach diesen Bemerkungen über die Zahlgerade gehen wir zur Betrachtung des R_n, des n-dimensionalen Cartesischen Raumes, über. Man kann den R_n und seine Punkte *erstens* durch Berufung auf die Zahlgerade und die reellen Zahlen einführen, indem man als **Punkt des R_n** jedes geordnete n-Tupel von reellen Zahlen und als **R_n** die Menge aller geordneten n-Tupel reeller Zahlen bezeichnet. Die n reellen Zahlen $x_1, x_2, \ldots, x_n$, welche in der angegebenen Reihenfolge einen Punkt p des R_n definieren, heißen auch die n *Koordinaten* von p. Mit den Teilmengen des R_n wird nach den im vorigen Abschnitt angegebenen Regeln operiert. Auch ist es möglich, durch Berufung auf die Limesdefinition für reelle Zahlen einen *Limes*begriff für die Punkte des R_n zu definieren: Wir sagen, die Punktefolge $\{p^k\}$ ($k = 1, 2, \ldots$ ad inf.), wobei p^k gegeben ist durch die Koordinaten $x_1^k, x_2^k, \ldots, x_n^k$, konvergiere gegen den Punkt p mit den Koordinaten $x_1, x_2, \ldots, x_n$, und wir schreiben $p = \lim_{k=\infty} p^k$, wenn für jede der Zahlen $i = 1, 2, \ldots, n$ die Beziehung gilt $x_i = \lim_{k=\infty} x_i^k$. Wir können endlich unter Berufung auf die Intervalle von reellen Zahlen *Intervalle des* R_n definieren: Ist J_k das offene (bzw. abgeschlossene) Intervall der reellen Zahlen zwischen a_k und b_k ($k = 1, 2, \ldots, n$), so heißt die Menge J aller Punkte des R_n, für welche die $k$te Koordinate dem Intervall J_k angehört ($k = 1, 2, \ldots, n$), ein offenes (bzw. abgeschlossenes) Intervall des R_n, und zwar bezeichnen wir dieses Intervall J auch mit $(a_1, a_2, \ldots, a_n; b_1, b_2, \ldots, b_n)$, aus welch letzterem Symbol leicht die „Eckpunkte" des Intervalls J berechnet werden können.

Man kann *zweitens* den R_n und seine Punkte einführen, indem man von einem abzählbaren System arithmetischer Wesenheiten ausgeht und mit seiner Hilfe die Punkte des R_n durch ein Verfahren definiert, welches völlig analog ist jenem zur Definition der reellen Zahlen durch die rationalen Intervalle. Man kann beispielsweise ausgehen vom abzählbaren System aller rationalen Kugeln des R_n. So wie wir die rationalen Intervalle des R_1 zunächst rein arithmetisch als Paare rationaler Zahlen betrachtet haben, so kann auch eine rationale Kugel des R_n zunächst rein arithmetisch als ein geordnetes System von $n + 1$ rationalen Zahlen aufgefaßt werden, von denen die n ersten als die Koordinaten des Kugelzentrums und die $(n+1)$te als die Länge des Kugelradius gedeutet werden können. Die Relationen des Teilseins und des Fremdseins können für diese rationalen Kugeln des R_n rein arithmetisch definiert werden: Ist die Kugel K durch die Zahlen $x_1, x_2, \ldots, x_n, r$ und die Kugel K' durch die Zahlen $x_1', x_2', \ldots, x_n', r'$ gegeben, so heißt K fremd zu K', falls

$$+\sqrt{(x_1 - x_1')^2 + (x_2 - x_2')^2 + \cdots + (x_n - x_n')^2} \geqq r' + r$$

gilt, d. h., falls der Abstand der beiden Kugelzentren mindestens gleich der Summe der Kugelradien ist — und es heißt K *Teil* von K', falls $r \leqq r'$ und $+\sqrt{(x_1 - x_1')^2 + (x_2 - x_2')^2 + \cdots + (x_n - x_n')^2} \leqq r' - r$ gilt. Gewisse unter den Folgen von rationalen Kugeln des R_n heißen Punkte des R_n. Die Folge $\{K_i\}$ ($i = 1, 2, \ldots$ ad inf.) von rationalen Kugeln des R_n, von denen K_i durch die rationalen Zahlen $x_1^i, x_2^i, \ldots, x_n^i, r^i$ gegeben ist, heißt ein **Punkt des R_n**, wenn *erstens* für jedes natürliche i die Beziehung $r^i - r^{i+1} > +\sqrt{\sum_{j=1}^{n} (x_j^i - x_j^{i+1})^2}$ besteht und wenn *zweitens* die Radien der Folge gegen Null konvergieren, d. h. $\lim_{i=\infty} r^i = 0$ gilt. Wie bei den reellen Zahlen sagen wir, der Punkt, welcher durch die Kugelfolge

$\{K_i\}$ ($i = 1, 2, \ldots$ ad inf.) gegeben ist, sei in der Kugel K *enthalten*, falls für ein natürliches i (und daher für fast alle natürlichen i) die Beziehung gilt $K_i \subset K$. Die Definition des Punktes des R_n wird durch eine Gleichheitsdefinition ergänzt, welche jener für reelle Zahlen völlig analog ist. Die Punkte $p = \{K_i\}$ und $p' = \{K_i'\}$ ($i = 1, 2, \ldots$ ad inf.) heißen dann und nur dann **gleich**, wenn für jedes natürliche i der Punkt p in K_i' und der Punkt p' in K_i enthalten ist. Jeder Punkt des R_n ist dieser Gleichheitsdefinition zufolge nicht nur mit *einer* Folge rationaler Kugeln, sondern mit einer Menge von Folgen rationaler Kugeln identisch. Aus der Gleichheitsdefinition für Punkte des R_n ergibt sich leicht, daß je zwei verschiedene Punkte des R_n in zwei zueinander fremden rationalen Kugeln enthalten sind. Überdies bestätigt man leicht: Wenn der Punkt p in der Kugel K enthalten ist, so ist p auch in einer Kugel $K' \subset K$ enthalten, so daß jeder Punkt des R_n, der nicht in K enthalten ist, in einer zu K' fremden rationalen Kugel enthalten ist.

Die Menge aller als Punkte erklärten Folgen rationaler Kugeln des R_n nennen wir den $\boldsymbol{R_n}$ und operieren mit seinen Teilmengen nach den im vorigen Abschnitt festgestellten Regeln. Insbesondere entspricht jeder zunächst rein arithmetisch eingeführten rationalen Kugel K eine Teilmenge des R_n, nämlich die Menge aller Punkte des R_n, die in K enthalten sind. Ist der Punkt p durch die Kugelfolge $\{K_i\}$ ($i = 1, 2, \ldots$ ad inf.) gegeben, so bestätigt man leicht, daß die aus dem Punkt p bestehende Menge identisch ist mit dem Durchschnitt der Mengen, welche den rationalen Kugeln K_i entsprechen, und man sieht überdies, daß sich diese Mengen K_i in gewissem Sinn auf den Punkt p *zusammenziehen*, daß nämlich in jeder p enthaltenden rationalen Kugel fast alle Mengen K_i als Teilmengen enthalten sind. Der Punkt p, welcher durch die Kugelfolge $\{K_j\}$ ($j = 1, 2, \ldots$ ad inf.) gegeben ist, heißt *Limespunkt* der Punktefolge $\{p^i\}$ ($i = 1, 2, \ldots$ ad inf.), falls für jedes natürliche j fast alle Punkte p^i in K_j enthalten sind.

Man kann unschwer zeigen, daß diese zweite Einführung des R_n und seiner Punkte auf Grund des abzählbaren Systems der rationalen Kugeln äquivalent ist mit der ersten erwähnten Einführung des R_n als Menge der geordneten n-Tupel reeller Zahlen. Es entsprechen einander nämlich einerseits der Punkt mit den Koordinaten $x_1, x_2, \ldots, x_n$, wenn man von der Koordinatendefinition der Punkte des R_n ausgeht, und anderseits der Punkt, welcher gegeben ist durch irgendeine Folge von rationalen Kugeln $\{K_i\}$ ($i = 1, 2, \ldots$ ad inf.), wo K_i durch die rationalen Zahlen $x_1^i, x_2^i, \ldots, x_n^i, r^i$ gegeben ist, dann und nur dann, wenn für $j = 1, 2, \ldots, n$ die Beziehung gilt $\lim\limits_{i=\infty} x_j^i = x_j$.

Ebenso erkennt man, daß zur Einführung der Punkte des R_n statt des abzählbaren Systems der rationalen Kugeln auch gewisse andere abzählbare Systeme als Ausgangspunkt dienen können; z. B. das System der rationalen Intervalle des R_n, wobei ein rationales Intervall des R_n zunächst rein arithmetisch durch ein System von rationalen Zahlen, die etwa als Koordinaten der Intervalleckpunkte gedeutet werden können, charakterisierbar ist. Auch die Relationen des Teilseins und Fremdseins können für diese Intervalle rein arithmetisch in geeigneter Weise definiert werden. Und noch mehr: Auch wenn ein (arithmetisch gegebenes) rationales Intervall und eine (arithmetisch gegebene) rationale Kugel verglichen werden, so können arithmetische Kriterien dafür angegeben werden, ob das eine Gebilde Teil des anderen ist oder nicht. Diese letzte Definition ermöglicht es, Punkte, welche als monoton abnehmende Folgen rationaler Intervalle erklärt sind, und Punkte, welche durch monoton abnehmende Folgen rationaler Kugeln gegeben sind, miteinander auf Grund der Gleichheitsdefinition für Raumpunkte zu vergleichen. Der Gleichheitsdefinition zufolge heißen nämlich der Punkt p, welcher durch die Intervallfolge $\{J_i\}$ $(i = 1, 2, \ldots$ ad inf.), und der Punkt q, welcher durch die Kugelfolge $\{K_i\}$ $(i = 1, 2, \ldots$ ad inf.) gegeben ist, gleich, wenn für jedes natürliche i der Punkt q in J_i und der Punkt p in K_i enthalten ist, d. h. wenn für jedes i das Intervall J_i eine (und daher fast alle) der Kugeln K_j und die Kugel K_i eines (und daher fast alle) der Intervalle J_j als Teil enthält. Man bestätigt nun leicht, daß jeder Punkt des R_n, welcher durch Kugelfolgen gegeben ist, gleich ist einem und nur einem Punkte des R_n, welcher durch Intervallfolgen gegeben ist, und diese Tatsache ist es, die wir mit den Worten ausdrücken: Der R_n könne sowohl mit Hilfe der rationalen Kugeln als auch mit Hilfe der rationalen Intervalle definiert werden. Man kann unschwer noch andere abzählbare Systeme von Gebilden angeben, die als Ausgangspunkt zur Definition des R_n dienen können.

Gleich dem n-dimensionalen Cartesischen Raum kann unter Berufung auf die Zahlgerade der R_ω, der **abzählbardimensionale Cartesische Raum** definiert werden. Man bezeichnet als Punkt des R_ω jede geordnete Folge von reellen Zahlen, wobei die jeden Punkt charakterisierenden reellen Zahlen (in ihrer bestimmten Reihenfolge) die *Koordinaten* des betreffenden Punktes heißen. Dabei heißt die Punktfolge $\{p^i\}$ $(i = 1, 2, \ldots$ ad inf.), in welcher der Punkt p^i durch die zugeordnete Folge der Koordinaten $\{x_j^i\}$ $(j = 1, 2, \ldots$ ad inf.) gegeben ist, konvergent gegen den Punkt p mit den Koordinaten $\{x_j\}$ $(j = 1, 2, \ldots$ ad inf.), falls für jedes natürliche j die Beziehung gilt $x_j = \lim\limits_{i=\infty} x_j^i$.

Von besonderer Bedeutung ist die Menge aller jener geordneten Folgen $\{x_n\}$ $(n = 1, 2, \ldots$ ad inf.) von reellen Zahlen, welche für jede natürliche Zahl n die Beziehung $0 \leqq x_n \leqq \frac{1}{n}$ erfüllen. Diese Menge wollen wir Q_ω

oder den **abzählbardimensionalen Grundquader** nennen. Dieser Q_ω kann nicht nur durch Berufung auf die Zahlgerade, sondern auch nach demselben Schema wie der R_n ausgehend von gewissen abzählbaren Systemen definiert werden, wobei jedes Ding des Ausgangssystems zunächst rein arithmetisch charakterisierbar ist und wobei auch die Relationen des Teilseins und des Fremdseins arithmetisch definierbar sind. Als Punkt des Q_ω werden gewisse monoton abnehmende Folgen von Dingen des definierenden Systems bezeichnet, wobei diese Festsetzung durch eine Gleichheitsdefinition analog jener für reelle Zahlen und für Punkte des R_n ergänzt wird. Hinterher kann jedes Ding des Ausgangssystems durch eine Menge, nämlich durch die Menge der in ihm enthaltenen Punkte, ersetzt werden. Ein solches System bzw. der Einfachheit halber das ihm entsprechende Mengensystem wollen wir unter Berufung auf die Koordinatendefinition der Punkte des Q_ω hier angeben: Es ist das abzählbare System aller Kugeln mit rationalen Radien, für welche fast alle Koordinaten der Mittelpunkte $= 0$ und die übrigen rational sind, also das System aller Mengen $K(r_1, r_2, \ldots, r_n; r)$, wo n alle natürlichen Zahlen durchläuft, r aller rationalen Werte und r_i aller rationalen Werte $\leqq \frac{1}{i}$ fähig ist, und wobei für ein gegebenes System von $n+1$ rationalen Zahlen $r_1, r_2, \ldots, r_n; r$ $K(r_1, r_2, \ldots, r_n; r)$ die Menge aller Punkte $\{x_i\}$ $(i = 1, 2, \ldots$ ad inf.) von Q_ω bedeutet, welche der Beziehung genügen

$$\sum_{i=1}^{n}(x_i - r_i)^2 + \sum_{i=n+1}^{\infty} x_i^2 < r.$$

Man bestätigt leicht, daß jeder Punkt von Q_ω Durchschnitt einer auf ihn sich zusammenziehenden Folge von Mengen dieses Systems ist.

Der Begriff des R_n, welcher der Untersuchung der Teilmengen Cartesischer Räume zugrunde liegt, ist der mengentheoretischen Geometrie mit der analytischen Geometrie gemeinsam. Eine besondere Rolle spielen bei Untersuchungen über die Teilmengen Cartesischer Räume gelegentlich gewisse einfache Mengen, welche auch den Gegenstand analytischer, elementargeometrischer und kombinatorischer Untersuchungen bilden. So bezeichnet man z. B. die Menge aller Punkte des R_n, deren n Koordinaten k unabhängigen linearen Gleichungen genügen, als eine $(n-k)$-dimensionale Teilebene des R_n. Diese Menge ist, in sich betrachtet, ein R_{n-k}. Sind $k+1$ Punkte eines Cartesischen Raumes gegeben, die nicht in einer $(k-1)$-dimensionalen Teilebene des Raumes liegen, so wird die kleinste abgeschlossene konvexe Menge, welche die $k+1$ Punkte enthält, als das durch dieselben bestimmte k-dimensionale *Simplex* bezeichnet: Die nulldimensionalen Simplexe sind die genau einen Punkt enthaltenden Mengen; das durch zwei Punkte bestimmte eindimensionale Simplex ist die durch die beiden

Punkte bestimme Strecke; allgemein ist das durch $k+1$ nicht in einer $(k-1)$-dimensionalen Ebene gelegene Punkte bestimmte Simplex die Menge aller Punkte, welche entweder einem der durch k von den $k+1$ Punkten bestimmten $(k-1)$-dimensionalen Simplexe oder der zwei solche Punkte verbindenden Strecke angehören. Sind $k+1$ Punkte gegeben, die ein k-dimensionales Simplex S bestimmen, so heißen für $r = 0, 1, \ldots, k$ die durch $r+1$ von den $k+1$ Punkten bestimmten Simplexe die r-dimensionalen Seiten von S. Die ein Simplex bestimmenden Punkte sind also seine nulldimensionalen Seiten, das Simplex selbst kann als seine höchstdimensionale Seite aufgefaßt werden.

Eine Menge, die Summe von endlichvielen Simplexen ist, die zu je zwei entweder fremd sind, oder eine gemeinsame Seite als Durchschnitt haben, heißt ein *Komplex*. Jedes der endlichvielen Summandensimplexe eines gegebenen Komplexes und jede Seite eines solchen Summandensimplexes heißt ein Simplex des gegebenen Komplexes. Ein Komplex heißt k-dimensional, wenn er ein k-dimensionales, aber kein $(k+1)$-dimensionales Simplex enthält. Die Möglichkeit einer elementar-kombinatorischen Behandlung der Simplexe und Komplexe beruht darauf, daß man die ein k-dimensionales Simplex bestimmenden Punkte mit $k+1$ natürlichen Zahlen bezeichnen, etwa mit $1, 2, \ldots, k, k+1$ numerieren kann. Ein Komplex kann demgemäß gekennzeichnet werden durch eine endliche Menge von Zahlen (welche nämlich seinen Punkten, d. h. seinen nulldimensionalen Simplexen, als Nummern zugeordnet sind) und durch ein gewisses System von Teilmengen der endlichen Menge (nämlich jener Teilmengen, für welche die entsprechende Menge von Punkten ein Simplex des Komplexes bestimmt). Man kann ganz allgemein als Komplex *ein System von Teilmengen einer endlichen Menge* (z. B. von natürlichen Zahlen) *bezeichnen, in welchem neben jeder Menge auch jede ihrer Teilmengen enthalten ist.*

4. Der allgemeine Raumbegriff.

In der Zahlentheorie der natürlichen Zahlen werden die Gesetze des Rechnens mit den natürlichen Zahlen als gegeben angenommen und die komplizierteren Beziehungen, welche zwischen den natürlichen Zahlen bestehen, erforscht. Dabei stellt sich heraus, daß viele der bewiesenen Sätze völlig unabhängig von der speziellen Natur der Objekte der Theorie sind, daß dieselben nicht bloß im Bereich der natürlichen Zahlen, sondern beispielsweise auch in algebraischen Zahlenkörpern gelten. Es zeigt sich, daß für manche Sätze und ihre Beweise lediglich gewisse *Beziehungen*, die zwischen den natürlichen Zahlen bestehen, eine Rolle spielen. Diese Tatsache hat zur Definition von beliebigen abstrakten Körpern geführt, d. h. von

Bereichen, zwischen deren Elementen eben die erwähnten maßgebenden Relationen bestehen und für welche daher zahlentheoretische Sätze bewiesen werden können.

Eine analoge Tatsache in der Geometrie wurde bereits im ersten Abschnitt erwähnt: Eine Abstraktion von der speziellen Form der Pythagoreischen Abstandsbestimmung in Cartesischen Räumen, welche für zahlreiche geometrische Fragen nicht wesentlich ist, hat zum Begriff des Riemannschen Raumes geführt.

Analog liegen nun auch die Verhältnisse in der mengentheoretischen Geometrie. Im vorigen Abschnitt ist der R_n als Menge aller n-Tupel reeller Zahlen oder auch als Menge gewisser Folgen von rationalen n-dimensionalen Intervallen oder von rationalen n-dimensionalen Kugeln eingeführt worden. Beim Aufbau der Lehre von den Teilmengen des R_n stellt sich aber heraus, daß die spezielle Natur der Punkte des R_n, daß sie nämlich Systeme oder Folgen von gewissen arithmetisch definierbaren Wesenheiten sind, in die Beweise wichtiger Theoreme nicht eingeht und daher für große Teile der Theorie gar keine Rolle spielt. Hinweise auf diese Tatsache können schon aus den Überlegungen des vorigen Abschnittes entnommen werden: Es war für die Definition der Punkte des R_n unwesentlich, ob man von rationalen n-dimensionalen Kugeln, Intervallen ausging; die Einführung der Punkte des R_n erfolgte für alle natürlichen Zahlen n nach dem gleichen Schema; dieses selbe Schema konnte auch zur Definition der Punkte eines R_ω verwendet werden; endlich konnten hinterher die arithmetisch eingeführten Wesenheiten, auf Grund derer die Punkte symbolisch eingeführt worden waren, durch Mengen von Punkten ersetzt werden, wobei der symbolischen Einführung eine Durchschnittsbildung und ein Sichzusammenziehen entsprach.

Auch in der Theorie der Teilmengen des R_n sind gewisse *Beziehungen zwischen den Punkten* das Maßgebende. Unter den zahlreichen Beziehungen, die zwischen den Punkten eines R_n bestehen, können verschiedene Gruppen von Beziehungen herausgegriffen werden, deren jede als Grundlage einer Theorie dienen kann. Um deutlich zu machen, daß der allgemeine Raumbegriff der mengentheoretischen Geometrie durch Betrachtungen eingeführt werden kann, die an Dignität den in der gesamten Analysis angewandten Methoden völlig gleichstehen, gründen wir im folgenden den Raumbegriff auf eine Überlegung, welche durchaus analog ist dem Räsonnement, das im vorigen Abschnitt zur Definition der Zahlengeraden und der Cartesischen Räume durchgeführt wurde. Ja, die folgende Einführung des allgemeinen Raumbegriffes kann geradezu als der Kern der Einführung Cartesischer Räume bezeichnet werden unter bloßer Abstraktion von der Tatsache, daß die definierenden Wesenheiten in spezieller arithmetischer Weise gegeben sind, — also unter bloßer Abstraktion von einer Tatsache, welche für den Aufbau der Theorie der Teilmengen des R_n, wie wir erwähnten, keine Rolle spielt.

Wir gehen aus von einem abzählbaren (d. h. in eine Folge anordenbaren) System $\mathfrak{S}$ von Dingen, welches dem abzählbaren System der rationalen offenen Intervalle entspricht, von dem wir zur Einführung des R_n ausgegangen sind. Über das System $\mathfrak{S}$ setzen wir voraus, daß in ihm, so wie im System der rationalen offenen Intervalle des R_n, eine Relation des **Teilseins** definiert sei, und zwar gemäß folgenden Bedingungen: *Es soll für je zwei Dinge U und V von $\mathfrak{S}$ die Relation $U \subset V$ (U ist Teilding von V) und die gleichbedeutende $V \supset U$ (V enthält U als Teilding) entweder gelten oder nicht gelten. Dabei soll stets aus $U \subset V$ und $V \subset W$ die Beziehung $U \subset W$ folgen, und es soll das Zusammenbestehen der Beziehungen $U \subset V$ und $V \subset U$ mit der Beziehung $U = V$ gleichbedeutend sein. Es soll endlich, wenn für die zwei Dinge U und V die Beziehung $U \subset V$ nicht gilt, im System $\mathfrak{S}$ ein Teilding U' von U existieren, welches zu V fremd ist, d. h. ein Ding $U' \subset U$, so daß kein Ding W von $\mathfrak{S}$ existiert, welches sowohl Teilding von U', als auch Teilding von V ist.*

Eine Folge $\{U_k\}$ ($k = 1, 2, \ldots$ ad inf.) von Dingen des Systems $\mathfrak{S}$ heißt *monoton abnehmend*, wenn für jedes k die Beziehung $U_{k+1} \subset U_k$ gilt. Gewisse monoton abnehmende Folgen von Dingen des Systems $\mathfrak{S}$ mögen als **Punkte** erklärt sein. Wenn die monoton abnehmende Folge $\{U_k\}$ ($k = 1, 2, \ldots$ ad inf.) einen Punkt p definiert, so sagen wir, dieser Punkt p ist in einem vorgelegten Ding U des Systems $\mathfrak{S}$ *enthalten*, oder auch *p ist Punkt von U*, falls für eine natürliche Zahl k die Beziehung gilt $U_k \subset U$. Da die U_k eine monoton abnehmende Folge bilden und die Beziehung des Teilseins transitiv ist, gilt dann offenbar für fast alle natürlichen Zahlen k die Beziehung $U_k \subset U$. Wenn ein Punkt p in einem Ding des Systems $\mathfrak{S}$ enthalten ist, sagen wir auch, *U ist eine Umgebung von p* und *U enthält p*. Insbesondere ist also, wenn der Punkt p durch die monoton abnehmende Folge U_k definiert ist, jede der Mengen $\{U_k\}$ ($k = 1, 2, \ldots$ ad inf.) eine Umgebung von p, *so daß also jeder Punkt durch eine Folge von Umgebungen definiert ist.*

Wir wollen annehmen, *daß jedes Ding des Systems $\mathfrak{S}$ einen Punkt enthält.* Wenn diese Bedingung nicht erfüllt sein sollte, so könnten wir statt des abzählbaren Systems $\mathfrak{S}$ den folgenden Betrachtungen das ebenfalls abzählbare System aller jener Dinge von $\mathfrak{S}$, welche Punkte enthalten, zugrunde legen. Im Falle des leeren Raumes denken wir auch das definierende System $\mathfrak{S}$ leer.

Es möge nun — dies fordern wir ein für allemal — für die Punkte, d. h. für die als Punkte erklärten Folgen von Dingen aus $\mathfrak{S}$, eine Gleichheitsdefinition analog jener für reelle Zahlen erklärt und ferner eine Bedingung erfüllt sein, die analog einer für reelle Zahlen und die Punkte Cartesischer Räume erwähnten Tatsache ist.

1. *Zwei Punkte* $p = \{U_k\}$ *und* $q = \{V_k\}$ ($k = 1, 2, \ldots$ ad inf.) *heißen dann und nur dann gleich, wenn für jede natürliche Zahl* k *der Punkt* p *in* V_k *und der Punkt* q *in* U_k *enthalten ist.*

2. *Ist der Punkt* p *im Ding* U *des Systems* $\mathfrak{S}$ *enthalten, so existiert ein* p *enthaltendes Ding* U' *von* $\mathfrak{S}$ *derart, daß* $U' < U$ *gilt und jeder nicht in* U *enthaltene Punkt in einem zu* U' *fremden Ding aus* $\mathfrak{S}$ *enthalten ist.*

Auf Grund der angegebenen Gleichheitsdefinition ist ein Punkt p des Raumes nicht nur gleich *einer* Folge von Dingen des Systems $\mathfrak{S}$, sondern gleich einer Menge solcher Folgen, deren jede den Punkt p definiert. Wenn wir Aussagen über einen Punkt p des Raumes herleiten wollen, so erweist es sich häufig als zweckmäßig, eine bestimmte von den p definierenden Folgen der Betrachtung zugrunde zu legen und zu sagen, p sei gegeben durch die Folge $\{U_k\}$ ($k = 1, 2, \ldots$ ad inf.). Dabei ist natürlich zu bedenken, daß auch irgendeine andere der p definierenden Folgen der Überlegung hätte zugrunde gelegt werden können.

Aus der Bedingung 2., für welche wir unten (S. 31) noch einige äquivalente Formulierungen angeben werden, leiten wir nun zunächst eine Folgerung her: *Zu je zwei verschiedenen Punkten* p *und* q *existieren zwei zueinander fremde Dinge* U' *und* V' *von* $\mathfrak{S}$, *von denen* U' *den Punkt* p *und* V' *den Punkt* q *enthält.* Setzen wir nämlich voraus, daß p und q verschieden sind. Dann ist nach Bedingung 1. entweder q in einer Umgebung von p oder p in einer Umgebung von q nicht enthalten. Nehmen wir etwa an, es sei q nicht in der Umgebung U von p enthalten. Dann existiert nach Bedingung 2. eine Umgebung U' von p und eine zu U' fremde Umgebung V' von q, w. z. b. w.

Die Menge aller Punkte, welche in der angegebenen Art als Folgen von Dingen des abzählbaren Systems $\mathfrak{S}$ erklärt sind, nennen wir einen **Raum.** Mit den Teilmengen des Raumes operieren wir nach den im Abschnitt 2 festgelegten Regeln. Für jede solche Teilmenge sind gewisse monoton abnehmende Folgen von Dingen aus $\mathfrak{S}$, welche als Punkte von R erklärt worden sind, als Punkte der Menge erklärt, andere nicht. Wird kein Punkt von R als Punkt der Teilmenge M erklärt, dann ist M die *leere Menge.* Wird jeder Punkt von R als Punkt von M erklärt, dann ist die Teilmenge M mit dem *Raum* identisch.

Insbesondere entspricht jedem Ding U des definierenden Systems $\mathfrak{S}$ eine Teilmenge des Raumes, nämlich die Menge der Punkte, welche in U im Sinne der obigen Definition enthalten sind, d. h. die Menge aller Punkte, für welche eine Umgebung der sie definierenden Umgebungsfolge, als Ding des Systems $\mathfrak{S}$ aufgefaßt, Teilding von U ist. Die Menge aller Punkte, welche in diesem symbolischen Sinn im Ding U des Systems $\mathfrak{S}$ enthalten sind, wollen wir als die *Menge* U bezeichnen. Gefährliche Verwechslungen zwischen den Dingen des Systems $\mathfrak{S}$ und den ihnen entsprechenden, mit ihnen gleichbezeichneten Mengen können nicht entstehen, denn auf Grund der Definition der Menge U ist ein Punkt des Raumes dann und nur dann Punkt der Menge U, wenn er im symbolischen Sinn Punkt des Dinges U ist — und für zwei Mengen U und V, welche Dingen des Systems $\mathfrak{S}$ entsprechen, gilt die Beziehung $U \subset V$ dann und nur dann im mengentheoretischen Sinn, wenn sie zwischen den entsprechenden Dingen des Systems $\mathfrak{S}$ im symbolischen Sinn gilt. Nehmen wir zum Nachweis der letzteren Behauptung *erstens* an, daß für zwei Dinge U und V des Systems $\mathfrak{S}$ die Beziehung $U \subset V$ im symbolischen Sinn besteht. Wir behaupten, daß für die entsprechenden Mengen U und V die Beziehung $U \subset V$ im mengentheoretischen Sinn gilt, daß also jeder Punkt von U Punkt von V ist. Ist $p = \{U_k\}$ ein Punkt von U, so gilt für eines der Dinge U_k die symbolische Beziehung $U_k \subset U$. Also gilt mit Rücksicht auf die vorausgesetzte symbolische Beziehung $U \subset V$ und die Transitivität der $\subset$-Relation die Beziehung $U_k \subset V$, d. h. p ist auch Punkt von V, wie behauptet. Gilt *zweitens* die symbolische Beziehung $U \subset V$ nicht, so existiert, unserer Voraussetzung über die $\subset$-Relation zufolge, im System $\mathfrak{S}$ ein zu V fremdes Teilding U' von U. Dasselbe enthält einen Punkt p (da wir ja angenommen haben, daß jedes Ding des Systems $\mathfrak{S}$ einen Punkt enthält), und dieser Punkt p ist offenbar nicht in V enthalten. Damit ist auch der zweite Teil der obigen Behauptung bewiesen. Entsprechend zeigt man, daß zwei Mengen U und V, welche Dingen des Systems $\mathfrak{S}$ entsprechen, dann und nur dann *fremd im mengentheoretischen Sinn* sind, wenn die entsprechenden Dinge von $\mathfrak{S}$ *im* oben erklärten *symbolischen Sinn fremd* sind.

Es zeigt sich nun, daß die Punkte, welche zunächst symbolisch als Folgen von Dingen des Systems $\mathfrak{S}$ eingeführt worden sind, als Durchschnitte der entsprechenden Mengen dargestellt werden können: *Ist der Punkt p durch die monoton abnehmende Folge* $\{U_k\}$ $(k = 1, 2, \ldots$ ad inf.) *von Dingen des Systems* $\mathfrak{S}$ *erklärt, so gilt für den Punkt p*, oder genauer für die aus dem Punkt p bestehende Menge, die wir mit (p) bezeichnen wollen, *die Beziehung*

$$(\dagger) \qquad (p) = \prod_{k=1}^{\infty} U_k.$$

Erstens ist ja der Punkt p in allen U_k enthalten, also Punkt von $\prod_{k=1}^{\infty} U_k$. Zweitens kann die Menge $\prod_{k=1}^{\infty} U_k$ keinen von p verschiedenen Punkt enthalten. Ist nämlich q ein von p verschiedener Punkt, welcher etwa durch die monoton abnehmende Folge $\{V_k\}$ ($k = 1, 2, \ldots$ ad inf.) von Dingen des Systems $\mathfrak{S}$ gegeben ist, so existiert zufolge unserer obigen Feststellung eine Umgebung U von p und eine zu U fremde Umgebung V von q. Da p in U enthalten ist, gilt für eine der p definierenden U_k die Beziehung $U_k \subset U$. In dieser Menge U_k ist q offenbar nicht enthalten, also gehört q auch nicht der Menge $\prod_{k=1}^{\infty} U_k$ an. Da dies für jeden von p verschiedenen Punkt q gilt, ist damit die Formel (†) bewiesen.

Wenn der Punkt p durch die monoton abnehmende Folge

$$\{U_k\} \quad (k = 1, 2, \ldots \text{ ad inf.})$$

von Dingen des Systems $\mathfrak{S}$ gegeben ist, so bildet der Punkt p nicht nur den Durchschnitt der Mengen U_k, sondern diese Mengen *ziehen sich* überdies offenbar *auf den Punkt p zusammen*, d. h. jede den Punkt p enthaltende Menge des Systems $\mathfrak{S}$ enthält fast alle Mengen U_k als Teilmengen.

Unseren Voraussetzungen über das Dingsystem $\mathfrak{S}$ entsprechen demnach, wenn wir jedes Ding durch die mit ihm gleichbezeichnete Menge ersetzen und das so entstehende Mengensystem ebenfalls mit $\mathfrak{S}$ bezeichnen, folgende Annahmen über dieses Mengensystem: *$\mathfrak{S}$ ist ein gegebenes abzählbares System von nichtleeren Teilmengen des Raumes. Jeder Punkt des Raumes bildet den Durchschnitt einer auf ihn sich zusammenziehenden Folge von Mengen des Systems. Jede einen Punkt p enthaltende Menge des Systems $\mathfrak{S}$ heißt eine Umgebung des Punktes. Zwei Punkte p und q sind dann und nur dann identisch, wenn jede Umgebung von p auch q enthält und umgekehrt. Ist U eine Umgebung von p, so existiert eine Umgebung U′ von p, so daß zu jedem nicht in U enthaltenen Punkt des Raumes eine zu U′ fremde Umgebung existiert. Insbesondere existieren zu je zwei verschiedenen Punkten p und q zwei zueinander fremde Umgebungen U(p) und V(q). Wir nennen $\mathfrak{S}$ das den Raum definierende Mengensystem.*

Es sei nun M irgendeine Teilmenge des Raumes R. Die Punkte von M sind Folgen von Dingen des Dingsystems $\mathfrak{S}$, welche den Bedingungen 1. und 2. genügen. Bilden wir für jede Menge des den Raum R definierenden Mengensystems $\mathfrak{S}$ den Durchschnitt mit M, wobei wir etwaige leere Durchschnitte weglassen, so ist das so entstehende abzählbare Mengensystem $\mathfrak{S}_M$ ein die Menge M als Raum definierendes abzählbares Mengensystem. In der Tat, jeder Punkt p von M ist Durchschnitt einer monoton abnehmenden Folge von Mengen des Systems $\mathfrak{S}_M$, welche sich auf p zusammenzieht, d. h. so, daß jede p enthaltende Menge aus $\mathfrak{S}_M$ fast alle Mengen der Folge, deren Durchschnitt p ist, als Teilmengen enthält. Zwei Punkte p und q von M sind dann und nur dann identisch, wenn jede p enthaltende Menge von $\mathfrak{S}_M$ auch q enthält und umgekehrt. Ist U eine den Punkt p von M enthaltende Menge des Systems $\mathfrak{S}_M$, so existiert eine p enthaltende Menge U' im System $\mathfrak{S}_M$, so daß jeder in U nicht enthaltene Punkt von M in einer zu U' fremden Menge des Systems $\mathfrak{S}_M$ enthalten ist. In dieser Weise kann also jede Teilmenge eines Raumes in sich betrachtet und selbst als Raum aufgefaßt werden.

Wir haben im vorigen Abschnitt (S. 13) hervorgehoben, daß der R_n sowohl mit Hilfe des Systems der rationalen Kugeln als auch mit Hilfe des Systems der rationalen Intervalle gegeben werden kann, und haben damit zwei Räume, deren Punkte als Folgen von Dingen verschiedener Systeme definiert sind, als gleich bezeichnet. Damit allgemein von einer Gleichheit der Räume R und R', deren Punkte als Folgen von Dingen der Systeme $\mathfrak{S}$ bzw. $\mathfrak{S}'$ erklärt sind, gesprochen werden könne, ist zunächst erforderlich, daß die den oben erwähnten Forderungen genügende Relation des Teilseins nicht nur innerhalb der Systeme $\mathfrak{S}$ und $\mathfrak{S}'$ definiert sei, sondern daß auch für je zwei Dinge U und U', von denen das eine dem System $\mathfrak{S}$, das andere dem System $\mathfrak{S}'$ angehört, feststehe, ob eines Teil des anderen sei oder nicht. Dies erst ermöglicht eine Vergleichung der Punkte von R und der Punkte von R', d. h. die Entscheidung, ob auf Grund der Definition der Gleichheit von Raumpunkten der Punkt p von R, welcher durch eine Folge $\{U_k\}$ ($k = 1, 2, \ldots$ ad inf.) von Dingen aus $\mathfrak{S}$ gegeben ist, und der Punkt p' von R', welcher durch eine Folge $\{U'_k\}$ ($k = 1, 2, \ldots$ ad inf.) von Dingen aus $\mathfrak{S}'$ gegeben ist, auf Grund der Gleichheitsdefinition für Punkte gleich sind oder nicht. Sie heißen dann und nur dann gleich, wenn für jedes natürliche k der Punkt p in U'_k und der Punkt p' in U_k enthalten ist, d. h. wenn für jedes natürliche k in U'_k eines (und daher fast alle) der U_i und in U_k eines (und daher fast alle) der U'_i als Teil enthalten sind. Die Räume R und R' heißen **gleich**, wenn jeder Punkt von R gleich einem Punkt von R' und jeder Punkt von R' gleich einem Punkt von R ist.

Sind die Punkte von R als Folgen von Dingen des Systems $\mathfrak{S}$, die Punkte von R' als Folgen von Dingen des Systems $\mathfrak{S}'$ gegeben, und sind die Räume R und R' gleich, dann stehen die Systeme $\mathfrak{S}$ und $\mathfrak{S}'$ der Mengen, welche den Dingen der Systeme $\mathfrak{S}$ bzw. $\mathfrak{S}'$ entsprechen, zueinander offenbar in folgender Beziehung: Für jeden Punkt p von R existiert zu jeder p enthaltenden Menge U von $\mathfrak{S}$ eine p enthaltende Menge U' von $\mathfrak{S}'$, die $\subset U$ ist, und zu jeder p enthaltenden Menge U' von $\mathfrak{S}'$ eine p enthaltende Menge U von $\mathfrak{S}$, die $\subset U'$ ist. Wir drücken diese Beziehung dahin aus, daß wir die Mengensysteme $\mathfrak{S}$ und $\mathfrak{S}'$ als gleichwertig bezeichnen, indem wir allgemein ein Mengensystem $\mathfrak{T}$ mit dem den Raum R definierenden Mengensystem $\mathfrak{S}$ **gleichwertig** nennen, wenn für jeden Punkt p von R zu jeder p enthaltenden Menge U von $\mathfrak{S}$ eine p enthaltende Teilmenge V von

$\mathfrak{T}$ und zu jeder p enthaltenden Menge V von $\mathfrak{T}$ eine p enthaltende Teilmenge U von $\mathfrak{S}$ existiert. Offenbar besitzt jedes abzählbare System von nichtleeren Teilmengen eines Raumes R, welches mit dem R definierenden Mengensystem gleichwertig ist, selbst alle Eigenschaften eines R definierenden Mengensystems. Z. B. ist jeder Punkt p des Raumes auch Durchschnitt einer sich auf p zusammenziehenden Folge von p enthaltenden Mengen des Systems $\mathfrak{T}$. So wie zufolge der Identitätsdefinition für Punkte ein Punkt eines Raumes im allgemeinen durch verschiedene Folgen von Dingen bzw. von Mengen eines den Raum definierenden Systems gegeben werden kann, so kann ein Raum im allgemeinen durch verschiedene (untereinander gleichwertige) definierende Systeme von Teilmengen gegeben werden.

Jedes einen Raum definierende Mengensystem $\mathfrak{S}$ ergibt eine Limesdefinition für den Raum. Die Punktefolge $\{p_i\}$ $(i = 1, 2, \ldots$ ad inf.) heißt gegen den Punkt p auf Grund des den Raum definierenden Mengensystems $\mathfrak{S}$ *konvergent*, wenn jede p enthaltende Menge des Systems $\mathfrak{S}$ fast alle Punkte p_i enthält. Die Limesdefinitionen auf Grund gleichwertiger Mengensysteme sind, wie man mühelos bestätigt, identisch: Wenn der Punkt p, der gegeben ist durch die Folge $\{U_k\}$ $(k = 1, 2, \ldots$ ad inf.) von Dingen aus $\mathfrak{S}$, auf Grund von $\mathfrak{S}$ Limespunkt der Punktfolge $\{p^i\}$ $(= 1, 2, \ldots$ ad inf.) ist, d. h. wenn jedes U_k fast alle p^i enthält, dann ist, falls $\mathfrak{S}$ und $\mathfrak{S}'$ gleichwertig sind, der Punkt p auch auf Grund von $\mathfrak{S}'$ Limespunkt der Punktefolge $\{p^i\}$ und umgekehrt.

Werfen wir zum Abschluß einen Blick auf die zur Einführung des Raumbegriffes in diesem Abschnitt verwendeten *Methoden:* Wir haben die Begriffe „Punkt des Raumes" und „Raum" durch ein Verfahren eingeführt, welches völlig analog ist der Einführung der Begriffe reelle Zahl und Zahlgerade oder Punkt des R_n und R_n. Das Verfahren besteht im Ausgehen von einem abzählbaren System von Dingen und in der Erklärung der Punkte als Folgen von Dingen gemäß gewissen Bedingungen. Der Unterschied von der Begründung der Lehre von den reellen Zahlen besteht lediglich darin, daß wir von der speziellen arithmetischen Gegebenheit der Dinge des abzählbaren Ausgangssystems und von der speziellen arithmetischen Natur der für diese Dinge definierten Relationen (des Teilseins, des Fremdseins) abstrahieren, also von einer Tatsache absehen, welche beim Aufbau wichtiger Teile der Lehre von der Zahlgeraden und von R_n, wie erwähnt, gar keine Rolle spielt. Die Abstraktion ist übrigens analog jener, welche vom Begriff des speziellen Zahlenkörpers zum Begriff des abstrakten Körpers führt. Wir operieren endlich mit beliebigen Teilmengen des Raumes nach den im vorigen Abschnitt angeführten Regeln, welche eine weitgehende Analogie mit den Regeln für das Rechnen mit reellen Zahlen aufweisen.

abzählbarvielen endlichen und daher abgeschlossenen Mengen, ohne selbst abgeschlossen zu sein. Denn das Komplement von M, die Menge aller Punkte mit irrationaler Koordinate, ist nicht offen, da dieses Komplement kein Intervall des R_1 als Teilmenge enthält. Das Komplement von M ist jedoch Durchschnitt von abzählbarvielen offenen Mengen. Wir nennen eine Menge, welche Summe von abzählbarvielen abgeschlossenen Mengen ist, eine F_σ-Menge oder kurz ein F_σ. Und wir nennen jede Menge, welche Durchschnitt von abzählbarvielen offenen Mengen ist, eine G_δ-Menge oder kurz ein G_δ. Die abgeschlossenen Mengen gehören zu den F_σ, die offenen Mengen zu den G_δ. Das Komplement jedes F_σ ist ein G_δ, das Komplement jedes G_δ ist ein F_σ. Ferner überzeugt man sich leicht davon, daß die Summe von endlich- oder abzählbarvielen und der Durchschnitt von endlichvielen F_σ-Mengen ein F_σ ist und daß entsprechend der Durchschnitt von endlich- oder abzählbarvielen und die Summe von endlichvielen G_δ-Mengen ein G_δ ist. Hingegen zeigt sich, daß man durch Betrachtung der Durchschnitte von abzählbarvielen F_σ und der Summen von abzählbarvielen G_δ zu umfassenderen Mengenklassen, den sog. $F_{\sigma\delta}$ bzw. $G_{\delta\sigma}$, gelangt. Auf diese Weise kann man fortfahren und, wie sich zeigt, zu immer allgemeineren Mengenklassen aufsteigen. Man bezeichnet jene Mengen, welche durch iterierte Summen- und Durchschnittsbildung aus abgeschlossenen und offenen Mengen hervorgehen, als **Borelsche Mengen.** Wir werden im folgenden bloß mit jenen Borelschen Mengen zu tun haben, die als F_σ und G_δ bezeichnet wurden.

Um eine wichtige für die abgeschlossenen Mengen charakteristische Eigenschaft bequem aussprechen zu können, führen wir folgende Ausdrucksweise ein: Ist M eine Teilmenge und p ein Punkt eines separabeln Raumes R, so nennen wir p einen **Häufungspunkt der Menge M,** falls jede Umgebung des Punktes p einen von p verschiedenen Punkt der Menge M enthält. Ist der Punkt p, welcher durch die Folge der Mengen $\{U_k\}$ ($k = 1, 2, \ldots$ ad inf.) des Systems $\mathfrak{S}$ gegeben ist, Häufungspunkt der Menge M, so können wir für jede natürliche Zahl k einen von p verschiedenen Punkt p_k der Menge $M \cdot U_k$ bestimmen. Die Menge M' der so bestimmten Punkte p_k ($k = 1, 2, \ldots$ ad inf.) (die übrigens nicht paarweise verschieden sein müssen) ist, wie man leicht sieht, *eine gegen p konvergente Punktefolge,* d. h. eine Punktefolge, die p als Limespunkt besitzt.

Wir zeigen nun: *Eine Teilmenge A eines separabeln Raumes R ist dann und nur dann abgeschlossen* (d. h. Komplement einer offenen Menge), *wenn jeder Häufungspunkt von A Punkt von A ist.* Wir beweisen, was formal allgemeiner ist: Ist M eine Teilmenge eines separabeln Raumes R und ist M' eine Teilmenge von M, so ist, damit M' in M abgeschlossen sei, notwendig und hinreichend, daß jeder zu M gehörige Häufungspunkt von M' Punkt von M' sei. Ist *erstens* p ein zu M gehöriger Häufungspunkt der in M abgeschlossenen Menge M', so ist p auch ein Punkt von M'. Denn andernfalls wäre ja p ein Punkt der Menge $M - M'$, und da diese Menge in M offen ist, existierte eine Umgebung $U(p)$ des Punktes p, so daß $M \cdot U(p)$ Teilmenge von $M - M'$ wäre; dies ist aber unmöglich, da p Häufungspunkt von M' sein soll und daher jede Umgebung von p einen von p verschiedenen Punkt von M' enthalten muß. — Wenn *zweitens* das Komplement der Menge M' zu M, d. h. die Menge $M - M'$, nicht offen in M ist, so enthält $M - M'$ einen Punkt p, von dem für keine Umgebung U die Menge $U \cdot M \subset M - M'$ ist, d. h. es existiert ein Punkt von $M - M'$, welcher Häufungspunkt von M' ist. Damit ist unsere Behauptung bewiesen.

Ein Punkt p des Raumes R, der nicht Häufungspunkt von R ist, heißt ein **isolierter Punkt** des Raumes. Bezeichnen wir mit (p) die aus dem Punkt p bestehende Menge, so ist die Menge $R - (p)$ offenbar dann und nur dann abgeschlossen, wenn p ein isolierter Punkt von R ist. Wir sehen also: *Ein Punkt p ist dann und nur dann isoliert, wenn die Menge (p) offen ist.* Ist $\{U_k\}$ ($k = 1, 2, \ldots$ ad inf.) irgendeine monoton abnehmende Folge von Mengen des den Raum definierenden Systems, welche den Punkt p definiert, so ist für eine gewisse natürliche Zahl k (und daher auch für jede natürliche Zahl $> k$) die Menge U_k Teil der offenen Menge (p) und daher mit p identisch. Wir sehen also: *In jeder den Punkt p definierenden monoton abnehmenden Folge offener Mengen sind dann und* (offenbar auch) *nur dann, wenn p ein isolierter Punkt ist, fast alle Mengen mit (p) identisch.* Insbesondere kann ein isolierter Punkt p gegeben werden durch eine Folge von Mengen, von denen jede mit (p) identisch ist.

Ist $\{M_n\}$ ($n = 1, 2, \ldots$ ad inf.) eine Folge von Teilmengen des Raumes, so wird die Menge aller Punkte des Raumes, für welche jede Umgebung mit unendlichvielen (bzw. mit fast allen) Mengen M_n Punkte gemein hat, mit $\overline{\lim\limits_{n=\infty}} M_n$ (bzw. $\underline{\lim\limits_{n=\infty}} M_n$) bezeichnet. Gilt für die Mengenfolge $\{M_n\}$ die Beziehung $\overline{\lim\limits_{n=\infty}} M_n = \underline{\lim\limits_{n=\infty}} M_n = M$, so heißt die Folge *konvergent* und die Menge M ihr *Limes*. Insbesondere heißt also die Mengenfolge $\{M_n\}$ gegen den Punkt p (genauer gegen die aus p bestehende Menge) konvergent, falls jede Umgebung von p mit fast allen Mengen M_n Punkte gemein hat, während jeder von p verschiedene Punkt in einer Umgebung enthalten ist, die zu fast allen Mengen M_n fremd ist. Man bestätigt leicht, daß für jede Mengenfolge $\{M_n\}$ die (evtl. leeren) Mengen $\overline{\lim\limits_{n=\infty}} M_n$ und $\underline{\lim\limits_{n=\infty}} M_n$ abgeschlossen sind.

Ist M irgendeine Teilmenge eines separabeln Raumes und bezeichnet M' die Menge aller Häufungspunkte von M, so nennen wir die Menge $M + M'$

die **abgeschlossene Hülle der Menge M** und bezeichnen diese Menge mit $\overline{M}$. Auch in allen folgenden Kapiteln wird stets mit $\overline{M}$ die abgeschlossene Hülle der Menge M im eben definierten Sinn bezeichnet. Zur Rechtfertigung der Bezeichnung „abgeschlossene" Hülle wollen wir zeigen: *Für jede Teilmenge M eines separabeln Raumes ist die Menge $\overline{M}$ abgeschlossen.* Sei nämlich p irgendein Häufungspunkt der Menge $\overline{M}$. Wir haben zu zeigen, daß p auch Punkt von $\overline{M}$ ist, und weisen sogar nach, daß p Häufungspunkt der Menge M ist. Wäre dies nicht der Fall, so existierte eine Umgebung $U(p)$, welche keinen von p verschiedenen Punkt der Menge M enthielte. Da p als Häufungspunkt der Menge $\overline{M}$ vorausgesetzt ist, existiert ein von p verschiedener Punkt q der Menge $\overline{M} \cdot U(p)$. Da der Punkt q von p verschieden ist, existiert eine Umgebung $V(q)$, welche den Punkt p nicht enthält. Auch die Menge $W(q) = V(q) \cdot U(p)$ ist eine Umgebung von q, welche p nicht enthält, und zwar eine Teilumgebung von $V(q)$. Da q ein Punkt von $\overline{M}$ sein soll, der nicht zu M gehört, so enthält die Umgebung $W(q)$ einen Punkt der Menge M. Dieser Punkt ist aber ein von p verschiedener Punkt der Menge $M \cdot U(p)$, während ein solcher Punkt nicht existieren soll. Die Annahme der Unrichtigkeit unserer Behauptung von der Abgeschlossenheit der abgeschlossenen Hülle führt also auf einen Widerspruch.

Die abgeschlossene Hülle $\overline{M}$ ist eine M enthaltende abgeschlossene Menge und in gewissem Sinn die kleinste M enthaltende abgeschlossene Menge; denn jede abgeschlossene Menge, welche M als Teilmenge enthält, enthält auch die Menge $\overline{M}$ als Teilmenge. Die Summe der Mengen des abzählbaren Systems $\mathfrak{S}$, welche Teilmengen einer gegebenen Menge M sind, heißt der **offene Kern** von M. Diese (evtl. leere) Menge ist die größte offene Teilmenge von M, d. h. in jeder offenen Teilmenge von M als Teil enthalten.

Durch die Definition der Menge $\overline{M}$ wird jeder Menge des Raumes R gleichsam als Funktion eine gewisse andere Menge zugeordnet. Auch das Komplement $R - M$ läßt sich als eine der Menge M zugeordnete Funktion auffassen. Während aber das Komplement eine *eindeutige Funktion mit eindeutiger Umkehrung* ist (Mengen mit identischem Komplement sind identisch, Mengen mit verschiedenem Komplement sind verschieden), wird durch die Bildung der abgeschlossenen Hülle eine eindeutige Funktion mit im allgemeinen mehrdeutiger Umkehrung definiert. Verschiedene Mengen können dieselbe abgeschlossene Hülle haben. Beispielsweise haben im R_1, in der Zahlengeraden, sowohl der R_1 selbst als auch die F_σ-Menge aller Punkte mit rationaler Koordinate als auch die G_δ-Menge der Punkte mit irrationaler Koordinate dieselbe Menge, nämlich den R_1, zur abgeschlossenen Hülle. Man bestätigt für die Funktion „abgeschlossene Hülle" mühelos folgendes „Additionstheorem": Für je zwei Teilmengen M und N eines separabeln Raumes gilt

$$\overline{M+N} = \overline{M} + \overline{N},$$
und allgemein gilt für jede Summe von endlichvielen Mengen
$$\overline{\sum_{i=1}^{n} M_i} = \sum_{i=1}^{n} \overline{M}_i.$$
Für abzählbarviele Summanden gilt zwar stets
$$\overline{\sum_{i=1}^{\infty} M_i} \supset \sum_{i=1}^{\infty} \overline{M}_i,$$
aber nicht notwendig $\overline{\sum\limits_{i=1}^{\infty} M_i} = \sum\limits_{i=1}^{\infty} \overline{M}_i$. Beispielsweise ist, wenn wir im R_1 die Punkte mit rationaler Koordinate in eine Folge $\{p_k\}$ ($k=1,2,\ldots$ ad inf.) anordnen und mit M_k die aus dem Punkt p_k bestehende Menge bezeichnen,
$$\sum_{k=1}^{\infty} \overline{M}_k = \sum_{k=1}^{\infty} M_k + \overline{\sum_{k=1}^{\infty} M_k} = R_1.$$
Da die Menge $\overline{M}$, wie wir sahen, stets abgeschlossen, also mit ihrer abgeschlossenen Hülle identisch ist, erfüllt die Funktion „abgeschlossene Hülle" auch die Beziehung $\overline{\overline{M}} = \overline{M}$.

Insbesondere besitzt auch jede offene Menge eine abgeschlossene Hülle. Wir nennen eine Menge, welche abgeschlossene Hülle einer offenen Menge ist, ein **Stück** des Raumes. Sind U und V zwei offene Mengen, so ist $U \cdot \overline{V}$ als Durchschnitt von U mit der abgeschlossenen Menge $\overline{V}$ in U abgeschlossen; also ist, wovon wir häufig Gebrauch machen werden, die Menge
$$U - U \cdot \overline{V}$$
in der offenen Menge U offen und daher eine offene Menge. — Aus der Fremdheit zweier offenen Mengen folgt keineswegs notwendig die Fremdheit der zugehörigen Stücke. So sind z. B. im R_1 die offenen Intervalle (0, 1) und (1, 2) fremd, die zugehörigen Stücke, die abgeschlossenen Intervalle [0, 1] und [1, 2] haben den Punkt 1 gemein. *Es sind jedoch*, was wir häufig benutzen werden, *wenn die offenen Mengen U und V fremd sind, auch die Mengen $\overline{U}$ und V, sowie die Mengen U und $\overline{V}$ fremd*. Denn wenn die offene Menge U keine Punkte einer Menge M enthält, dann enthält U auch keine Häufungspunkte von M.

Wir hatten im vorigen Abschnitt über das den Raum definierende System $\mathfrak{S}$ folgende Voraussetzung gemacht: Ist p ein Punkt des Raumes und ist U eine Umgebung von p, so existiert im System $\mathfrak{S}$ eine Umgebung U' von p, so daß $U' \subset U$ gilt und daß jeder Punkt von $R - U$ in einer zu U' fremden Umgebung enthalten ist. Wir können diese Voraussetzung nun auch dahin aussprechen, daß zu jeder Umgebung U eines Punktes p im System $\mathfrak{S}$ eine Umgebung $U' \subset U$ von p existiert, so daß kein Punkt von $R - U$ Häufungspunkt von U' ist, daß also eine Umgebung U' existiert, die nebst allen ihren Häufungspunkten Teilmenge von U ist, für die mithin, wie wir dies auch ausdrücken können, die Beziehung gilt $\overline{U}' \subset U$. Wenn für zwei offene Mengen die eine nicht nur Teilmenge der anderen, sondern nebst ihren Häufungspunkten Teilmenge der anderen ist, so wollen wir sagen, die eine sei **Teilmenge im schärferen Sinn** von der anderen, und wollen, da sich die Einführung eines eigenen Symbols für diese Beziehung als sehr zweckmäßig erweist,

$$U \Subset V \quad \textit{gleichbedeutend mit} \quad \overline{U} \subset V$$

schreiben. Unsere Voraussetzung über den Raum läßt sich dann so aussprechen: *Zu jeder Umgebung U eines Punktes p enthält das System $\mathfrak{S}$ eine Umgebung U' von p, für die $U' \Subset U$ gilt.*

Wir können nun, nebenbei bemerkt, unsere Voraussetzungen über den Raum in folgende Sätze zusammenfassen: *Es ist ein abzählbares System $\mathfrak{S}$ von nichtleeren Teilmengen gegeben. Jeder Punkt ist Durchschnitt einer auf den Punkt sich zusammenziehenden Folge* $\{U_k\}$ ($k = 1, 2, \ldots$ ad inf.) *von Mengen aus $\mathfrak{S}$, so daß für jedes k die Beziehung gilt $U_{k+1} \Subset U_k$. Zwei Punkte p und q sind dann und nur dann identisch, wenn jede Menge des Systems $\mathfrak{S}$, welche p enthält, auch q enthält und umgekehrt.*

Wir wollen nun die Annahme, daß zu jeder Umgebung U von p eine Umgebung $U' \Subset U$ von p im System $\mathfrak{S}$ existiert, heranziehen zum Beweise für folgenden mehrfach verwendbaren Satz, welcher gestattet, von zwei in ihrer Summe abgeschlossenen Mengen die eine, abgesehen von ihrem Durchschnitt mit der zweiten, in eine Umgebung einzubetten, deren abgeschlossene Hülle zur zweiten Menge, abgesehen von ihrem Durchschnitt mit der ersten, fremd ist. Der Satz gestattet also, wie insbesondere aus unten besprochenen Spezialfällen hervorgeht, von zwei in ihrer Summe abgeschlossenen Mengen die eine von der anderen durch eine offene Menge gleichsam möglichst zu trennen, weshalb wir ihn nennen

Allgemeiner Trennungssatz. Voraussetzung: *Die Menge M des separabeln Raumes R sei Summe der beiden in M abgeschlossenen Mengen A und B. Es sei ferner eine offene Menge $W \supset A - A \cdot B$ gegeben.*

Behauptung: *Es existiert eine offene Menge U, so daß die Beziehungen gelten*

$$1.\ A - A \cdot B \subset U \subset W, \qquad 2.\ \overline{U} \cdot M = \overline{U} \cdot A.$$

Da B in M abgeschlossen ist, gilt $\overline{B} \cdot A = B \cdot A$ und daher $A - A \cdot B = A - A \cdot \overline{B} \subset R - \overline{B}$. Ferner ist $A - A \cdot B \subset W$ vorausgesetzt. Es ist also $A - A \cdot B \subset W \cdot (R - \overline{B})$. Die Menge $W \cdot (R - \overline{B})$ ist offen. Also existiert zu jedem Punkt p der Menge $A - A \cdot B$ in dem den Raum R definierenden System $\mathfrak{S}$ (auf Grund der Annahme über dieses System) eine Umgebung $U(p)$, welche $\Subset W \cdot (R - \overline{B})$ ist. Ebenso existiert zu jedem Punkt q der Menge $B - A \cdot B$ eine Umgebung $V(q) \leqq R - \bar{A}$. Die Mengen des abzählbaren Systems $\mathfrak{S}$, welche mit der Menge $A - A \cdot B$ Punkte gemein haben und $\leqq W \cdot (R - \bar{B})$ sind, ordnen wir in eine Folge, welche wir mit $\{U_k'\}$ ($k = 1, 2, \ldots$ ad inf.) bezeichnen. Dann gilt also $A - B \cdot A \subset \sum_{k=1}^{\infty} U_k'$. Ebenso denken wir die Mengen des Systems $\mathfrak{S}$, welche mit $B - A \cdot B$ Punkte gemein haben und $\leqq R - \bar{A}$ sind, in eine Folge geordnet, welche wir mit $\{V_k'\}$ ($k = 1, 2, \ldots$ ad inf.) bezeichnen. Dann gilt $B - A \cdot B \subset \sum_{k=1}^{\infty} V_k'$. Wir setzen nun

$$U_1 = U_1' - U_1' \cdot \bar{V}_1', \qquad U_k = U_k' - U_k' \cdot \sum_{i=1}^{k} \bar{V}_i \quad (k = 2, 3, \ldots \text{ ad inf.}),$$

$$V_1 = V_1' - V_1' \cdot \bar{U}_1', \qquad V_k = V_k' - V_k' \cdot \sum_{i=1}^{k} \bar{U}_i \quad (k = 2, 3. \ldots \text{ ad inf.}).$$

Dann sind die Mengen U_k und V_k offen, und es gilt für jedes natürliche k

$$U_k \subset U_k', \qquad V_k \subset V_k'.$$

Sei p irgendein Punkt von $A - A \cdot B$. Aus der Formel $A - A \cdot B \subset \sum_{k=1}^{\infty} U_k'$ folgt, daß p in mindestens einer der Mengen U_k', etwa in U_n', enthalten ist. Dann ist aber, da die Mengen $\bar{V}_i'$ und daher erst recht die Mengen $\bar{V}_i$ Teilmengen von $R - \bar{A}$ und daher zu A fremd sind, der Punkt p auch enthalten in U_n, laut Definition dieser Menge, und es gilt also $A - A \cdot B \subset \sum_{k=1}^{\infty} U_k$ und aus analogen Gründen $B - B \cdot A \subset \sum_{k=1}^{\infty} V_k$. Setzen wir $\sum_{k=1}^{\infty} U_k = U$, so gilt also

$$1. \; A - A \cdot B \subset U \subset W.$$

Um für die Menge U auch die Gültigkeit der Beziehung 2 des Lemmas, nämlich $\bar{U} \cdot M = \bar{U} \cdot A$ nachzuweisen, haben wir offenbar zu zeigen, daß die Menge $\bar{U}$ zur Menge $B - A \cdot B$ fremd ist. Nun gilt aber, wenn wir $\sum_{k=1}^{\infty} V_k = V$ setzen, $B - A \cdot B \subset V$, und es genügt daher nachzuweisen, daß die Mengen $\bar{U}$ und V fremd sind. Dies wieder ist sicher dann der Fall, wenn die Mengen U und V fremd sind, denn wenn kein Punkt von U in V liegt, dann liegt auch kein Häufungspunkt von U in V (vgl. S. 30). Zum Nachweis der Fremdheit von U und V genügt es, zu zeigen, daß für je zwei natürliche Zahlen j und k die Mengen U_j und V_k zueinander fremd sind. Dies aber folgt, wenn $j \geqq k$ ist, unmittelbar aus der Formel $U_j = U_j' - U_j' \cdot \sum_{i=1}^{j} \bar{V}_i$, und für $j \leqq k$ aus der Formel $V_k = V_k' - V_k' \cdot \sum_{i=1}^{k} \bar{U}_i$. Damit ist der Satz bewiesen.

Wir hatten bereits im vorigen Abschnitt bewiesen, daß zu je zwei verschiedenen Punkten p und q zwei zueinander fremde offene Mengen U und V existieren, von welchen U den Punkt p und V den Punkt q enthält. Eine starke Verallgemeinerung dieser Tatsache ergibt sich aus dem eben bewiesenen Satz als

Korollar. *Sind A und B zwei zueinander fremde Mengen, die in ihrer Summe $A + B$ abgeschlossen sind, so existieren zwei zueinander fremde offene Mengen U und V, so daß $A \subset U$ und $B \subset V$ gilt.*

Wenn nämlich A und B fremd und in $A + B$ abgeschlossen sind, so sind, wenn wir $M = A + B$ und $W = R - \overline{B}$ setzen, die Voraussetzungen des Satzes offenbar erfüllt, und derselbe ergibt die Existenz einer offenen Menge U, so daß $A \subset U$ und $\overline{U} \cdot (A + B) = \overline{U} \cdot A$ gilt. Setzen wir $V = R - \overline{U}$, so gilt $B \subset V$, und die offene Menge V ist zu U fremd, womit das Korollar bewiesen ist.

Historisches. Die Begriffe der abgeschlossenen und offenen Menge, der abgeschlossenen Hülle und des offenen Kernes stammen von Cantor. Die Menge aller Häufungspunkte einer vorgelegten Menge M heißt nach Cantor die *Ableitung* von M. Die abgeschlossene Hülle $\overline{M}$ von M ist ihrer Definition zufolge Summe von M und der Ableitung von M. Die abgeschlossenen Mengen sind dadurch gekennzeichnet, daß sie ihre Ableitungen als Teil enthalten.

Kuratowski hat (Fund. Math. *3*, 1922, S. 182) allgemeine Mengen betrachtet, für deren Teilmengen eine „abgeschlossene Hülle" definiert ist. Jeder Teilmenge A einer derartigen Menge M ist eine Teilmenge $\overline{A}$ von M zugeordnet gemäß folgenden Bedingungen, welche, wie wir feststellten, von der abgeschlossenen Hülle im gewöhnlichen Sinn erfüllt werden: 1. $\overline{A + B} = \overline{A} + \overline{B}$, 2. $A \subset \overline{A}$, 3. $\overline{O} = O$, wobei O die leere Menge bezeichnet, 4. $\overline{\overline{A}} = \overline{A}$.

Relativ abgeschlossene und offene (d. h. in anderen Mengen abgeschlossene und offene) Mengen wurden zuerst von Hausdorff (Grundzüge der Mengenlehre, 1914, S. 250) betrachtet, F_σ- und G_δ-Mengen zuerst von W. H. und G. Ch. Young näher untersucht (The theory of sets of points, 1906, S. 53, 67, 235). Die Borelschen Mengen wurden insbesondere zu maßtheoretischen Untersuchungen von Borel betrachtet und werden im Französischen als *ensembles mésurables* (B) bezeichnet. Sie spielen eine wichtige Rolle in der Lehre von den reellen Funktionen.

Auf die Eigenschaft eines Raumes, daß zu je zwei fremden abgeschlossenen Mengen A und B zwei fremde Umgebungen U und V existieren, so daß $A \subset U$, $B \subset V$ gilt, haben Vietoris (Monatshefte f. Math. u. Phys. *31*, 1921, S. 190) und Tietze (Math. Ann. *88*, 1923, S. 301) hingewiesen. Topologische Räume (d. h. Mengen, in denen ein den Hausdorffschen Bedingungen A, B, C, D genügendes Umgebungssystem definiert ist, vgl. S. 23), in denen zu je zwei fremden abgeschlossenen Mengen zwei sie enthaltende fremde offene Mengen existieren, werden von Alexandroff und Urysohn (Math. Ann. *93*, 1924, S. 263) als *normal* bezeichnet, während (a. a. O.) topologische Räume, die dem Vietorisschen Axiom E (vgl. S. 23) genügen, *regulär* genannt werden. Offenbar ist jeder normale Raum regulär. Daß jeder dem zweiten Abzählbarkeitsaxiom (vgl. S. 23) genügende reguläre Raum normal ist, wurde von Tichonoff (Math. Ann. *98*, 1925, S. 301) bewiesen mit Hilfe der Methode, die wir oben zum Beweise des erheblich allgemeineren Trennungssatzes und Korollars verwendeten.

6. Die Begrenzungen offener Mengen.

Ist U eine offene Menge des Raumes, so bezeichnen wir die Menge aller nicht in U enthaltenen Häufungspunkte von U als die **Begrenzung** der Menge U. Wir wollen die Begrenzung der Menge U stets mit $B(U)$ bezeichnen. Es ist also

$$B(U) = \overline{U} - U.$$

Diese Formel setzt in Evidenz, *daß die Begrenzung jeder offenen Menge zur betreffenden offenen Menge fremd ist*. Es gilt mithin die Beziehung $B(U) = \overline{U} \cdot (R - U)$. Ferner sieht man, *daß die Begrenzung* einer offenen Menge das Komplement der offenen Menge zu ihrer abgeschlossenen Hülle, also eine in der abgeschlossenen Hülle abgeschlossene Menge und mithin *abgeschlossen ist*. Wenn man die Definitionsformel für $B(U)$ in der Gestalt schreibt

$$\overline{U} = U + B(U),$$

so erkennt man, daß das zu einer offenen Menge U gehörige Stück $\overline{U}$ mit der Summe der offenen Menge und ihrer Begrenzung identisch ist. Die oben für offene Mengen angegebene Definition des Teilseins im schärferen Sinn, derzufolge die Beziehung $U \gg V$ mit der Beziehung $U \supset \overline{V}$ gleichbedeutend ist, kann nunmehr auch so ausgesprochen werden: Ist V eine Teilmenge von U, so gilt $V \ll U$, falls auch die Begrenzung von V Teilmenge von U ist.

Noch eine weitere unmittelbare Folgerung kann aus der Definition der Begrenzung gezogen werden. Ist U eine offene Menge, so ist die Menge $\overline{U} - U$ offenbar dann und nur dann leer, wenn die Mengen $\overline{U}$ und U identisch sind. Dies ist aber dann und nur dann der Fall, wenn die Menge U abgeschlossen ist. Wir sehen also: *Die Begrenzung einer offenen Menge ist dann und nur dann leer, wenn die offene Menge abgeschlossen ist.*

Wir haben im vorigen Abschnitt gesehen: Wenn M eine Teilmenge des Raumes ist, so sind die Mengen, welche Durchschnitt von M mit einer offenen Menge sind, identisch mit jenen Mengen, welche, wenn M als Raum aufgefaßt wird, in M offen sind. Dabei sahen wir, daß zu einer in M offenen Menge M_0 verschiedene offene Mengen U', U'', ... des Raumes existieren können, so daß

$$M_0 = M \cdot U' = M \cdot U'' = \cdots$$

gilt. Wir wollen nun für eine solche „*relativ* offene" (in M offene) Menge M_0 betrachten die „*Relativ*begrenzung" $B(M_0)$, d. h. die Menge, welche im Raum M Begrenzung der offenen Menge M_0 ist, also die

Menge der in M enthaltenen Punkte, welche Häufungspunkte, aber nicht Punkte von M_0 sind,

$$B(M_0) = M \cdot \overline{M}_0 - M_0.$$

Ist $$M_0 = M \cdot U' = M \cdot U'' = \cdots,$$ so gilt

$$B(M_0) = M \cdot \overline{M \cdot U'} - M \cdot U' = M \cdot \overline{M \cdot U''} - M \cdot U'' = \cdots$$

Dabei ist zu beachten, daß zwar stets

$$B(M_0) = M \cdot \overline{M \cdot U'} - M \cdot U' \subset M \cdot (\overline{U}' - U') = M \cdot B(U'),$$
$$B(M_0) = M \cdot \overline{M \cdot U''} - M \cdot U'' \subset M \cdot (\overline{U}'' - U'') = M \cdot B(U''),$$
$$\cdots\cdots\cdots\cdots\cdots\cdots\cdots\cdots$$

gilt, daß aber keineswegs immer aus $M_0 = M \cdot U$ die Beziehung folgt $B(M_0) = M \cdot B(U)$. Man erkennt dies am einfachsten an folgendem Beispiel: Man lege als Raum den R_2, die Cartesische Ebene, zugrunde und bezeichne mit M die Gerade $y = 0$. Als eine in M offene Menge betrachten wir die Menge M_0, bestehend aus den Punkten $-1 < x < 1, y = 0$. Die Begrenzung $B(M_0)$ besteht aus den beiden Punkten $x = \pm 1$, $y = 0$. Nennen wir U den offenen Kreis um den Punkt (0, 0) mit dem Radius 1, so gelten offenbar die Beziehungen $M_0 = M \cdot U$ und $B(M_0) = M \cdot B(U)$. Nennen wir dagegen V die offene Menge der Punkte (x, y), wo

$$\begin{aligned} -1 < x < 2, &\qquad -1 < y < 0, \\ -1 < x < 1, &\qquad y = 0, \\ -1 < x < 1, &\qquad 0 < y < 1 \end{aligned}$$

gilt, so bestehen zwar die Beziehungen $M_0 = M \cdot V$ und $B(M_0) \subset M \cdot (V)$, aber es gilt nicht die Beziehung $B(M_0) = M \cdot B(V)$, weil $B(V)$ die Menge aller Punkte (x, y) ist, für die

$$\begin{aligned} x = -1, &\qquad -1 \leqq y \leqq 1, \\ -1 \leqq x \leqq 2, &\qquad y = -1, \\ x = 2, &\qquad -1 \leqq y \leqq 0, \\ 1 \leqq x \leqq 2, &\qquad y = 0, \\ x = 1, &\qquad 0 \leqq y \leqq 1. \\ -1 \leqq x \leqq 1, &\qquad y = 1 \end{aligned}$$

ist, so daß der Durchschnitt $M \cdot B(V)$ die Menge aller Punkte (x, y) ist, für die

$$\begin{aligned} x = -1, &\qquad y = 0, \\ 1 \leqq x \leqq 2, &\qquad y = 0 \end{aligned}$$

gilt, also auch Punkte enthält, die von den zwei Punkten $(\pm 1, 0)$ verschieden sind.

Es gilt nun aber die für das Folgende wichtige Tatsache, daß zu jeder in M offenen Menge M_0 immerhin mindestens eine offene Menge U des Raumes existiert, so daß die beiden Beziehungen gelten $M_0 = M \cdot U$ und $B(M_0) = M \cdot B(U)$, ja daß eine derartige offene Menge U innerhalb jeder vorgelegten Umgebung von M_0 existiert. Wir sprechen diese Tatsache aus als

Satz von den Relativbegrenzungen. *Ist M eine Teilmenge eines separabeln Raumes, M_0 eine in M offene Menge, W eine offene Menge, so daß $M_0 = M \cdot W$ gilt, dann existiert eine offene Menge U, so daß die Beziehungen gelten*

$$\alpha)\ U \subset W, \quad \beta)\ M_0 = M \cdot U, \quad \gamma)\ B(M_0) = M \cdot B(U).$$

Setzen wir $M \cdot \overline{W} = A$, $M \cdot \overline{M - M \cdot \overline{W}} = B$, dann sind die Mengen A und B in M abgeschlossen, und es gilt $A + B = M$. Es besteht ferner, wie man unschwer nachweist, die Beziehung $M_0 = A - A \cdot B \subset W$, so daß der allgemeine Trennungssatz (S. 31) angewendet werden kann. Derselbe ergibt die Existenz einer offenen Menge U, so daß 1. $A - A \cdot B \subset U \subset W$, 2. $\overline{U} \cdot M = \overline{U} \cdot A$ gilt. Aus 1. folgen die behaupteten Beziehungen $\alpha)$ $U \subset W$ und $\beta)$ $M_0 = M \cdot U$. Betrachten wir ferner die Menge $M \cdot B(U) = M \cdot \overline{U} - M \cdot U$, so sehen wir, daß diese Menge wegen 2. und $\beta)$ mit $M \cdot \overline{M}_0 - M_0$ identisch ist, womit auch die Behauptung $\gamma)$ erwiesen ist. —

Die Begrenzung kann, so wie die abgeschlossene Hülle, als eine für alle offenen Mengen definierte Funktion aufgefaßt werden und befriedigt, gleich der abgeschlossenen Hülle, eine wichtige Funktionalbeziehung, nämlich folgenden

Additionssatz für Begrenzungen offener Mengen. *Sind $U_1, U_2, \ldots, U_n$ endlich viele offene Mengen, so ist die Begrenzung ihrer Summe Teilmenge von der Summe der Begrenzungen der Summanden, d. h. es gilt*

$$B\left(\sum_{i=1}^{n} U_i\right) \subset \sum_{i=1}^{n} B(U_i).$$

Sei nämlich zum Beweise p irgendein Punkt der Menge $B\left(\sum_{i=1}^{n} U_i\right)$, d. h. ein Punkt, welcher Häufungspunkt der offenen Menge $\sum_{i=1}^{n} U_i$ ist, ohne ihr anzugehören. Wir haben zu zeigen, daß p Punkt von mindestens einer der Mengen $B(U_i)$ ist. Sicher gehört p keiner der Mengen U_i als Punkt an. Häufungspunkt von mindestens einer der Mengen U_i muß p als Häufungspunkt von $\sum_{i=1}^{n} U_i$ sein. Also ist p Punkt von mindestens einer der Mengen $B(U_i)$ $(i = 1, 2, \ldots, n)$, womit der Additionssatz bewiesen ist.

In gleicher Weise erkennt man übrigens die Gültigkeit der Formeln $B(U - U \cdot \overline{V}) \subset B(U) + B(V)$, $B\left(\prod_{i=1}^{n} U_i\right) \subset \sum_{i=1}^{n} B(U_i)$ und ähnlicher

Formeln, die jedoch von geringerer Wichtigkeit sind. Bedeutungsvoll ist dagegen die Frage nach Verallgemeinerungen des Additionssatzes für abzählbarviele Summanden. Man sieht zunächst, daß ohne irgendwelche Einschränkungen eine Verallgemeinerung der Formel $B\left(\sum_{i=1}^{n} U_i\right) \subset \sum_{i=1}^{n} B(U_i)$ auf abzählbarviele Summanden völlig unrichtig ist. Die Begrenzung der Summe von abzählbarvielen offenen Mengen ist nicht notwendig Teil von der Summe der Begrenzungen der Summanden, sie kann sogar zur Summe der Begrenzungen der Summanden fremd sein. Dies geht aus folgendem einfachen Beispiel hervor: Man lege als Raum den R_2, die Cartesische Ebene, zugrunde und bezeichne mit U_n ($n = 1, 2, \ldots$ ad inf.) den offenen Kreis um den Punkt (0, 0) mit dem Radius $\frac{n}{n+1}$. Die Begrenzung von U_n ist die Kreislinie mit dem Radius $\frac{n}{n+1}$. Betrachten wir nun die offene Menge $U = \sum_{n=1}^{\infty} U_n$, so sehen wir, daß U der offene Kreis um den Punkt (0, 0) mit dem Radius 1 ist, daß also die Menge $B(U)$ die Kreislinie um den Ursprung mit dem Radius 1 und mithin zur Menge $\sum_{n=1}^{\infty} B(U_n)$ fremd ist.

Es ist nun eine Tatsache, die wichtiger Anwendungen (vgl. Kap. III, S. 127ff.) fähig ist, daß *für besonders geartete Folgen von offenen Mengen* ein gewisser *Ersatz* für den Additionssatz der Begrenzungen gültig ist. Wenn nämlich $\{U_k\}$ ($k = 1, 2, \ldots$ ad inf.) eine Folge offener Mengen ist, die eine vorgelegte abgeschlossene Teilmenge A des Raumes teilweise überdeckt, und zwar derart, daß für eine Folge $\{V_i\}$ von Umgebungen von A, für welche $A = \prod_{i=1}^{\infty} \overline{V}_i$ gilt, jede Menge V_i fast alle Mengen U_k als Teilmengen enthält — unter diesen Voraussetzungen ist die Begrenzung der Summe der offenen Mengen U_k zwar nicht notwendig Teilmenge von der Summe der Begrenzungen der U_k, aber immerhin *bis auf eine abgeschlossene Teilmenge des nicht überdeckten Teiles der Menge* A Teilmenge von $\sum_{n=1}^{\infty} B(U_k)$. Präzis ausgedrückt gilt folgender

Verallgemeinerter Additionssatz für Begrenzungen offener Mengen.

Voraussetzungen: *Es sei A eine abgeschlossene Teilmenge eines separabeln Raumes, T irgendeine Teilmenge von A und* $\{V_i\}$ ($i = 1, 2, \ldots$ ad inf.) *eine Folge von Umgebungen von A, so daß $A = \prod_{i=1}^{\infty} \overline{V}_i$ gilt. Es sei ferner* $\{U_k\}$ ($k = 1, 2, \ldots$ evtl. ad inf.) *eine abzählbare Folge von offenen Mengen, derart, daß*

1. $T \subset \sum_{k=1}^{\infty} U_k$ *gilt und daß*

2. *jede der Mengen* V_i *fast alle Mengen* U_k *als Teilmengen enthält.*

Behauptung: *Dann gilt*

$$B\left(\sum_{k=1}^{\infty} U_k\right) \subset \sum_{k=1}^{\infty} B(U_k) + F,$$

wo F eine abgeschlossene Teilmenge von A — T bezeichnet.

Es seien die Voraussetzungen des verallgemeinerten Additionssatzes erfüllt. Wir setzen $U = \sum_{k=1}^{\infty} U_k$ und haben zu zeigen, daß jeder Punkt von $B(U)$ entweder Punkt von einer der Mengen $B(U_k)$ oder Punkt von einer abgeschlossenen Teilmenge von $A - T$ ist. Wir beweisen zunächst: Unter den getroffenen Voraussetzungen ist jeder Punkt von $B(U)$ entweder Punkt von einer der Begrenzungen $B(U_k)$ oder Punkt von A. Diese Behauptung kann auch so ausgesprochen werden: Ist p ein Punkt von $B(U)$, welcher nicht Punkt von A ist, so ist p Punkt von mindestens einer der Mengen $B(U_k)$.

Nehmen wir zum Beweis dieser Behauptung an, p sei Punkt von $B(U)$, aber nicht Punkt von A. Dann ist also p, da $\prod_{i=1}^{\infty} \overline{V}_i = A$ gilt, auch in einer Menge der Folge $\{\overline{V}_i\}$, etwa in $\overline{V}_i$, nicht enthalten. In der Menge V_i sind nach Voraussetzung 2. über die Folge $\{U_k\}$ fast alle Mengen U_k als Teilmengen enthalten. Es seien etwa alle Mengen U_k, ausgenommen die Mengen $U_{i_1}, U_{i_2}, \ldots, U_{i_n}$, Teilmengen von V_i. Dann gilt also $U - (U_{i_1} + U_{i_2} + \cdots + U_{i_n}) \subset V_i$. Setzen wir zur Abkürzung $U^* = U - (\overline{U}_{i_1} + \overline{U}_{i_2} + \cdots + \overline{U}_{i_n})$, so gilt

$$U^* + U_{i_1} + U_{i_2} + \cdots + U_{i_n} \subset U \quad \text{und} \quad \overline{U}^* + \overline{U}_{i_1} + \overline{U}_{i_2} + \cdots \overline{U}_{i_n} = \overline{U},$$

also $$B(U) \subset B(U^*) + B(U_{i_1}) + B(U_{i_2}) + \cdots\ B(U_{i_n}).$$

Der Punkt p ist nach Annahme Punkt von $B(U)$, gehört also mindestens einem der Summanden der rechten Seite dieser Formel an. Der Menge $B(U^*)$ kann p nicht angehören, denn es ist $U^* \subset V_i$, mithin $B(U^*) \subset \overline{U}^* \subset \overline{V}_i$, und p liegt im Komplement von $\overline{V}_i$. Also muß p mindestens einer der Mengen $B(U_{i_1}), B(U_{i_2}), \ldots, B(U_{i_n})$ angehören. Damit ist gezeigt, daß jeder Punkt von $B(U)$, der nicht in A liegt, einer der Mengen $B(U_i)$ angehört, daß also jeder Punkt von $B(U)$ entweder zu einer der Mengen $B(U_k)$ oder zu A gehört.

Betrachten wir nun die Menge aller zu A gehörigen Punkte von $B(U)$, d. h. die Menge $A \cdot B(U)$. Nennen wir diese Menge der Kürze halber F.

Als Durchschnitt der abgeschlossenen Mengen A und $B(U)$ ist F abgeschlossen. Ferner gilt $F \subset A - T$. Denn nach Voraussetzung 1. über die Folge $\{U_k\}$ gilt $T \subset U$. Da $B(U)$ zu U fremd ist, ist T zur Menge $B(U)$ und daher zu $F \subset B(U)$ fremd. Damit ist also bewiesen, daß jeder Punkt von $B(U)$ entweder zu einer der Mengen $B(U_k)$ oder zu einer abgeschlossenen Teilmenge von $A - T$ gehört, wie der verallgemeinerte Additionssatz behauptet.

Historisches. Die angegebene Definition der Begrenzung offener Mengen stimmt völlig mit der in der Funktionentheorie üblichen Definition der Begrenzung oder des Randes von offenen Mengen überein. Man kann für eine *beliebige* Teilmenge M des Raumes R die Menge $\overline{M} \cdot \overline{R - M}$ als Begrenzung von M bezeichnen. Diese Definition reduziert sich, falls M eine offene Menge ist, wie man leicht zeigt, auf die unsere. Wir verwenden im folgenden stets nur Begrenzungen *offener* Mengen. Den für die Dimensionstheorie wichtigen Satz von den Relativbegrenzungen verwendete ich implizit in zahlreichen dimensionstheoretischen Beweisen. Desgleichen die Additionssätze für Begrenzungen, insbesondere auch meinen verallgemeinerten Additionssatz (Monatsh. f. Math. u. Phys. *33*, 1923, S. 151; *34*, 1924, S. 146; Math. Ann. *95*, 1925, S. 288).

7. Die Überdeckungstheoreme für separable, kompakte und halbkompakte Räume.

Ist M eine Teilmenge eines separabeln Raumes, $\mathfrak{U}$ ein System von offenen Mengen derart, *daß jeder Punkt von M in mindestens einer Menge des Systems $\mathfrak{U}$ enthalten ist,* dann heißt $\mathfrak{U}$ ein **Überdeckungssystem von M.** Beispielsweise ist das den Raum R definierende System $\mathfrak{S}$ für jede Teilmenge M von R ein Überdeckungssystem. Der Definition zufolge werden, wie noch eigens betont werden möge, bloß Systeme von *offenen* Mengen als Überdeckungssysteme bezeichnet. Von großer Wichtigkeit für die mengentheoretische Geometrie ist nun die Frage, ob und unter welchen Umständen ein Überdeckungssystem einer Menge M gewisse einfache Überdeckungssysteme von M oder gewisse Überdeckungssysteme besonderer Art von M enthält. Wir formulieren zunächst das folgende

Überdeckungsproblem: Es sei M eine Teilmenge eines separabeln Raumes, $\mathfrak{U}$ ein Überdeckungssystem von M. Enthält $\mathfrak{U}$ ein abzählbares und unter welchen Umständen enthält $\mathfrak{U}$ ein endliches Überdeckungssystem von M, d. h. unter welchen Umständen existieren abzählbar- oder endlichviele offene Mengen des Systems $\mathfrak{U}$, deren Summe die Menge M als Teilmenge enthält?

Es gilt diesbezüglich vor allem folgendes

Überdeckungstheorem für separable Räume und beliebige Teilmengen separabler Räume. *Ist M eine Teilmenge eines separabeln Raumes, $\mathfrak{U}$ ein Überdeckungssystem von M, so enthält $\mathfrak{U}$ ein abzählbares*

Überdeckungssystem von M, d. h. es existieren abzählbar- oder endlichviele M überdeckende Mengen des Systems $\mathfrak{U}$.

Zum Beweise betrachten wir das den vorgelegten R definierende abzählbare Mengensystem $\mathfrak{S}$. Wir bezeichnen mit $\mathfrak{T}$ das System jener offenen Mengen des Systems $\mathfrak{S}$, welche Teilmengen von irgendeiner Menge des vorgelegten Überdeckungssystems $\mathfrak{U}$ von M sind. Als Teilsystem von $\mathfrak{S}$ ist $\mathfrak{T}$ höchstens abzählbar. Die Menge M ist offenbar Teilmenge von der Summe der Mengen des Systems $\mathfrak{T}$. Denn ist p irgendein Punkt von M, so ist p nach Voraussetzung in einer Menge $U(p)$ des Systems $\mathfrak{U}$ enthalten, und da die Mengen des Systems $\mathfrak{U}$ offen sind, so existiert eine p enthaltende Menge des Systems $\mathfrak{S}$, welche Teilmenge von $U(p)$ ist. Also ist p in einer Menge des abzählbaren Systems $\mathfrak{T}$ und daher in der Summe der Mengen des Systems $\mathfrak{T}$ enthalten. Jede Menge des Systems $\mathfrak{T}$ ist Teilmenge von mindestens einer Menge des Systems $\mathfrak{U}$. Ordnen wir jeder Menge von $\mathfrak{T}$ eine sie als Teilmenge enthaltende Menge des Systems $\mathfrak{U}$ zu, so liegen abzählbarviele Mengen des System $\mathfrak{U}$ vor, in deren Summe M als Teilmenge enthalten ist. Damit ist der Überdeckungssatz für separable Räume bewiesen.

Das Überdeckungssystem $\mathfrak{U}$ kann unter Umständen, muß aber nicht notwendig *endlich*viele M überdeckende Mengen enthalten. Man denke etwa an den R_1 und bezeichne mit $\mathfrak{U}$ das System aller offenen Intervalle. Das System enthält zwar abzählbarviele den Raum überdeckende Mengen, z. B. die abzählbarvielen rationalen Intervalle oder auch die abzählbarvielen Intervalle mit ganzzahligen Endpunkten, aber es enthält offenbar nicht endlichviele Mengen, in deren Summe der Raum enthalten ist. Oder betrachtet man im R_1 die Menge M der Punkte p_n ($n = 2, 3, \ldots$ ad inf.), wo p_n den Punkt mit der Koordinate $\frac{1}{n}$ bezeichnet, und bezeichnet man mit $\mathfrak{U}$ das System der Intervalle $\left(\frac{1}{2n+1}, \frac{1}{2n-1}\right)$, ($n = 2, 3, \ldots$ ad inf.), so ist jeder Punkt von M in einer Menge des Systems $\mathfrak{U}$ enthalten, aber es gibt nicht endlichviele Mengen des Systems $\mathfrak{U}$, in deren Summe M als Teilmenge enthalten ist.

Von besonderer Wichtigkeit sind nun aber gewisse Teilmengen separabler Räume, für welche jedes Überdeckungssystem endlichviele überdeckende Mengen enthält. Wir werden diese Mengen später als kompakt bezeichnen und beweisen zunächst folgenden Satz:

Satz über kompakte Mengen. *Für eine Teilmenge K eines separablen Raumes R sind die drei folgenden Eigenschaften äquivalent:*

1. Die Menge K enthält von jeder ihrer unendlichen Teilmengen mindestens einen Häufungspunkt.

2. Jede monoton abnehmende Folge von nichtleeren in K abgeschlossenen Teilmengen von K besitzt einen nichtleeren Durchschnitt.

3. Ist $\mathfrak{U}$ irgendein Überdeckungssystem von K, dann existieren endlichviele Mengen des Systems $\mathfrak{U}$, in deren Summe K als Teilmenge enthalten ist.

Um die behauptete Äquivalenz der drei angeführten Eigenschaften nachzuweisen, genügt es offenbar, daß wir zeigen: Besitzt eine Teilmenge K eines separablen Raumes R die erste Eigenschaft, dann besitzt K auch die zweite; besitzt K die zweite Eigenschaft, dann auch die dritte; besitzt K die dritte Eigenschaft, dann auch die erste.

Sei also *erstens* K eine Menge, die von jeder ihrer unendlichen Teilmengen mindestens einen Häufungspunkt enthält. Wir haben nachzuweisen: Ist $\{A_n\}$ ($n = 1, 2, \ldots$ ad. inf.) eine monoton abnehmende Folge von nichtleeren in K abgeschlossenen Teilmengen von K, so ist die Menge $\prod_{n=1}^{\infty} A_n$ nichtleer. Für jede natürliche Zahl n können wir, da die Menge A_n nichtleer sein soll, einen Punkt a_n von A_n wählen. Es bezeichne A die Menge der so bestimmten Punkte a_n ($n = 1, 2, \ldots$ ad inf.). Ist die Menge A endlich, so muß einer der Punkte a_n von A in unendlichvielen Mengen A_n enthalten sein. Dieser Punkt ist, da die Mengen A_n als monoton abnehmend vorausgesetzt sind, Punkt von allen Mengen A_n, also Punkt von $\prod_{n=1}^{\infty} A_n$. Wenn A endlich ist, so ist also $\prod_{n=1}^{\infty} A_n$ nichtleer. Ist die Menge A unendlich, so enthält die Menge K zufolge der Annahme über sie mindestens einen Häufungspunkt von A. Ein solcher Punkt ist offenbar Häufungspunkt von jeder der Mengen A_n, also, da die Mengen A_n als in K abgeschlossen vorausgesetzt sind, Punkt von jeder der Mengen A_n und mithin Punkt von $\prod_{n=1}^{\infty} A_n$. Die Menge $\prod_{n=1}^{\infty} A_n$ ist also jedenfalls nichtleer, wie behauptet.

Es sei *zweitens* K eine Teilmenge eines separabeln Raumes, so daß jede monoton abnehmende Folge von nichtleeren in K abgeschlossenen Teilmengen von K einen nichtleeren Durchschnitt besitzt. Wir haben nachzuweisen: Wenn $\mathfrak{U}$ ein Überdeckungssystem von K bezeichnet, dann existieren endlichviele K überdeckende Mengen des Systems $\mathfrak{U}$. In der Tat, da K als Teilmenge eines separabeln Raumes vorausgesetzt ist, existieren nach dem bewiesenen Überdeckungssatz für separable Räume abzählbarviele Mengen des Systems $\mathfrak{U}$, in deren Summe K enthalten ist. Wir denken diese Mengen in eine Folge geordnet und mit $\{V_n\}$ ($n = 1, 2, \ldots$) bezeichnet. Wir setzen $W_n = \sum_{i=1}^{n} V_i$ ($n = 1, 2, \ldots$). Zu jeder Menge W_n

bilden wir das Komplement, d. h. die abgeschlossene Menge $R - W_n$, die wir mit B_n bezeichnen wollen. Die Menge $A_n = K \cdot B_n$ ist für jedes n, als Durchschnitt von K mit einer abgeschlossenen Menge, in K abgeschlossen. Für jedes natürliche n gilt $W_n \subset W_{n+1}$, also $B_n \supset B_{n+1}$ und mithin auch $A_n \supset A_{n+1}$. Die Folge $\{A_n\}$ $(n = 1, 2, \ldots)$ ist also eine monoton abnehmende Folge von in K abgeschlossenen Mengen. Wären alle Mengen A_n dieser Folge nichtleer, so wäre zufolge der Annahme über den Raum auch die Menge $\prod_{n=1}^{\infty} A_n$ nichtleer. Nun gilt aber

$$\prod_{n=1}^{\infty} A_n = K \cdot \prod_{n=1}^{\infty} B_n = K \cdot (R - \sum_{n=1}^{\infty} W_n) = K \cdot (R - \sum_{n=1}^{\infty} V_n),$$

und da nach Voraussetzung $K \subset \sum_{n=1}^{\infty} V_n$ gilt, ist die Menge $K \cdot (R - \sum_{n=1}^{\infty} V_n)$ und daher die Menge $\prod_{n=1}^{\infty} A_n$ leer. Es existiert demnach auch unter den Mengen A_n eine, welche leer ist, etwa A_n. Nun ist aber

$$A_n = K \cdot B_n = K \cdot (R - W_n) = K \cdot (R - \sum_{i=1}^{n} V_n),$$

und da diese Menge leer ist, gilt $K \subset \sum_{i=1}^{n} V_i$, d. h. es existieren endlichviele Mengen des Systems $\mathfrak{U}$, nämlich die Mengen $V_1, V_2, \ldots V_n$, welche K überdecken.

Es sei *drittens* K eine Teilmenge eines separabeln Raumes, für die jedes Überdeckungssystem endlichviele K überdeckende Mengen enthält. Wir haben zu zeigen: Wenn M eine unendliche Teilmenge von K ist, so enthält K mindestens einen Häufungspunkt von M. Wäre die Behauptung unrichtig, so existierte eine unendliche Teilmenge M von K, so daß kein Punkt von K Häufungspunkt von M wäre. Zu jedem Punkt p von K existierte also eine Umgebung $U(p)$, welche, evtl. abgesehen vom Punkt p selbst, keinen Punkt der Menge M enthält. Eine solche Umgebung $U(p)$, welche höchstens einen Punkt der Menge M enthält, denken wir für jeden Punkt von K bestimmt und bezeichnen mit $\mathfrak{U}$ das System aller dieser offenen Mengen. Zufolge unserer Annahme über die Menge K würden endlichviele von den Mengen des Überdeckungssystems $\mathfrak{U}$ von K die Menge K überdecken. Dies steht aber, da jede dieser endlichvielen Mengen höchstens einen Punkt der Menge M enthält, in Widerspruch zur Voraussetzung, daß M unendlich ist. Die Annahme der Unrichtigkeit unserer Behauptung ist demnach ad absurdum geführt und damit der behauptete Satz in allen Stücken bewiesen.

Wir wollen eine Teilmenge K eines separabeln Raumes, welche eine der drei angeführten Eigenschaften und mithin alle drei Eigenschaften besitzt, eine **kompakte Menge** nennen. Wir nennen einen separabeln Raum, der kompakt ist, der also insbesondere zu jeder seiner unendlichen Teilmengen einen Häufungspunkt enthält, einen **kompakten Raum.**

Damit eine Teilmenge K' einer kompakten Menge K kompakt sei, ist notwendig und hinreichend, daß K' in K abgeschlossen sei. Ist nämlich *erstens* K' eine in der kompakten Menge K abgeschlossene Menge und ist M irgendeine unendliche Teilmenge von K', dann ist M auch eine unendliche Teilmenge von K, also enthält die kompakte Menge K einen Häufungspunkt von M. Dieser Punkt ist ein zu K gehöriger Häufungspunkt von K', also, da K' in K abgeschlossen ist, Punkt von K'. Die Menge K' enthält also zu jeder ihrer unendlichen Teilmengen einen Häufungspunkt. Ist *zweitens* K' eine in K nicht abgeschlossene Teilmenge von K, so existiert ein Punkt p von K, der Häufungspunkt, aber nicht Punkt von K' ist. Ist p etwa gegeben durch die Folge $\{U_n\}$ ($n = 1, 2, \ldots$ ad inf.) des den zugrunde liegenden separabeln Raum definierenden Systems $\mathfrak{S}$ von offenen Mengen, so können wir, da p Häufungspunkt von K' ist, für jedes natürliche n einen Punkt p_n der Menge $K' \cdot U_n$ wählen. Die Menge der so bestimmten Punkte p_n ($n = 1, 2, \ldots$ ad inf.) ist eine unendliche Teilmenge von K', welche, wie man leicht einsieht, keinen Häufungspunkt in K' besitzt, da der einzige Häufungspunkt dieser Menge der Punkt p ist, welcher nicht in K' enthalten ist. Eine Teilmenge der kompakten Menge K, welche in K nicht abgeschlossen ist, ist also nicht kompakt, womit der Beweis der angeführten Behauptung vollendet ist. Aus der bewiesenen Behauptung folgt insbesondere, *daß in einem kompakten Raum die abgeschlossenen Mengen und nur diese kompakt sind.*

Der R_n, der n-dimensionale Cartesische Raum, ist nicht kompakt. Denn schon der R_1 enthält unendliche Teilmengen ohne Häufungspunkt, z. B. die Menge aller Punkte mit ganzzahliger Koordinate. Dagegen ist jedes abgeschlossene Intervall des R_n eine kompakte Menge, und allgemein sieht man, wie wir hier ohne Beweis anführen können, daß im R_n die beschränkten abgeschlossenen Mengen (d. h. die abgeschlossenen Mengen, die in einem Intervall als Teilmenge enthalten sind) und nur diese kompakt sind.

Es ist auch der Quader Q_ω kompakt. Sei nämlich M eine unendliche Teilmenge von Q_ω. Dann teilen wir Q_ω in die beiden abgeschlossenen Mengen der Punkte von Q_ω für die $0 \leqq x_1 \leqq \frac{1}{2}$ bzw. $\frac{1}{2} \leqq x_1 \leqq 1$ ist. Mindestens eine dieser beiden Mengen hat mit M einen unendlichen Durchschnitt. Angenommen, es sei bereits gezeigt, daß für die $n-1$ Zahlen $m_1, m_2, \ldots, m_{n-1}$, wo $0 \leqq m_i \leqq 2^{n-i}$ ist, M einen unendlichen Durchschnitt hat mit der Menge aller Punkte von Q_ω, für die

$$\frac{1}{i} \cdot \frac{m_i}{2^{n-i}} \leqq x_i \leqq \frac{1}{i} \cdot \frac{m_i+1}{2^{n-i}} \quad (i=1, 2, \ldots, n-1).$$

Dann teilen wir diese Menge in die 2^n abgeschlossene Teilmengen der Punkte, für die

$$\frac{1}{i} \cdot \frac{2m_i+\varepsilon_i}{2^{n-i+1}} \leqq x_i \leqq \frac{1}{i} \cdot \frac{2m_i+\varepsilon_i+1}{2^{n-i+1}} \quad (i=1, 2, \ldots, n, \ \varepsilon_i = 0, 1, \ m_n = 0)$$

gilt. Mindestens eine dieser Mengen hat mit M einen unendlichen Durchschnitt. Wir erhalten also in dieser Weise eine unendliche Folge von ineinandergeschachtelten abgeschlossenen Teilquadern von Q_ω, von denen jeder mit M einen unendlichen Durchschnitt hat. Man bestätigt leicht, daß der Durchschnitt dieser Quaderfolge einen Punkt von Q_ω enthält und daß derselbe ein Häufungspunkt der vorgelegten unendlichen Menge M ist.

Die Überdeckbarkeitseigenschaft der kompakten Mengen wollen wir wegen ihrer häufigen Anwendung noch eigens formulieren als

Überdeckungstheorem für kompakte Teilmengen separabler Räume. *Ist K eine kompakte Teilmenge eines separabeln Raumes und $\mathfrak{U}$ ein Überdeckungssystem von K, so enthält $\mathfrak{U}$ ein endliches Überdeckungssystem von K, d. h. endlich viele Mengen, in deren Summe K als Teilmenge enthalten ist.*

Wir bemerken noch ausdrücklich, daß beim Beweis dieses Überdeckungstheorems nirgends von der Voraussetzung Gebrauch gemacht wurde, daß zu jeder Umgebung U eines Punktes p eine Umgebung V von p existiert, die $\lll U$ ist. — Die Tatsache, daß in einem kompakten Raum jede monoton abnehmende Folge von nichtleeren abgeschlossenen Mengen einen nichtleeren Durchschnitt hat, wird als *Durchschnittssatz* bezeichnet.

Die Summe endlichvieler kompakter Mengen ist kompakt, was man durch dieselbe Überlegung erkennt, welche oben ergab, daß die Summe endlichvieler abgeschlossener Mengen abgeschlossen ist. Die Summe von abzählbarvielen kompakten Mengen ist hingegen nicht notwendig kompakt. Z. B. ist die oben erwähnte F_σ-Menge des R_1, bestehend aus allen Punkten mit rationaler Koordinate, Summe von abzählbarvielen endlichen (also kompakten) Mengen, ohne kompakt zu sein. Mit Rücksicht auf die wichtige Rolle, welche die Mengen, die Summe abzählbarvieler kompakter Mengen sind, neben den kompakten Mengen spielen, führen wir für sie eine eigene Bezeichnung ein. Wir nennen sie **halbkompakte Mengen** und bezeichnen einen separabeln Raum, der Summe von abzählbarvielen kompakten Mengen ist, als **halbkompakten Raum.** Man überzeugt sich leicht von der Gültigkeit des folgenden Satzes: *Damit die Teilmenge H' einer halbkompakten Menge H halbkompakt sei, ist notwendig und hinreichend, daß H' ein F_σ in H, d. h. Summe von abzählbar vielen in H abgeschlossenen Mengen sei.* Insbesondere sind also in einem halbkompakten Raum die halbkompakten Teilmengen und die Teil-F_σ identisch. Der R_n, der n-dimensionale Cartesische Raum, ist, wie wir sahen, nicht kompakt, wohl aber halbkompakt. Denn er ist Summe der abzählbarvielen abgeschlossenen n-dimensionalen Intervalle mit ganzzahligen Eckpunkten, also Summe von abzählbarvielen kompakten Mengen.

Wir wenden uns nun einem neuen, für die Dimensionstheorie ebenfalls sehr wichtigen Überdeckungsproblem zu, bei dessen Beantwortung die halbkompakten Mengen eine besondere Rolle spielen. Bei dem bisher behandelten Überdeckungsproblem war aus einem Überdeckungssystem einer Menge eine die Menge überdeckende Folge von Mengen herauszugreifen. Das Überdeckungsproblem, das wir nun behandeln werden, entsteht aus dem bisherigen dadurch, daß in demselben erstens die Voraussetzung verschärft wird, indem man nämlich für eine Menge M ein Überdeckungssystem besonderer Art betrachtet und indem zweitens die zu erfüllende Bedingung präzisiert wird, indem man nämlich nach einer M überdeckenden Folge besonderer Art fragt. Das Problem, welches wir aus den angeführten Gründen als verschärftes Überdeckungsproblem bezeichnen, lautet:

Verschärftes Überdeckungsproblem; Es sei M eine Teilmenge eines separabeln Raumes, $\mathfrak{U}$ ein System von offenen Mengen, in welchem zu jedem Punkt p von M eine Folge von Umgebungen existiert, so daß jede Umgebung von p fast alle Mengen der betreffenden Folge als Teil enthält. Unter welchen Umständen enthält $\mathfrak{U}$ zu jeder monoton abnehmenden Folge $\{V_n\}$ von Umgebungen von $\overline{M}$, für welche $\overline{M} = \prod\limits_{n=1}^{\infty} \overline{V}_n$ gilt, eine M überdeckende Folge $\{U_k\}$ ($k = 1, 2, \ldots$ ad inf.), so daß jede Menge V_n fast alle Mengen U_k als Teil enthält?

Zur bequemeren Ausdrucksweise führen wir einige in allem Folgenden vielverwendete Bezeichnungen ein: Es sei $\mathfrak{U}$ ein gegebenes System von offenen Mengen. Wenn für einen Punkt p (bzw. eine Menge M) zu jeder vorgelegten Umgebung V von p (bzw. von M) eine Umgebung U von p (bzw. von M), die $\subset V$ ist, im System $\mathfrak{U}$ enthalten ist, dann sagen wir auch, **p (bzw. M) ist in beliebig kleinen Umgebungen des Systems $\mathfrak{U}$ enthalten.** Damit der Punkt p in beliebig kleinen Umgebungen von $\mathfrak{U}$ enthalten sei, ist offenbar notwendig und hinreichend, daß in $\mathfrak{U}$ eine auf den Punkt p sich zusammenziehende Folge von Umgebungen von p existiert. Ist jeder Punkt der Menge M in beliebig kleinen Umgebungen des Systems $\mathfrak{U}$

enthalten, dann nennen wir $\mathfrak{U}$ ein **unbegrenzt feines Überdeckungssystem** von M. Das verschärfte Überdeckungsproblem fragt also, ob aus einem unbegrenzt feinen Überdeckungssystem einer Menge M zu jeder monoton abnehmenden Folge $\{V_n\}$ von Umgebungen von $\overline{M}$, für welche $\overline{M} = \prod_{n=1}^{\infty} \overline{V}_n$ gilt, eine M überdeckende Folge von Mengen herausgegriffen werden kann, von welcher in jeder der Mengen V_n fast alle Mengen als Teil enthalten sind.

Wir beweisen diesbezüglich zunächst folgendes

Überdeckungstheorem für halbkompakte Räume und halbkompakte Mengen. *Ist H eine halbkompakte Teilmenge eines separabeln Raumes $\mathfrak{U}$, ein unbegrenzt feines Überdeckungssystem von H und $\{V_n\}$ $(n = 1, 2, \ldots$ ad inf.$)$ eine monoton abnehmende Folge von Umgebungen von H, so daß $\overline{H} = \prod_{n=1}^{\infty} \overline{V}_n$ gilt, dann existieren im System $\mathfrak{U}$ endlich- oder abzählbarviele Mengen $\{U_k\}$, derart, daß jede Menge V_n fast alle Mengen U_k als Teilmengen enthält.*

Wir nehmen zum Beweise des Überdeckungssatzes an, H sei eine halbkompakte Teilmenge eines separabeln Raumes. Als solche ist H darstellbar in der Form

$$H = \sum_{k=1}^{\infty} H_k,$$

wo die H_k kompakte Mengen bezeichnen. Wir betrachten für eine bestimmte natürliche Zahl k die Menge H_k und die Menge V_k aus der vorgegebenen Folge offener Mengen mit dem Durchschnitt $\overline{H}$. Da zu jedem Punkt von $\overline{H}$ beliebig kleine Umgebungen im System $\mathfrak{U}$ existieren, so gibt es insbesondere zu jedem Punkt von H_k eine Umgebung des Systems $\mathfrak{U}$, die Teilmenge von V_k ist. Das System der in V_k als Teilmengen enthaltenen Mengen von $\mathfrak{U}$ ist ein Überdeckungssystem von H_k und enthält daher nach dem bewiesenen Überdeckungssatz für kompakte Mengen endlichviele Mengen, etwa $U_1^k, U_2^k, \ldots, U_{n_k}^k$, welche H_k überdecken. Endlichviele derartige Mengen bilden wir für jedes natürliche k. Betrachten wir nun das abzählbare System $\{U_i^k\}$ $(i = 1, 2, \ldots, n_k,\ k = 1, 2, \ldots$ ad inf.$)$, so sehen wir: Es gilt

$$H = \sum_{k=1}^{\infty} H_k \subset \sum_{k=1}^{\infty} \sum_{i=1}^{n_k} U_i^k,$$

d. h. die abzählbarvielen Mengen U_i^k überdecken H. Und wir sehen weiter: Für jedes k enthält V_k fast alle Mengen U_i^k, denn die Mengen $U_1^k, U_2^k, \ldots, U_{n_k}^k$ sind als Teilmengen von V_k gewählt worden, und die Folge $\{V_k\}$ ist als monoton abnehmend angenommen. Damit ist der Überdeckungssatz für halbkompakte Mengen bewiesen.

(Daß zu jeder abgeschlossenen Menge A eines separabeln Raumes eine monoton abnehmende Folge von offenen Mengen $\{V_k\}$ $(k = 1, 2, \dots$ ad inf.) existiert, so daß $A = \prod_{k=1}^{\infty} \overline{V}_k$ gilt, werden wir unten feststellen.)

Man könnte auf den ersten Blick vermuten, daß das oben formulierte verallgemeinerte Überdeckungsproblem nicht nur, wie das eben bewiesene Theorem behauptet, für die *halbkompakten*, sondern für *alle* Teilmengen separabler Räume in positivem Sinn zu beantworten sei. Dies ist nun aber, wie an einem Beispiel gezeigt werden soll, nicht der Fall, und auch diese Tatsache ist, wie sich zeigen wird, von großer Wichtigkeit für die Dimensionstheorie (vgl. S. 136).

Wir geben also eine Teilmenge J eines separabeln Raumes, eine monoton abnehmende Folge $\{V_n\}$ von offenen Mengen, für die $\bar{J} = \prod_{n=1}^{\infty} \overline{V}_n$ gilt, und ein unbegrenzt feines Überdeckungssystem $\mathfrak{U}$ von J an, aus welchem aber keine J überdeckende abzählbare Folge von Mengen herausgegriffen werden kann, von welcher in jeder der Menge V_n fast alle Mengen als Teilmengen enthalten sind. Der zugrunde gelegte separable Raum ist die Cartesische Ebene, die Menge J ist die Menge aller Punkte mit den Koordinaten (x, y), für welche x eine dyadisch irrationale Zahl zwischen Null und Eins ist und $y = 0$ gilt. Die Menge V_n ist für $n = 1, 2, \dots$ gegeben durch $-\frac{1}{n} < x < 1 + \frac{1}{n}$, $-\frac{1}{2^n} < y < \frac{1}{2^n}$. Das System $\mathfrak{U}$, das wir bestimmen werden, ist ein abzählbares Mengensystem.

Wir definieren:

U_{n_1} $(n_1 = 1, 2, \dots$ ad inf.) sei das offene Rechteck, bestehend aus den Punkten (x, y), für die

$$\frac{1}{2^{n_1}} < x < \frac{1}{2^{n_1 - 1}}, \qquad -\frac{1}{2} < y < \frac{1}{2} \qquad \text{gilt.}$$

$U_{n_1 n_2}$ $(n_1, n_2 = 1, 2, \dots$ ad inf.) das offene Rechteck der Punkte (x, y), für die

$$\frac{1}{2^{n_1}} + \frac{1}{2^{n_1+n_2}} < x < \frac{1}{2^{n_1}} + \frac{1}{2^{n_1+n_2-1}}, \qquad -\frac{1}{4} < y < \frac{1}{4} \qquad \text{gilt.}$$

Allgemein:

$U_{n_1 n_2 \dots n_k}$ $(n_1, n_2, \dots, n_k = 1, 2, \dots$ ad inf.) sei das offene Rechteck der Punkte (x, y), für die

$$\frac{1}{2^{n_1}} + \frac{1}{2^{n_1+n_2}} + \dots + \frac{1}{2^{n_1+n_2+\dots+n_k}} < x < \frac{1}{2^{n_1}} + \frac{1}{2^{n_1+n_2}} + \dots + \frac{1}{2^{n_1+n_2+\dots+n_k-1}},$$

$$\frac{1}{2^k} < y < \frac{1}{2^k} \qquad \text{gilt.}$$

Wir bezeichnen nun als $\mathfrak{U}$ das System der so bestimmten Mengen $\{U_{n_1 n_2 \ldots n_k}\}$ ($n_1, n_2, \ldots, n_k, k = 1, 2, \ldots$ ad inf.). Da Systems $\mathfrak{U}$, welches offenbar ein unbegrenzt feines Überdeckungssystem der Menge J ist, besitzt folgende Eigenschaft, auf die wir sogleich Bezug nehmen werden:

Ist $\nu = \{n_1, n_2, \ldots, n_k, \ldots\}$ *irgendeine Folge natürlicher Zahlen* > 1, *so ist der Durchschnitt*

$$D_\nu = U_{n_1} \cdot U_{n_1 n_2} \cdot U_{n_1 n_2 n_3} \cdot \ldots \cdot U_{n_1 n_2 n_3 \ldots n_k} \cdot \ldots$$

ein Punkt der Menge J.

In der Tat, da die Kanten von $U_{n_1 n_2 \ldots n_k}$ eine Länge $< \frac{1}{2^{k-1}}$ haben, enthält die Menge D_ν höchstens einen Punkt. Da für jedes natürliche $n_{k+1} > 1$ die leicht verifizierbare Beziehung gilt

$$U_{n_1 n_1 \ldots n_k n_{k+1}} \subseteq U_{n_1 n_2 \ldots n_k},$$

so definiert die Folge der Rechtecke, deren Durchschnitt D_ν ist, tatsächlich einen Punkt der Ebene als ihren Durchschnitt, und offenbar gilt, wenn x, y die Koordinaten dieses Punktes von D_ν bezeichnen, die Beziehung $0 \leqq x \leqq 1$, $y = 0$. Um zu zeigen, daß der Punkt der Menge D_ν ein Punkt von J ist, wie behauptet wurde, haben wir nachzuweisen, daß seine Koordinate x dyadisch irrational ist. Ist nun aber r eine dyadisch rationale Zahl, so existiert eine natürliche Zahl m, so daß

$$r = \sum_{k=1}^{m} \frac{\varepsilon_k}{2^k}$$

gilt, wo $\varepsilon_k = 0$ oder 1 ($k = 1, 2, \ldots m$) ist. Dann ist aber der Punkt mit den Koordinaten $(r, 0)$ nicht in der Menge $U_{n_1 n_2 \ldots n_{m+1}}$ enthalten, also nicht in der Menge D_ν gelegen. Da für dyadisch rationales r der Punkt $(r, 0)$ nicht in D_ν liegen kann, ist für den Punkt $(x, 0)$, welcher die Menge D_ν bildet, x dyadisch irrational, d. h. dieser Punkt liegt in der Menge J, womit die obige Behauptung in allen Stücken bewiesen ist.

Aus der bewiesenen Tatsache ergibt sich, *daß für die Menge J und das unbegrenzt feine Überdeckungssystem $\mathfrak{U}$ das verallgemeinerte Überdeckungsproblem in negativem Sinn zu beantworten ist:* Sei nämlich $\{U^k\}$ ($k = 1, 2, \ldots$ evtl. ad inf.) irgendeine endliche oder abzählbare Folge von Mengen des Systems $\mathfrak{U}$, derart, daß in jeder der oben definierten Mengen V_n fast alle Mengen U^k als Teilmengen enthalten sind. Wir wollen zeigen: Die Mengenfolge $\{U^k\}$ überdeckt nicht die Menge J, d. h. es existiert ein Punkt von J, der in keiner der Mengen U^k enthalten ist.

Dies beweisen wir folgendermaßen: Da jede der Mengen

$$U_{n_1} \ (n_1 = 1, 2, \ldots \text{ ad inf.})$$

des Systems $\mathfrak{U}$ eine Kante von der Länge 1 hat, so können unter den Mengen U^k, von denen ja fast alle in V_2 enthalten sein sollen, höchstens endlichviele von den Mengen U_{n_1} ($n_1 = 1, 2, \ldots$ ad inf.) auftreten. Es existiert also eine natürliche Zahl $\bar{n}_1 > 1$, so daß die Menge $U_{\bar{n}_1}$ mit keiner der Mengen U^k identisch ist. Da jede der Mengen $U_{\bar{n}_1 n_2}$ ($n_2 = 1, 2, \ldots$ ad inf.) eine Kante der Länge $\frac{1}{2}$ besitzt, können unter den Mengen U^k, von denen ja fast alle in V_3 enthalten sein sollen, höchstens endlichviele Mengen $U_{\bar{n}_1 n_2}$ vorkommen. Es existiert also eine Zahl $\bar{n}_2 > 1$, so daß die Menge $U_{\bar{n}_1 \bar{n}_2}$ mit keiner der Mengen U^k identisch ist. In dieser Weise weiterschließend erkennen wir die Existenz einer Folge natürlicher Zahlen $\bar{n}_1, \bar{n}_2, \ldots \bar{n}_k, \ldots, > 1$, so daß der Durchschnitt

$$D = U_{\bar{n}_1} \cdot U_{\bar{n}_1 \bar{n}_2} \cdot \ldots \cdot U_{\bar{n}_1 \bar{n}_2 \ldots \bar{n}_k} \cdot \ldots$$

zur Menge $\sum_{k=1}^{\infty} U^k$ fremd ist. Nun enthält nach der oben bewiesenen Bemerkung die Menge D einen Punkt der Menge J, also existiert ein in $\sum_{k=1}^{\infty} U^k$ nicht enthaltener Punkt der Menge J, wie behauptet.

Wir bemerken noch, daß das Komplement von J zum abgeschlossenen Einheitsintervalle der x-Achse die abzählbare Menge aller Punkte dieses Intervalls mit dyadisch rationaler Koordinate, also ein F_σ ist; die Menge J ist also ein G_δ. Ferner hätten wir statt der Ebene unseren Betrachtungen offenbar einen beschränkten abgeschlossenen Teil der Ebene, also einen kompakten Raum zugrunde legen können. Wir können also unser Resultat formulieren als

Satz von den Ausnahmsfällen der verallgemeinerten Überdeckbarkeit. *Es existieren in kompakten Räumen G_δ-Mengen, für welche das verallgemeinerte Überdeckungsproblem in negativem Sinn zu beantworten ist. D. h. es existiert in einem kompakten Raum eine G_δ-Menge J, eine Folge $\{V_n\}$ ($V = 1, 2, \ldots$ ad inf.) von Umgebungen von $\bar{J}$, so daß $\bar{J} = \prod_{n=1}^{\infty} \bar{V}_n$ gilt, und ein System $\mathfrak{U}$ von offenen Mengen, welches zu jedem Punkt von J beliebig kleine Umgebungen enthält, ohne daß sich aus $\mathfrak{U}$ eine J überdeckende Folge von Mengen herausgreifen ließe, von welcher in jeder der Mengen V_n fast alle Mengen als Teilmengen enthalten sind.*

Eine derartige G_δ-Menge ist dem Überdeckungssatz für halbkompakte Mengen zufolge nicht halbkompakt, also, wenn der zugrunde liegende Raum kompakt ist, kein F_σ. Es gilt nun, wie hier ohne Beweis erwähnt sei, der Satz, daß in einem kompakten Raum jede G_δ-Menge, die kein F_σ ist, ja sogar jede Borelsche Menge (vgl. S. 27), die kein F_σ ist, für gewisse geeignet gewählte unbegrenzt feine Überdeckungssysteme einen Ausnahmefall für das verallgemeinerte Überdeckungsproblem darstellt, daß also *zu jeder Borelschen Menge eines kompakten Raumes ein unbegrenzt feines Überdeckungssystem existiert, aus dem sich keine die Menge überdeckende Folge mit der fraglichen Zusatzbedingung herausgreifen läßt.*

Einen weiteren wichtigen Überdeckungssatz, der sich auf unbegrenzt feine Überdeckungssysteme bezieht, das verfeinerte Überdeckungstheorem für Teilmengen separabler Räume, werden wir im folgenden Abschnitt kennen lernen.

Historisches. Von den drei in diesem Abschnitt bewiesenen Überdeckungssätzen wurde zuerst der zweite, allerdings in sehr spezieller Form, nämlich für beschränkte abgeschlossene Teilmengen des R_1 von verschiedenen Forschern, von Heine, Borel u. a. bewiesen. Insbesondere Borel hat zu wiederholten Malen die Wichtigkeit des Satzes betont, der vielfach auch als *Borelsches Theorem* bezeichnet wird. Der allgemeine Begriff der Kompaktheit, definiert durch die erste von den drei Eigenschaften kompakter Räume, rührt von Fréchet (Rend. Palermo *22,* 1906, S. 6). Daß die durch die erste Eigenschaft definierten kompakten Räume auch die zweite besitzen, wird vielfach als *Cantor-Bendixsonsches Theorem* oder als *Cantorscher Durchschnittssatz* bezeichnet, da dieser Satz, allerdings in viel speziellerer Gestalt, von Cantor bewiesen wurde. Die oben angegebenen kurzen und allgemeinen Beweise des Satzes über kompakte Mengen und des Überdeckungssatzes für separable Räume stammen im wesentlichen von Hausdorff (Grundz. d. Mengenlehre 1914, S. 231 u. 272). Daß zu jeder Umgebung U eines Punktes p eine Umgebung V von p existiert, die $\Subset U$ ist (das Axiom E von S. 23, die „Regularität" des Raumes S. 33), wird in diesen Beweisen nicht verwendet. Der Überdeckungssatz für separable Räume wird häufig auch als *verallgemeinertes Borelsches Theorem* oder auch als Borel-Lebesguesches Theorem oder als Lindelöf-Youngscher Satz bezeichnet. In großer Allgemeinheit wurden diese Sätze auch von Groß (Wien. Ber. *123,* 1914, S. 809) bewiesen.

Es ist bemerkenswert, daß die beiden ersten Überdeckungssätze der *Theorie der reellen Funktionen* entstammen, daß sie in engstem Zusammenhang stehen mit dem Bolzano-Weierstraßschen Satz, daß jede beschränkte unendliche Teilmenge des R_n einen Häufungspunkt besitzt, sowie mit den Sätzen, daß jede auf einer kompakten Menge stetige Funktion gleichmäßig stetig ist. — Dieser Komplex von Sätzen wird in der gesamten Analysis angewendet.

Den Begriff der Halbkompaktheit führte ich (Monatshefte f. Math. u. Phys. *34,* S. 144) ein. Das verallgemeinerte Überdeckungsproblem formulierte ich (Wien. Ber. *133,* 1924, S. 421), wobei ich den Überdeckungssatz für halbkompakte Mengen und den Satz von Ausnahmsfällen des verallgemeinerten Überdeckungsproblems durch ein dem oben angegebenen verwandtes Beispiel bewies. Ich gab zugleich eine Bedingung an, welche dafür hinreichend ist, daß ein vorgelegtes unbegrenzt feines Überdeckungssystem $\mathfrak{U}$ einer vorgelegten Teilmenge M eines Euklidischen Raumes eine M überdeckende Folge von offenen Mengen mit der fraglichen Zusatzbedingung enthält. Diese Bedingung läßt sich am einfachsten mit Hilfe des folgenden metrischen Begriffes formulieren: Ist U eine Umgebung des Punktes p eines Euklidischen Raumes, so bezeichnen wir als *Exzentrizität von U in bezug auf p* den Quotienten aus der unteren Schranke der Abstände von p und dem Komplement von U geteilt durch die obere Schranke der Abstände von p und den Punkten von U. Für jede Umgebung U eines Punktes p ist die Exzentrizität solcherart definiert als eine positive Zahl $\leqq 1$, welche den Wert 1 dann und nur dann annimmt, falls U eine Kugel mit dem Zentrum p ist. Die erwähnte Bedingung lautet nun (s. a. a. O. S. 431), daß das System U zu jedem Punkt p von M eine auf p sich zusammenziehende Folge von Umgebungen enthält, deren Exzentrizitäten in bezug auf p oberhalb einer von 0 verschiedenen Schranke bleiben. Der Grund, warum das oben angeführte Beispiel einen Ausnahmsfall hinsichtlich der verallgemeinerten Überdeckbarkeit darstellt, liegt darin, daß für sehr viele Punkte p der Menge J im angegebenen Überdeckungssystem $\mathfrak{U}$ bloß solche auf p sich zusammenziehende Umgebungsfolgen enthalten sind, deren Exzentrizitäten in bezug auf p unter jede positive Schranke sinken. Enthält das System $\mathfrak{V}$ zu jedem Punkte p der Menge M beispielsweise eine auf p sich zusammenziehende Folge von Kugeln mit dem Zentrum p, dann existiert in $\mathfrak{V}$ eine M überdeckende Folge von offenen Mengen, von welcher in jeder M enthaltenden offenen Menge fast alle Glieder als Teilmenge enthalten sind.

Ich sprach (a. a. O. S. 443f.) weiter die Vermutung aus, daß jede nicht-halbkompakte Menge bei geeigneter Wahl eines Systems von offenen Mengen einen Ausnahmsfall des verallgemeinerten Überdeckungsproblems darstelle. Von Hurewicz (Math. Zeitschr. *24*, 1925, S. 401) wurde meine Vermutung für nicht-halbkompakte *Borelsche* Mengen bestätigt. Daß sie für *beliebige* nicht-halbkompakte Mengen, wenigstens unter Voraussetzung der Kontinuumshypothese, *nicht* zutrifft, zeigte Sierpiński (Fund. Math. *8* S. 223) unter Hinweis auf eine (unter der Voraussetzung $2^{\aleph_0} = \aleph_1$ konstruierte) nicht-halbkompakte Menge von Lusin (Compt. Rend. *158*, S. 1259), deren sämtliche nirgendsdichte Teilmengen höchstens abzählbar sind, und welche daher bei keiner Wahl eines Systems von offenen Mengen einen Ausnahmsfall für das verallgemeinerte Überdeckungsproblem darstellt. Hurewicz hat endlich (Fund. Math. *9*, S. 193) das verallgemeinerte Überdeckungsproblem mit der Lehre von den reellen Funktionen in Zusammenhang gebracht: So wie das gewöhnliche Überdeckungsproblem mit der Theorie des Maximums stetiger Funktionen, so hängen mein verallgemeinertes Überdeckungsproblem und verwandte Fragestellungen mit der Theorie des Maximums von Funktionenfolgen zusammen.

8. Die Dichtigkeitseigenschaften der Mengen.

Ist M eine gegebene Teilmenge des Raumes, so heißt die Teilmenge M' von M **in M dicht**, *wenn jeder Punkt von M entweder Punkt oder Häufungspunkt von M' ist*, wenn also $M \cdot \overline{M'} = M$ gilt. Beispielsweise ist in der Zahlgeraden sowohl die Menge der Punkte mit rationaler als auch die Menge der Punkte mit irrationaler Koordinate dicht. *In jedem separabeln Raum R existiert eine in R dichte abzählbare Teilmenge.* Wählt man nämlich in jeder Menge des den Raum R definierenden abzählbaren Mengensystems $\mathfrak{S}$ einen Punkt, so ist die Menge der so bestimmten Punkte abzählbar und, wie man leicht verifiziert, im Raum R dicht. — Jede Menge M ist dicht in ihrer abgeschlossenen Hülle $\overline{M}$. Wenn von drei Mengen A, B, C die Menge A dicht in B und B dicht in C ist, so ist A dicht in C. *Damit eine Teilmenge A von B in B dicht sei, ist notwendig und hinreichend die Gültigkeit der Beziehung $\overline{A} = \overline{B}$.* Denn wenn $A \subset B$ ist, gilt $\overline{A} \subset \overline{B}$, und wenn überdies $B \cdot \overline{A} = B$ gilt, so ist auch $\overline{B} \cdot \overline{A} = \overline{B}$, also $\overline{B} \subset \overline{A}$ und mithin $\overline{A} = \overline{B}$. Ist umgekehrt A eine Teilmenge von B, für welche $\overline{A} = \overline{B}$ gilt, so ist $B \cdot \overline{A} = B \cdot \overline{B} = B$, also ist A in B dicht. Aus der bewiesenen Bemerkung folgt insbesondere, *daß eine Menge A, die in B sowohl dicht als auch abgeschlossen ist, mit B identisch ist.*

Wenn eine Menge M' in M nicht nur nicht dicht ist, sondern keine Teilmenge enthält, welche in einer nichtleeren in M offenen Menge dicht ist, so heißt M' **in M nirgendsdicht.** Betrachten wir beispielsweise im R_1 eine aus einem einzigen Punkt p bestehende Menge (p), so sehen wir, daß (p) im R_1 nirgendsdicht ist. Zugleich setzt dieses Beispiel die Relativität der Begriffe dicht und nirgendsdicht in Evidenz, d. h. die Tatsache, daß diese Begriffe nicht Eigenschaften der Mengen selbst, sondern Beziehungen der Mengen zu dem zugrunde gelegten Raum zum Ausdruck bringen. Denn die im R_1 nirgendsdichte Menge (p) ist dicht in sich, wie ja übrigens offenbar jede Menge M in M dicht, also dicht in sich selbst ist. Bezeichnet E irgendeine den Punkt p und noch andere Punkte enthaltende endliche Teilmenge des R_1, so ist die Menge (p) in E weder dicht noch nirgendsdicht. Überhaupt enthält eine endliche Menge keine nichtleere in ihr nirgendsdichte Teilmenge, denn jede nichtleere Teilmenge einer endlichen Menge ist zugleich offen und abgeschlossen. — Die abgeschlossene Hülle einer in M nirgendsdichten Menge ist offenbar in M nirgendsdicht.

Die Summe von endlichvielen in M nirgendsdichten Mengen ist offenbar in M nirgendsdicht. Die Summe von abzählbarvielen in M nirgendsdichten Mengen kann in M sogar dicht liegen. Bezeichnet z. B. $\{p_k\}$ ($k = 1, 2, \ldots$ ad inf.) die Punkte des R_1 mit rationaler Koordinate in eine Folge angeordnet, so ist jede Menge (p_k) im R_1 nirgendsdicht, die Menge $\sum\limits_{k=1}^{\infty}(p_k)$ aller Punkte mit rationaler Koordinate ist im R_1 dicht. *Eine Menge M, welche Summe von abzählbarvielen in M nirgendsdichten Mengen ist,* heißt **von erster Kategorie.** Die Summe von endlich- oder abzählbarvielen Mengen von erster Kategorie ist offenbar von erster Kategorie. *Eine Menge, welche nicht von erster Kategorie ist,* heißt **von zweiter Kategorie.** Beispielsweise ist jede endliche Menge, da sie, wie wir sahen, keine nichtleere nirgendsdichte Teilmenge enthält, von zweiter Kategorie.

Wir beweisen nun den Satz: *Jede abgeschlossene Teilmenge eines kompakten Raumes ist von zweiter Kategorie.* Sei A eine abgeschlossene Teilmenge des kompakten Raumes R. Wir wollen gegen diese Voraussetzung einen Widerspruch herleiten aus der Annahme, daß A von erster Kategorie, d. h. Summe von abzählbarvielen in A nirgendsdichten Mengen A_k ($k = 1, 2, \ldots$ ad inf.) sei. Aus dieser Annahme folgt, daß auch jede der Mengen $B_k = \sum\limits_{i=1}^{k} A_i$ ($k = 1, 2, \ldots$ ad inf.) nirgendsdicht in A ist. Da A nach Voraussetzung abgeschlossen ist, ist auch für jedes natürliche k die Menge $\overline{B}_k$ Teilmenge von A und, als abgeschlossene Hülle einer in A nirgendsdichten Menge, in A nirgendsdicht. Wir setzen $R = U_0$ und betrachten die offene Menge $U_0 \cdot (R - \overline{B}_1)$. Da $\overline{B}_1$ in A nirgendsdicht ist, hat die Menge $U_0 \cdot (R - B_1)$ mit A einen nichtleeren Durchschnitt. Wir bestimmen, was sicher möglich ist, eine offene Menge $U_1 \leqslant U_0 \cdot (R - \overline{B}_1)$, deren Durchschnitt mit A nichtleer ist. Angenommen, es liege eine offene Menge $U_k \leqslant U_{k-1} \cdot (R - \overline{B}_k)$ vor, deren Durchschnitt mit A nichtleer ist. Da $\overline{B}_{k+1}$ in A nirgendsdicht ist, hat die Menge $U_k \cdot (R - \overline{B}_{k+1})$ mit A einen nichtleeren Durchschnitt. Wir können mithin eine offene Menge

$$U_{k+1} \leqslant U_k \cdot (R - \overline{B}_{k+1})$$

bestimmen, die mit A einen nichtleeren Durchschnitt hat. Auf diese Weise kann also für jedes natürliche k eine offene Menge U_k bestimmt werden, so daß für jedes k die Beziehung $U_{k+1} \leqslant U_k$ gilt und die Menge $U_k \cdot A$ nichtleer ist. Betrachten wir nun die Menge $A \cdot \prod_{k=1}^{\infty} U_k$, die wir mit A' bezeichnen wollen. Da U_k zu $\overline{B}_k$ fremd ist, ist $\prod_{k=1}^{\infty} U_k$ zu allen $\overline{B}_k$, also zu A fremd, also ist $A' = A \cdot \prod_{k=1}^{\infty} U_k$ leer. Anderseits gilt mit Rücksicht auf $U_{k+1} \leqslant U_k$ die Beziehung $\prod_{k=1}^{\infty} U_k = \prod_{k=1}^{\infty} \overline{U}_k$, also

$$A' = A \cdot \prod_{k=1}^{\infty} U_k = A \cdot \prod_{k=1}^{\infty} \overline{U}_k = \prod_{k=1}^{\infty} A \cdot \overline{U}_k.$$

Jede der Mengen $A \cdot \overline{U}_k$ ist nichtleer. Also ist A' Durchschnitt einer monoton abnehmenden Folge von nichtleeren in A abgeschlossenen Mengen. Da A als abgeschlossene Teilmenge eines kompakten Raumes vorausgesetzt ist, müßte A' demnach dem Durchschnittssatz zufolge nichtleer sein. Damit ist aus der Annahme, daß A von erster Kategorie ist, ein Widerspruch hergeleitet.

Wenn für eine Menge M *die Menge* $\overline{M} - M$ *in* $\overline{M}$ *dicht ist,* so nennen wir M **total irreduzibel.** Es gilt, wie wir zeigen wollen, der Satz: *Ist* M *eine total irreduzible Menge und* A *eine abgeschlossene* (im Raum abgeschlossene!) *Teilmenge von* M*, so ist* A *in* M *nirgendsdicht.* Wäre nämlich A in M nicht nirgendsdicht, so wäre eine Teilmenge A' von A in einer in M offenen nichtleeren Menge M_0 dicht. Dann würde also, der oben bewiesenen Bemerkung zufolge, $\overline{A}' = \overline{M}_0$ gelten. Da A als abgeschlossen vorausgesetzt ist, wäre $\overline{A}'$ Teilmenge von A, also Teilmenge von M. Es würde also für eine in M offene nichtleere Menge M_0 die Beziehung $\overline{M}_0 < M$ gelten. Dies widerspricht aber offenbar der Voraussetzung, daß M total irreduzibel, d. h. $\overline{M} - M$ in $\overline{M}$ dicht ist. Damit ist die Behauptung bewiesen. Aus ihr folgt unmittelbar: *Jede total irreduzible* F_σ*-Menge ist von erster Kategorie.* Denn wenn die total irreduzible Menge J Summe von abzählbarvielen abgeschlossenen Mengen ist, so ist sie, da jede ihrer abgeschlossenen Teilmengen in ihr nirgendsdicht ist, Summe von abzählbarvielen in ihr nirgendsdichten Mengen, d. h. von erster Kategorie.

Als abgeschlossen war eine Menge M gekennzeichnet, wenn jeder Häufungspunkt von M Punkt von M ist. Ein Menge M heißt **insichdicht,** *wenn jeder Punkt von M Häufungspunkt von M ist.* (Das Wort *insichdicht* ist von den Worten *dicht in sich* wohl zu unterscheiden. Wir sahen ja, daß jede Menge M in M dicht, also dicht in sich ist, was mit der Eigenschaft der Insichdichtheit gar nichts zu tun hat.) Eine Menge, die *zugleich abgeschlossen und insichdicht* ist, heißt **perfekt.**

Es existieren im R_1 Teilmengen, die zugleich perfekt und im R_1 nirgends dicht sind. Wir konstruieren als Beispiel für eine derartige Menge das sog. **Diskontinuum.** Diese Menge kann definiert werden als die Menge aller Punkte des abgeschlossenen Intervalls $[0, 1]$, deren Koordinate gleich einem Ternalbruch (d. h. einem Systembruch mit der Basis 3) ohne einen Zähler 1 ist. In einer mehr geometrischen Weise kann das Diskontinuum folgendermaßen definiert werden: Man ordne die offenen Intervalle $\left(\frac{k}{3^n}, \frac{k+1}{3^n}\right)$, wo n alle natürlichen Zahlen durchläuft und k eine durch drei nicht teilbare Zahl zwischen 1 und 3^n bezeichnet, in eine Folge. Das Komplement von der Summe dieser offenen Intervalle zum abgeschlossenen Intervall $[0, 1]$ ist das Diskontinuum D. Als Komplement einer offenen Menge ist das Diskontinuum D abgeschlossen. Die Menge D enthält insbesondere, wie man leicht zeigt, alle Endpunkte der getilgten offenen Intervalle. Die Menge D_1 dieser Endpunkte ist abzählbar, also ein Teil-F_σ von D, und, wie man unschwer verifiziert, insichdicht und in D dicht. Die abgeschlossene Menge D ist mithin insichdicht, also perfekt. Sie ist im R_1 nirgends dicht, denn andernfalls müßte sie, als abgeschlossene Teilmenge des R_1, ein Intervall des R_1 als Teilmenge enthalten, was offenbar nicht der Fall ist. Die Punkte von D_1 heißen Punkte *erster Art,* die von $D - D_1$ Punkte *zweiter Art von D.*

Zum Abschluß sei erwähnt, daß ein Punkt p der Menge M **Kondensationspunkt von M** heißt, *wenn jede Umgebung des Punktes p eine unabzählbare Teilmenge von M enthält,* und daß eine Menge M **kondensiert** genannt wird, wenn jeder Punkt von M Kondensationspunkt von M ist. Offenbar ist a fortiori jeder Kondensationspunkt ein Häufungspunkt und jede kondensierte Menge insichdicht.

Historisches. Die Begriffe dicht, nirgendsdicht und perfekt ebenso wie das konstruierte Diskontinuum und der Begriff des Kondensationspunktes stammen von Cantor. Bezeichnet man die Menge aller Häufungspunkte der Menge M als die Ableitung von M, so ist offenbar für die insichdichten Mengen charakteristisch, daß sie Teilmengen ihrer ersten Ableitungen sind. Perfekt ist eine Menge dann und nur dann, wenn sie mit ihrer Ableitung identisch ist. Cantor hat bewiesen, *daß jede abgeschlossene Teilmenge A des R_1 entweder abzählbar oder Summe einer abzählbaren und einer perfekten Menge ist.* Die betreffende perfekte Menge erhält man, indem man die Bildung der Ableitungen abzählbar oft iteriert. Als Ableitung zweiter Ordnung von A bezeichnet man die Ableitung der Ableitung von A, und allgemein für jedes n als Ableitung $n$ter Ordnung von A die Ableitung der Ableitung $(n-1)$ter Ordnung von A. Unter der Ableitung ωter Ordnung versteht man den Durchschnitt aller Ableitungen endlicher Ordnung von A, unter der Ableitung $(\omega+1)$ter Ordnung die Ableitung der Ableitung ωter Ordnung von A. Ist die abgeschlossene Teilmenge A des R_1 abzählbar, so kommt man durch fortgesetzte Bildung von Ableitungen höherer Ordnung zu einer, welche leer ist. Ist A nicht abzählbar, so gelangt man durch iterierte Ableitungsbildung zu einer perfekten, d. h. mit ihrer Ableitung identischen Menge.

Die Begriffe der Mengen erster und zweiter Kategorie stammen von Baire. Aus den Untersuchungen von Baire (Annali di mat. (*3*), 3 (1899), S. 65) ergibt sich insbesondere das Theorem, *daß jede abgeschlossene Teilmenge und allgemeiner jedes Teil-G_δ eines kompakten Raumes von zweiter Kategorie ist.*

Ist M irgendeine Teilmenge eines separabeln Raumes, so nennt Hausdorff (Grundz. d. Mengenlehre, 1914, S. 281) die Menge $M \cdot \overline{\overline{M} - M}$ das *Residuum* von M. Er bezeichnet eine Menge, für welche iterierte Residuenbildung schließlich auf die leere Menge führt, als *reduzibel.* Das Residuum einer Menge M ist offenbar eine Teilmenge der Ableitung von M und im allgemeinen eine echte Teilmenge von M. Man sieht leicht ein, daß eine Menge M dann und nur dann in ihrem Residuum identisch ist, wenn für sie die Menge $\overline{M} - M$ in $\overline{M}$ dicht ist. Mengen, welche diese Bedingung erfüllen, welche also durch Residuenbildung und daher auch durch iterierte Residuenbildung überhaupt nicht reduziert werden, nenne ich, um ihren extremen Gegensatz zu den reduzibeln Mengen auszudrücken, *total irreduzibel.*

9. Zum Abschluß der einführenden Betrachtungen.

Wir haben in den vorangehenden Abschnitten einen einzelnen vorgelegten Raum, seine Teilmengen und gewisse einfache Aussagen über dieselben hergeleitet. Wir wollen nun eine Beziehung zwischen zwei Räumen und ihren Teilmengen betrachten. Wir erinnern zunächst an die Definition der Gleichheit zweier Räume (vgl. S. 21). Zwei Räume heißen gleich, wenn jeder Punkt des einen Raumes im Sinne der Gleichheitsdefinition für Raumpunkte gleich ist einem Punkte des anderen Raumes. Auch die Limesdefinitionen in zwei gleichen Räumen sind, wie wir (S. 22) sahen, äquivalent, d. h. wenn im einen Raum die Punktefolge $\{p_i\}$ $(i = 1, 2, \ldots \text{ad inf.})$ gegen den Punkt p konvergiert, so konvergiert im anderen Raum die Folge der mit den p_i gleichen Punkten gegen den mit p gleichen Punkt und umgekehrt. Daraus folgt unmittelbar, daß eine abgeschlossene bzw. offene Menge eines Raumes R gleich ist einer abgeschlossenen bzw. offenen Menge in jedem mit R gleichen Raum. Überhaupt bleiben alle in den vorangehenden Abschnitten angestellten Überlegungen gültig, wenn der betrachtete Raum durch einen gleichen Raum ersetzt wird, der durch ein gleichwertiges Mengensystem definiert ist, — so wie die Überlegungen über einen Punkt p, der durch eine gewisse auf p sich zusammenziehende

Folge von Umgebungen aus dem den Raum definierenden System gegeben ist, gültig bleiben, wenn der Punkt p durch eine andere sich auf p zusammenziehende Folge gegeben wird.

Es seien nun zwei (nicht notwendig gleiche) Räume R und R' gegeben, welche *eineindeutig aufeinander abgebildet* sind, worunter folgendes zu verstehen ist: Die sämtlichen Punkte von R und die sämtlichen Punkte von R' entsprechen einander paarweise, wobei je zwei verschiedenen Punkten des einen Raumes zwei verschiedene Punkte des anderen entsprechen. Ist p ein Punkt von R, so bezeichnen wir den p entsprechenden Punkt von R' mit p'; dabei ist p der dem Punkt p' entsprechende Punkt von R, und es folgt aus $p \neq q$ stets $p' \neq q'$ und umgekehrt. Durch diese Abbildung von R und R' aufeinander werden auch die Teilmengen der beiden Räume paarweise einander zugeordnet: Der Teilmenge M von R entspricht die Menge aller Punkte von R', die einem Punkt von M entsprechen; wir bezeichnen diese Menge mit M'; ihr entspricht umgekehrt die Teilmenge M von R.

Wenn die vorliegende eineindeutige Abbildung der Räume R und R' aufeinander so geartet ist, daß für jede Teilmenge M von R jedem Punkt p, der Häufungspunkt von M ist, ein Punkt p' von R' entspricht, welcher Häufungspunkt der M entsprechenden Menge M' ist, und wenn umgekehrt jedem Häufungspunkt einer Teilmenge von R' ein Häufungspunkt der entsprechenden Teilmenge von R entspricht, — dann heißen die Räume R und R' **homöomorph.** Für die Homöomorphie von R und R' ist offenbar notwendig und hinreichend, daß jeder *gegen einen Punkt p konvergenten Punktefolge $\{p_n\}$ von R eine gegen den Punkt p' konvergente Punktefolge $\{p_n'\}$ in R'* entspricht *und umgekehrt.* Ist $\mathfrak{S}$ das definierende Mengensystem des Raumes R, $\mathfrak{S}'$ jenes des Raumes R', welcher auf R eineindeutig abgebildet ist, bezeichnet ferner $\mathfrak{T}$ das bei dieser Abbildung dem Mengensystem $\mathfrak{S}$ entsprechende Mengensystem in R' und $\mathfrak{T}'$ das dem System $\mathfrak{S}'$ entsprechende Mengensystem in R, so ist für die Homöomorphie von R und R' offenbar notwendig und hinreichend, daß $\mathfrak{T}$ mit $\mathfrak{S}'$ und daß $\mathfrak{T}'$ mit $\mathfrak{S}$ *gleichwertig* sei. Man überzeugt sich ferner mühelos davon, daß für die Homöomorphie von R und R' notwendig und hinreichend ist, daß jeder *abgeschlossenen* bzw. *offenen* Teilmenge von R eine *abgeschlossene* bzw. *offene* Teilmenge von R' entspricht und umgekehrt. Auch zeigt man leicht, daß einer *kompakten* Teilmenge eines Raumes R eine *kompakte* Teilmenge in jedem mit R homöomorphen Raum entspricht, — daß einer auf den Punkt p *sich zusammenziehenden* Umgebungsfolge in R eine auf den entsprechenden Punkt p' *sich zusammenziehende* Umgebungsfolge und daher jedem *unbegrenzt feinen Überdeckungssystem* einer Teilmenge M von R ein *unbegrenzt feines Überdeckungssystem* der entsprechenden Menge M' in jedem mit R homöomorphen Raum entspricht.

Wir haben im Abschnitt 4 (S. 22) betont, daß wir zur Einführung des Begriffes des separabeln Raumes keine anderen Methoden als zur Einführung der Zahlgeraden, des R_n, des Q_ω und der Teilmengen dieser Räume verwenden müssen. Immerhin scheint es zunächst, als ob der Q_ω und seine Teilmengen ganz spezielle Arten separabler Räume darstellen würden. Wir wollen nun aber zeigen, daß jeder separable Raum mit einer Teilmenge des kompakten Q_ω homöomorph ist, daß also, abgesehen von Homöomorphien, die Teilmengen des Q_ω die einzigen separabeln Räume sind. Wir können dies auch dahin ausdrücken, daß jeder separable Raum mit einer Folge von gegen Null abnehmenden Koordinaten beschreibbar sei. Wir beweisen also das

Theorem der Einbettbarkeit der separabeln Räume in den Q_ω. *Ist R ein separabler Raum, so existiert eine mit R homöomorphe Teilmenge des kompakten Raumes Q_ω.*

Wir schicken dem Beweis voraus einen

Hilfssatz: *Sind $U(0)$ und $U(1)$ zwei offene Mengen des separabeln Raumes R, für welche die Beziehung $U(0) \Subset U(1)$ gilt, so existiert eine für jeden Punkt p des Raumes R definierte und stetige reelle Funktion $f(p)$, so daß gilt:*

$$(\dagger)\qquad \begin{cases} 0 \leqq f(p) \leqq 1 & \textit{für jeden Punkt } p \textit{ von } R, \\ f(p) = 0 & \textit{für jeden Punkt } p \textit{ von } U(0), \\ f(p) = 1 & \textit{für jeden Punkt } p, \textit{ der nicht in } U(1) \textit{ enthalten ist.} \end{cases}$$

Für die beiden offenen Mengen $U(0) = U\left(\frac{0}{2^0}\right)$ und $U(1) = U\left(\frac{1}{2^0}\right)$ gilt voraussetzungsgemäß die Beziehung $U\left(\frac{0}{2^0}\right) \Subset U\left(\frac{1}{2^0}\right)$. Wir wollen nun annehmen, es sei für die ganze Zahl n und für jede ganze Zahl m, für die $0 \leqq m \leqq 2^n$ gilt, eine offene Menge $U\left(\frac{m}{2^n}\right)$ derart definiert, daß aus $m_1 < m_2$ stets $U\left(\frac{m_1}{2^n}\right) \Subset U\left(\frac{m_2}{2^n}\right)$ folgt — und wollen unter dieser Annahme auch für jede Zahl m', für die $0 \leqq m' \leqq 2^{n+1}$ gilt, eine offene Menge $U\left(\frac{m'}{2^{n+1}}\right)$ konstruieren, so daß aus $m_1' < m_2'$ stets $U\left(\frac{m_1'}{2^{n+1}}\right) \Subset U\left(\frac{m_2'}{2^{n+1}}\right)$ folgt. Zu diesem Zweck setzen wir, wenn $m' = 2m$ gilt, $U\left(\frac{m'}{2^{n+1}}\right) = U\left(\frac{m}{2^n}\right)$. Wenn dagegen $m' = 2m + 1$ gilt, so betrachten wir die beiden abgeschlossenen und offenbar zueinander fremden Mengen $\overline{U}\left(\frac{m}{2^n}\right)$ und $R - U\left(\frac{m+1}{2^n}\right)$. Nach dem Korollar aus dem allgemeinen Trennungssatz (S. 33) existieren zwei zueinander fremde offene Mengen, die wir mit $U\left(\frac{2m+1}{2^{n+1}}\right)$ und V bezeichnen wollen, so daß die Beziehungen gelten

a) $U\left(\frac{2m+1}{2^{n+1}}\right) > \overline{U}\left(\frac{m}{2^n}\right)$, also $U\left(\frac{2m+1}{2^{n+1}}\right) \gg U\left(\frac{m}{2^n}\right)$,

b) $V > R - U\left(\frac{m+1}{2^n}\right)$.

Aus a) und b) folgt mit Rücksicht auf die Fremdheit von V und $U\left(\frac{2m+1}{2^{n+1}}\right)$, daß V zu $U\left(\frac{m}{2^n}\right)$ und daher (vgl. S. 30) zu $\overline{U}\left(\frac{m}{2^n}\right)$ fremd ist. Also gilt

$$U\left(\frac{m}{2^n}\right) \ll U\left(\frac{2m+1}{2^{n+1}}\right) \ll U\left(\frac{m+1}{2}\right).$$

Die auf diese Weise bestimmten Mengen $U\left(\frac{m'}{2^{n+1}}\right)$ $(0 \leqq m' \leqq 2^{n+1})$ genügen offenbar unserer Behauptung.

Das bewiesene Verfahren gestattet, ausgehend von den beiden gegebenen Mengen $U(0)$ und $U(1)$ für jede dyadisch rationale Zahl $d = \frac{m}{2^n}$ eine offene Menge $U(d)$ zu bestimmen, so daß aus $d < d'$ stets $U(d) \ll U(d')$ folgt. Wir wollen die Menge aller dyadisch rationalen Zahlen zwischen 0 und 1 mit D bezeichnen. Ist p irgendein gegebener Punkt, so bezeichnen wir die Menge aller Zahlen d' von D, für welche der Punkt p in der Menge $U(d')$ enthalten ist, mit D'_p und setzen $D - D'_p = D''_p$, so daß also D''_p die Menge d'' aller Zahlen von D ist, für welche p nicht in $U(d'')$ enthalten ist. Dabei ist die Menge D'_p dann und nur dann leer, wenn p nicht in $U(1)$ liegt, und es ist D''_p dann und nur dann leer, wenn p in $U(0)$ liegt. Ist p irgendein gegebener Punkt, so gilt $D = D'_p + D''_p$. Jede Zahl von D'_p ist größer als jede Zahl von D''_p. Wenn d' eine Zahl von D'_p und $\bar{d}' > d'$ gilt, so ist auch $\bar{d}'$ eine Zahl von D'_p. Wenn d'' eine Zahl von D''_p ist und $\bar{d}'' < d''$ gilt, so ist auch $\bar{d}''$ eine Zahl von D''_p. Für jeden Punkt p des Raumes stellt also die Formel $D = D'_p + D''_p$ einen Schnitt in der Menge D, d. h. eine reelle Zahl zwischen 0 und 1 dar, welche wir mit $f(p)$ bezeichnen wollen. Ist für den Punkt p die Menge D'_p bzw. die Menge D''_p leer, so setzen wir $f(p) = 1$ bzw. $f(p) = 0$. Dann ist die Funktion $f(p)$ für jeden Punkt p des Raumes erklärt und genügt den Bedingungen (†) des Hilfssatzes. Zum Beweise dieses letzteren ist noch zu zeigen, daß für jeden Punkt p des Raumes die Funktion $f(p)$ stetig ist, d. h. daß für jede gegen p konvergente Punktfolge $\{p_k\}$ $(k = 1, 2, \ldots \text{ad inf.})$ die Beziehung $\lim_{k=\infty} f(p_k) = f(p)$ gilt, daß m. a. W., wenn irgendeine Zahl $\varepsilon > 0$ gegeben ist, für fast alle natürlichen k die Beziehung gilt

$$|f(p_k) - f(p)| < \varepsilon.$$

Der betrachtete Punkt p sei etwa durch die Folge $\{U_n\}$ $(n = 1, 2, \ldots \text{ad inf.})$ von Mengen des den Raum R definierenden Systems $\mathfrak{S}$ gegeben. Wir bestimmen zum gegebenen ε zwei positive Zahlen ε' und ε'', die $< \varepsilon$ sind, derart, daß die Zahlen $f(p)+\varepsilon'$ und $f(p)-\varepsilon''$ dyadisch rational sind, und betrachten die den Punkt p enthaltende offene Menge

$$U(f(p)+\varepsilon')-\overline{U}(f(p)-\varepsilon''),$$

die wir mit $U_{p,\varepsilon}$ bezeichnen wollen. [Dabei ist im Fall $f(p)+\varepsilon'>1$ $U(f(p)+\varepsilon')=U(1)$, im Fall $f(p)-\varepsilon''<0$ $U(f(p)-\varepsilon'')=U(0)$.] Da p in der offenen Menge $U_{p,\varepsilon}$ enthalten ist, existiert eine natürliche Zahl $\bar{n}$, so daß $U_{\bar{n}} \lll U_{p,\varepsilon}$ gilt. Für jeden Punkt $\bar{p}$ der Menge $U_{\bar{n}}$ gilt mithin

$$|f(\bar{p})-f(p)|<\varepsilon.$$

Nun liegen aber, da nach Voraussetzung die Punkte p_k gegen p konvergieren, fast alle Punkte p_k in $U_{\bar{n}}$. Also gilt für fast alle Punkte p_k die Beziehung $|f(p_k)-f(p)|<\varepsilon$. Damit ist auch die Stetigkeit von f und mithin der Hilfssatz in allen Stücken bewiesen.

Wir betrachten nun zum Beweise des Einbettungstheorems das abzählbare den Raum R definierende Mengensystem $\mathfrak{S}$. Die Paare von Mengen des Systems $\mathfrak{S}$ bilden ebenfalls ein abzählbares System. Wir wollen speziell jene Paare U, V von Mengen aus $\mathfrak{S}$, für welche $U \lll V$ gilt, in eine Folge $\{P_n\}$ $(n=1,2,\ldots$ ad inf.) ordnen. Besteht das Paar P_n aus den Mengen U, V $(U \lll V)$, so bezeichnen wir mit $f_n(p)$ eine der nach dem Hilfssatz im Raum definierbaren stetigen Funktionen, für welche $0 \leqq f_n(p) \leqq 1$ in allen Punkten von R, $f(p)=0$ in allen Punkten von U, $f(p)=1$ in allen Punkten von $R-V$ gilt. Wir setzen $\frac{1}{n}f_n(p)=x_n(p)$. Auf diese Weise ist jedem Punkt p von R eine Folge reeller Zahlen $\{x_n(p)\}$ $(n=1,2,\ldots$ ad inf.) zugeordnet, wobei für alle Punkte p und für jedes natürliche n die Beziehung gilt $0 \leqq x_n(p) \leqq \frac{1}{n}$. Jedem Punkt p von R entspricht mithin ein Punkt des Q_ω, nämlich der Punkt p' mit den Koordinaten $x_1(p), x_2(p), \ldots, x_n(p) \ldots$

Es sei nun p irgendein Punkt von R und $V(p)$ irgendeine Umgebung von p aus $\mathfrak{S}$. Dann existiert eine Umgebung $U(p) \lll V(p)$ und das Mengenpaar $U(p)$, $V(p)$ kommt in der Folge P_n vor. Es sei etwa identisch mit P_k. Es ist dann offenbar $f_k(p)=x_k(p)=0$, während für jeden Punkt, der nicht in $V(p)$ enthalten ist, $\frac{1}{k}f_k(p)=x_k(p)=\frac{1}{k}$ ist. Für jeden Punkt q von $R-V(p)$ unterscheidet sich also $x_k(q)$, die $k$te Koordinate des Punktes q, von $x_k(p)$ um $\frac{1}{k}$. Daraus geht *erstens* hervor, *daß für je zwei verschiedene Punkte p und q von R die ihnen im Q_ω entsprechenden Punkte p' und q' verschieden sind.* Denn wenn $p \neq q$ gilt, so existiert eine Umgebung $U(p)$, die den Punkt q nicht enthält, und es gibt daher eine natürliche Zahl k, so daß sich die $k$ten Koordinaten der Punkte p' und q' um $\frac{1}{k}$ unterscheiden. Zwei Punkte des Q_ω sind aber dann und nur dann identisch, wenn für jedes natürliche n ihre $n$ten Koordinaten übereinstimmen. *Zweitens* ergibt sich aus dem Bewiesenen: *Ist der Punkt p' des Q_ω Grenzpunkt der Punkte* $\{p'_n\}$ ($n = 1, 2, \ldots$ ad inf.) *des Q_ω* und ist p' der dem Punkt p von R, p'_n der dem Punkt p_n von R zugeordnete Punkt, *so ist p Grenzpunkt der Punktfolge* $\{p_n\}$ ($n = 1, 2, \ldots$ ad inf.). Wäre p nicht Grenzpunkt der p_n, so existierte eine Umgebung $U(p)$, so daß alle Punkte einer abzählbaren Teilfolge $\{p_{i_n}\}$ ($n = 1, 2, \ldots$ ad inf.) der Folge $\{p_n\}$ in $R - U(p)$ lägen. Dann würden sich aber der obigen Bemerkung zufolge für eine gewisse natürliche Zahl k die $k$ten Koordinaten aller Punkte der Folge $\{p_{i_n}\}$ von der $k$ten Koordinate von p um $\frac{1}{k}$ unterscheiden, im Widerspruch zur Annahme, daß p' Grenzpunkt der Folge $\{p'_n\}$ und daher auch der Folge $\{p'_{i_n}\}$ ist.

Ist umgekehrt der Punkt p von R Grenzpunkt der Punktfolge

$$\{p_n\} (n = 1, 2, \ldots \text{ ad inf.}),$$

so ist der dem Punkt p entsprechende Punkt p' von Q_ω Grenzpunkt von der Folge $\{p'_n\}$ der den Punkten p_n entsprechenden Punkte des Q_ω. Da nämlich für jedes k die Funktion $x_k(p)$ in p stetig ist, so folgt aus $\lim\limits_{n=\infty} p_n = p$ für jedes natürliche k die Beziehung $\lim\limits_{n=\infty} x_k(p_n) = x_k(p)$, d. h. die Punkte p'_n haben den Punkt p' zum Grenzpunkt.

Es ist also gezeigt: Jedem Punkt des separabeln Raumes R entspricht ein Punkt von Q_ω. Verschiedenen Punkten von R entsprechen verschiedene Punkte von Q_ω. Bezeichnet R' die Menge aller Punkte von Q_ω, welche irgendeinem Punkt von R entsprechen, so besitzt die Punktefolge $\{p_n\}$ von R dann und nur dann den Punkt p als Grenzpunkt, wenn die entsprechende Folge $\{p'_n\}$ von Punkten der Menge R' den p entsprechenden Punkt p' zum Grenzpunkt hat. Damit ist gezeigt, daß R mit der Teilmenge R' des Q_ω homöomorph ist, womit der Einbettungssatz bewiesen ist.

Es ist zu bemerken, daß jede Betrachtung der mit einem separabeln Raum R homöomorphen Teilmengen R' von Q_ω nichts anderes ist als eine Betrachtung von R selbst *mit geeigneter Benennung der Punkte von R*, indem man nämlich jeden Punkt von R in gewisser Weise durch eine Folge reeller Zahlen (Koordinaten) bezeichnet.

Wir leiten nun aus dem bewiesenen Theorem einige für das Folgende wichtige Konsequenzen her, zunächst das

Theorem von den ausgezeichneten Doppelfolgen. *Ist M eine Teilmenge eines separabeln Raumes, $\mathfrak{U}$ ein unbegrenzt feines Überdeckungssystem von M, bestehend aus in M offenen Mengen, dann enthält $\mathfrak{U}$ ein System* $\{U_n^k\}$ ($k, n = 1, 2, \ldots$ ad inf.) *von Mengen mit den Eigenschaften:*

1. *Zu jedem Punkt p von M und für jedes natürliche k existiert (mindestens) eine natürliche Zahl* n_k, *so daß p in der Menge* $U^k_{n_k}$ *enthalten ist.*

2. *Ist* $\nu = \{n_k\}$ ($k = 1, 2, \ldots$ ad inf.) *eine Folge von natürlichen Zahlen, so haben die Mengen* $\{U^k_{n_k}\}$ ($k = 1, 2, \ldots$ ad inf.) *entweder einen leeren Durchschnitt oder sie ziehen sich auf einen Punkt zusammen.*

Wir nennen ein derartiges Mengensystem $\{U^k_n\}$ ($k, n = 1, 2, \ldots$ ad inf.) eine *hinsichtlich M ausgezeichnete Doppelfolge.*

Zugleich mit diesem Theorem beweisen wir das folgende, welches eine Verschärfung des vorigen für kompakte Mengen ausspricht:

Theorem von den erzeugenden Doppelfolgen kompakter Mengen. *Ist M eine kompakte Menge,* $\mathfrak{U}$ *ein unbegrenzt feines Überdeckungssystem von M, bestehend aus in M offenen Mengen, dann enthält* $\mathfrak{U}$ *ein System* $\{U^k_n\}$ *von Mengen mit den Eigenschaften:*

1. *Zu jedem Punkt p von M und für jedes natürliche k existiert (mindestens) eine natürliche Zahl* n_k, *so daß p in der Menge* $U^k_{n_k}$ *enthalten ist.*

2. *Ist für den Punkt p von M* $\{m_k\}$ ($k = 1, 2, \ldots$ ad inf.) *eine Zahlenfolge derart, daß jede Umgebung von p mit fast allen Mengen der Folge* $\{U^k_{m_k}\}$ ($k = 1, 2, \ldots$ ad inf.) *nichtleere Durchschnitte hat, dann sind in jeder Umgebung von p fast alle Mengen* $U^k_{m_k}$ *enthalten.*

3. *Für jedes natürliche k sind fast alle von den Mengen* U^k_n ($n = 1, 2, \ldots$ ad inf.) *leer.*

Ein Mengensystem U^k_n dieser Art nennen wir *eine M erzeugende Doppelfolge.* Wir werden ferner gelegentlich davon Gebrauch machen, daß jedes unbegrenzt feine Überdeckungssystem $\mathfrak{U}$ von M eine M erzeugende Doppelfolge enthält, welche folgender Bedingung genügt:

2'. *Ist* $\{n_k\}$ ($k = 1, 2, \ldots$ ad inf.) *eine Folge natürlicher Zahlen, so daß für jedes k die Mengen* $U^k_{n_k}$ *und* $U^{k+1}_{n_{k+1}}$ *einen nichtleeren Durchschnitt haben, so konvergieren die Mengen* $\{U^k_{n_k}\}$ ($k = 1, 2, \ldots$ ad inf.) *gegen einen Punkt von M.*

Die Bedingung 2. für erzeugende Doppelfolgen kann offenbar auch so ausgesprochen werden: *Gehört der Punkt p für eine Zahlenfolge* $\{m_k\}$ ($k = 1, 2, \ldots$ ad inf.) *der Menge* $\lim\limits_{k=\infty} U^k_{m_k}$ *an, dann konvergiert die Mengenfolge* $\{U^k_{m_k}\}$ ($k = 1, 2, \ldots$ ad inf.) *gegen den Punkt p.*

Wir bemerken noch, daß sowohl für ausgezeichnete als auch für erzeugende Doppelfolgen die Bedingungen 1. und 2. zusammen die folgende Bedingung ergeben:

Zu jedem Punkt p von M existiert (mindestens) eine Folge von natürlichen Zahlen $\{n_k\}$ ($k = 1, 2, \ldots$ ad inf.), *so daß die Mengen*

$\{U_{n_k}^k\}$ ($k = 1, 2, \ldots$ ad inf.) *den Punkt p enthalten und sich auf ihn zusammenziehen.*

Eine erzeugende Doppelfolge ist offenbar zugleich eine ausgezeichnete Doppelfolge. Denn die Forderung 1. an eine ausgezeichnete Doppelfolge ist mit der Forderung 1. an eine erzeugende identisch und die Eigenschaft 2. einer erzeugenden Doppelfolge impliziert die Eigenschaft 2. einer ausgezeichneten. Ist nämlich $\{U_{n_k}^k\}$ ($k = 1, 2, \ldots$ ad inf.) eine Folge von Mengen einer erzeugenden Doppelfolge mit nichtleerem Durchschnitt, so hat, wenn p ein Punkt von $\prod_{k=1}^{\infty} U_{n_k}^k$ ist, jede Umgebung von p mit allen Mengen $U_{n_k}^k$ einen nichtleeren Durchschnitt, also konvergieren die Mengen $\{U_n^k\}$ gegen p. Ihr Durchschnitt muß also der Punkt p sein, auf den sich die Mengen $\{U_{n_k}^k\}$ zusammenziehen. Hingegen kann, wenn M eine nichtkompakte Menge ist, sehr wohl für eine Folge $\{U_{n_k}^k\}$ ($k = 1, 2, \ldots$ ad inf.) von Mengen einer hinsichtlich M ausgezeichneten Doppelfolge für jedes k die Menge $U_{n_k}^k \cdot U_{n_{k+1}}^{k+1}$ Punkte enthalten, ohne daß die Mengen $\{U_{n_k}^k\}$ gegen einen Punkt von M konvergieren; ja, es kann für jedes k die Beziehung $U_{n_{k+1}}^{k+1} \leqq U_{n_k}^k$ gelten und dennoch der Durchschnitt $\prod_{k=1}^{\infty} U_{n_k}^k$ leer sein.

Wir beweisen die Theoreme zunächst unter der Voraussetzung, daß M Teilmenge des Q_ω ist. Auf jeden Punkt von Q_ω zieht sich dann eine Folge von Kugeln des Q_ω zusammen. Insbesondere ist jeder Punkt von M für jede gegebene natürliche Zahl k in einer Kugel des Q_ω mit dem Radius $\frac{1}{k}$ (vgl. S. 14) enthalten. Da $\mathfrak{U}$ als unbegrenzt feines Überdeckungssystem von M vorausgesetzt ist, existiert zu jedem Punkt p von M eine p enthaltende in M offene Menge $U_k(p)$ des Systems $\mathfrak{U}$, die Teil einer Kugel des Q_ω mit dem Radius $\frac{1}{k}$ ist. Wir ordnen jedem Punkt p von M eine derartige Menge $U_k(p)$ zu. Nach dem Überdeckungstheorem für Teilmengen separabler Räume existieren unter den so bestimmten Mengen des Systems $\mathfrak{U}$ abzählbarviele, die M überdecken. Wir ordnen dieselben in eine Folge, die wir mit $\{U_n^k\}$ ($n = 1, 2, \ldots$ ad inf.) bezeichnen. Ist speziell M eine kompakte Menge, so können dem Überdeckungstheorem für kompakte Mengen zufolge fast alle Mengen der Folge $\{U_n^k\}$ ($n = 1, 2, \ldots$ ad inf.) als leer angenommen werden. Wir bilden nun für jede natürliche Zahl $k = 1, 2, \ldots$ ad inf. eine derartige Mengenfolge U_n^k ($n = 1, 2, \ldots$ ad inf.) und erhalten so ein Mengensystem $\{U_n^k\}$, welches, falls M kompakt ist, der Forderung 3. des zweiten Theorems genügt.

Das System $\{U_n^k\}$ ($k, n = 1, 2, \ldots$ ad inf.) der so erhaltenen Mengen genügt den Forderungen 1. und 2. Sei nämlich *erstens* p irgendein Punkt von M. Für jede natürliche Zahl k gilt $M \subset \sum_{n=1}^{\infty} U_n^k$; für jedes natürliche k existiert also (mindestens) eine natürliche Zahl n_k, so daß p in $U^k_{n_k}$ enthalten ist. Es ist auch die *zweite* Forderung des ersten Theorems erfüllt. Sei in der Tat $\{n_k\}$ ($k = 1, 2, \ldots$ ad inf.) irgendeine vorgelegte Folge natürlicher Zahlen, für welche der Durchschnitt $\prod_{k=1}^{\infty} U^k_{n_k}$ nichtleer ist, also (mindestens) einen Punkt p enthält. Wir haben zu zeigen, daß die Mengen $\{U^k_{n_k}\}$ ($k = 1, 2, \ldots$ ad inf.) sich auf den Punkt p zusammenziehen. Ist der Punkt p etwa durch die Folge $\{V_j\}$ ($j = 1, 2, \ldots$ ad inf.) von Kugeln des R_ω gegeben, so besagt diese Behauptung, daß jede Kugel V_j fast alle von den Mengen $U^k_{n_k}$ ($k = 1, 2, \ldots$ ad inf.) als Teil enthält. Dies folgt aber daraus, daß jede Menge $U^k_{n_k}$ ihrer Bestimmung zufolge Teil einer Kugel des Q_ω mit dem Radius $\frac{1}{k}$ ist. Aus der letzteren Tatsache ergibt sich zugleich, daß eine Mengenfolge $\{U^k_{n_k}\}$ gegen jeden Punkt der Menge $\underline{\lim}_{k=\infty} U^k_{n_k}$ (vgl. S. 28) konvergiert, so daß also die Menge $\overline{\lim}_{k=\infty} U^k_{n_k}$ höchstens einen Punkt enthalten kann. Einen Punkt von M enthält diese Menge aber wegen der Kompaktheit von M sicher. Für kompaktes M erfüllt also das Mengensystem $\{U^k_n\}$ auch die Forderung 2. des zweiten Theorems, womit die beiden Theoreme, falls M eine Teilmenge des Q_ω ist, in allen Stücken bewiesen sind. Wählen wir für jeden Punkt p von M als $U_k(p)$ eine p enthaltende Menge von $\mathfrak{U}$, welche Teil einer Kugel des Q_ω mit dem Radius $\frac{1}{k^2}$ $\left(\text{nicht bloß einer Kugel mit dem Radius } \frac{1}{k}\right)$ ist, so genügt im Falle der Kompaktheit von M die so wie oben hergestellte Doppelfolge $\{U^k_n\}$ offenbar auch der Bedingung 2'.

Nach dem Theorem von der Einbettbarkeit einer Teilmenge eines beliebigen separabeln Raumes in den Q_ω ist damit der Satz zugleich für Teilmengen beliebiger separabler Räume bewiesen. In der Tat, wenn M eine Teilmenge eines beliebigen separabeln Raumes ist, so bestimmen wir zunächst, was nach dem Einbettungssatz möglich ist, eine mit M homöomorphe Teilmenge M' des Q_ω. Dann und nur dann, wenn M kompakt ist, ist auch M' kompakt. Einem vorgelegten unbegrenzt feinen Überdeckungssystem von M bestehend aus in M offenen Mengen, entspricht bei der Abbildung von M auf M' (vgl. S. 56) ein unbegrenzt feines Überdeckungssystem $\mathfrak{U}'$ von M', bestehend aus in M' offenen Mengen. Das System $\mathfrak{U}'$ enthält dem Bewiesenen zufolge eine hinsichtlich M' ausgezeichnete Doppelfolge $\{U'^k_n\}$ ($k, n = 1, 2, \ldots$ ad inf.), welche, falls M' kompakt ist, als M' erzeugend angenommen werden kann. Bezeichnen wir mit U^k_n die Teilmenge von M, welche bei der Abbildung von M auf M' der Menge U'^k_n entspricht, so bestätigt man leicht, daß das System $\{U^k_n\}$ ($k, n = 1, 2, \ldots$ ad inf.) eine hinsichtlich M ausgezeichnete Doppelfolge von in M offenen Mengen des Systems $\mathfrak{U}$ ist. Denn einer auf einen Punkt sich zusammenziehenden

Umgebungsfolge eines Raumes entspricht in einem homöomorphen Raum die auf den entsprechenden Punkt sich zusammenziehende Folge der entsprechenden offenen Mengen. Ist M speziell kompakt, so ist zugleich mit $\{U_n'^k\}$ die Doppelfolge $\{U_n^k\}$ ($k, n = 1, 2, \ldots$ ad inf.) erzeugend. Damit sind die Theoreme bewiesen.

Ist M eine gegebene Teilmenge eines separabeln Raumes, $\mathfrak{U}$ ein vorgelegtes unbegrenzt feines Überdeckungssystem von M, so ist jede hinsichtlich M ausgezeichnete Doppelfolge von Mengen des Systems $\mathfrak{U}$ offenbar ein abzählbares unbegrenzt feines Überdeckungssystem von M. In dem Theorem von den ausgezeichneten Doppelfolgen ist daher folgender Satz enthalten, der für zahlreiche Anwendungen ausreichend ist und den wir wegen seiner Analogie mit dem Überdeckungstheorem für Teilmengen separabler Räume bezeichnen als

Verfeinertes Überdeckungstheorem für Teilmengen separabler Räume. *Ist M eine Teilmenge eines separabeln Raumes, $\mathfrak{U}$ ein unbegrenzt feines Überdeckungssystem vom M, so enthält $\mathfrak{U}$ ein abzählbares unbegrenzt feines Überdeckungssystem von M.*

Wir beweisen nun folgende

Bemerkung über erzeugende Doppelfolgen. *Ist $\{U_n^k\}$ eine erzeugende Doppelfolge der kompakten Menge A und $\mathfrak{U}$ irgendein Überdeckungssystem von A, so ist für alle hinreichend großen k jede der Mengen U_n^k ($n = 1, 2, \ldots$) in einer Menge von $\mathfrak{U}$ als Teil enthalten.*

Wir bezeichnen der Kürze halber eine Menge der Doppelfolge $\{U_n^k\}$, welche in keiner Menge des vorgelegten Systems $\mathfrak{U}$ als Teil enthalten ist, als *zu groß* und wollen zeigen: Unter den Mengen der Doppelfolge sind höchstens endlichviele zu groß. Wir machen nämlich die Annahme A, die Doppelfolge enthielte unendlichviele zu große Mengen, und leiten aus ihr einen Widerspruch her. Wegen Eigenschaft 3. der erzeugenden Doppelfolge ergibt sich aus A für jedes natürliche k die Existenz einer Zahl $i_k > k$ und einer Zahl m_k, so daß die Menge $U_{m_k}^{i_k}$ zu groß ist. Wir wählen für jedes natürliche k einen Punkt p_k von $U_{m_k}^{i_k}$. Es existiert ein Punkt p von M, so daß jede Umgebung von p für unendlichviele k den Punkt p_k enthält. [Dieser Forderung an p genügt, falls die Menge P der Punkte p_k ($k = 1, 2, \ldots$ ad inf.) endlich ist, ein Punkt von p und, falls P unendlich ist, ein wegen der Kompaktheit von M existierender Häufungspunkt von P.] Jede Umgebung von P hat mit fast allen Mengen einer Teilfolge von $\{U_{m_k}^{i_k}\}$ nichtleere Durchschnitte, insbesondere auch eine p enthaltende Menge U von $\mathfrak{U}$. Nach Eigenschaft 2. der erzeugenden Doppelfolge sind dann aber unendlichviele von den Mengen $\{U_{m_k}^{i_k}\}$ in U als Teil enthalten, während jede dieser Mengen zu groß sein soll. Die Annahme A führt also zu einem Widerspruch.

Das Analogon zu der bewiesenen Bemerkung über erzeugende Doppelfolgen für ausgezeichnete Doppelfolgen ist unrichtig. Bezeichnet etwa M das um den Punkt 0 verminderte Intervall $[-1, +1]$ des R_1, so kann man leicht eine hinsichtlich M ausgezeichnete Doppelfolge $\{U_n^k\}$ von in M offenen Mengen angeben, für welche für $k = 1, 2, \ldots$ ad inf. unter den Mengen U_n^k $(n = 1, 2, \ldots)$ das offene Intervall $\left(-\frac{1}{k}, +\frac{1}{k}\right)$ vorkommt. Bezeichnet dann $\mathfrak{U}$ das Überdeckungssystem von M, bestehend aus den beiden Intervallen $(-2, 0)$, $(0, +2)$, so enthält die ausgezeichnete Doppelfolge $\{U_n^k\}$ für jedes k eine zu große Menge U_n^k, da das Intervall $\left(-\frac{1}{k}, +\frac{1}{k}\right)$ in keiner der beiden Mengen von $\mathfrak{U}$ als Teil enthalten ist.

Hingegen existiert zu jedem separabeln Raum R eine ausgezeichnete Doppelfolge, welche die Eigenschaft 3. der erzeugenden Doppelfolgen besitzt, d. h. für jedes k fast nur leere Mengen des $k$ten Schrittes enthält. Eine solche ausgezeichnete Doppelfolge, die wir *finit* nennen wollen, erhält man, indem man eine mit R homöomorphe Teilmenge R' des Q_ω und das System der Durchschnitte von R' mit einer erzeugenden Doppelfolge des Q_ω bildet. Das System der mit diesen Mengen homöomorphen Teilmengen von R ist eine finite ausgezeichnete Doppelfolge. Nicht immer möglich ist es jedoch, aus einem unbegrenzt feinen Überdeckungssystem eines separabeln Raumes eine finite erzeugende Doppelfolge herauszugreifen, wie man erkennt, wenn man als Raum die Menge aller Punkte des R_1 mit ganzzahliger Koordinate und als unbegrenzt feines Überdeckungssystem das System aller einpunktigen Mengen dieses Raumes betrachtet.

Im Zusammenhang mit dem Satz von den ausgezeichneten Doppelfolgen möge hier noch eine (im folgenden übrigens nirgends verwendete) Bemerkung über eine besondere Klasse von Mengen eingeschaltet werden.

Setzt man in einer hinsichtlich M ausgezeichneten Doppelfolge $\{U_n^k\}$ $(k, n = 1, 2, \ldots$ ad inf.)

$$U_{n_1 n_2 \cdots n_k} = U_{n_1}^1 \cdot U_{n_2}^2 \cdots U_{n_k}^k,$$

so besitzt das so definierte Mengensystem

$$\{U_{n_1 n_2 \cdots n_k}\} \; (n_1, n_2, \ldots n_k, k = 1, 2, \ldots \text{ ad inf.}),$$

wie sich aus den Eigenschaften der M erzeugenden Doppelfolge $\{U_n^k\}$ unmittelbar ergibt, die folgenden Eigenschaften:

1. Jeder Punkt p von M ist für eine Folge $\nu = \{n_k\}$ $(k = 1, 2, \ldots$ ad inf.) von natürlichen Zahlen identisch mit der Menge

$$D_\nu = U_{n_1} \cdot U_{n_1 n_2} \cdots U_{n_1 n_2 \cdots n_k} \cdots$$

2. Für jede Folge $\nu = \{n_k\}$ $(k = 1, 2, \ldots$ ad inf.) von natürlichen Zahlen enthält die Menge $D_\nu = U_{n_1} \cdot U_{n_1 n_2} \cdots U_{n_1 n_2 \cdots n_k} \cdots$ höchstens einen Punkt.

Dabei ist natürlich durchaus möglich, daß für eine Folge

$$\nu = \{n_k\} \; (k = 1, 2, \ldots \text{ ad inf.})$$

von natürlichen Zahlen, die sämtlichen entsprechenden Mengen

$$U_{n_1}, \; U_{n_1 n_2}, \ldots \; U_{n_1 n_2 \ldots n_k}, \ldots$$

nichtleer, ihr Durchschnitt D_ν jedoch leer ist. Auch ist es möglich, daß für eine Zahlenfolge ν der Durchschnitt D_ν nichtleer ist, also einen Punkt enthält, aber einen nicht zu M gehörigen Punkt von R. Genügt das Mengensystem $\{U_{n_1 n_2 \ldots n_k}\}$ außer den Bedingungen 1. und 2. der besonderen Bedingung.

2'. *Für jede Folge* $\nu = \{n_k\}$ $(k = 1, 2, \ldots$ ad inf.) *von natürlichen Zahlen, für welche alle entsprechenden Mengen* $U_{n_1 n_2 \ldots n_k}$ $(k = 1, 2, \ldots$ ad inf.) *nichtleer sind, ist die Menge* D_ν *nichtleer und besteht aus einem Punkt von* M, dann heißt das Mengensystem $\{U_{n_1 n_2 \ldots n_k}\}$ ein die Menge M erzeugendes *Verzweigungssystem*. Eine Menge, zu welcher *ein sie erzeugendes Verzweigungssystem existiert*, heißt **analytisch** oder auch kurz eine (A)-Menge.

Es gilt, wie hier ohne Beweis bemerkt werden möge, der Satz, daß jede kompakte oder halbkompakte Menge analytisch ist, daß also insbesondere jede abgeschlossene Teilmenge und jedes Teil-F_σ eines kompakten oder halbkompakten Raumes eine (A)-Menge ist. Allgemein gilt das Theorem, daß jede Borelsche Teilmenge eines kompakten Raumes analytisch ist und *daß in einem kompakten Raum* R *eine analytische Menge* A *dann und nur dann Borelsch ist, wenn auch ihr Komplement* $A - R$ *analytisch ist.* Dabei existieren analytische Mengen, die nicht Borelsch sind.

Nach diesen Zwischenbemerkungen ziehen wir aus dem Satz von den ausgezeichneten Doppelfolgen einige Konsequenzen: Wir haben oben (S. 27) die triviale Tatsache erwähnt, daß jede abgeschlossene Menge ein F_σ und daß jede offene Menge ein G_δ ist. Wir können nun auch zeigen, *daß in einem separabeln Raum jede abgeschlossene Menge ein* G_δ *und jede offene Menge ein* F_σ *ist.* Offenbar genügt es, eine dieser beiden Behauptungen nachzuweisen; die andere ergibt sich dann durch Komplementbildung. Um etwa zu zeigen, daß die abgeschlossene Menge A ein G_δ ist, betrachten wir eine den Raum erzeugende Doppelfolge $\{U_n^k\}$ $(k, n = 1, 2 \ldots$ ad inf.) von offenen Mengen. Wir bezeichnen nun mit $U^k(A)$ die Summe aller jener Mengen der Folge $\{U_n^k\}$ $(n = 1, 2, \ldots$ ad inf.), welche mit A Punkte gemein haben. Dann gilt offenbar $A \subset \prod_{k=1}^{\infty} U^k(A)$. Es gilt aber auch $\prod_{k=1}^{\infty} U^k(A) \subset A$; denn ist p irgendein Punkt von $\prod_{k=1}^{\infty} U^k(A)$, dann existiert eine Folge $\{n_k\}$ $(k = 1, 2, \ldots$ ad inf.) von natürlichen Zahlen, so daß $(p) = \prod_{k=1}^{\infty} U_{n_k}^k$

ist, wobei jede dieser Mengen $U^k_{n_k}$ mit A einen Punkt gemein hat. Betrachten wir einen Punkt p_k der Menge $A \cdot U^k_{n_k}$, so sehen wir, daß p Grenzpunkt der Punktefolge $\{p_k\}$ $(k = 1, 2, \ldots$ ad inf.) ist. Also ist p, da die Punkte p_k zu A gehören, Häufungspunkt der Menge A und mithin, da A abgeschlossen ist, Punkt von A. Damit ist die Beziehung $\prod\limits_{k=1}^{\infty} U^k(A) \subset A$ und dadurch die Identität von A mit dem Durchschnitt einer abzählbaren Folge von offenen Mengen bewiesen.

Aus dem bewiesenen Satz ergibt sich folgende oft verwendbare Bemerkung: *Die Differenz zweier in einer Menge M abgeschlossener Mengen ist ein F_σ in M.* Sei nämlich A eine in M abgeschlossene Menge, B eine in M abgeschlossene Teilmenge von A, dann ist B auch in A abgeschlossen (vgl. S. 26), also ist die Menge $A - B$ in A offen, d. h. Durchschnitt von A und einer offenen Menge U. Nach dem Bewiesenen ist U ein F_σ, also ist $A - B$ Durchschnitt der in M abgeschlossenen Menge A und eines F_σ, d. h. ein F_σ in M, wie behauptet.

Bildet man mit der vorhin verwendeten Folge $U^k(A)$ die Mengenfolge $U_k(A) = \prod\limits_{i=1}^{k} U^i(A)$ $(k = 1, 2, \ldots$ ad. inf.), so hat man eine monoton abnehmende Folge von offenen Mengen mit dem Durchschnitt A. Mit Rücksicht auf die Abgeschlossenheit der Menge $\prod\limits_{k=1}^{\infty} \overline{U}_k(A)$ zeigt man leicht, daß auch $\prod\limits_{k=1}^{\infty} \overline{U}_k(A) = A$ gilt, und kann also sagen: *Zu jeder abgeschlossenen Menge A eines separabeln Raumes existiert eine monoton abnehmende Folge von Umgebungen $\{U_k(A)\}$, so daß $A = \prod\limits_{k=1}^{\infty} \overline{U}_k(A)$ gilt.*

Nebenbeibemerkt kann man, falls A kompakt ist, von der Folge $\{U_k(A)\}$ behaupten, daß sie sich auf A zusammenzieht. Ist $U(A)$ irgendeine vorgelegte Umgebung von A, so gilt für fast alle k die Beziehung $U_k(A) \subset U(A)$. Für nichtkompaktes A gilt die letztere Behauptung nicht notwendig. Liegt etwa als Raum der R_2, die Cartesische Ebene, zugrunde und bezeichnet A die Gerade $x = 0$, so gilt für die Folge der Mengen $\{U_k(A)\}$, wo $U_k(A)$ die Menge aller Punkte mit $-\frac{1}{k} < y < \frac{1}{k}$ bezeichnet, die Beziehung $A = \prod\limits_{k=1}^{\infty} \overline{U}_k(A)$, aber die Folge zieht sich nicht auf A zusammen; denn es ist z. B. die Ebene vermindert um die Punkte der Hyperbel $y = \frac{1}{x}$ eine Umgebung von A, welche keine der Mengen $U_k(A)$ als Teil enthält.

Aus dem Satz von den erzeugenden Doppelfolgen ergibt sich noch eine für das Folgende wichtige Tatsache. Ist R ein separabler Raum, der etwa erklärt ist durch das definierende System $\mathfrak{S}$, und ist $\mathfrak{V}$ ein System von offenen Mengen von R, so bezeichnen wir mit $R_\mathfrak{V}$ die Menge aller Punkte von R, zu denen beliebig kleine Umgebungen des Systems $\mathfrak{V}$ existieren, und nennen die Menge $R_\mathfrak{V}$ auch den **Gleichwertigkeitsteil** von R in bezug auf das System $\mathfrak{V}$. Die Benennung findet ihre Rechtfertigung in der leicht beweisbaren Tatsache, daß die größte Teilmenge M von R, für welche das System der Mengen $V \cdot M$, wo V irgendeine Menge aus $\mathfrak{V}$ bezeichnet, mit dem die Menge M definierenden System $\mathfrak{S}_M$ gleichwertig ist, eben mit der Menge $R_\mathfrak{V}$ identisch ist. Es gilt nun folgendes

Theorem über Gleichwertigkeitsteile. *Ist R ein separabler Raum, $\mathfrak{V}$ irgendein System von offenen Mengen, so ist der Gleichwertigkeitsteil $R_\mathfrak{V}$ von R in bezug auf $\mathfrak{V}$ ein G_δ.*

Zum Beweis betrachten wir irgendeine hinsichtlich des Raumes R ausgezeichnete Doppelfolge $\{U_n^k\}$ ($k, n = 1, 2, \ldots$ ad inf.) von offenen Mengen. Wir bezeichnen für jedes natürliche k mit V^k die Menge aller Punkte von R, die enthalten sind in irgendeiner Menge von $\mathfrak{V}$, die Teilmenge von einer der Mengen $\{U_n^k\}$ ($n = 1, 2, \ldots$ ad inf.) ist. Für jedes natürliche k ist die Menge V^k offen. Denn wenn der Punkt p in V^k liegt, so liegt er in einer Menge V des Systems $\mathfrak{V}$, die Teil einer Menge U_n^k ($n = 1, 2, \ldots$ ad inf.) ist. Dann liegen aber auch alle Punkte einer Umgebung von p, nämlich alle Punkte von V, in V^k, denn sie alle sind in einer Menge von $\mathfrak{V}$ enthalten, die Teilmenge einer Menge U_n^k ($n = 1, 2, \ldots$ ad inf.) ist, nämlich in V. Also ist für jedes natürliche k die Menge V^k offen, und mithin ist die Menge $D = \prod_{k=1}^{\infty} V^k$ ein G_δ.

Wir wollen zeigen, daß $R_\mathfrak{V} = D$ gilt. *Erstens* gilt $D \subset R_\mathfrak{V}$. Ist nämlich p ein Punkt von D, so ist p für jedes natürliche k in V^k enthalten; es existiert also für jedes natürliche k eine p enthaltende Menge $V_k(p)$ des Systems $\mathfrak{V}$, die Teil einer Menge U_n^k ($n = 1, 2, \ldots$ ad inf.) ist. Es existiert also eine Folge $\{V_k(p)\}$ ($k = 1, 2, \ldots$ ad inf.) von p enthaltenden Mengen aus $\mathfrak{V}$ und eine Zahlenfolge $\{n_k\}$ ($k = 1, 2, \ldots$ ad inf.), so daß für jedes natürliche k die Beziehung gilt $V_k(p) \subset U_{n_k}^k$. Da $\{U_n^k\}$ ($k, n = 1, 2, \ldots$ ad inf.) nach Voraussetzung eine ausgezeichnete Doppelfolge ist, ziehen sich die Mengen $\{U_{n_k}^k\}$ ($k = 1, 2, \ldots$ ad inf.), da ihr Durchschnitt p enthält und daher nichtleer ist, auf einen Punkt, d. h. auf p, zusammen. Die Mengen $\{V_k(p)\}$ ($k = 1, 2, \ldots$ ad inf.) ziehen sich, als Teilmengen der $U_{n_k}^k$, erst recht auf p zusammen. Also ist der Punkt p von D in $R_\mathfrak{V}$ enthalten. — Sei *zweitens* p ein Punkt von $R_\mathfrak{V}$. Da die $\{U_n^k\}$ ($k, n = 1, 2, \ldots$ ad inf.) eine ausgezeichnete Doppelfolge bilden, existiert eine Zahlenfolge

$$\{n_k\} \ (k = 1, 2, \ldots \text{ad inf.}),$$

so daß die Mengen $\{U^k_{n_k}\}$ $(k = 1, 2, \ldots$ ad inf.) sich auf p zusammenziehen. Da p als Punkt von $R_{\mathfrak{B}}$ vorausgesetzt ist, existiert im System V für jedes natürliche k eine p enthaltende Menge $V_k(p) \subset U^k_{n_k}$. Also ist p für jedes natürliche k Punkt von V^k und daher Punkt von D. Es gilt mithin auch $R_{\mathfrak{B}} \subset D$, also ist die Identität von $R_{\mathfrak{B}}$ mit der G_δ-Menge D und damit das Theorem von den Gleichwertigkeitsteilen bewiesen.

Wir schalten hier noch eine im folgenden gelegentlich verwendete Tatsache ein. Wenn E irgendeine Eigenschaft ist, die für die abgeschlossenen Teilmengen eines Raumes definiert ist, dann heißt eine abgeschlossene Menge A **hinsichtlich der Eigenschaft E irreduzibel,** *wenn A die Eigenschaft E besitzt, dagegen keine echte abgeschlossene Teilmenge von A die Eigenschaft E besitzt.* Betrachten wir z. B. für die abgeschlossenen Teilmengen des R_1 die Eigenschaft, nichtleer zu sein, so sehen wir, daß jede genau einen Punkt enthaltende Menge hinsichtlich dieser Eigenschaft irreduzibel ist, daß dagegen keine mehr als einen Punkt enthaltende Menge hinsichtlich dieser Eigenschaft irreduzibel ist. Nicht hinsichtlich jeder Eigenschaft E existieren irreduzible Mengen. Z. B. gibt es offenbar keine Menge des R_1, welche irreduzibel wäre hinsichtlich der Eigenschaft, ein rationales Intervall des R_1 als Teilmenge zu enthalten. Es gilt nun das folgende

Reduktionstheorem. *Wenn in einem kompakten Raum R eine Eigenschaft E der abgeschlossenen Teilmengen definiert ist, so daß für jede Folge* $\{A_k\}$ $(k = 1, 2, \ldots$ ad inf.) *von abgeschlossenen Mengen mit der Eigenschaft E auch die abgeschlossene Menge $\prod\limits_{k=1}^{\infty} A_k$ die Eigenschaft E besitzt, dann existiert eine abgeschlossene hinsichtlich der Eigenschaft E irreduzible Teilmenge von R.*

Zum Beweis betrachten wir eine den Raum R erzeugende Doppelfolge $\{U^k_n\}$ $(k, n = 1, 2, \ldots$ ad inf.). Für jede natürliche Zahl k existiert eine Zahl n_k, so daß alle Mengen U^k_n, wenn $n > n_k$ ist, leer sind. Wir wollen nur die Mengen $\{U^k_n\}$ $(n \leqq n_k,\ k = 1, 2, \ldots$ ad inf.) der erzeugenden Doppelfolge betrachten. Ist M eine abgeschlossene Teilmenge von R, welche die Eigenschaft E besitzt, so bezeichnen wir mit $d_1(M)$ die Anzahl jener Mengen $U^1_1, U^1_2, \ldots, U^1_{n_1}$, welche mit M Punkte gemein haben. Jedenfalls ist $0 \leqq d_1(M) \leqq n_1$. Wir bezeichnen mit A_1 eine der Mengen mit der Eigenschaft E, für welche $d_1(A_1)$ den kleinstmöglichen Wert annimmt, eine Menge also, für welche, wenn M irgendeine abgeschlossene Menge mit der Eigenschaft E bezeichnet, die Beziehung gilt $d_1(A_1) \leqq d_1(M)$. Daß eine solche Menge A_1 existiert, folgt daraus, daß die Funktion d_1 nur endlichviele Werte annimmt, nämlich höchstens die $n_1 + 1$ Werte $0, 1, 2, \ldots, n_1$. Nehmen wir an, es sei bereits eine abgeschlossene

Menge A_{k-1} bestimmt. Ist M eine abgeschlossene Teilmenge von A_{k-1}, welche die Eigenschaft E besitzt, so bezeichnen wir mit $d_k(M)$ die Zahl jener Mengen $U_1^k, U_2^k, \ldots, U_{n_k}^k$, welche mit M Punkte gemein haben. Es ist offenbar jedenfalls $0 \leqq d_k(M) \leqq n_k$. Mit A_k bezeichnen wir eine der (sicher existierenden) abgeschlossenen Teilmengen von A_{k-1}, welche die Eigenschaft E besitzt und für die $d_k(M)$ den kleinstmöglichen Wert annimmt, so daß also für jede abgeschlossene Teilmenge M von A_{k-1}, welche die Eigenschaft E besitzt, die Beziehung $0 \leqq d_k(A_k) \leqq d_k(M)$ gilt. Wir können durch dieses Verfahren, von der Menge A_1 ausgehend, für jedes natürliche k eine abgeschlossene Menge A_k mit der Eigenschaft E konstruieren und wollen für die so definierte Mengenfolge

$$\{A_k\} \quad (k = 1, 2, \ldots \text{ ad inf.})$$

die Menge $A = \prod_{k=1}^{\infty} A_k$ betrachten. Als Durchschnitt einer Folge von abgeschlossenen Mengen mit der Eigenschaft E besitzt auch die Menge A auf Grund der Voraussetzung über die Eigenschaft E diese Eigenschaft. Es sei nun A' irgendeine vorgelegte echte abgeschlossene Teilmenge von A. Da A' eine *echte* Teilmenge von A sein soll, ist die Menge $A - A'$ nichtleer und enthält also einen Punkt p. Da $\{U_n^k\}$ eine den Raum erzeugende Doppelfolge ist, existiert zu diesem Punkt p eine Folge

$$\{m_k\} \quad (k = 1, 2, \ldots \text{ ad inf.})$$

von natürlichen Zahlen, so daß $(p) = \prod_{k=1}^{\infty} U_{m_k}^k$ gilt. Da p in der abgeschlossenen Menge A' nicht enthalten ist, existiert eine Umgebung $U(p) \subset R - A'$ und daher eine natürliche Zahl k, so daß $U_{m_k}^k \subset R - A'$ gilt. Die Menge A' ist also fremd zu mindestens einer der Mengen U_n^k $(n = 1, 2, \ldots n_k)$, deren Durchschnitt mit A und daher mit A_k nichtleer ist, nämlich zur Menge $U_{m_k}^k$, die mit A_k den Punkt p gemein hat. Da A' Teilmenge von A und daher von A_k ist, gilt also $d_k(A') < d_k(A_k)$. Nun war A_k so gewählt, daß für jede abgeschlossene Teilmenge M von A_{k-1} mit der Eigenschaft E die Beziehung gilt $d_k(A_k) \leqq d_k(M)$. Folglich kann die abgeschlossene Menge A' nicht die Eigenschaft E besitzen. Damit ist gezeigt, daß keine echte abgeschlossene Teilmenge von A die Eigenschaft E besitzt, daß mit anderen Worten die Menge A eine hinsichtlich der Eigenschaft E irreduzible Menge ist, womit das Reduktionstheorem bewiesen ist.

Die Einführung des allgemeinen Raumbegriffes ist, wie (S. 22) erwähnt, der abstrakte Kern jener Einführung der Zahlgeraden, der Cartesischen Räume und des Q_ω, welche ihren Ausgang nimmt etwa vom definierenden System der rationalen Kugeln oder der rationalen Intervalle. Nun haben wir für die Cartesischen Räume und den Q_ω noch eine andere Einführung kennen gelernt (S. 10 u. 13), welche von einer Definition des Punktes als geordnetes System von reellen Zahlen („Koordinaten") ausgeht. Diese Definition beruft sich also auf einen anderen Raum, die Zahlgerade, aus welchem sie andere Räume aufbaut. Wir wollen nun hier zum Abschluß eine Begriffsbildung erwähnen, welche den abstrakten Kern dieser Einführung Cartesischer Räume durch Berufung auf die Zahlgerade darstellt.

Es seien A_1 und A_2 zwei durch die definierenden Systeme $\mathfrak{S}_1$ bzw. $\mathfrak{S}_2$ gegebene Räume. Wir wollen die Menge aller geordneten Paare (p_1, p_2), wo p_1 irgendeinen Punkt von A_1, p_2 irgendeinen Punkt von A_2 bedeutet, mit $A_1 \times A_2$ bezeichnen und den **Produktraum** oder kurz das **Produkt von A_1 und A^2** nennen. So, wie jeder Punkt der Cartesischen Ebene als geordnetes Paar reeller Zahlen, also als geordnetes Paar von Punkten des R_1 gegeben werden kann, so ist jeder Punkt von $A_1 \times A_2$ als geordnetes Paar zweier Punkte aus A_1 und A_2 gegeben, welche auch die *Koordinaten* oder die *Projektionen* des Punktes von $A_1 \times A_2$ in A_1 und in A_2 heißen. Schon in der Cartesischen Ebene sieht man, daß die Reihenfolge der Koordinaten eines Punktes für dessen Kennzeichnung wesentlich ist; der Punkt (0, 1) ist vom Punkt (1, 0) verschieden. Ist $M_1 \subset A_1$, $M_2 \subset A_2$, so bezeichnen wir mit $M_1 \times M_2$ die Menge aller jener Punkte (p_1, p_2) von $A_1 \times A_2$, für welche p_1 in M_1, p_2 in M_2 liegt. Auch hier ist, wie man schon am Beispiel der Ebene sieht, $M_1 \times M_2$ von $M_2 \times M_1$ im allgemeinen zu unterscheiden. Sind M_1 und N_1 zwei Teilmengen von R_1, M_2 und N_2 zwei Teilmengen von R_2, so gilt offenbar

$$(M_1 + N_1) \times (M_2 + N_2) = (M_1 \times M_2) + (M_1 \times N_2) + (N_1 \times M_2) + (N_1 \times N_2).$$

Entsprechend der auf den Koordinatenbegriff gestützten Limesdefinition für Cartesische Räume (S. 11) setzen wir fest: Die Punktefolge $\{(p_1^k, p_2^k)\}$ ($k = 1, 2, \ldots$ ad inf.) aus $A_1 \times A_2$ *konvergiert* gegen den Punkt (p_1, p_2), falls die Punkte $\{p_1^k\}$ ($k = 1, 2, \ldots$ ad inf.) in A_1 gegen p_1 und die Punkte $\{p_2^k\}$ ($k = 1, 2, \ldots$ ad inf.) in A_2 gegen p_2 konvergieren. Man überzeugt sich unschwer davon, *daß der Raum $A_1 \times A_2$ mit dieser Limesdefinition auch gegeben werden kann durch das definierende Mengensystem $\mathfrak{S}_1 \times \mathfrak{S}_2$, bestehend aus allen Mengen, welche Produkt einer Menge des A_1 definierenden Systems $\mathfrak{S}_1$ und des A_2 definierenden Systems $\mathfrak{S}_2$ sind.* Das Produkt zweier in A_1 und A_2 offener (bzw. abgeschlossener) Mengen ist demnach im Raum $A_1 \times A_2$ offen (bzw. abgeschlossen).

Es ist klar, wie die Definition des Produktraumes auf mehrere Faktoren auszudehnen ist. Man bestätigt leicht, daß diese Produktbildung assoziativ ist, daß also für je drei Räume A_1, A_2, A_3 die Beziehung gilt $A_1 \times (A_2 \times A_3) = (A_1 \times A_2) \times A_3$. Die Produktbildung ist im allgemeinen nicht kommutativ, da die Räume $A_1 \times A_2$ und $A_2 \times A_1$ nicht identisch sind. Es sind jedoch $A_1 \times A_2$ und $A_2 \times A_1$ stets homöomorph, wie man erkennt, wenn man jedem Punkt (p_1, p_2) von $A_1 \times A_2$ den Punkt (p_2, p_1) von $A_2 \times A_1$ zuordnet. Ist speziell $A_1 = A_2$ so ist diese Homöomorphie eine Identität.

Der R_n, der n-dimensionale Cartesische Raum, ist dieser Definition zufolge Produkt von n Zahlgeraden. Allgemein gilt, wenn für die Zahlen $n_1, n_2, \ldots n_k$ die Beziehung $n_1 + n_2 + \cdots + n_k = n$ besteht,

$$R_n = R_{n_1} \times R_{n_2} \times \cdots \times R_{n_k}.$$

Bezeichnet J^k das abgeschlossene Intervall der reellen Zahlen zwischen 0 und $\frac{1}{k}$, so gilt für den Q_ω seiner Definition (S. 13f.) zufolge

$$Q_\omega = J^1 \times J^2 \times \cdots \times J^k \times \cdots \text{ ad inf.}$$

Historisches. Der angegebene Beweis für das Theorem von der Einbettung separabler Räume in den Q_ω ist im wesentlichen aus einer grundlegenden Arbeit von Urysohn (Math. Ann. *94,* 1925, S. 309) reproduziert, in welcher das angegebene Verfahren verwendet wird um zu zeigen, daß jeder „normale topologische Raum mit zweitem Abzählbarkeitsaxiom" (vgl. S. 23 und S. 33), „metrisiert" werden kann (vgl. S. 23); d. h. daß je zweien seiner Punkte x und y ein Abstand zugeordnet werden kann, d. i. eine reelle Zahl $xy = yx > 0$ für $x \neq y$ und $xy = 0$ für $x = y$, so daß für je drei Punkte x, y, z die Beziehung gilt $xy + yz \geqq xz$. In einer anderen Arbeit (Math. Ann. *92,* 1924, S. 302) bewies Urysohn, daß jeder derartige separable metrische Raum mit einer Teilung des Q_ω homöomorph ist. Wir haben vorgezogen, direkt diese allgemeine Behauptung herzuleiten. Daß nämlich für eine Teilmenge des Q_ω ein den angegebenen Bedingungen genügender Abstand definiert werden kann, ist ja selbstverständlich. Man kann z. B. den Punkten x und y, welche durch die Koordinatenfolgen $\{x_n\}$ und $\{y_n\}$ $0 \leqq x_n \leqq \frac{1}{n}$, $0 \leqq y_n \leqq \frac{1}{n}$, $(n = 1, 2, \ldots \text{ ad inf.})$ gegeben sind, als Abstand die Zahl $\sqrt{\sum_{n=1}^{\infty} (x_n - y_n)^2}$ zuordnen, welche den angeführten Forderungen genügt. In der Literatur hat sich für topologische Räume, in denen eine abzählbare Teilmenge dicht liegt und eine Metrik definiert werden kann, die Bezeichnung *separabel* eingebürgert. Dem Einbettungstheorem zufolge ist dieser Begriff des separabeln Raumes offenbar mit dem Begriff des separabeln Raumes dieses Buches (S. 24) identisch.

Für den abzählbardimensionalen Cartesischen Raum, dessen Punkte durch geordnete Folgen reeller Zahlen gegeben sind, hat Fréchet (Rend. Circ. Palermo, *22,* 1906, S. 40) einen Abstand definiert, indem er den Punkten $\{x_n\}$ und $\{y_n\}$ $(n = 1, 2, \ldots \text{ ad inf.})$ die Abstandszahl $\sum_{n=1}^{\infty} \frac{1}{n!} \frac{|x_n - y_n|}{1 + |x_n - y_n|}$ zuordnet. Hilbert untersuchte (Rend. Circ. Palermo, *27,* 1909, S. 59ff.) jene den Nullpunkt enthaltende Teilmenge des R_ω, für welche die Pythagoreische Abstandsfestsetzung möglich ist, d. h. er ordnet den Punkten $\{x_n\}$ und $\{y_n\}$ als Abstand die Zahl $\sqrt{\sum_{n=1}^{\infty} (x_n - y_n)^2}$ zu und betrachtet, damit je zwei Punkten eine endliche Abstandszahl entspricht, bloß die Menge jener Punkte $\{x_n\}$ des R_ω, für welche

$\sum_{n=1}^{\infty} x_n^2$ endlich, mit anderen Worten jene Punkte, die vom Nullpunkt einen endlichen Pythagoreischen Abstand haben.

Die Theoreme von den ausgezeichneten und den erzeugenden Doppelfolgen und das im folgenden vielverwendete verfeinerte Überdeckungstheorem für Teilmengen separabler Räume werden zum ersten Mal in diesem Buch allgemein formuliert und bewiesen. Sie dienen in den folgenden Kapiteln einem systematischen Aufbau der Lehre von den gestaltlichen Eigenschaften der Räume an Stelle der bisher hierzu verwendeten Metrik, von der im folgenden nirgends die Rede ist. Die Bemerkung, daß sich auf kompakte Mengen Umgebungsfolgen im oben erwähnten Sinne zusammenziehen, auf nichtkompakte Mengen dagegen nicht immer, wurde mir von Frankl mitgeteilt. Das Theorem von den Gleichwertigkeitsteilen habe ich (Math. Ann. *95,* 1925, S. 282) bewiesen.

Die Theorie der analytischen Mengen wurde von Suslin (Comptes Rendus, *164,* 1917, S. 88), Lusin (ib., S. 91, vgl. ferner insbesondere Fund. Math. *10,* 1926, S. 1) und Sierpiński (vgl. zahlreiche Noten in den Fund. Math.) entwickelt. Der Begriff der analytischen Menge ist, wie ich (Jahresber. d. Deutsch. Math.-Ver. *37,* 1928, S. 213) gezeigt habe, unter Verwendung des Satzes vom ausgeschlossenen Dritten äquivalent mit dem Mengenbegriff, den Brouwer an die Spitze seiner Begründung der Mengenlehre unabhängig vom Satz vom ausgeschlossenen Dritten gestellt hat (Verhand. Akad. Amsterdam, *12,* 1918, ferner Math. Ann. *93* ff. und bereits Jahresber. d. Deutsch. Math.-Ver. *23,* 1914, S. 79).

Das Reduktionstheorem stammt von Brouwer (Proc. Acad. Amsterdam *14,* 1911, S. 138); seinen angegebenen kurzen Beweis entnehme ich einer Mitteilung von Kuratowski und Hurewicz.

II. Der Dimensionsbegriff.

1. Allgemeine Bemerkungen.

Die wichtigste Eigenschaft eines Raumgebildes ist seine Dimension. Kurven, Flächen, Körper gelten im täglichen Leben als die grundsätzlich verschiedenen Hauptklassen der Raumgebilde, und ebenso ist die Verschiedenheit der Dimension das fundamentale Klassifikationsprinzip jeder wissenschaftlichen Geometrie. Die mehr abstrakten Abgeschlossenheits- und Dichtigkeitseigenschaften, welche wir im einleitenden Kapitel untersucht haben, erweisen sich als *Hilfs*begriffe allgemeiner geometrischer Untersuchungen. Die Dimension ist etwas völlig Anschauliches, sie ist der *Kern* der Geometrie.

Die Bezeichnungen „Kurve", „Fläche", „Körper" sind dem täglichen Leben entnommen und gehören zu jenen Worten, mit denen jeder, der sie ausspricht, eine gewisse Vorstellung verbindet. Die Tatsache, daß ein bestimmter einzelner Mensch mit einem gewissen Wort eine Vorstellung verbindet, besteht im allgemeinen in Folgendem: Gewisse Wesenheiten wird der betreffende Mensch, ohne sich zu besinnen, mit dem betreffenden Wort bezeichnen; von gewissen anderen Wesenheiten wird er, ohne sich zu bedenken, sagen, daß sie mit dem betreffenden Wort *nicht* zu bezeichnen sind. Der einzelne lernt ja im Laufe seines Lebens, zumal in seiner Kindheit, den Gebrauch der Worte als Bezeichnungen für gewisse Wesenheiten dadurch, daß man ihm sagt: „Dies wird mit dem betreffenden Worte bezeichnet, dies nicht." Zwischen diesen beiden Klassen schwebt eine dritte Klasse von Wesenheiten, bei denen der einzelne unsicher ist, ob er sie mit dem betreffenden Wort bezeichnen soll oder nicht. Wenn wir zur Betrachtung der Gesamtheit der ein Wort gebrauchenden Menschen übergehen, so sehen wir ebenfalls: Gewisse Wesenheiten werden von allen Menschen mit dem betreffenden Wort bezeichnet, gewisse Wesenheiten werden von allen mit dem betreffenden Wort nicht bezeichnet, und überdies gibt es noch eine Klasse von Wesenheiten, die wir als die *schwebende Klasse* bezeichnen wollen.

Betrachten wir beispielsweise das Wort „Kurve". Ein Bogen, eine Kreislinie, eine Lemniskate wird von jedem Menschen, der das Wort Kurve gebraucht, als Kurve bezeichnet. Eine Quadratfläche, eine Kugeloberfläche, ein Würfelkörper wird von niemandem Kurve genannt. Denn jeder, der die Worte Kurve, Fläche, Körper lernt, erfährt, daß das Wort Kurve zur Zusammenfassung der draht- und fadenförmigen, der strich- und schienenartigen Gebilde, das Wort Fläche zur Bezeichnung der platten-, blätter- und hautartigen Gebilde, das Wort Körper zur Benennung der blockartigen Gebilde verwendet wird.

Mehr allerdings als die Fähigkeit, Dinge anzugeben, die allgemein als Kurven bezeichnet werden, und solche, die allgemein nicht als Kurven bezeichnet werden, besitzt ein Mensch, der das Wort Kurve ausspricht, gemeinhin nicht, und ebenso steht es mit den Worten Fläche und Körper. Eine Klassifikation *sämtlicher* Raumgebilde nach ihrer Dimension gibt es im täglichen Leben nicht: Auf die Frage nach der Dimension gewisser verwickelter Gebilde, die der moderne Geometer untersucht, erhielte man bei verschiedenen Menschen keinen Bescheid oder voneinander abweichende Antworten. Ebensowenig sind die meisten Menschen imstande, präzis anzugeben, was sie unter einer Kurve, einer Fläche, einem Körper verstehen, d. h. diese Worte mit Hilfe anderer Worte zu erklären. Eine gewisse praktische Funktion für das tägliche Leben erfüllen die Worte Kurve, Fläche, Körper natürlich trotz dieser Umstände, denn die verwickelten Gebilde der hinsichtlich des Wortes Dimension schwebenden Klasse sind im täglichen Leben selten, und eine völlig präzise Umgrenzung der Kurven überhaupt ist für die gegenseitige Verständigung der Menschen über gewisse spezielle Fälle nicht erforderlich.

Nicht viel anders als im täglichen Leben stand es bis zur Begründung der Dimensionstheorie in der wissenschaftlichen Raumlehre. Auch in der Geometrie wurden gewisse Raumgebilde als Kurven, andere als Flächen, andere als Körper bezeichnet. Aber obwohl die fundamentale Bedeutung dieser Klassifikation — gerade von hervorragenden Mathematikern aller Zeiten — klar erkannt wurde, so gingen doch nicht im entferntesten alle Raumgebilde in dieselbe ein. Für die ungeheure Mehrzahl der Raumgebilde konnte eine Dimension nicht definiert werden. Es existierte kein allumfassender Dimensionsbegriff als Gemeingut der Mathematik.

Wenn ein Wort, mit dem man im täglichen Leben eine Vorstellung verbindet, in der Wissenschaft durch eine Definition präzisiert werden soll, so besteht kein Anlaß, sich mit dem täglichen Gebrauch des Wortes in Widerspruch zu setzen, d. h. Dinge, welche allgemein mit dem betreffenden Wort bezeichnet werden, aus dem Begriff auszuschließen, oder Dinge, welche allgemein von der Bezeichnung mit dem betreffenden Wort ausgeschlossen werden, in den Begriff aufzunehmen. Eine *formale Forderung* an die strenge Definition eines der täglichen Sprache entnommenen Wortes ist also, *daß sie die Präzisierung und Ergänzung des,* wie wir sahen, in

Grenzfällen schwankenden und unvollständigen *Wortgebrauches darstellt, welche mit demselben nicht in Widerspruch tritt.*

Eine derartige Ergänzung und Präzisierung kann nun aber in verschiedener Weise, und zwar nicht nur formal, sondern (mit Rücksicht auf die schwebenden Klassen von Wesenheiten) auch inhaltlich in verschiedener Weise erfolgen. Beispielsweise können gewisse verwickelte Gebilde, für welche der einzelne auf die Frage, ob sie eindimensional seien, keinen Bescheid weiß oder verschiedene Menschen verschiedene Antworten geben, sowohl zu den eindimensionalen Gebilden gerechnet als auch von ihnen ausgeschlossen werden, ohne daß die Definition deshalb in Widerspruch zum allgemeinen Sprachgebrauch tritt. Jede Festlegung auf eine bestimmte Präzisierung enthält also ein gewisses Maß von *Willkür*, deren Rechtfertigung ausschließlich durch die *Fruchtbarkeit* der Definition geliefert werden kann. Der Zweck des Wortes im täglichen Leben ist die Verständigung der Menschen untereinander; der Zweck einer strengen Definition ist es, den Ausgangspunkt eines deduktiven Systems zu bilden. Definitionen sind Dogmen, nur die Deduktionen aus ihnen sind Erkenntnisse. Es ist demnach eine *inhaltliche Forderung* an eine Definition überhaupt, *daß sie sich als Erkenntnisquelle erweise dadurch, daß sie den Ausgangspunkt einer umfassenden, ästhetisch vollkommenen Theorie bildet.*

Das Erfülltsein dieser *inhaltlichen* Forderung stellt die einzige mögliche *Rechtfertigung einer jeden Definition* dar. Handelt es sich speziell um die Definition eines Begriffes, der mit einem dem täglichen Leben entnommenen Namen bezeichnet wird, so liefert das Erfülltsein der (für den Begriff an sich sekundären) *formalen* Forderung eine *Rechtfertigung für die Benennung des Begriffes.*

Ganz besonders gilt das Gesagte für den Dimensionsbegriff. Bereits eine Betrachtung spezieller Gebilde läßt eine Fülle von interessanten und schönen Beziehungen für einen präzisen Dimensionsbegriff vermuten. Welches ist die Dimension der Summe zweier n-dimensionaler Gebilde? Wie steht es mit der Struktur der n-dimensionalen Gebilde, zumal mit der Verteilung der Punkte verschiedenen dimensionellen Verhaltens? Besitzen die n-dimensionalen Gebilde nicht gewisse Zerlegungseigenschaften? In welcher Beziehung steht der Dimensionsbegriff zum Begriff des Zusammenhanges von Raumgebilden? Wie verhält sich die Dimension eines Gebildes bei gewissen Transformationen desselben? Wie steht es speziell mit den Teilgebilden des gewöhnlichen Cartesischen Raumes? Wir werden im nächsten Abschnitt einen Dimensionsbegriff entwickeln, den wir in den folgenden Kapiteln rechtfertigen werden durch die Herleitung einer umfangreichen Theorie, welche alle eben gestellten und noch viele andere Fragen beantwortet. Wir werden gegen Ende unserer Ausführungen zeigen, daß die für gewöhnlich als n-dimensional bezeichneten Gebilde auch zufolge unserer Definition n-dimensional sind, und werden dadurch für die durch die Existenz der Dimensionstheorie gerechtfertigte Definition auch die Benennung rechtfertigen.

Historisches. Die angeführten methodischen Thesen legte ich meinen Untersuchungen zugrunde im Anschluß an einen Vortrag meines Lehrers Hahn im Frühjahr 1921, in welchem mir das alte Problem der Aufstellung eines Kurvenbegriffes, der den eben erwähnten Forderungen genügt, zur Kenntnis kam. *„Der populäre Kurvenbegriff (nichtwissenschaftlichen Zwecken entsprungen) ist vage und nicht einheitlich. Wir suchen einen Begriff, der möglichst viele Gebilde in sich faßt, die gemeinhin als Kurven bezeichnet zu werden pflegen, und (von notwendigen Verallgemeinerungen abgesehen) möglichst wenige Gebilde, die gemeinhin nicht als Kurven gelten würden."* (Aus einer im Herbst 1921 bei der Wiener Akademie der Wissenschaften hinterlegten Note, abgedruckt Proc. Acad. Amsterdam *29*, S. 1122f.)

2. Der Dimensionsbegriff.

Wenn wir einen Körper, eine Fläche und eine Kurve miteinander vergleichen, so fallen gestaltliche Verschiedenheiten zwischen diesen Gebilden auf. Die Betrachtung dieser Verschiedenheiten läßt von vornherein vermuten, daß es unmöglich ist, durch gewisse Transformationen, wie Verbiegungen o. dgl., beispielsweise eine Fläche in eine Kurve oder in einen Körper überzuführen; zugleich aber scheint es plausibel, daß diese Nichtineinander-Überführbarkeit von Gebilden verschiedener Dimension lediglich eine Konsequenz gewisser *innerer* Eigenschaften der Gebilde bestimmter Dimension ist. Denn wenn man ein Gebilde als Fläche bezeichnet, so gehen dieser Benennung keineswegs Transformationsversuche voran. Die Dimension ist vielmehr eine gestaltliche Eigenschaft, die dem Raumgebilde selbst, und zwar so, wie es ist, zukommt.

Nun war früher selbst für den engen Bereich der Gebilde, denen man eine Dimension überhaupt zuordnen konnte, dieselbe definiert als eine gewissen Bedingungen genügende Transformierbarkeit der Gebilde in gewisse andere, vor allem in Komplexe. Es war also dem Gesagten zufolge auch für die ganz speziellen Gebilde, denen eine Dimension zugeordnet war, das gestaltlich Charakteristische derselben nicht erfaßt. Zugleich bringt das Ausgehen von Transformationsbegriffen zur Definition der Dimension von vornherein eine erhebliche Beschränkung des Bereiches der Gebilde, denen eine Dimension zugeordnet werden kann, mit sich; denn durch Transformationen, welche nicht schon verschiedendimensionale Komplexe ineinander überführen, können aus Komplexen nur sehr spezielle Gebilde erzeugt werden. Sowohl um Anschaulichkeit als auch um Allgemeinheit des Dimensionsbegriffes zu erreichen, müssen also innere gestaltliche Charakteristika verschiedendimensionaler Gebilde erfaßt werden.

Tatsächlich ergibt ein einfaches Experiment mit den einzelnen Raumgebilden, zu dessen Ausführung wir uns den Körper aus Holz, die Fläche aus dünnem Blech und die Kurve aus feinem Draht hergestellt denken, ein für ihre Dimension charakteristisches Resultat. Dieses einfache Experiment besteht *im Herauslösen eines Punktes nebst den Punkten seiner Nachbarschaft aus dem Gebilde.* Wollen wir aus dem Holzkörper einen Punkt nebst Nachbarschaft entfernen, so müssen wir zu einer Säge greifen und mit ihr gewisse Flächenstücke durchsägen. Wollen wir aus einer Blechfläche einen Punkt nebst seiner Nachbarschaft entfernen, so brauchen wir eine Schere und haben mit ihr die Fläche in gewissen Kurven zu durchschneiden. Wollen wir aus der Kurve einen Punkt mit allen Punkten seiner Nachbarschaft herauslösen, so genügt, wie verästelt und verwickelt die Kurve auch sein mag, eine Zange, mit der wir die Kurve in diskreten Punkten zu durchzwicken haben. Und wenn wir endlich noch solch ein diskretes sandhaufenartiges Gebilde betrachten und auch aus ihm einen Punkt mit allen Punkten seiner Nachbarschaft herausholen wollen, so sehen wir, daß dazu keinerlei Werkzeug erforderlich ist, weil es bei diskreten Gebilden nichts zu durchtrennen gibt.

Nun gibt es aber auch Gebilde, welche in verschiedenen Punkten ein verschiedenes Verhalten hinsichtlich ihrer Dimension zeigen: Betrachten wir etwa einen Holzkörper, an welchem eine Blechfläche und überdies in einem Punkt eine Drahtkurve befestigt sind, so werden wir das Gebilde in seiner Gesamtheit dreidimensional nennen, zugleich aber sagen, daß es sich *in gewissen Punkten* wie eine Fläche, in gewissen Punkten wie eine Kurve verhält. Denn jeder der Punkte des Gebildes, welche der Fläche bzw. der Kurve angehören, kann nebst allen Punkten einer Nachbarschaft schon durch Zuhilfenahme einer Schere bzw. einer Zange herausgelöst werden. Es gibt jedoch in dem Gebilde auch Punkte, nämlich jene des Holzkörpers, welche nebst allen Punkten kleiner Nachbarschaften nicht anders als durch Zersägen ganzer Flächenstücke entfernt werden können. In diesen Punkten ist das Gebilde, wie wir sagen wollen, dreidimensional. Das betrachtete Gebilde ist also in allen seinen Punkten höchstens dreidimensional, in gewissen seiner Punkte zwei- bzw. eindimensional. Da es auch Punkte enthält, in denen es dreidimensional ist, heißt es in seiner Totalität dreidimensional.

Um diese Ergebnisse für allgemeine Räume, so wie sie im einleitenden Kapitel erklärt worden sind, zu präzisieren, beachten wir, daß der beim Experiment betrachteten *Nachbarschaft* eines Punktes eine *Umgebung* des betreffenden Punktes entspricht. Das, was beim Experiment zu durchtrennen ist, um eine solche Umgebung aus dem Raum herauszulösen, das Gebilde also, in dem die Umgebung gleichsam mit dem Rest des Raumes zusammenhängt, — dem entspricht offenbar die *Begrenzung* der betreffenden Umgebung im Sinne der allgemeinen Raumlehre, welche, wie jede Teilmenge des Raumes, in sich betrachtet und selbst als Raum aufgefaßt werden kann. Wir können daher das Ergebnis unseres Experimentes in folgender Form präzisieren:

Jeder Punkt eines Körpers (eines dreidimensionalen Raumes) ist in beliebig kleinen Umgebungen mit höchstens zweidimensionalen Begrenzungen enthalten, jeder Punkt einer Fläche (eines zweidimensionalen Raumes) ist in beliebig kleinen Umgebungen mit höchstens eindimensionalen Begrenzungen enthalten. Jeder Punkt einer Kurve (eines eindimensionalen Raumes) ist in beliebig kleinen Umgebungen mit diskreten Begrenzungen enthalten. Und wenn wir, wie dies der Rekursion entspricht, diese diskreten Räume als nulldimensional bezeichnen, so sehen wir, daß jeder Punkt eines nulldimensionalen Raumes in beliebig kleinen Umgebungen enthalten ist, deren Begrenzungen keine Punkte enthalten, also leer sind. Der leere Raum verhält sich also zu den nulldimensionalen Räumen so wie die zweidimensionalen zu den dreidimensionalen oder wie die eindimensionalen zu den zweidimensionalen, und wir können daher unsere Rekursion zu einem definitiven Abschluß bringen, indem wir den leeren Raum und nur diesen als (— 1)-dimensional bezeichnen. Wir haben also, indem wir das Ergebnis gleich für beliebige natürliche Zahlen aussprechen, folgende Eigenschaft der n-dimensionalen Räume festgestellt: *Jeder Punkt eines n-dimensionalen Raumes ist in beliebig kleinen Umgebungen mit höchstens $(n-1)$-dimensionalen Begrenzungen enthalten.*

Anderseits hat die Betrachtung des in verschiedenen Punkten verschiedendimensionalen Raumes ergeben, daß ein n-dimensionaler Raum in gewissen Punkten auch weniger als n-dimensional sein kann. Doch in mindestens einem seiner Punkte ist ein n-dimensionaler Raum wirklich n-dimensional (und nicht von geringerer Dimension), denn einen Raum, der in allen seinen Punkten weniger als n-dimensional ist, nennen wir auch in seiner Totalität weniger als n-dimensional. *Mindestens ein Punkt eines n-dimensionalen Raumes ist also nicht in beliebig kleinen Umgebungen mit weniger als $(n-1)$-dimensionalen Begrenzungen enthalten.*

Wir verwenden diese Feststellungen zu den folgenden Definitionen: Ein Raum heißt **höchstens n-dimensional,** *wenn jeder Punkt in beliebig kleinen Umgebungen mit höchstens $(n-1)$-dimensionalen Begrenzungen enthalten ist.* Einen Raum, der *nicht höchstens $(n-1)$-dimensional ist,* nennen wir **mindestens n-dimensional.** So heißt also ein Raum, wenn mindestens einer seiner Punkte nicht in beliebig kleinen Umgebungen mit höchstens $(n-2)$-dimensionalen Begrenzungen enthalten ist. Ein Raum heißt **n-dimensional,** wenn er *sowohl höchstens n-dimensional als auch mindestens* *n-dimensional* ist, m. a. W. *wenn jeder Punkt in beliebig kleinen Umgebungen mit höchstens* $(n-1)$*-dimensionalen Begrenzungen, aber mindestens ein Punkt nicht in beliebig kleinen Umgebungen mit weniger als* $(n-1)$*-dimensionalen Begrenzungen enthalten ist.* Statt dessen kann man auch sagen, ein Raum heißt n-dimensional, wenn er höchstens n-dimensional, aber nicht höchstens $(n-1)$-dimensional ist, m. a. W. *wenn n die kleinste natürliche Zahl ist derart, daß jeder Punkt des Raumes in beliebig kleinen Umgebungen mit höchstens* $(n-1)$*-dimensionalen Begrenzungen enthalten ist.* Als Ausgangspunkt dieser Rekursion dient die Festsetzung: **(— 1)-dimensional** (und höchstens (-1)-dimensional) *ist der leere Raum und nur dieser.* Einen Raum, welcher *für keine natürliche Zahl n n-dimensional* ist, nennen wir **unendlichdimensional.**

Die für alles Folgende grundlegende Tatsache des verschiedenen dimensionalen Verhaltens gewisser Räume in verschiedenen ihrer Punkte präzisieren wir durch die Definition: Ein Raum heißt **höchstens n-dimensional im Punkte p,** *wenn p in beliebig kleinen Umgebungen mit höchstens* $(n-1)$*-dimensionalen Begrenzungen enthalten ist.* Ein Raum heißt **mindestens n-dimensional im Punkt p,** *wenn er nicht höchstens* $(n-1)$*-dimensional im Punkt p ist.* Ein Raum heißt **n-dimensional im Punkt p,** *wenn er im Punkt p sowohl höchstens n-dimensional als auch mindestens n-dimensional ist,* m. a. W. wenn n die kleinste natürliche Zahl ist, so daß p in beliebig kleinen Umgebungen mit höchstens $(n-1)$-dimensionalen Begrenzungen enthalten ist. Die Ausdrucksweise: „Der Punkt p ist in beliebig kleinen Umgebungen einer gewissen Art enthalten", war als abgekürzte Bezeichnung eingeführt worden für die Tatsache: jede Umgebung des Punktes p enthält eine Umgebung der betreffenden Art als Teilmenge. *Wenn der Raum im Punkt p mindestens n-dimensional,* d. h. nicht weniger als n-dimensional *ist, so existiert* also *eine Umgebung* $U(p)$ *des Punktes p, so daß jede Umgebung von p, welche Teilmenge von* $U(p)$ *ist, eine mindestens* $(n-1)$*-dimensionale Begrenzung besitzt,* dann besitzen, wie wir statt dessen auch gelegentlich sagen, *alle hinlänglich kleinen Umgebungen des Punktes p mindestens* $(n-1)$*-dimensionale Begrenzungen.*

Unter Verwendung dieser Definitionen gilt offenbar der Satz: *Ein Raum ist höchstens n-dimensional, wenn er in jedem seiner Punkte höchstens n-dimensional ist. Ein Raum ist mindestens n-dimensional, wenn er in mindestens einem seiner Punkte mindestens n-dimensional ist. Ein Raum heißt n-dimensional, wenn er in jedem seiner Punkte höchstens n-dimensional und in mindestens einem seiner Punkte n-dimensional ist.*

Wenn der Raum R n-dimensional bzw. höchstens n-dimensional bzw. mindestens n-dimensional ist, so deuten wir dies bisweilen durch die respektiven Symbole an

$$\dim R = n, \quad \dim R \leqq n, \quad \dim R \geqq n,$$

und um anzudeuten, daß der Raum R im Punkt p n-dimensional bzw. höchstens bzw. mindestens n-dimensional ist, schreiben wir gelegentlich

$$\dim_p R = n, \quad \dim_p R \leqq n, \quad \dim_p R \geqq n.$$

Wir haben bisher die Dimension von Räumen definiert. Da jede Teilmenge eines Raumes in sich betrachtet und als Raum aufgefaßt werden kann, ist damit auch die Dimension der Teilmengen eines Raumes definiert. Es sei etwa M eine Teilmenge des durch das System $\mathfrak{S}$ definierten Raumes R. Die Menge M wird als Raum definiert durch das System $\mathfrak{S}_M$ bestehend aus den Durchschnitten von M mit den Mengen des Systems $\mathfrak{S}$, soweit diese Durchschnitte nichtleer sind. Der Raum M heißt zufolge der Dimensionsdefinition für Räume in seinem Punkt p höchstens n-dimensional, wenn p in beliebig kleinen im Raum M offenen Mengen mit höchstens $(n-1)$-dimensionalen Begrenzungen enthalten ist, d. h. wenn jede p enthaltende Menge U_M des Systems $\mathfrak{S}_M$ eine p enthaltende in M offene Menge U'_M, deren Begrenzung höchstens $(n-1)$-dimensional ist, als Teilmenge enthält. Wir beweisen zunächst folgenden einfachen

Satz von der Dimension der Teilmengen. *Die Dimension des Teiles ist niemals größer als die Dimension des Ganzen, d. h. aus $R' \subset R$ folgt $\dim R' \leqq R$ und $\dim_p R' \leqq \dim_p R$ für jeden Punkt p von R'.*

Jede Teilmenge des (-1)-dimensionalen leeren Raumes ist leer, also (-1)-dimensional. Für $\dim R = -1$ ist also die Behauptung trivial. Nach dem Prinzip von der vollständigen Induktion genügt es, die Gültigkeit der Behauptung für den Fall $\dim R = n$ unter der Annahme ihrer Gültigkeit für alle höchstens $(n-1)$-dimensionalen Räume nachzuweisen. Wir machen also die Annahme, daß aus $\dim R \leqq n-1$ und $R' \subset R$ die Beziehung $\dim R' \leqq n-1$ folgt. Wir setzen ferner voraus, R' sei Teilmenge des Raumes R, welcher im Punkte p von R' höchstens n-dimensional ist. Wir behaupten, die Menge R', als Raum aufgefaßt, ist im Punkte p höchstens n-dimensional. Wir behaupten also: Ist V' eine vorgelegte p enthaltende in R' offene Menge, so existiert eine p enthaltende in R' offene Menge $U' \subset V'$ mit höchstens $(n-1)$-dimensionaler Begrenzung. Nun existiert, da V' in R' offen ist, sicherlich eine im Raum R offene Menge V, so daß $V' = R' \cdot V$ gilt. Da R im Punkt p höchstens n-dimensional ist, existiert eine p enthaltende im Raum R offene Menge $U \subset V$, deren Begrenzung $B(U)$, als Raum aufgefaßt, höchstens $(n-1)$-dimensional ist. Setzen wir $U' = R' \cdot U$, so ist U' eine p enthaltende in R' offene Teilmenge von V', und die Begrenzung $B(U')$ von U' ist Teilmenge von $R' \cdot B(U)$ (vgl. S. 35), also Teilmenge des höchstens $(n-1)$-dimensionalen Raumes $B(U)$ und daher laut Annahme höchstens $(n-1)$-dimensional.

Damit ist die Behauptung, daß aus $\dim_p R \leqq n$ und $R' \subset R$ die Beziehung $\dim_p R' \leqq n$ folgt, bewiesen. Da dies für jeden Punkt p von R' gilt, ist auch gezeigt, daß jede Teilmenge eines (schlechthin) n-dimensionalen Raumes (schlechthin) höchstens n-dimensional ist. Damit ist der Satz in allen Stücken bewiesen.

Es liege ein Raum R vor und eine Teilmenge M von R, die, als Raum aufgefaßt, in ihrem Punkt p höchstens n-dimensional ist. Es sei ferner V irgendeine vorgelegte p enthaltende im Raum R offene Menge. Es ist dann $M \cdot V$ eine p enthaltende in V offene Menge; also existiert, da M als Raum aufgefaßt, höchstens n-dimensional sein soll, eine p enthaltende in M offene Menge U_M, welche Teilmenge von V_M und daher von V ist und eine höchstens $(n-1)$-dimensionale Begrenzung besitzt. Als eine in M offene Menge ist U_M Durchschnitt von M mit einer im Raum R offenen Menge, und zwar können, wie wir oben (S. 25) sahen, verschiedene in R offene Mengen $U', U'' \ldots$ existieren, so daß $U_M = M \cdot U' = M \cdot U'' = \ldots$ gilt. Unter ihnen existiert auf Grund des Satzes von den Relativbegrenzungen (S. 36) mindestens eine — dieselbe heiße U — so daß die Beziehungen zusammen bestehen: $U_M = M \cdot U$, $B(U_M) = M \cdot B(U)$, $U \subset V$. Demnach ist die Menge $M \cdot B(U_M)$ wegen ihrer Identität mit $B(U_M)$ höchstens $(n-1)$-dimensional. Wir sehen also: Wenn die Teilmenge M des Raumes, als Raum aufgefaßt, in ihrem Punkt p höchstens n-dimensional ist, dann existiert zu jeder Umgebung von p eine Teilumgebung von p, deren Begrenzung mit M einen höchstens $(n-1)$-dimensionalen Durchschnitt hat; m. a. W. *wenn die Menge M, als Raum aufgefaßt, in ihrem Punkt p höchstens n-dimensional ist, so existieren beliebig kleine Umgebungen von p, deren Begrenzungen mit M höchstens $(n-1)$-dimensionale Durchschnitte haben.*

Wir setzen nun umgekehrt voraus, der Punkt p einer Teilmenge M des Raumes R sei in beliebig kleinen Umgebungen enthalten, deren Begrenzungen mit M höchstens $(n-1)$-dimensionale Durchschnitte haben — und wir wollen zeigen, daß die Menge M, als Raum aufgefaßt, im Punkt p höchstens n-dimensional ist. Dazu ist nachzuweisen, daß zu jeder vorgelegten p enthaltenden in M offenen Menge eine p enthaltende in M offene Menge U_M existiert, welche Teilmenge von V_M ist und eine höchstens $(n-1)$-dimensionale Begrenzung besitzt. Da die vorgelegte Menge V_M in M offen ist, existiert eine im Raum R offene Menge V, so daß $V_M = M \cdot V$ gilt. Da nach Voraussetzung p in beliebig kleinen Umgebungen enthalten ist, deren Begrenzungen mit M höchstens $(n-1)$-dimensionale Durchschnitte haben, so existiert eine Umgebung U von p, die Teil von V ist, und so daß $M \cdot B(U)$ höchstens $(n-1)$-dimensional ist. Bezeichnen wir die in M offene Menge $M \cdot U$ mit U_M, so sehen wir, daß U_M Teilmenge von V_M ist. Ferner gilt (vgl. S. 35) $B(U_M) \subset M \cdot B(U)$; also ist $B(U_M)$ Teilmenge einer höchstens $(n-1)$-dimensionalen Menge und daher nach dem Satz von den Teilmengen höchstens $(n-1)$-dimensional. Damit ist die Behauptung bewiesen. Sie ergibt zusammengenommen mit ihrer vorher bewiesenen Umkehrung den Satz: *Damit die Teilmenge M des Raumes, als Raum aufgefaßt, in ihrem Punkt p höchstens n-dimensional sei, ist notwendig und hinreichend, daß der Punkt p in beliebig kleinen Umgebungen enthalten ist, deren Begrenzungen mit M höchstens $(n-1)$-dimensionale Durchschnitte haben.*

Dieses Resultat legt folgende Definition nahe: Die **Teil***menge M des Raumes* heißt **höchstens n-dimensional im Punkt p** *des Raumes (derselbe mag Punkt von M sein oder nicht), wenn beliebig kleine Umgebungen von p existieren, deren Begrenzungen mit M höchstens $(n-1)$-dimensionale Durchschnitte haben.* Die Menge M heißt im Punkt p des Raumes *mindestens n-dimensional, wenn sie in p nicht höchstens $(n-1)$-dimensional ist.* Die Menge M heißt im Punkt p des Raumes *n-dimensional, wenn n die kleinste natürliche Zahl ist, so daß beliebig kleine Umgebungen von p existieren, deren Begrenzungen mit M höchstens $(n-1)$-dimensionale Durchschnitte haben.*

Auf Grund des zuvor bewiesenen Resultates gilt bei dieser Ausdrucksweise der Satz: *Die Teilmenge M des Raumes ist, als Raum aufgefaßt, dann und nur dann höchstens n-dimensional, wenn sie in allen ihren Punkten n-dimensional ist. Die Menge M ist, als Raum aufgefaßt, dann und nur dann n-dimensional, wenn sie in allen ihren Punkten höchstens n-dimensional und in mindestens einem ihrer Punkte n-dimensional ist.*

Auch die Definition der Dimension von Teilmengen eines Raumes besitzt größte Anschaulichkeit. Wenden wir sie etwa auf die Teilmengen des Cartesischen Raumes an, so sehen wir: Zu jedem Punkt einer eindimensionalen Menge existieren beliebig kleine Umgebungen, deren Begrenzungen von der Menge in den Punkten nulldimensionaler Gebilde durchstochen werden. Für jeden Punkt einer zweidimensionalen Menge werden die Begrenzungen beliebig kleiner Umgebungen in eindimensionalen Gebilden durchschnitten. Die Begrenzungen beliebig kleiner Umgebungen eines Punktes eines dreidimensionalen Körpers werden von diesem in zweidimensionalen Gebilden durchdrungen.

Historisches. In einer von mir im Februar 1922 bei den Monatsheften für Math. und Phys. eingereichten Note (abgedruckt Proc. Acad. Amsterdam *29*, S. 1124), heißt es wörtlich: *„Eine nicht leere Menge des Raumes R_m heißt n-dimensional, wenn 1. zu jedem ihrer Punkte p und jeder offenen Umgebung $U_1(p)$ eine offene Umgebung $U_2(p) \subset U_1(p)$ existiert, mit deren Begrenzung M eine höchstens $(n-1)$-dimensionale Menge gemein hat; und wenn M 2. mindestens einen Punkt Q enthält, für den eine offene Umgebung U existiert, derart, daß M mit der Begren-*

zung jeder offenen Umgebung $U_1(Q) \subset U$ eine Menge gemein hat, die einen $(n-1)$-dimensionalen Teil enthält. (-1)-dimensional ist die leere Menge." Diese Definition des Dimensionsbegriffes findet sich auch in meinen Arbeiten in den Monatsheften f. Math. u. Phys. (*33*, 1923, S. 157ff., *34*, 1924, S. 138f.). Daselbst ist auch die oben angeführte formal noch etwas kürzere Definitionsform angegeben: *Ein Raum heißt n-dimensional, wenn n die kleinste Zahl ist, so daß jeder Punkt des Raumes in beliebig kleinen Umgebungen mit höchstens $(n-1)$-dimensionalen Begrenzungen enthalten ist.* (Vgl. ferner für die anschaulich-experimentelle Ableitung dieses Begriffes Math. Annalen *95*, S. 278 und Jahresber. d. Deutschen Math. Vereinigung *35*, S. 118). Bereits in der S. 77 erwähnten Hinterlegung vom Herbst 1921 heißt es wörtlich: „*Ein Kontinuum K heißt Kurve, wenn in jeder Umgebung U jedes der Punkte p von K eine Umgebung U_1 enthalten ist, so daß der Durchschnitt von K mit der Begrenzung von U_1 keinen zusammenhängenden Teil enthält,*" worauf a. a. O. das Prinzip des rekursiven Aufstieges zu höheren Dimensionen angegeben wird.

Im September 1922 veröffentlichte Urysohn (Comptes Rendus *175*, S. 440) in wörtlicher Übersetzung folgende Definition, der ein kompakter metrischer Raum zugrunde gelegt ist: Ist C eine gegebene Teilmenge des Raumes, p ein vorgelegter Punkt von C, so sagt man von einer Teilmenge B von C, daß sie den Punkt p ε-aussondert, *wenn die Menge $C - B$ Summe zweier Mengen A und D ist, so daß 1. A und D getrennt sind, d. h. daß keine der beiden Mengen einen Punkt oder Häufungspunkt der anderen enthält, daß 2. die Menge A den Punkt p enthält und daß 3. die Mengen A und C in einer Kugel vom Radius $< \varepsilon$ enthalten sind. Wenn der Punkt x der Menge C für jedes ε durch eine leere Menge ε-ausgesondert werden kann, dann heißt C im Punkt x nulldimensional. Eine Menge, die in allen ihren Punkten nulldimensional ist, heißt nulldimensional. Wenn die Menge C im Punkt x nicht weniger als n-dimensional ist und der Punkt x für jedes ε durch eine weniger als n-dimensionale Menge ε-ausgesondert werden kann, dann heißt C im Punkt x n-dimensional. Wenn die Menge C in allen ihren Punkten eine Dimension $\leqq n$ und in gewissen Punkten die Dimension n besitzt, so heißt C n-dimensional.*" Diese infolge der Nichtverwendung des Begriffes der Umgebungsbegrenzung ein wenig verwickelte Definition ist mit der meinen äquivalent, denn man bestätigt leicht, daß jede Teilmenge des Raumes, welche den Punkt p ε-aussondert, nichts anderes ist, als die Begrenzung einer Umgebung von p, die Teil der Sphäre um p mit dem Radius ε ist, und daß umgekehrt die Begrenzung einer jeden Umgebung von p, die Teil dieser Sphäre ist, den Punkt p ε-aussondert. Wenn also ein Punkt p eines metrischen Raumes in beliebig kleinen Umgebungen mit höchstens $(n-1)$-dimensionalen Begrenzungen enthalten ist, so kann er für beliebig kleine ε durch höchstens $(n-1)$-dimensionale Mengen ε-ausgesondert werden und umgekehrt. (Vgl. über diese Definition ferner Urysohns große Arbeit in den Fundam. Math. *7* und *8*, 1925, 1926).

Allen folgenden Überlegungen und Beweisen liegt ausschließlich meine auf den Begriff der Umgebungsbegrenzung gestützte Form der Dimensionsdefinition zugrunde.

Von den Vorläufern dieses definitiven der Dimensionstheorie zugrunde liegenden Begriffes ist als erster Euklid zu nennen, welcher gleich zu Eingang seiner Elemente erwähnt, daß *das Äußerste einer Linie Punkte, das Äußerste einer Fläche Linien, das Äußerste eines Körpers Flächen* sind. Verwendung findet diese nicht genügend präzise Aussage bei Euklid nirgends. In der Folge hat denn auch ein unbestimmter Gedanke vorgeherrscht, die höherdimensionalen Gebilde enthielten *mehr* Punkte als die niedrigerdimensionalen. Als Cantor an das große Unternehmen schritt, den Anzahlbegriff für unendliche Mengen zu präzisieren und als gleichmächtig zwei Mengen bezeichnete, die eineindeutig aufeinander abbildbar sind, entdeckte er die Gleichmächtigkeit von Strecke, Quadratfläche und Würfelkörper. Die vage Ansicht über die Anzahlnatur der Dimension war dadurch widerlegt. Man beschränkte sich deshalb in der Folge auf die Betrachtung gewisser einfacher Gebilde wie Strecken, Dreiecksflächen, Tetraëderkörper usw. und jener Gebilde, welche aus diesen durch gewisse einfache Zusammensetzungen und Umbildungen hervorgehen und sprach von einer Dimension überhaupt nur hinsichtlich solcher Komplexe und „Mannigfaltigkeiten", welche aus Gebilden, die durch n Koordinaten beschrieben werden, durch irgendwelche Transformationen hervorgehen.

Es war Poincaré, der mehrmals hervorhob, wie unanschaulich diese arithmetische Dimensionsdefinition sei und wie wenig sie, abgesehen von ihrer speziellen Natur, den Kern des Problems berühre. *„Ich will nicht sagen, daß die Arithmetisierung der Mathematik etwas Schlechtes sei, ich sage, daß sie die Sache nicht erschöpft."* (Letzte Gedanken, Deutsch von Lichtenecker, Leipzig 1913, S. 64.) Und er betonte wiederholt, an Euklids Gedanken anknüpfend, die Notwendigkeit einer rekursiven Definition des Dimensionsbegriffes. *„Ich möchte die Bestimmung der Anzahl der Dimensionen auf den Begriff des Schnittes aufbauen. ... Ein Kontinuum besitzt n Dimensionen, wenn man es in mehrere getrennte Teile zerlegen kann dadurch, daß man einen oder mehrere Schnitte führt, die selbst Kontinua von $n-1$ Dimensionen sind* (a. a. O. S. 65 f.).

Brouwer hat (Journal f. d. reine u. angew. Mathem. *142*, 1913, S. 146) diese Poincarésche Begriffsbildung einer Kritik und Abänderung unterzogen. Er weist darauf hin, daß der Poincaréschen Definition zufolge ein Doppelkegel, welcher ja durch Weglassung eines einzigen Punktes in zwei getrennte Teile zerlegt werden kann, im Widerspruch zu aller Anschauung als eindimensional bezeichnet werden müßte und daß ferner der Begriff des Kontinuums und die Worte „ein oder mehrere" in der Poincaréschen Definition nicht präzisiert sind. Er definiert hierauf wörtlich: *Ist π irgendein Raum und sind π_1, ϱ und ϱ' drei Teilmengen von π, die in π abgeschlossen sind und keine gemeinsamen Punkte besitzen, dann heißen ϱ und ϱ' in π durch π_1 getrennt, wenn jede zusammenhängende abgeschlossene Teilmenge von π, welche sowohl mit ϱ wie mit ϱ' Punkte gemeinsam hat, auch von π_1 mindestens einen Punkt enthält. Der Ausdruck „π besitzt den allgemeinen Dimensionsgrad n", in welchem n eine beliebige natürliche Zahl bezeichnet, soll nun besagen, daß für jede Wahl von ϱ und ϱ' eine trennende Menge π_2 existiert, welche den allgemeinen Dimensionsgrad $n-1$ besitzt, daß aber nicht für jede Wahl von ϱ und ϱ' eine trennende Menge π_1 existiert, welche einen geringeren allgemeinen Dimensionsgrad als $n-1$ besitzt. Weiter soll der Ausdruck „π besitzt den allgemeinen Dimensionsgrad Null bzw. einen unendlichen allgemeinen Dimensionsgrad" bedeuten, daß π kein Kontinuum als Teil enthält bzw. daß zu π weder die Null noch irgendeine natürliche Zahl als ihr allgemeiner Dimensionsgrad gefunden werden kann. ... Wenn zu einem Punkte p von π Umgebungen, welche den allgemeinen Dimensionsgrad m, aber keine Umgebungen, welche einen geringeren allgemeinen Dimensionsgrad besitzen, existieren, so werden wir sagen, daß π in p den Dimensionsgrad m besitzt.*

Dieser Begriff des allgemeinen Dimensionsgrades kommt dem der Dimensionstheorie zugrundeliegenden Dimensionsbegriff bereits sehr nahe. Wenn man nämlich *erstens* die Brouwersche Trennungsdefinition durch die folgende inzwischen entstandene ersetzt: *„Zwei fremde abgeschlossene Teilmengen A und B des Raumes R heißen durch die Menge C getrennt, wenn $R - C$ in zwei fremde relativ abgeschlossene Teilmengen zerfällt, von denen die eine A, die andere B als Teilmenge enthält"*, und wenn man *zweitens* nicht von den Mengen ohne Teilkontinua als den nulldimensionalen, sondern wie in der Dimensionstheorie von der leeren Menge als der (-1)-dimensionalen die Rekursion ihren Ausgang nehmen läßt, dann wird der Begriff des Dimensionsgrades mit dem Dimensionsbegriff äquivalent. Es gilt nämlich, wie wir (vgl. S. 117 und S. 120) sehen werden, der Satz, daß in einem n-dimensionalen Raum je zwei fremde abgeschlossene Teilmengen durch eine höchstens $(n-1)$-dimensionale, aber nicht je zwei fremde abgeschlossene Teilmengen durch eine weniger als $(n-1)$-dimensionale Teilmenge trennbar sind.

Was *erstens* die anschauliche Vorstellung des Trennens zweier Mengen betrifft, so ist dieselbe übrigens formell und inhaltlich verschiedener Präzisierungen fähig.

Wir werden (S. 207) den ursprünglichen Brouwerschen Begriff des Trennens (allerdings unter Zulassung auch von nicht-abgeschlossenen trennenden Mengen) als *Separieren* bezeichnen. Andere Trennungsdefinitionen gab Brouwer (Proc. Acad. Amsterdam *27*, 1924, S. 636), von dem auch die folgende mit der modernen äquivalente Trennungsdefinition stammt, die Brouwers ursprünglicher Definition sehr ähnlich ist, sich allerdings auf den inzwischen erst entstandenen modernen Zusammenhangsbegriff (vgl. S. 197) beruft: *Zwei fremde Mengen A und B des Raumes R heißen durch die zu A und B fremde Menge C getrennt, wenn jede zwischen A und B zusammenhängende Menge von R einen Punkt von C enthält.* — Was *zweitens* den Ausgangspunkt der Rekursion betrifft, so könnte man (vgl. S. 317) tatsächlich auch, von den diskontinuierlichen Mengen ausgehend, eine mit der Anschauung übereinstimmende Theorie des Dimensionsgrades entwickeln, die hinsichtlich kompakter Räume mit der in diesem Buch entwickelten Dimensionstheorie identisch wäre, sich aber hinsichtlich beliebiger separabler Räume von der Dimensionstheorie stark unterscheiden würde (vgl. S. 318). Wir werden (S. 204) Teilmengen der Ebene kennen lernen, die im Sinne der Dimensionstheorie eindimensional sind, aber keine Teilkontinua enthalten, also den Dimensionsgrad Null haben. Es gibt sogar (vgl. S. 209) im Sinne der Dimensionstheorie unendlichdimensionale Räume mit dem Dimensionsgrad Null. — Der Begriff des Dimensionsgrades in einem Punkt ist von dem für die Dimensionstheorie grundlegenden Begriff der Dimension in einem Punkt inhaltlich völlig verschieden.

Aus der Vorgeschichte des Dimensionsbegriffes ist endlich noch Sierpiński zu erwähnen, welcher (Fundam. Mathem. *2*, 1921, S. 89) implizit den Begriff der nulldimensionalen Mengen einführte, indem er nämlich Teilmengen P des R_m behandelte mit folgender Eigenschaft: *Für jeden Punkt p von P und für jede positive Zahl ε ist P Summe von zwei getrennten Mengen $P = A + B$, so daß A den Punkt p enthält und einen Durchmesser $< \varepsilon$ besitzt.* Dabei heißen zwei Mengen (a. a. O. S. 81) *getrennt*, wenn sie fremd sind und keine einen Häufungspunkt der andern enthält.

Von andersartigen Versuchen, den Dimensionsbegriff zu erfassen, sei der von Fréchet (Math. Ann. *68*, 1910, S. 145) erwähnt, welcher zwei Mengen A und B als *gleichdimensional* bezeichnet, *falls A mit einer Teilmenge von B und B mit einer Teilmenge von A homöomorph ist.* Durch diese Definition wird jeder Menge ein „Dimensionstypus" zugeordnet; man kann versuchen, diese Typen zu ordnen, muß dann aber natürlich zwischen die ganzzahligen Dimensionen gebrochene einschalten. Der einer Menge solcherart zugeordnete Typus ist eine für das Studium der Menge sehr interessante Eigenschaft, hat aber nichts mit der anschaulichen Dimension zu tun. Beispielsweise haben Strecke und Kreis in diesem Sinn verschiedene Dimensionstypen, denn es ist zwar die Strecke mit einer Teilmenge des Kreises, nicht aber der Kreis mit einer Teilmenge der Strecke homöomorph.

Auch der Hausdorffschen Definition der Dimension auf Grund des Maßbegriffes (Math. Ann. *79*, 1918, S. 157), welche mit gebrochenen Dimensionen arbeitet, fehlt jegliche Beziehung zur Anschauung, wie z. B. daraus hervorgeht, daß für das Diskontinuum die Dimension $\frac{\log 2}{\log 3} = 0.63093$ errechnet wird.

3. Einfache Folgerungen.

Wir haben als (-1)-dimensional den leeren Raum und nur diesen bezeichnet und unter den Teilmengen eines Raumes die leere Menge und nur diese (-1)-dimensional genannt. Nulldimensional ist der Definition zufolge ein Raum, welcher höchstens nulldimensional, aber nicht (-1)-

dimensional ist. Nulldimensional ist also ein nichtleerer Raum, in dem jeder Punkt in beliebig kleinen Umgebungen mit leeren Begrenzungen enthalten ist. Nulldimensional heißt die nichtleere Teilmenge M des Raumes, wenn jeder Punkt von M in beliebig kleinen Umgebungen mit zu M fremden Begrenzungen enthalten ist. Wir haben (S. 34) festgestellt, daß eine offene Menge dann und nur dann eine leere Begrenzung besitzt, wenn sie zugleich abgeschlossen ist. Wir können also sagen: *Ein Raum heißt nulldimensional, wenn er nicht leer ist und jeder seiner Punkte in beliebig kleinen Umgebungen enthalten ist, die abgeschlossen sind.* Ein Raum heißt nulldimensional im Punkt p, wenn p in beliebig kleinen Umgebungen, die abgeschlossen sind, enthalten ist. Ebenso bestätigt man, daß für die Nulldimensionalität der Teilmenge M des Raumes im Punkt p notwendig und hinreichend sei, daß p in beliebig kleinen Umgebungen enthalten ist, deren Durchschnitte mit M in M abgeschlossen sind.

Ist p ein isolierter Punkt des Raumes (d. h. nicht Häufungspunkt des Raumes), dann ist die aus dem Punkt p bestehende Menge (p), welche, wie jede endliche Menge, abgeschlossen ist, auch offen (vgl. S. 28). Diese zugleich offene und abgeschlossene Menge (p) ist Teilmenge von jeder p enthaltenden Menge, also ist der Raum in p nulldimensional. Wir sehen daher: *Ein Raum ist in jedem isolierten Punkt nulldimensional. Folglich ist ein nichtleerer Raum, der keinen Häufungspunkt enthält, beispielsweise ein jeder endliche Raum, nulldimensional.* Entsprechend gilt: Eine Teilmenge M eines Raumes ist in jedem Punkt des Raumes, der nicht Häufungspunkt von M ist, nulldimensional. Jede nichtleere Menge M, die keinen Häufungspunkt von M enthält, ist nulldimensional, z. B. jede endliche Menge, oder im R_1 die Menge aller Punkte mit ganzzahliger Koordinate.

Wir ziehen aus dem Bewiesenen eine einfache Folgerung für die Teilmengen des R_1, der Zahlgeraden. Jeder Punkt des R_1 ist in beliebig kleinen rationalen Intervallen enthalten. Die Begrenzung des durch die Zahlen r' und r'' gegebenen offenen Intervalls, d. i. der Menge aller reellen Zahlen r, für welche $r' < r < r''$ gilt, besteht, wie man leicht verifiziert, aus den beiden Punkten mit den Koordinaten r' und r''. Jeder Punkt des R_1 ist demnach in beliebig kleinen Umgebungen mit endlichen, also nulldimensionalen Begrenzungen, nämlich mit Begrenzungen, die aus zwei Punkten bestehen, enthalten. Demnach ist der R_1 und jede seiner Teilmengen *höchstens eindimensional.*

Wir sehen ferner, daß der R_1 und allgemein jede Teilmenge M des R_1, welche ein Intervall als Teil enthält, *mindestens eindimensional* ist. Sei J ein Teilintervall von M und p ein Punkt von J mit der Koordinate p. Unsere Behauptung ist bewiesen, wenn wir zeigen: Jede hinlänglich kleine Umgebung von p besitzt eine Begrenzung, die mit M einen nichtleeren

Durchschnitt hat. Dies ist aber tatsächlich der Fall. Ist nämlich U irgend eine vorgelegte Umgebung von p, die $\leqslant J$ ist, so betrachten wir folgende Einteilung der Menge aller Punkte mit rationaler Koordinate in zwei Klassen R' und R'': Der Punkt mit der Koordinate r'' gehört zu R'', wenn entweder $r'' \leqq p$ gilt, oder wenn das Intervall der reellen Zahlen zwischen p und r'' Teil von U ist. Der Punkt mit der rationalen Koordinate r' gehört zu R', wenn er nicht zu R'' gehört. Man überzeugt sich leicht davon, daß diese Einteilung der rationalen Zahlen ein Schnitt ist (vgl. 8), also eine reelle Zahl r definiert, und man bestätigt ferner, daß der Punkt mit der Koordinate r ein in J enthaltener Punkt der Begrenzung von U, also Punkt von M ist.

Man sieht endlich, daß eine Teilmenge M des R_1, welche kein Intervall als Teil enthält, nulldimensional ist. Ist nämlich p irgendein Punkt von M, und ist U irgendeine vorgelegte Umgebung von p, so enthält U ein p enthaltendes offenes Intervall, etwa das offene Intervall $J = (p', p'')$. Da M nach Voraussetzung kein Teilintervall enthält, liegt im offenen Intervall (p', p) ein nicht zu M gehöriger Punkt q' und im offenen Intervall (p, p'') ein nicht zu M gehöriger Punkt q''. Das p enthaltende offene Intervall (q', q'') ist Teil von J, also von U, und besitzt eine zu M fremde Begrenzung, denn seine Begrenzung besteht aus den Punkten q' und q''. Es existieren demnach beliebig kleine Umgebungen von p mit zu M fremder Begrenzung, d. h. die Menge M ist nulldimensional in jedem ihrer Punkte p.

Zusammenfassend können wir also sagen: *Damit die Teilmenge M des R_1 eindimensional sei, ist notwendig und hinreichend, daß M ein Intervall als Teil enthält.*

Beispielsweise ist also sowohl die Menge der Punkte mit rationaler Koordinate als auch die Menge der Punkte des R_1 mit irrationaler Koordinate nulldimensional.

Wir haben oben gesehen, daß jeder Punkt eines Raumes, in welchem derselbe mehr als nulldimensional ist, Häufungspunkt des Raumes ist. Wir beweisen nun, was schärfer ist: *Ein Punkt p des separabeln Raumes R, in welchem die Teilmenge M von R mehr als nulldimensional ist, ist Kondensationspunkt von M* (vgl. S. 54). Wir zeigen zunächst: Wenn p ein Punkt des Q_ω ist, in dem die Teilmenge M des Q_ω mehr als nulldimensional ist, so ist p Kondensationspunkt von M, d. h. für jede vorgelegte Umgebung U von p ist die Menge $M \cdot U$ unabzählbar. Da M in p mehr als nulldimensional vorausgesetzt ist, existiert eine Umgebung V von p, so daß die Begrenzung von jeder in V als Teil enthaltenen Umgebung von p mit M einen nichtleeren Durchschnitt hat. Die Menge $U \cdot V$ ist eine Umgebung von p, enthält also eine Kugel K des Q_ω mit dem Mittelpunkt p als Teil. Es sei r der Radius von K. Die Begrenzung von jeder der unabzählbarvielen Kugeln mit dem Mittelpunkt p und einem Radius $< r$ hat, da diese Kugel Teil von V ist, mit M einen Punkt gemein. Die Begrenzungen je zweier Kugeln des Q_ω mit demselben Mittelpunkt und verschiedenen Radien sind fremd. Also existieren innerhalb von K und daher innerhalb von U unabzählbarviele Punkte von M. Es ist also p Kondensationspunkt von M, wie behauptet.

Für einen Punkt p eines beliebigen separabeln Raumes R, in dem die Teilmenge M von R mehr als nulldimensional ist, folgt, da R mit einer Teilmenge R' des Q_ω homöomorph ist, die Behauptung aus dem bewiesenen Spezialfall sicherlich dann, wenn gezeigt ist: Sind R und R' zwei homöomorphe Räume, so ist *erstens* der Punkt p dann und nur dann Kondensationspunkt der Teilmenge M von R, wenn der entsprechende Punkt p' Kondensationspunkt der entsprechenden Teilmenge M' von R' ist, und es ist *zweitens* M im Punkt p dann und nur dann mehr als nulldimensional, wenn M' in p' mehr als nulldimensional ist. Die erste Behauptung verifiziert man mühelos; die zweite, indem man folgendes be denkt: Wenn M in p nulldimensional ist, so existiert eine auf p sich zusammenziehende Folge von Umgebungen $\{U_k\}$ ($k = 1, 2, \ldots$ ad inf.) von p, deren Begrenzungen zu M fremd sind. Der Folge $\{U_k\}$ entspricht in R' (vgl. S. 56) eine auf p' sich zusammenziehende Folge

$$\{U_k'\} \quad (k = 1, 2, \ldots \text{ ad inf.})$$

von Umgebungen von p'. Die Begrenzung der Menge U_k' entspricht der Begrenzung von U_k, ist also, wegen der Eineindeutigkeit der Abbildung zwischen R und R', zu M' fremd. Es existiert also eine auf p' sich zusammenziehende Folge von Umgebungen von p' mit zu M' fremden Begrenzungen. D. h. wenn M in p nulldimensional ist, so ist M' in p' nulldimensional, und, da die Voraussetzungen in R und R' symmetrisch sind, gilt auch das Umgekehrte. Damit ist auch die zweite Tatsache bewiesen, welche nötig war für den Beweis, daß jeder Punkt, in dem die Teilmenge M eines separabeln Raumes mehr als nulldimensional ist, Kondensationspunkt von M sei. Wir werden für diesen Satz übrigens noch einen zweiten Beweis erbringen (S. 113).

Aus dem bewiesenen Satz folgt insbesondere, *daß ein nichtleerer separabler Raum, welcher keinen Kondensationspunkt enthält, insbesondere also ein abzählbarer separabler Raum, nulldimensional ist.* Das Beispiel der Menge aller Punkte des R_1 mit irrationaler Koordinate zeigt, daß es auch unabzählbare nulldimensionale Mengen und Räume gibt.

Wir wollen nun die Definition des Dimensionsbegriffes in einige äquivalente Formulierungen überführen, die in den folgenden Kapiteln wiederholt Verwendung finden werden. Der Raum R heißt im Punkt p höchstens n-dimensional, wenn p in beliebig kleinen Umgebungen mit höchstens $(n-1)$-dimensionalen Begrenzungen enthalten ist; statt dessen können wir offenbar auch sagen: *wenn eine auf p sich zusammenziehende Folge von Umgebungen von p mit höchstens* $(n-1)$*-dimensionalen Begrenzungen existiert.* Und wir können sagen, daß die Teilmenge M eines separabeln Raumes im Punkt p höchstens n-dimensional heißt, *wenn eine auf p sich zusammenziehende Folge von Umgebungen existiert, deren Begrenzungen mit M höchstens* $(n-1)$*-dimensionale Durchschnitte haben.* Die Festsetzung, daß der Raum R bzw. die Menge M höchstens n-dimensional heißt, wenn der Raum R in jedem Punkt bzw. die Menge M in jedem ihrer Punkte höchstens n-dimensional ist, kann offenbar folgendermaßen ausgesprochen werden: Der Raum R (bzw. die Menge M) heißt höchstens n-dimensional, *wenn ein unbegrenzt feines Überdeckungssystem von R (bzw. von M) existiert, bestehend aus offenen Mengen, deren Begrenzungen höchstens* $(n-1)$*-dimensional sind (bzw. mit M höchstens* $(n-1)$*-dimensionale Durchschnitte haben).*

Aus dieser Formulierung ergibt sich auf Grund der Sätze von den abzählbaren unbegrenzt feinen Überdeckungssystemen und von den ausgezeichneten und erzeugenden Doppelfolgen unmittelbar: *Zu einem höchstens n-dimensionalen separabeln Raum R bzw. zu einer höchstens n-dimensionalen Teilmenge eines separabeln Raumes existiert ein abzählbares unbegrenzt feines Überdeckungssystem, bestehend aus offenen Mengen, deren Begrenzungen höchstens* $(n-1)$*-dimensional sind bzw. mit M höchstens* $(n-1)$*-dimensionale Durchschnitte haben.* Es existiert zu ihnen ferner *eine ausgezeichnete Doppelfolge* $\{U_n^k\}$ ($k, n = 1, 2, \ldots$ ad inf.) *von offenen Mengen, deren Begrenzungen höchstens* $(n-1)$*-dimensional sind bzw. mit M höchstens* $(n-1)$*-dimensionale Durchschnitte haben, wobei die Doppelfolge, falls R bzw. M kompakt ist, als erzeugend angenommen werden kann.*

Wir beschließen diese Ausführungen mit einer Bemerkung, welche einem Mißverständnisse vorbeugen möge. Wir hatten den Raum R im Punkt p höchstens n-dimensional genannt, wenn beliebig kleine Umgebungen von p mit höchstens $(n-1)$-dimensionalen Begrenzungen existieren. *Nicht* gefordert war dabei, daß die Begrenzungen *aller* hinlänglich kleinen Umgebungen von p höchstens $(n-1)$-dimensional seien. Zunächst stellt man unschwer fest, daß zu einem Punkt p einer Teilmenge M eines Raumes, in welchem M höchstens n-dimensional ist, *auch* beliebig kleine Umgebungen existieren können, deren Begrenzungen mit M *mehr* als $(n-1)$-dimensionale Durchschnitte haben. Z. B. ist im R_2 die Gerade $y = 0$ eine eindimensionale Teilmenge, denn es existieren zu jedem Punkt der Geraden beliebig kleine Umgebungen, deren Begrenzungen mit der Geraden je zwei Punkte gemein haben. Es existieren aber zu jedem Punkt der Geraden auch beliebig kleine Umgebungen in der Art der auf S. 35 betrachteten Umgebung, deren Begrenzungen mit der Gerade Intervalle, also eindimensionale Durchschnitte gemein haben. Allerdings verschwindet in dem betrachteten Beispiel die Singularität, wenn wir die untersuchte Teilmenge, nämlich die Gerade, selbst als Raum auffassen, d. h. den R_1 betrachten. Die Begrenzung einer offenen Teilmenge des R_1 kann kein Intervall als Teil enthalten und ist daher (vgl. S. 88) höchstens nulldimensional, so daß also im R_1 bloß offene Mengen mit höchstens nulldimensionalen Begrenzungen existieren.

Wir wollen nun aber eine eindimensionale Teilmenge M des R_2 angeben, in welcher, auch wenn M als Raum aufgefaßt wird, zu gewissen Punkten beliebig kleine Umgebungen mit mehr als nulldimensionalen Begrenzungen existieren. Man betrachte im R_2 die Menge M aller Punkte (x, y), für welche eine der drei Beziehungen gilt

$$0 \leqq x \leqq 1, \qquad y = 0;$$

$$x = \frac{1}{n}, \qquad 0 \leqq y \leqq \frac{1}{n}; \quad (n = 1, 2, \ldots \text{ ad inf.})$$

$$x = \frac{1}{n_1} - \frac{1}{n_2}, \quad 0 \leqq y \leqq \frac{1}{n_1} - \frac{1}{n_2},$$

wo n_1 alle natürlichen Zahlen und n_2 bei gegebenem n_1 alle natürlichen Zahlen $> n_1^2 + n_1$ durchläuft. Man bestätigt leicht, daß diese Menge M eindimensional ist. Ferner kann man zum Punkt (0, 0) eine auf ihn sich zusammenziehende Folge von Umgebungen $\{U_k\}$ $(k = 1, 2, \ldots$ ad inf.), deren Begrenzungen mit M eindimensionale Durchschnitte haben, angeben. Man setze z. B. U_k gleich der Menge aller Punkte x, y der Ebene, für die

$$-\frac{1}{k} < x < \frac{1}{k}, \quad -\frac{1}{k} < y < \frac{1}{k}$$

gilt. Die Begrenzung von U_k hat mit M die Strecke

$$x = \frac{1}{k}, \quad 0 \leqq y \leqq \frac{1}{k}$$

gemein. In diesem Fall existieren aber auch, wenn wir M als Raum auffassen, zum Punkt (0, 0) beliebig kleine Umgebungen mit eindimensionalen Begrenzungen. Denn wenn wir $U_k' = M \cdot U_k$ setzen, so ist U_k' eine in M offene Menge, für die, wie man leicht bestätigt $B(U_k') = M \cdot B(U_k)$ gilt; es ist also $B(U_k')$ $(k = 1, 2, \ldots$ ad inf.) eindimensional.

III. Der Summensatz.

1. Verschiedene Formulierungen des Summensatzes.

Der erste Fundamentalsatz der Dimensionstheorie, den wir herleiten, ein Theorem, das in fast jedem der weiteren Beweise wesentlich verwendet wird, beantwortet folgende sich unmittelbar aufdrängende Fragestellung: Es sei eine Summe von Teilmengen eines separabeln Raumes gegeben; welche Beziehung besteht zwischen der Dimension der Summe und den Dimensionen der Summanden? Das Theorem, welches wir beweisen, ist der

Summensatz. *In einem separabeln Raum ist die Summe von endlich- oder abzählbarunendlichvielen n-dimensionalen abgeschlossenen Mengen n-dimensional.*

Es ist unmittelbar klar, daß die Dimension einer Summe von Mengen niemals kleiner ist als die Dimension eines der Summanden; denn die Summe enthält jeden Summanden als Teilmenge, und die Dimension des Teils ist niemals größer als die des Ganzen. Daß eine Summe von n-dimensionalen Mengen *mindestens* n-dimensional ist, steht also fest, und zwar unabhängig davon, in welcher Anzahl die Summanden vorhanden sind, sowie davon, ob sie abgeschlossen sind oder nicht. Worauf es ankommt, ist der Nachweis, daß die Summe von abzählbarvielen n-dimensionalen abgeschlossenen Mengen — oder, wie wir allgemeiner zeigen werden, daß die Summe von abzählbarvielen *höchstens* n-dimensionalen abgeschlossenen Mengen *höchstens* n-dimensional ist. Für diese Behauptung ist die *Anzahl* (daß es sich nämlich um eine Summe von abzählbarvielen Mengen handelt) keineswegs unwesentlich, denn wenn man den R_1 (der, wie wir wissen, eindimensional ist) auffaßt als Summe von *un*abzählbar vielen Mengen, die aus je einem Punkt bestehen, so ist ein eindimensionaler Raum dargestellt als Summe von nulldimensionalen abgeschlossenen Mengen. Ebensowenig ist für diese Behauptung, selbst wenn man sich auf die Betrachtung von Summen endlichvieler Summanden beschränkt, die Voraussetzung, daß die Summanden *abgeschlossen* sind, schlechthin entbehrlich. Denn der eindimensionale R_1 ist, wie wir sahen, Summe von zwei nulldimensionalen Mengen, nämlich von der Menge der Punkte mit rationaler Koordinate und der Menge der Punkte mit irrationaler Koordinate, die beide nichtabgeschlossen sind.

Allerdings ergibt sich aus dem Summensatz unmittelbar, daß die in ihm vorausgesetzte Abgeschlossenheit der Summanden durch eine wesentlich allgemeinere Voraussetzung ersetzt werden kann, daß nämlich die Summanden F_σ, d. h. Summen von abzählbarvielen abgeschlossenen Mengen sind. Jedes höchstens n-dimensionale F_σ ist offenbar Summe von abzählbarvielen höchstens n-dimensionalen abgeschlossenen Mengen. Wenn also A Summe von abzählbarvielen höchstens n-dimensionalen F_σ ist, so ist A eo ipso Summe von abzählbarvielen höchstens n-dimensionalen abgeschlossenen Mengen. Aus der Gültigkeit des Summensatzes ergibt sich also die von folgendem

Summensatz für F_σ. *Die Summe von abzählbarvielen höchstens n-dimensionalen F_σ ist höchstens n-dimensional.*

In den beiden angeführten Formulierungen des Summensatzes wurde eine Abgeschlossenheitseigenschaft der Summanden, nämlich daß sie abgeschlossene Mengen bzw. F_σ seien, also eine Beziehung der Summanden zum zugrundeliegenden separabeln Raum vorausgesetzt. Man kann nun dem Summensatz auch eine andere Formulierung geben, die als *innere* bezeichnet werden möge, in welcher lediglich eine Abgeschlossenheitsbeziehung der Summanden *zur Summe* vorausgesetzt wird.

Innere Form des Summensatzes. *Die Summe von abzählbarvielen höchstens n-dimensionalen Teilmengen eines separabeln Raumes, von denen jede in der Summe abgeschlossen oder eine F_σ in der Summe ist, ist höchstens n-dimensional.*

Die Äquivalenz dieser inneren Formulierung des Summensatzes mit den erstangegebenen ist eine unmittelbare Folge der Tatsache, daß jede Teilmenge M eines separabeln Raumes selbst als Raum M aufgefaßt werden kann und daß dabei die Dimension dieses Raumes M mit jener der Teilmenge M eines anderen Raumes übereinstimmt.

Die Aussage des Summensatzes bezieht sich auf die Dimension von Mengen *schlechthin*, nicht auf die Dimension *in einzelnen Punkten*. Während die Summe abzählbarvieler schlechthin n-dimensionaler abgeschlossener Mengen schlechthin n-dimensional ist, *kann selbst die Summe zweier abgeschlossener Mengen, von denen jede im Punkt p nulldimensional ist, im Punkt p mehr als nulldimensional sein.* Betrachten wir z. B. im R_1 die Menge A_1, enthaltend den Punkt Null und die abgeschlossenen Intervalle $\left[\frac{1}{2k-1}, \frac{1}{2k}\right]$ $(k = 1, 2, \ldots$ ad inf.), und die Menge A_2, enthaltend den Punkt Null und die abgeschlossenen Intervalle $\left[\frac{1}{2k}, \frac{1}{2k+1}\right]$ $(k = 1, 2, \ldots$ ad inf.). Beide Mengen sind abgeschlossen und im Punkt Null nulldimensional. Ihre Summe, das Einheitsintervall, ist im Punkt Null eindimensional.

Immerhin ist eine gewisse Verschärfung des Summensatzes möglich, die auch eine Aussage über die Dimension einer Summe in einem Punkt ermöglicht, vorausgesetzt nämlich, daß höchstens für einen *einzigen* der Summanden bloß die Dimension in dem betreffenden Punkt, für alle übrigen aber die Dimension *schlechthin* bekannt ist. Dieser verschärfte Summensatz, der in diesem Kapitel bewiesen und später gelegentlich verwendet wird, lautet:

Verschärfter Summensatz. *Es sei in einem separabeln Raum eine im Punkte a höchstens n-dimensionale abgeschlossene Menge* A_1 *und eine Folge* $\{A_k\}$ ($k = 2, 3, \ldots$ ad inf.) *von höchstens n-dimensionalen abgeschlossenen Mengen gegeben. Dann ist* $A = \sum_{k=1}^{\infty} A_k$ *im Punkt a höchstens n-dimensional.*

In dieser Aussage ist jene des unverschärften Summensatzes offenbar enthalten. Denn nehmen wir an, der verschärfte Summensatz sei bewiesen und es sei $\{M_k\}$ ($k = 1, 2, \ldots$ ad inf.) eine Folge von höchstens n-dimensionalen abgeschlossenen Mengen eines separabeln Raumes. Zum Beweis des Summensatzes ist zu zeigen, daß die Menge $M = \sum_{k=1}^{\infty} M_k$ höchstens n-dimensional ist. Es sei p ein beliebiger Punkt von M. Der Punkt p liegt in mindestens einem der Summanden der Menge M, etwa in M_i. Die abgeschlossene Menge M_i ist nach Voraussetzung höchstens n-dimensional, also insbesondere in ihrem Punkt p höchstens n-dimensional. Die übrigen Summanden von M sind höchstens n-dimensional und abgeschlossen. Also ergibt die Verschärfung des Summensatzes, daß M in p höchstens n-dimensional ist. Da p einen *beliebigen* Punkt von M bezeichnet, ist M höchstens n-dimensional (schlechthin), was zum Beweis des Summensatzes nachzuweisen war.

Historisches. Der Summensatz wurde zunächst bloß für die abgeschlossenen Teilmengen *kompakter* und *halbkompakter* Räume von mir (Monatsh. f. Math. *34*, 1924, S. 147) bewiesen. Ein anderer Beweis für den Fall *kompakter* Räume stammt von Urysohn (Fund. Math. *8*, 1926, S. 260; ohne Beweis erwähnt in C. R. *175*, S. 442). Für abgeschlossene Teilmengen beliebiger (auch nicht kompakter oder halbkompakter) *separabler* Räume wurde der Satz bewiesen von Hurewicz (Math. Ann. *96*, 1927, S. 760), der auch die innere Formulierung des Summensatzes angab; ein anderer Beweis des allgemeinen Satzes stammt von Tumarkin (Math. Ann. *98*, 1928, S. 641; erwähnt in Proc. Ac. Amsterdam *28*, 1925, S. 995).

Mein Beweis des Summensatzes für kompakte und halbkompakte Räume beruht auf einer Methode, welche ich zum Beweise mehrerer Fundamentalsätze der Dimensionstheorie entwickelt und als *Methode der Modifikation der Umgebungen in der Nähe ihrer Begrenzungen* bezeichnet habe. Diese Methode, welche auch in den folgenden Kapiteln die wichtigsten Anwendungen findet, wird in den beiden nächsten Abschnitten zum Beweis des Summensatzes entwickelt, ergänzt (auf S. 97f. und S. 104f.) durch einen Zusatzgedanken von Hurewicz (a. a. O. S. 739), durch den die Methode auf beliebige (auch nicht kompakte) separable Räume anwendbar wird. Es wird im Abschnitt 2 zur Einführung in die komplizierten Überlegungen der noch etwas einfachere Fall $n = 0$ des Summensatzes erledigt, d. h. bewiesen, daß die Summe von abzählbarvielen nulldimensionalen abgeschlossenen Mengen eines separabeln Raumes nulldimensional ist; Abschnitt 3 bringt den allgemeinen Fall.

Abschnitt 4 enthält einen zweiten Beweis des allgemeinen Falles, nämlich eine elegante von Hurewicz (a. a. O. S. 760) stammende Zurückführung des allgemeinen Falles auf den Fall $n = 0$. Will man allerdings im Bereich der kompakten Räume bleiben, so ist diese Methode unanwendbar, denn um mit ihrer Hilfe den Summensatz für n-dimensionale *kompakte* Räume zu beweisen, muß die Gültigkeit des Satzes für beliebige $(n-1)$-dimensionale *separable* Räume vorausgesetzt werden.

2. Beweis des Summensatzes für $n = 0$.

Wir beweisen den verschärften Summensatz zunächst für den Fall $n = 0$. Es sei also in einem separabeln Raum eine im Punkt a nulldimensionale abgeschlossene Menge A_1 und eine Folge von nulldimensionalen abgeschlossenen Mengen $\{A_k\}$ ($k = 2, 3, \ldots$ ad inf.) gegeben. Wir haben zu zeigen, daß die Menge $A = \sum_{k=1}^{\infty} A_k$ im Punkte a nulldimensional ist. Zu diesem Zweck ist nachzuweisen: Ist $Z(a)$ eine vorgelegte Umgebung des Punktes a, so existiert eine Umgebung $U(a) \subset Z(a)$, deren Begrenzung zu A fremd ist.

Der Gedankengang des Beweises dieser Behauptung ist folgender: Wir bestimmen zunächst eine Umgebung U_1 von a, die $\subseteq Z(a)$ ist und deren Begrenzung zu A_1 fremd ist, sodann, indem wir die Umgebung U_1 in der Nähe ihrer Begrenzung modifizieren, eine Umgebung U_2, die $\subseteq Z(a)$ ist und deren Begrenzung zu $A_1 + A_2$ fremd ist, und so für jede natürliche Zahl k eine Umgebung U_k von a, die $\subseteq Z(a)$ ist und deren Begrenzung zu $A_1 + A_2 + \cdots + A_k$ fremd ist. Wir wünschen zu erreichen, daß die offene Menge $U = \sum_{k=1}^{\infty} U_k$, welche sicher eine Umgebung von a und Teilmenge von $Z(a)$ ist, eine Begrenzung besitzt, die zu A fremd ist.

Dies folgt aus der Tatsache, das für jedes k die Begrenzung von U_k zu $A_1 + \cdots + A_k$ fremd ist, an sich, keineswegs. Man wähle beispielsweise als Raum die Gerade, als Menge A_1 den Punkt Null, als Menge A_k den Punkt $\frac{1}{2k}$ ($k = 1, 2, \ldots$ ad inf.). Betrachten wir dann etwa den Punkt $a = \frac{1}{4}$, und wählen wir als U_k das offene Intervall $\left(\frac{1}{2k+1}, 1\right)$ ($k = 1, 2, \ldots$ ad inf.). Die Begrenzung jeder dieser offenen Mengen ist zu A fremd; hat also mit A einen (-1)-dimensionalen Durchschnitt; die Menge $U = \sum_{k=1}^{\infty} U_k$, d. i. das offene Intervall $(0, 1)$, besitzt eine Begrenzung, welche mit A einen nulldimensionalen Durchschnitt, nämlich den Punkt Null, gemein hat.

Um zu erreichen, daß die Begrenzung von $U = \sum_{k=1}^{\infty} U_k$ zu A fremd ist, müssen also bei der Konstruktion der Umgebungen U_k gewisse Vorsichtsmaßregeln beobachtet werden. Wir bestimmen eine Umgebung V_1 so, daß

$U_1 \Subset V_1 \Subset Z(a)$ gilt und so, daß A_1 fremd ist zur Begrenzung von *jeder* offenen Menge V^*, für welche $U_1 \subset V^* \subset V_1$ gilt. Um für das Folgende eine kurze Ausdrucksweise zu haben, wollen wir allgemein, wenn drei offene Mengen X, Y, Z der Beziehung $X \subset Y \subset Z$ genügen, sagen, *Y liegt zwischen X und Z*. In dieser Bezeichnungsweise bestimmen wir also zur offenen Menge U_1, deren Begrenzung zu A_1 fremd ist, eine offene Menge $V_1 \supset U_1$ derart, daß die Begrenzung von jeder zwischen U_1 und V_1 liegenden offenen Menge zu A_1 fremd ist. Die Menge U_2 wird hierauf so konstruiert, daß $U_1 \subset U_2 \Subset V_1$ gilt und daß die Begrenzung von U_2 auch zu A_2, also zu $A_1 + A_2$ fremd ist. Sodann wird eine offene Menge $V_2 \supset U_2$ derart als Teilmenge von V_1 bestimmt, daß die Begrenzung von jeder zwischen U_2 und V_2 liegenden offenen Menge zu $A_1 + A_2$ fremd ist. Es folgt die Konstruktion einer offenen Menge U_3, so daß $U_2 \subset U_3 \Subset V_2$ gilt und die Begrenzung von U_3 auch zu A_3, also zu $A_1 + A_2 + A_3$ fremd ist. So fahren wir fort. Wenn bereits eine Umgebung U_{k-1} von a und eine offene Menge $V_{k-1} \supset U_{k-1}$ vorliegt, so daß die Begrenzung von jeder zwischen U_{k-1} und V_{k-1} liegenden offenen Menge zu $A_1 + A_2 + \cdots + A_{k-1}$ fremd ist — dann wird *erstens* eine offene Menge U_k konstruiert, für die $U_{k-1} \subset U_k \Subset V_{k-1}$ ist und deren Begrenzung auch zu A_k, also zu $A_1 + A_2 + \cdots + A_{k-1} + A_k$ fremd ist, — und es wird *zweitens* eine offene Menge V_k derart bestimmt, daß $U_k \Subset V_k \subset V_{k-1}$ gilt und daß die Begrenzung von jeder zwischen U_k und V_k liegenden offenen Menge zu $A_1 + A_2 + \cdots + A_{k-1} + A_k$ fremd ist. Die Möglichkeit der Konstruktion von U_k beruht darauf, daß die Menge A_k ($k > 1$) nulldimensional, und zwar *schlechthin* (nicht bloß im Punkt a) nulldimensional ist. Die Möglichkeit der Bestimmung einer Menge V_k den angegebenen Bedingungen gemäß beruht wesentlich auf der vorausgesetzten Abgeschlossenheit von A_k. An diesen Stellen gehen also jene Voraussetzungen über die Summanden, welche wir (S. 92f.) als nicht schlechthin entbehrlich erkannt haben, wesentlich in den Beweis ein.

Bewirkt wird durch die angegebene Vorsichtsmaßregel, daß die offene Menge $U = \sum_{k=1}^{\infty} U_k$, welche eine Umgebung von a und Teilmenge von $Z(a)$ ist, für jede natürliche Zahl k zwischen U_k und V_k liegt, so daß also die Begrenzung von U für jede natürliche Zahl k zu A_k und mithin zur Menge A fremd ist. Die Existenz einer Umgebung von a, die $\subset Z(a)$ ist und deren Begrenzung zu A fremd ist, war aber gerade der Inhalt unserer zu beweisenden Behauptung.

Wir führen nun diesen Gedankengang aus. Es sei in einem separabeln Raum eine im Punkt a nulldimensionale abgeschlossene Menge A_1 und eine Folge $\{A_k\}$ ($k = 2, 3, \ldots$ ad inf.) von nulldimensionalen abgeschlossenen Mengen gegeben und eine Umgebung $Z(a)$ vorgelegt. Da A_1 im Punkt a nulldimensional ist, existiert eine Umgebung U_1 von a, die $\lll Z(a)$ ist und deren Begrenzung — wir nennen dieselbe B_1 — zu A_1 fremd ist. Die Menge B_1 ist eine abgeschlossene Teilmenge von $Z(a)$ und ist zur Menge A_1, die nach Voraussetzung abgeschlossen ist, fremd; es existiert also (vgl. S. 33) eine offene Menge Y_1, so daß $B_1 \subset Y_1 \lll Z(a)$ gilt und daß die Menge $\overline{Y}_1$ zu A_1 fremd ist. Wir setzen $V_1 = U_1 + Y_1$. Dann gilt $V_1 \subset Z(a)$ und $\overline{V}_1 = \overline{U}_1 + \overline{Y}_1 = U_1 + B_1 + \overline{Y}_1$. Wegen $B_1 \subset Y_1$ gilt also $\overline{V}_1 = U_1 + \overline{Y}_1$. Ist nun V^* irgendeine offene Menge zwischen U_1 und V_1, d. h. eine offene Menge, welche der Bedingung genügt $U_1 \subset V^* \subset V_1$, so sehen wir, daß die Begrenzung $B(V^*)$ von V^* zu A_1 fremd ist. Denn wegen $V^* \subset V_1$ ist $B(V^*) \subset \overline{V}_1 = U_1 + \overline{Y}_1$. Wegen $V^* \supset U_1$ ist also $B(V^*) \subset \overline{Y}_1$, und $\overline{Y}_1$ ist zu A_1 fremd, also erst recht $B(V^*)$. Wir haben demnach eine offene Menge V_1 bestimmt, so daß $U_1 \lll V_1 \lll Z(a)$ gilt und daß A_1 fremd ist zur Begrenzung von jeder offenen Menge V^*, welche zwischen U_1 und V_1 liegt. Wir bestimmen überdies noch, was wegen $U_1 \lll V_1$ möglich ist, eine offene Menge V_1' gemäß der Bedingung $U_1 \lll V_1' \lll V_1$.

Wir nehmen nun an, es mögen bereits eine Umgebung U_{k-1} von a und zwei offene Mengen V_{k-1} und V_{k-1}' vorliegen, so daß die Bedingung $U_{k-1} \lll V_{k-1}' \lll V_{k-1}$ erfüllt ist und so daß die Begrenzung von jeder offenen Menge, welche zwischen U_{k-1} und V_{k-1} liegt, zu $A_1 + A_2 + \cdots + A_{k-1}$ fremd ist. Unsere Aufgabe ist eine doppelte: Wir haben *erstens* eine Umgebung U_k von a zu konstruieren, welche der Beziehung genügt $U_{k-1} \subset U_k \lll V_{k-1}$, und deren Begrenzung auch zu A_k (also zu $A_1 + A_2 + \cdots + A_{k-1} + A_k$ fremd ist. Wir haben *zweitens* zwei offene Mengen V_k und V_k' so zu bestimmen, daß die Begrenzung von jeder offenen Menge zwischen U_k und V_k zu $A_1 + A_2 + \cdots + A_k$ fremd ist und daß $U_k \lll V_k' \lll V_k \subset V_{k-1}$ gilt.

Wir schalten hier zunächst eine Bemerkung darüber ein, wie die erste Aufgabe erledigt werden kann, falls die Menge A_k *kompakt* ist (was im allgemeinen natürlich nicht der Fall sein muß). Wir verwenden die Voraussetzung, daß A_k für $k > 1$ nulldimensional (und zwar nulldimensional schlechthin) ist. Dieser Voraussetzung zufolge ist jeder Punkt von A_k in beliebig kleinen Umgebungen, deren Begrenzungen zu A_k fremd sind, enthalten. Insbesondere ist jeder Punkt der Menge $A_k \cdot \overline{U}_{k-1}$, da $\overline{U}_{k-1} \subset V_{k-1}'$ gilt, in einer Umgebung $\subset V_{k-1}'$ enthalten, deren Begrenzung zu A_k fremd ist. Falls nun A_k kompakt ist, dann ist auch die in A_k abgeschlossene Menge $A_k \cdot \overline{U}_{k-1}$ kompakt. Das Überdeckungssystem von $A_k \cdot \overline{U}_{k-1}$ bestehend aus jenen Umgebungen von Punkten der Menge $A_k \cdot \overline{U}_{k-1}$, welche $\subset V_{k-1}'$ sind und Begrenzungen besitzen, die zu A_k fremd sind, enthält daher nach dem Überdeckungstheorem für kompakte Mengen *endlich* viele offene Mengen, welche $A_k \cdot \overline{U}_{k-1}$ überdecken, etwa die Mengen $W_1, W_2, \cdots, W_r$. Jede dieser Mengen ist $\subset V'_{k-1}$, also gilt auch $\sum_{i=1}^{r} W_i \subset V'_{k-1}$ und daher auch

$$U_{k-1} + \sum_{i=1}^{r} W_i \subset V'_{k-1}.$$

Wir setzen
$$U_k = U_{k-1} + \sum_{i=1}^{r} W_i$$

und zeigen, daß die so definierte Umgebung U_k von a, welche der Beziehung genügt $U_{k-1} \subset U_k \subset V'_{k-1}$, eine zu A_k fremde Begrenzung $B(U_k)$ besitzt.

Nach dem Additionssatz für Begrenzungen offener Mengen (S. 36) folgt aus der Definition von U_k

$$B(U_k) \subset B(U_{k-1}) + \sum_{i=1}^{r} B(W_i).$$

Jede der Mengen $B(W_i)$ $(i = 1, 2, \ldots, r)$ ist zu A_k fremd, denn die Mengen W_i gehören ja einem System von offenen Mengen mit zu A_k fremden Begrenzungen an. Zum Beweise, daß $B(U_k)$ zu A_k fremd ist, ist also bloß zu zeigen, daß ein zu $B(U_{k-1})$ gehöriger Punkt von $B(U_k)$ nicht zu A_k gehören kann, oder m. a. W., daß ein Punkt von $A_k \cdot B(U_{k-1})$ nicht zu $B(U_k)$ gehören kann. Dies ist aber klar, denn ein Punkt von $A_k \cdot B(U_{k-1})$ gehört zu $A_k \cdot \overline{U}_{k-1}$, und diese Menge wird von den offenen Mengen $W_1, W_2, \ldots, W_r$ überdeckt, d. h. es gilt $A_k \cdot \overline{U}_{k-1} \subset \sum_{i=1}^{r} W_i \subset U_k$; und als Teil von U_k ist die Menge $A_k \cdot \overline{U}_{k-1}$ zu $B(U_k)$ fremd. Damit ist gezeigt, daß die Menge U_k den Forderungen genügt, und die erste Aufgabe ist für den Fall, daß A_k kompakt ist, erledigt.

Im allgemeinen, d. h. wenn A_k nicht kompakt ist, muß zur Erledigung der *ersten* Aufgabe anders geschlossen werden, da das Überdeckungstheorem für kompakte Mengen, welches in die obige Überlegung wesentlich eingeht, auf die Menge $A_k \cdot \overline{U}_{k-1}$, wenn diese nicht kompakt ist, natürlich nicht angewendet werden kann. Wiederum gehen wir davon aus, daß wegen der Nulldimensionalität von A_k jeder Punkt von A_k in beliebig kleinen Umgebungen mit zu A_k fremden Begrenzungen enthalten ist. Wir ordnen jedem Punkt p von A_k eine ihn enthaltende offene Menge $U(p)$ mit zu A_k fremder Begrenzung zu, wobei wir folgende Bedingungen beobachten: α) Wenn p in $\overline{U}_{k-1}$ liegt, so wählen wir $U(p)$ als Teilmenge von V'_{k-1}; dies ist möglich, da nach Voraussetzung $\overline{U}_{k-1} \subset V'_{k-1}$ gilt; β) wenn p nicht in $\overline{U}_{k-1}$ liegt, so wählen wir $U(p)$ zu $\overline{U}_{k-1}$ fremd; dies ist möglich, da ja p im betrachteten Fall Punkt des Komplementes der abgeschlossenen Menge $\overline{U}_{k-1}$ ist.

Das so bestimmte Überdeckungssystem der Menge A_k enthält nach dem Überdeckungstheorem für separable Räume abzählbarviele offene Mengen, welche A_k überdecken. Es seien dies etwa die Mengen

$$\{W_i\} \quad (i = 1, 2, \ldots \text{ evtl. ad inf.}).$$

Mit Rücksicht auf die Bedingungen α) und β) *ist jede der Mengen* W_i, *welche mit* $\overline{U}_{k-1}$ *einen nichtleeren Durchschnitt hat,* $\subset V'_{k-1}$.

Wir wollen nun jede Menge W_i durch eine offene Teilmenge W_i' ersetzen, so daß auch die Folge der Mengen $\{W_i'\}$ die Menge A_k überdeckt und daß überdies die Mengen W_i' *paarweise fremd* sind, was für die Mengen der Folge $\{W_i\}$ natürlich nicht notwendig der Fall ist. Wir setzen zu diesem Zweck

$$W_1' = W_1, \quad W_i' = W_i - W_i \cdot \sum_{j=1}^{i-1} \overline{W}_j \qquad (i = 2, 3, \ldots).$$

Jede der so definierten Mengen W_i' ist *offen.* Denn W_i' ist das Komplement einer in der offenen Menge W_i abgeschlossenen Menge zu W_i. Ferner folgt aus der Definition der Mengen W_i' unmittelbar, daß für jedes i die Beziehung $W_i' \subset W_i$ gilt. Also ist auch jede Menge W_i', welche mit $\overline{U}_{k-1}$ Punkte gemein hat, $\subset V'_{k-1}$.

Wir sehen weiter, daß die Mengen W_i' *paarweise fremd* sind. Denn sei etwa $j < i$, dann enthält die Menge W_i' ihrer Definition zufolge keinen Punkt von W_j, also erst recht keinen Punkt von $W_j' \subset W_j$.

Wir wollen nunmehr zeigen, daß für jedes i *die Begrenzung* $B(W_i')$ *von* W_i' *zu* A_k *fremd ist.* Zunächst gilt offenbar für jedes i die Beziehung $B(W_i') \subset \sum_{j=1}^{i} B(W_j)$; denn jeder Punkt von $B(W_i')$, der nicht in $B(W_i)$ liegt, muß der Definition von W_i' zufolge in $\sum_{j=1}^{i-1} \overline{W}_j$ liegen, also, da die Mengen W_j $(j < i)$ zu W_i' fremd sind, in $\sum_{j=1}^{i-1} B(W_j)$, womit die behauptete Formel bewiesen ist. Aus ihr folgt

$$A_k \cdot B(W_i') \subset A_k \cdot \sum_{j=1}^{i} B(W_j) = \sum_{j=1}^{i} A_k \cdot B(W_j).$$

Jede der Mengen $B(W_j)$ ist aber nach Voraussetzung zu A_k fremd, also ist die Menge auf der rechten Seite leer und daher auch A_k zu $B(W_i')$ fremd.

Wir zeigen endlich, daß $A_k \subset \sum_{i=1}^{\infty} W_i'$ gilt. Denn sei p irgendein gegebener Punkt von A_k. Wegen $A_k \subset \sum_{i=1}^{\infty} W_i$ ist p sicher Punkt von mindestens einer der Mengen W_i. Es möge etwa W_n die erste Menge der Folge $\{W_i\}$ sein (d. h. die mit kleinstem Index), welche den Punkt p enthält. Für $j < n$ ist also p in der Menge W_j nicht enthalten. In der Begrenzung von W_j liegt p als Punkt von A_k sicherlich nicht, denn alle Begrenzungen $B(W_i)$ sind zu A_k fremd. Also liegt für $j < n$ der Punkt p auch nicht in der Menge $\overline{W}_j$. Dann muß aber p in W_n' zufolge der Definition dieser Menge liegen. Jeder Punkt von A_k liegt also in mindestens einer Menge W_i', womit die Beziehung $A_k \subset \sum_{i=1}^{\infty} W_i'$ bewiesen ist.

Wir haben demnach eine Folge $\{W_i'\}$ $(i = 1, 2, \ldots)$ von offenen Mengen mit folgenden Eigenschaften konstruiert:

1. Die W_i' sind paarweise fremd.

2. Alle jene Mengen W_i', welche Punkte mit $\overline{U}_{k-1}$ gemein haben, sind $\subset V_{k-1}'$.

3. Es gilt $A_k \subset \sum_{i=1}^{\infty} W_i'$.

Es bezeichne nun W^* die Summe aller jener Mengen W_i', welche Punkte mit $\overline{U}_{k-1}$ gemein haben, und es bezeichne W^{**} die Summe aller übrigen Mengen der Folge W_i', d. h. die Summe aller zu $\overline{U}_{k-1}$ fremden Mengen W_i'. Da die Mengen W_i' offen sind, sind die Mengen W^* und W^{**} offen. Infolge der Eigenschaft 1. der Folge $\{W_i'\}$ sind die offenen Mengen W^* und W^{**} fremd. Es ist daher (vgl. S. 30) auch die abgeschlossene Menge $\overline{W^*}$ zur offenen Menge W^{**} fremd. Also ist insbesondere $B(W^*)$, d. i. die Begrenzung der offenen Menge W^*, zu W^{**} fremd. Da $B(W^*)$ überdies auch zu W^* fremd ist, ist also $B(W^*)$ zu $W^* + W^{**}$ fremd. Nun gilt infolge der Eigenschaft 3. der Folge $\{W_i'\}$ die Beziehung $A_k \subset W^* + W^{**}$. Also ist die Menge $B(W^*)$ zu A_k fremd.

Wir setzen nun
$$U_k = U_{k-1} + W^*$$
und behaupten, daß diese Menge U_k unseren Forderungen genügt; d. h. wir wollen zeigen, daß U_k eine Umgebung von a ist, die zwischen U_{k-1} und V_{k-1} liegt, und eine zu A_k (also zu $A_1 + A_2 + \cdots + A_{k-1} + A_k$) fremde Begrenzung besitzt.

Sicher ist zunächst U_k eine offene Menge, welche U_{k-1}, also den Punkt a enthält. Demnach ist U_k eine Umgebung von a. Um ferner zu zeigen, daß $U_k \subset V_{k-1}$ gilt, beweisen wir die Beziehung $U_k \subset V_{k-1}'$. Die Menge W^* ist definiert als Summe jener Mengen W_i', welche mit $\overline{U}_{k-1}$ Punkte gemein haben. Zufolge der Eigenschaft 2 der Folge $\{W_i'\}$ ist jeder dieser Summanden $\subset V_{k-1}'$; also gilt $W^* \subset V_{k-1}'$. Da ferner nach Voraussetzung $U_{k-1} \subset V_{k-1}'$ ist, gilt $U_k \subset V_{k-1}' \Subset V_{k-1}$. Es liegt also U_k zwischen U_{k-1} und V_{k-1}.

Es ist noch zu zeigen, daß die Begrenzung $B(U_k)$ von U_k zu A_k fremd ist. Mit Rücksicht auf
$$U_k = U_{k-1} + W^*$$

gilt nach dem Additionssatz für Begrenzungen offener Mengen

$$B(U) \subset B(U_{k-1}) + B(W^*).$$

Daß $B(W^*)$ zu A_k fremd ist, wurde oben bereits nachgewiesen. Zum Beweis, daß $B(U_k)$ zu A_k fremd ist, haben wir also (so wie dies für den Fall eines kompakten A_k oben S. 98 durchgeführt wurde) zu zeigen, daß ein Punkt von $B(U_k)$, welcher in $B(U_{k-1})$ liegt, nicht zu A_k gehört; m. a. W. daß ein Punkt von A_k entweder nicht in $B(U_{k-1})$ oder nicht in $B(U_k)$ liegt. In der Tat liegt nun aber mit Rücksicht auf die Beziehung $A_k \subset W^* + W^{**}$ ein Punkt von A_k entweder in W^* oder in W^{**}. Ein Punkt von A_k, der in W^* liegt, liegt wegen $W^* \subset U_k$ auch in U_k und kann daher nicht in $B(U_k)$ liegen. Ein Punkt von A_k, der in W^{**} liegt, kann, da die Menge W^{**} laut Definition Summe von Mengen ist, deren jede zu $\overline{U}_{k-1}$ fremd ist, nicht in $\overline{U}_{k-1}$, also insbesondere nicht in $B(U_{k-1})$ liegen.

Wir haben also eine Umgebung U_k von a konstruiert, welche der Beziehung genügt $U_{k-1} \subset U_k \subset V'_{k-1}$ und so, daß die Begrenzung von U_k zu A_k fremd ist. Damit ist der erste Teil unserer Aufgabe (S. 97) erledigt.

Wir haben nun *zweitens* zur eben konstrierten Menge U_k zwei offene Mengen V_k und V'_k zu bestimmen, so daß $U_k \Subset V'_k \Subset V_k$ gilt und daß die Begrenzung von jeder offenen Menge zwischen U_k und V_k zu $A_1 + A_2 + \cdots + A_{k-1} + A_k$ fremd ist. Wir können zu diesem Zweck die Schlüsse, welche wir zur Bestimmung der Mengen V_1 und V'_1 angewendet haben, einfach wiederholen:

Die Menge $B(U_k)$ ist eine abgeschlossene Teilmenge von V_{k-1} und fremd zur Menge $A_1 + A_2 + \cdots + A_k$, welche gleichfalls abgeschlossen ist, da ja die Mengen A_k nach Voraussetzung abgeschlossen sind. Es existiert also eine offene Menge Y_k, so daß $B(U_k) \subset Y_k \subset V_{k-1}$ gilt und daß die Menge $\overline{Y}_k$ zu $A_1 + A_2 + \cdots + A_k$ fremd ist. Setzen wir $V_k = U_k + Y_k$, so gilt $V_k \subset V_{k-1}$, und man sieht so wie im Falle $k = 1$ ein, daß die Begrenzung von jeder Umgebung V^*, die zwischen U_k und V_k liegt, zu $A_1 + A_2 + \cdots + A_k$ fremd ist; überdies kann man mit Rücksicht auf die Beziehung $U_k \Subset V_k$ eine offene Menge V'_k bestimmen gemäß der Bedingung $U_k \Subset V'_k \Subset V_k$. Damit ist der zweite Teil unserer Aufgabe erledigt.

Indem wir die angegebenen Konstruktionen sukzessive für alle natürlichen Zahlen durchführen, erhalten wir eine monoton wachsende Folge von Umgebungen $\{U_k\}$ $(k = 1, 2, \cdots)$ des Punktes a und eine monoton abnehmende Folge von offenen Mengen $\{V_k\}$, so daß für jede natürliche Zahl k die Beziehung gilt $U_k \Subset V_k$ und daß für jedes natürliche k die Begrenzung von jeder Umgebung zwischen U_k und V_k zu $A_1 + A_2 + \cdots + A_k$ fremd ist. Wenn wir nun

$$U(a) = \sum_{k=1}^{\infty} U_k$$

setzen, so ist $U(a)$ offenbar eine Umgebung von $a \subset Z(a)$, welche für jede natürliche Zahl k der Beziehung genügt $U_k \subset U(a) \subset V_k$; die Umgebung $U(a)$ liegt also für jedes k zwischen U_k und V_k, besitzt also eine Begrenzung, die für jedes k zur Menge A_k fremd ist. Also ist $U(a)$ eine Umgebung von a, die $\subset Z(a)$ ist und eine zu A fremde Begrenzung besitzt. Die Existenz einer derartigen Umgebung hatten wir aber zum Beweise des verschärften Summensatzes im Falle $n = 0$ nachzuweisen.

3. Erster Beweis des Summensatzes für beliebiges n.

Für $n = -1$ ist der Summensatz trivial, denn die Summe von (-1)-dimensionalen d. h. leeren Mengen ist leer, also (-1)-dimensional. Nach dem Prinzip von der vollständigen Induktion ist daher der verschärfte Summensatz allgemein bewiesen, wenn wir seine Gültigkeit für den Fall n unter der Voraussetzung seiner Gültigkeit für $n-1$ herleiten. Dies soll im folgenden durchgeführt werden, wobei wir übrigens bloß die Gültigkeit des unverschärften Summensatzes für den Fall $n-1$ voraussetzen wollen. Speziell für den Fall $n = 0$ reduziert sich der folgende Beweis auf den im vorigen Abschnitt durchgeführten Beweis des Summensatzes für nulldimensionale Mengen.

Wir legen also dem Beweis die Annahme zugrunde: Die Summe von abzählbarvielen höchstens $(n-1)$-dimensionalen abgeschlossenen Mengen eines separabeln Raumes ist höchstens $(n-1)$-dimensional. Es sei nun in einem separabeln Raum eine im Punkt a höchstens n-dimensionale abgeschlossene Menge A_1 und eine Folge $\{A_k\}$ ($k = 2, 3, \ldots$ ad inf.) von höchstens n-dimensionalen abgeschlossenen Mengen gegeben. Die zu beweisende Behauptung lautet: Die Menge $A = \sum_{k=1}^{\infty} A_k$ ist im Punkt a höchstens n-dimensional, oder m. a. W. zu jeder vorgelegten Umgebung $Z(a)$ existiert eine Umgebung $U(a) \subset Z(a)$, deren Begrenzung mit A einen höchstens $(n-1)$-dimensionalen Durchschnitt hat.

Der Gedankengang des Beweises ist wie im Falle $n = 0$ der folgende: Wir konstruieren, ausgehend von einer Umgebung $U_1(a) \Subset Z(a)$, deren Begrenzung mit A_1 einen höchstens $(n-1)$-dimensionalen Durchschnitt hat, sukzessive die Umgebung U_k von a, deren Begrenzung mit der $k$ten Teilsumme S_k von A, d. h. mit der Menge $A_1 + A_2 + \cdots + A_k$, einen höchstens $(n-1)$-dimensionalen Durchschnitt hat. Um das eigentliche Ziel zu erreichen, daß nämlich die Begrenzung von $U = \sum_{k=1}^{\infty} U_k$ mit A einen höchstens $(n-1)$-dimensionalen Durchschnitt hat, müssen bei der Konstruktion der Mengen U_k natürlich wieder Vorsichtsmaßregeln beobachtet werden, und zwar für $n > 0$ etwas feinere als im Falle $n = 0$. Für $n = 0$ bestanden die Vorsichtsmaßregeln darin, daß zugleich mit U_k eine offene Menge $V_k \supset\!\!\!\supset U_k$ bestimmt wurde, so daß die Begrenzung von jeder offenen Menge zwischen U_k und V_k mit $S_k = A_1 + A_2 + \cdots + A_k$ keinen Punkt, also einen (-1)-dimensionalen Durchschnitt gemein hat, und daß sodann U_{k+1} zwischen U_k und V_k gewählt wurde. Für $n > 0$ können wir nicht immer mit U_k zugleich eine offene Menge $V_k \supset\!\!\!\supset U_k$ bestimmen, so daß die Begrenzung von jeder offenen Menge zwischen U_k und V_k mit S_k einen höchstens $(n-1)$-dimensionalen Durchschnitt hat; dies geht schon aus folgendem einfachen Beispiel hervor: Raum sei die Cartesische Ebene, A_1 sei eine Gerade, a ein Punkt von A_1, U_1 eine Umgebung von a in der Art eines Kreises; es hat dann die Begrenzung von U_1 mit A_1 zwei Punkte, also einen nulldimensionalen Durchschnitt gemein. Es ist aber unmöglich, eine offene Menge $V_1 \supset\!\!\!\supset U_1$ zu bestimmen, so daß die Begrenzung von jeder offenen Menge zwischen U_1 und V_1 mit A_1 einen höchstens nulldimensionalen Durchschnitt hätte, da zwischen U_1 und jeder offenen Menge $V_1 \supset\!\!\!\supset U_1$ eine offene Menge in der Art der auf S. 35 konstruierten liegt, deren Begrenzung mit A_1 eine Strecke, also einen eindimensionalen Durchschnitt gemein hat.

Die verfeinerte Vorsichtsmaßregel, die wir im Falle $n > 0$ ergreifen und die auch zum Ziel führt, besteht im wesentlichen in Folgendem: Es wird zugleich mit der Menge U_k, deren Begrenzung mit S_k einen höchstens $(n-1)$-dimensionalen Durchschnitt hat, eine offene Menge V_k konstruiert, welche zwar nicht notwendig $\overline{U}_k$ als Teil enthält, aber alle nicht zu S_k gehörenden Punkte von $\overline{U}_k$ enthält, d. h. also eine Menge V_k, die $\supset \overline{U}_k - S_k \cdot \overline{U}_k$, ist und welche zudem die Eigenschaft besitzt, daß für die Begrenzung $B(V^*)$ von jeder offenen Menge V^*, die zwischen U_k und V_k liegt, die Beziehung gilt $B(V^*) \cdot S_k \subset B(U_k) \cdot S_k$. Eine offene Menge V_k dieser Art kann, wie sich zeigen wird, stets bestimmt werden und, da $B(U_k) \cdot S_k$ höchstens $(n-1)$-dimensional ist, so besitzt also V_k die Eigenschaft, daß die Begrenzung von jeder offenen Menge zwischen U_k und V_k mit S_k einen höchstens $(n-1)$-dimensionalen Durchschnitt hat. Wir konstruieren hierauf die Umgebung U_{k+1}, deren Begrenzung mit S_{k+1} einen höchstens $(n-1)$-dimensionalen Durchschnitt hat, derart, daß sie zwischen U_k und V_k liegt. Und noch mehr! Da wir, um das Verfahren rekursiv fortsetzen zu können, die Tatsache benötigen, daß nicht nur $U_{k+1} \subset V_k$, sondern $\overline{U}_{k+1} - S_{k+1} \cdot \overline{U}_{k+1} \subset V_k$ gilt, so bestimmen wir zugleich mit V_k eine offene Teilmenge V_k' von V_k, welche ebenfalls $\supset \overline{U}_k - S_k \cdot \overline{U}_k$ ist und ihrerseits der Bedingung genügt $\overline{V}_k' - S_k \cdot \overline{V}_k' \subset V_k$. Wir konstruieren hierauf die offene Menge U_{k+1}, deren Begrenzung mit S_{k+1} einen höchstens $(n-1)$-dimensionalen Durchschnitt hat, derart, daß sie zwischen U_k und V_k' liegt.

Bewirkt wird durch diese Maßregeln, daß die Umgebung $U = \sum_{k=1}^{\infty} U_k$ für jedes natürliche k zwischen U_k und V_k liegt, daß also für jedes k die Menge $B(U) \cdot S_k$ höchstens $(n-1)$-dimensional ist. Nun gilt aber $B(U) \cdot A = \sum_{k=1}^{\infty} B(U) \cdot S_k$, d. h. die Menge $B(U) \cdot A$, auf welche es ankommt, ist Summe von abzählbarvielen höchstens $(n-1)$-dimensionalen abgeschlossenen Mengen und mithin nach dem für $n-1$ als gültig angenommenen Summensatz höchstens $(n-1)$-dimensional. Mit diesem Nachweis ist dann das Ziel erreicht.

Wir beginnen nun mit der Durchführung des Beweises: Nach Voraussetzung ist A_1 im Punkt a höchstens n-dimensional, also existiert zur vorgelegten Umgebung $Z(a)$ eine Umgebung U_1 von a, deren Begrenzung mit A_1 einen höchstens $(n-1)$-dimensionalen Durchschnitt hat. Wir betrachten die beiden abgeschlossenen Mengen A_1 und $B_1 = \overline{B(U_1) - A_1 \cdot B(U_1)}$. Es gilt $B_1 \subset Z(a)$. Die Menge $B_1 - A_1 \cdot B_1$ ist offenbar mit $B(U_1) - A_1 \cdot B(U_1)$ identisch. Wenden wir also auf A_1 und B_1 bzw. auf ihre Summe den allgemeinen Trennungssatz (S. 31) an, so erhalten wir eine offene Menge Y_1, welche den Bedingungen genügt

$$B_1 - A_1 \cdot B_1 \subset Y_1 \subset Z(a), \quad \overline{Y}_1 \cdot (A_1 + B_1) = \overline{Y}_1 \cdot B_1.$$

Aus der zweiten Bedingung folgt $\overline{Y}_1 \cdot A_1 = Y_1 \cdot B(U_1)$.

Wir setzen nun $V_1 = U_1 + Y_1$. Es gilt dann *erstens* $\overline{U}_1 - A_1 \cdot \overline{U}_1 \subset V_1$. Denn es ist

$$\overline{U}_1 - A_1 \cdot \overline{U}_1 \subset U_1 + B(U_1) - A_1 \cdot B(U_1) = U_1 + B_1 - A_1 \cdot B_1 \subset U_1 + Y_1.$$

Zweitens gilt für die Begrenzung $B(V^*)$ von jeder zwischen U_1 und V_1 liegenden offenen Menge V^* die Beziehung $B(V^*) \cdot A_1 \subset B(U_1) \cdot A_1$. Denn wegen $V^* \subset V_1$ gilt $B(V^*) \subset \overline{V}_1 = \overline{U}_1 + \overline{Y}_1$ und daher, wegen $U_1 \subset V^*$, die Beziehung $B(V^*) \subset B(U_1) + \overline{Y}_1$, mithin

$$A_1 \cdot B(V^*) \subset A_1 \cdot B(U_1) + A_1 \cdot \overline{Y}_1.$$

Auf der rechten Seite dieser Formel sind, da der Bestimmung von Y_1 zufolge $\overline{Y}_1 \cdot A_1 = Y_1 \cdot B(U_1)$ gilt, beide Summanden $\subset B(U_k)$, also ergibt sich $A_1 \cdot B(V^*) \subset A_1 \cdot B(U_1)$, wie behauptet.

Wir bestimmen nun noch eine zwischen U_1 und V_1 gelegene offene Menge V_1' gemäß den Bedingungen

$$\text{a) } \overline{V}_1' - A_1 \cdot \overline{V}_1' \subset V_1, \qquad \text{b) } \overline{U}_1 - A_1 \cdot \overline{U}_1 \subset V_1'.$$

Um dies durchzuführen, betrachten wir die Menge $\overline{U}_1$ und das Komplement von V_1, das wir mit T_1 bezeichnen. Es gilt $\overline{U}_1 - T_1 \cdot \overline{U}_1 \subset V_1$. Wenden wir auf die beiden abgeschlossenen Mengen $\overline{U}_1$ und T_1 bzw. auf ihre

Summe und auf die offene Menge V_1 den allgemeinen Trennungssatz an, so erhalten wir eine offene Menge V_1', welche den Bedingungen genügt:

$$1.\ \overline{U}_1 - T_1 \cdot \overline{U}_1 \subset V_1' \subset V_1, \qquad 2.\ \overline{V}_1' \cdot (T_1 + \overline{U}_1) \subset \overline{V}_1' \cdot \overline{U}_1.$$

Aus 2. folgt $\overline{V}_1' \cdot T_1 \subset \overline{V}_1' \cdot \overline{U}_1$, also, da $\overline{U}_1 - A_1 \cdot \overline{U}_1$ Teil von V_1 und daher zu T_1 fremd ist, die Beziehung $\overline{V}_1' \cdot T_1 \subset A_1$, womit die Gültigkeit von a) bewiesen ist. Aus 1. folgt wegen $\overline{U}_1 - A_1 \cdot \overline{U}_1 \subset \overline{U}_1 - T_1 \cdot \overline{U}_1$ die Beziehung b).

Es liegt also insgesamt vor: *Erstens* eine Umgebung U_1 von a, die $\subset Z(a)$ ist und deren Begrenzung mit A_1 einen höchstens $(n-1)$-dimensionalen Durchschnitt hat. *Zweitens* zwei Mengen V_1 und V_1', so daß

1. $V_1' \subset V_1 \subset Z(a)$ gilt,
2. die Beziehungen $\overline{U}_1 - A_1 \cdot \overline{U}_1 \subset V_1'$ und $\overline{V}_1' - A_1 \cdot \overline{V}_1' \subset V_1$ bestehen,
3. die Begrenzung $B(V^*)$ von jeder offenen Menge V^* zwischen U_1 und V_1 der Bedingung genügt $B(V^*) \cdot A_1 \subset B(U_1) \cdot A_1$.

Wir setzen nun $S_{k-1} = \sum_{i=1}^{k-1} A_i$ $(k = 1, 2, \ldots$ ad inf.) und nehmen an, es liege bereits vor *erstens* eine Umgebung U_{k-1} von a, die $\subset Z(a)$ ist und deren Begrenzung mit S_{k-1} einen höchstens $(n-1)$-dimensionalen Durchschnitt hat, *zweitens* zwei Mengen V_{k-1} und V_{k-1}', so daß

1. $V_{k-1}' \subset V_{k-1} \subset V_{k-2}$ gilt,
2. die Beziehungen

$$\overline{U}_{k-1} - S_{k-1} \cdot \overline{U}_{k-1} \subset V_{k-1}' \quad \text{und} \quad \overline{V}_{k-1}' - S_{k-1} \cdot \overline{V}_{k-1}' \subset V_{k-1}$$

bestehen,

3. die Begrenzung $B(V^*)$ von jeder offenen Menge V^* zwischen U_{k-1} und V_{k-1} der Bedingung $B(V^*) \cdot S_{k-1} \subset B(U_{k-1}) \cdot S_{k-1}$ genügt.

Unsere Aufgabe besteht darin, diese selben Verhältnisse, wie sie für $k-1$ als vorliegend angenommen werden, für k zu realisieren. Unsere Aufgabe ist also eine doppelte. Wir haben *erstens* eine Umgebung U_k von a zu konstruieren, die zwischen U_{k-1} und V_{k-1} liegt und deren Begrenzung mit S_k einen höchstens $(n-1)$-dimensionalen Durchschnitt hat. Wir haben *zweitens* zwei Mengen V_k und V_k', welche drei Bedingungen genügen, zu bestimmen.

Zur Lösung des ersten Teiles der Aufgabe verwenden wir die Voraussetzung, daß A_k höchstens n-dimensional ist. Zu jedem Punkt von A_k, insbesondere also zu jedem Punkt der Menge $A_k - S_{k-1} \cdot A_k$, welche wir mit A_k' bezeichnen wollen, existieren beliebig kleine Umgebungen, deren Begrenzungen mit A_k höchstens $(n-1)$-dimensionale Durchschnitte haben. Wir ordnen jedem Punkt p von A_k' eine Umgebung $U(p)$ zu, deren Begrenzung mit A_k einen höchstens $(n-1)$-dimensionalen Durchschnitt hat, wobei wir folgende Bedingungen beachten: α) *Wenn p in $\overline{U}_{k-1}$ liegt, so* *wählen wir* $U(p) \subset V'_{k-1}$. Diese Bedingung kann erfüllt werden, weil ein Punkt von A'_k nicht in S_{k-1} liegt und nach Voraussetzung $\overline{U}_{k-1} - S_{k-1} \cdot \overline{U}_{k-1} \subset V'_{k-1}$ gilt. β) *Wenn* p *nicht in* $\overline{U}_{k-1}$ *liegt, wählen wir* $U(p)$ *zu* $\overline{U}_{k-1}$ *fremd*, eine Bedingung, die wegen der Abgeschlossenheit der Menge $\overline{U}_{k-1}$ realisierbar ist.

Das so bestimmte Überdeckungssystem der Menge A'_k enthält nach dem Überdeckungstheorem für Teilmengen separabler Räume abzählbar viele A'_k überdeckende offene Mengen, etwa die Mengen $\{W_i\}$ ($i = 1, 2, \ldots$ ad inf.). Die Begrenzung von jeder der Mengen W_i hat mit A_k einen höchstens $(n-1)$-dimensionalen Durchschnitt, und ferner ist mit Rücksicht auf die Bedingungen α) und β) jede Menge W_i, welche mit $\overline{U}_{k-1}$ Punkte gemein hat, $\subset V'_{k-1}$. Wir bilden nun

$$W'_1 = W_1, \quad W'_i = W_i - W_i \cdot \sum_{j=1}^{i-1} \overline{W}_j \quad (i = 2, 3, \ldots \text{ ad inf.}).$$

Jede dieser Mengen W'_i ist offen. Für jedes i gilt $W'_i \subset W_i$, also ist jede Menge W'_i, welche mit $\overline{U}_{k-1}$ Punkte gemein hat, $\subset V'_{k-1}$. Ferner sind die Mengen W'_i offenbar paarweise fremd.

Die Begrenzung von jeder der Mengen $B(W'_i)$ hat mit A_k einen höchstens $(n-1)$-dimensionalen Durchschnitt. Zunächst gilt für jedes i offenbar die Beziehung $B(W'_i) \subset \sum_{j=1}^{i} B(W_j)$ (vgl. S. 99). Da jede der i Mengen $A_k \cdot B(W_j)$ ($j = 1, 2, \ldots, i$) höchstens $(n-1)$-dimensional und als Durchschnitt zweier abgeschlossener Mengen abgeschlossen ist, so ist die Menge $\sum_{j=1}^{i} A_k \cdot B(W_j)$, welche mit der Menge $A_k \cdot \sum_{j=1}^{i} B(W_j)$ identisch ist, nach dem für $n-1$ als gültig angenommenen Summensatz höchstens $(n-1)$-dimensional, also ist $A_k \cdot B(W'_i)$, als Teilmenge von $A_k \cdot \sum_{j=1}^{i} B(W_j)$, höchstens $(n-1)$-dimensional.

Wir zeigen schließlich, daß $A'_k \subset \sum_{i=1}^{\infty} \overline{W}'_i$ gilt. Sei nämlich p irgendein gegebener Punkt von A'_k. Mit Rücksicht auf die Beziehung $A'_k \subset \sum_{i=1}^{\infty} W_i$ ist p in mindestens einer Menge W_i und daher auch in einer Menge $\overline{W}_i$ enthalten. Es sei j die kleinste natürliche Zahl, so daß p in der Menge $\overline{W}_j$ enthalten ist. Dann ist p auch in der Menge $\overline{W}_j - W_j \cdot \sum_{k=1}^{j-1} \overline{W}_k$, die $\subset \overline{W}'_j$ ist, also auch in $\overline{W}'_j$ enthalten.

Zusammenfassend können wir demnach sagen, daß wir eine Folge $\{W'_i\}$ ($i = 1, 2, \ldots$ ad inf.) von offenen Mengen konstruiert haben mit folgenden Eigenschaften:

1. Die Mengen W_i' sind paarweise fremd.

2. Jede Menge W_i', welche mit $\overline{U}_{k-1}$ einen nichtleeren Durchschnitt hat, ist $\subset V_{k-1}'$.

3. Es gilt $A_k' \subset \sum_{i=1}^{\infty} \overline{W}_i'$.

4. Die Begrenzung von jeder der Mengen W_i' hat mit A_k einen höchstens $(n-1)$-dimensionalen Durchschnitt.

Wir bezeichnen nun mit W^* die Summe jener Mengen der Folge $\{W_i'\}$, welche mit $\overline{U}_{k-1}$ Punkte gemein haben, und mit W^{**} die Summe aller übrigen Mengen der Folge $\{W_i'\}$. Zufolge der Eigenschaft 2. der $\{W_i\}$ gilt $W^* \subset V_{k-1}'$. Setzen wir also

$$U_k = U_{k-1} + W^*,$$

so liegt die Menge U_k zwischen U_{k-1} und V_{k-1}'. Wir behaupten nun, *daß die Begrenzung von U_k mit S_k einen höchstens $(n-1)$-dimensionalen Durchschnitt hat.* Sobald wir dies gezeigt haben, ist der erste Teil unserer Aufgabe erledigt.

Aus der Definition von U_k folgt nach dem Additionssatz für Begrenzungen offener Mengen

$$B(U_k) \subset B(U_{k-1}) + B(W^*),$$

also

$$(\dagger) \qquad S_k \cdot B(U_k) \subset S_k \cdot B(U_{k-1}) + S_k \cdot B(W^*).$$

Wir hatten $A_k' = A_k - S_{k-1} \cdot A_k$ gesetzt; es gilt also $A_k = A_k' + A_k \cdot S_{k-1}$ und $S_k = A_k + S_{k-1} = A_k' + S_{k-1}$.

Substituieren wir diesen Ausdruck für S_k in $(\dagger)$, so erhalten wir

$$(\dagger\dagger) \qquad S_k \cdot B(U_k) \subset A_k' \cdot B(U_{k-1}) + S_{k-1} \cdot B(U_{k-1}) + A_k' \cdot B(W^*) + S_{k-1} \cdot B(W^*).$$

Da $S_k \cdot B(U_k)$ Teilmenge von $B(U_k)$ ist, bleibt $(\dagger\dagger)$ richtig, wenn wir auf der rechten Seite gewisse Summanden durch ihre Durchschnitte mit $B(U_k)$ ersetzen. Wir führen dies für den ersten, den zweiten und den vierten Summanden aus. Die aus dem zweiten und vierten Summanden so entstehenden Mengen sind Teilmengen von $S_{k-1} \cdot B(U_k)$. Sie können also in der Beziehung $(\dagger\dagger)$ durch $S_{k-1} \cdot B(U_k)$ ersetzt werden, und wir ererhalten demnach

$$(\dagger\dagger\dagger) \qquad S_k \cdot B(U_k) \subset A_k' \cdot B(U_{k-1}) \cdot B(U_k) + S_{k-1} \cdot B(U_k) + A_k' \cdot B(W^*).$$

Wegen der Eigenschaft 3. der Folge $\{W_i'\}$ gilt offenbar die Beziehung $A_k' \cdot \overline{U}_{k-1} \subset \overline{W}^*$, also $A_k' \cdot B(U_{k-1}) \subset W^* + B(W^*)$ und mithin

$$(*) \qquad A_k' \cdot B(U_{k-1}) \cdot B(U_k) \subset W^* \cdot B(U_k) + B(W^*) \cdot B(U_k).$$

Nun ist nach Definition von U_k die Menge W^* Teilmenge von U_k, also zu $B(U_k)$ fremd, d. h. die Menge $W^* \cdot B(U_k)$ ist leer, und aus $(*)$ ergibt sich $A_k' \cdot B(U_{k-1}) \cdot B(U_k) \subset B(W^*) \cdot B(U_k)$. Demnach ist

$$A_k' \cdot B(U_{k-1}) \cdot B(U_k) \subset A_k' \cdot B(W^*),$$

also ist in der Formel (†††) der erste Summand auf der rechten Seite Teilmenge des dritten und kann daher fortgelassen werden. Es gilt demnach

(**) $$S_k \cdot B(U_k) \subset S_{k-1} \cdot B(U_k) + A'_k \cdot B(W^*).$$

Wegen der Eigenschaft 1. der Folge $\{W'_i\}$ sind die Mengen W^* und W^{**} zueinander fremd. Es ist daher auch $\overline{W}^*$ und insbesondere $B(W^*)$ zu W^{**} fremd. Ferner ist $B(W^*)$ eo ipso zu W^* fremd. $B(W^*)$ ist mithin zu $W^* + W^{**} = \sum_{i=1}^{\infty} W'_i$ fremd. Zufolge der Eigenschaft 3. der $\{W'_i$ gilt$\}$

$$A'_k \subset \sum_{i=1}^{\infty} \overline{W}'_i = \sum_{i=1}^{\infty} W'_i + \sum_{i=1}^{\infty} B(W'_i).$$

Für die Menge $A'_k \cdot B(W^*)$ gilt demnach, da die Menge $B(W^*) \cdot \sum_{i=1}^{\infty} W'_i$, wie wir sahen, leer ist, die Beziehung

$$A'_k \cdot B(W^*) \subset A'_k \cdot \sum_{i=1}^{\infty} B(W'_i) = \sum_{i=1}^{\infty} A'_k \cdot B(W'_i).$$

Wir erhalten also aus (**) die Formel

(†) $$S_k \cdot B(U_k) \subset S_{k-1} \cdot B(U_k) + \sum_{i=1}^{\infty} A'_k \cdot B(W'_i).$$

Diese Formel (†) gestattet nun aber die Feststellung, daß $S_k \cdot B(U_k)$ höchstens $(n-1)$-dimensional ist. Da U_k zwischen U_{k-1} und V_{k-1} liegt, ist zufolge der Voraussetzung der Durchschnitt von $B(U_k)$ mit S_{k-1} höchstens $(n-1)$-dimensional. Der erste Summand auf der rechten Seite von (†) ist also eine höchstens $(n-1)$-dimensionale abgeschlossene Menge. Wegen der Eigenschaft 4. der Folge $\{W'_i\}$ ist ferner jede der abgeschlossenen Mengen $A'_k \cdot B(W'_i)$ höchstens $(n-1)$-dimensional. Auf der rechten Seite von (†) steht also eine Summe von abzählbarvielen höchstens $(n-1)$-dimensionalen abgeschlossenen Mengen, d. i. nach dem für $n-1$ als gültig angenommenen Summensatz eine höchstens $(n-1)$-dimensionale Menge. Also ist auch $S_k \cdot B(U_k)$ als Teil dieser Menge höchstens $(n-1)$-dimensional. Damit ist der erste Teil unserer Aufgabe, der sich auf die Konstruktion von U_k bezieht, erledigt.

Um den *zweiten* Teil unserer Aufgabe, d. i. die Bestimmung zweier offener Mengen V_k und V'_k gemäß drei gewissen Bedingungen zu erledigen, haben wir wörtlich jene einfachen Überlegungen zu wiederholen, welche zur Bestimmung der Mengen V_1 und V'_1 auf Grund von A_1 durchgeführt wurden. Wir wenden auf die Mengen S_k und $B_k = \overline{B(U_k) - S_k \cdot B(U_k)}$ bzw. auf ihre Summe und auf die offene Menge $V_{k-1} \supset B_k - A_k \cdot B_k$ den allgemeinen Trennungssatz, welcher die Existenz einer Menge Y_k ergibt, die den Bedingungen genügt

$$B_k - A_k \cdot B_k \subset Y_k \subset V_{k-1}, \qquad \overline{Y}_k \cdot (A_k + B_k) = \overline{Y}_k \cdot B_k.$$

Setzen wir dann $V_k = U_k + Y_k$, so genügt diese Menge den an V_k gestellten Forderungen, was man so wie im Falle $k = 1$ (S. 104) einsieht, und ist $\subset V_{k-1}$. Durch Anwendung des allgemeinen Trennungssatzes auf die Menge $\overline{U}_k$ und das Komplement T_k von V_k bzw. auf die Summe dieser beiden Mengen und die offene Menge $V_k \supset \overline{U}_k - T_k \cdot \overline{U}_k$ erhalten wir eine Menge V'_k, die den gewünschten Bedingungen genügt, womit der zweite Teil unserer Aufgabe erledigt ist.

Indem wir die angegebenen Konstruktionen sukzessive für alle natürlichen Zahlen durchführen, erhalten wir eine monoton wachsende Folge von Umgebungen $\{U_k\}$ ($k = 1, 2, \ldots$ ad inf.) des Punktes a und eine monoton abnehmende Folge von offenen Mengen $\{V_k\}$ ($k = 1, 2, \ldots$ ad inf.), so daß für jede natürliche Zahl k die Beziehung gilt

$$U_k \subset U_{k+1} \subset V_{k+1} \subset V_k \subset Z(a)$$

und daß für jedes natürliche k die Begrenzung $B(V^*)$ von jeder offenen Menge V^* zwischen U_k und V_k mit S_k einen höchstens $(n-1)$-dimensionalen Durchschnitt hat.

Setzen wir nun
$$U = \sum_{k=1}^{\infty} U_k,$$
so ist U eine Umgebung von a, die $\subset Z(a)$ ist und für jedes natürliche k zwischen U_k und V_k liegt. Für jedes natürliche k ist also die Menge $S_k \cdot B(U)$ höchstens $(n-1)$-dimensional. Nun gilt

$$A \cdot B(U) = \sum_{k=1}^{\infty} S_k \cdot B(U),$$

also ist die Menge $A \cdot B(U)$ Summe von abzählbarvielen höchstens $(n-1)$-dimensionalen abgeschlossenen Mengen und daher nach dem für $n-1$ als gültig angenommenen Summensatz höchstens $(n-1)$-dimensional. Die Existenz einer Umgebung von a, die $\subset Z(a)$ ist und deren Begrenzung mit A einen höchstens $(n-1)$-dimensionalen Durchschnitt hat, war aber das, was wir zum Beweis des Summensatzes für den Fall n zu beweisen hatten.

4. Zweiter Beweis des Summensatzes für $n > 0$.

Wir geben nun einen zweiten Beweis des unverschärften Summensatzes für beliebiges $n > 0$ unter Voraussetzung der Gültigkeit des Summensatzes für nulldimensionale Mengen, welche im zweiten Abschnitt eigens nachgewiesen wurde. Auch diese Zurückführung des allgemeinen Summensatzes auf den Fall $n = 0$ verwendet vollständige Induktion. Wir legen also dem Beweis des Summensatzes für den Fall n ($n > 0$) die Annahme der Gültigkeit des Summensatzes für $n-1$ zugrunde und ziehen aus dieser Annahme zunächst eine einfache Folgerung:

α) *Eine höchstens n-dimensionale Menge eines separabeln Raumes ist Summe einer höchstens* $(n-1)$*-dimensionalen und einer höchstens nulldimensionalen Menge.*

Wenn M höchstens $(n-1)$-dimensional ist, existiert (vgl. S. 90) ein abzählbares unbegrenzt feines Überdeckungssystem von M, bestehend aus offenen Mengen, deren Begrenzungen mit M höchstens $(n-1)$-dimensionale Durchschnitte haben. Es seien etwa $\{U^k\}$ $(k = 1, 2, \ldots$ ad inf.) die in eine Folge geordneten Mengen eines solchen abzählbaren Systems. Wir bezeichnen mit B^k die Begrenzung von U^k, setzen $B = \sum B^k$ und betrachten die Menge $M \cdot B$. Jede der Mengen $M \cdot B^k$ ist in M, also auch in $M \cdot B$, abgeschlossen und höchstens $(n-1)$-dimensional. Also ist nach dem für $n-1$ als gültig angenommenen Summensatz *die Menge* $M \cdot B$ *höchstens* $(n-1)$*-dimensional.*

Wir betrachten ferner die Menge $M - M \cdot B$. Da die Mengen $\{U^k\}$ nach Annahme ein unbegrenzt feines Überdeckungssystem von M bilden, existieren zu jedem Punkt von M, insbesondere also zu jedem Punkt von $M - M \cdot B$, beliebig kleine Umgebungen der Folge $\{U^k\}$ $(k = 1, 2, \ldots$ ad inf.). Für jede dieser Mengen U^k gilt, der Definition von B zufolge, $M \cdot B^k \subset M \cdot B$; d. h. die Begrenzung von jeder der Mengen U^k ist zu $M - M \cdot B$ fremd. Zu jedem Punkt von $M - M \cdot B$ existieren also beliebig kleine Umgebungen, deren Begrenzungen zu $M - M \cdot B$ fremd sind, d. h. *die Menge* $M - M \cdot B$ *ist höchstens nulldimensional.*

Mit Rücksicht auf die Beziehung

$$M = M \cdot B + (M - M \cdot B)$$

ist also M, da der erste Summand rechts als höchstens $(n-1)$-dimensional, der zweite als höchstens nulldimensional erwiesen ist, Summe einer höchstens $(n-1)$-dimensionalen und einer höchstens nulldimensionalen Menge, wie die Bemerkung α) behauptet.

Wir beweisen nun (übrigens ohne Bezugnahme auf den Summensatz) auch die Umkehrung der eben bewiesenen Behauptung, d. h. die Bemerkung

β) *Ist eine Menge M Summe einer höchstens* $(n-1)$*-dimensionalen und einer höchstens nulldimensionalen Menge, so ist M höchstens n-dimensional.*

Wir führen den Beweis durch Induktion. Für $n = 0$ ist diese Behauptung trivial, denn die Summe einer (-1)-dimensionalen, d. h. einer leeren und einer höchstens nulldimensionalen Menge ist höchstens nulldimensional. Wir wollen annehmen, es sei bereits bewiesen, daß die Summe einer höchstens $(n-2)$-dimensionalen und einer höchstens nulldimensionalen Menge höchstens $(n-1)$-dimensional ist. Es liege dann eine höchstens $(n-1)$-dimensionale Menge M^* und eine höchstens nulldimensionale Menge M^{**} vor. Wir wollen zeigen, daß die Menge $M = M^* + M^{**}$ höchstens n-dimensional ist. Zu diesem Zweck haben wir nachzuweisen, daß zu jedem Punkt p von M und zu jeder vorgelegten Umgebung $Z(p)$ von p eine Umgebung $U(p) \subset Z(p)$ existiert, deren Begrenzung mit M einen höchstens $(n-1)$-dimensionalen Durchschnitt hat.

Es sei nun irgendein Punkt p von M und irgendeine Umgebung $Z(p)$ vorgelegt. Wegen der vorausgesetzten Beziehung $M = M^* + M^{**}$ ist p entweder Punkt von M^* oder Punkt von M^{**}. Wenn *erstens* p Punkt von M^{**} ist, so existiert, da M^{**} nulldimensional ist, eine Umgebung $U(p) \subset Z(p)$, deren Begrenzung B zu M^{**} fremd ist. Wegen $M = M^* + M^{**}$ gilt für jede Menge A die Beziehung $A \cdot M = A \cdot M^* + A \cdot M^{**}$. Für die erwähnte Menge B gilt mithin, da $B \cdot M^{**}$ leer ist, $B \cdot M = B \cdot M^*$. Also ist $B \cdot M$ Teilmenge der höchstens $(n-1)$-dimensionalen Menge M^* und daher höchstens $(n-1)$-dimensional. Wenn *zweitens* p Punkt von M^* ist, so existiert, da M^* höchstens $(n-1)$-dimensional ist, eine Umgebung $U(p) \subset Z(p)$, deren Begrenzung B mit M^* einen höchstens $(n-2)$-dimensionalen Durchschnitt hat. Es ist dann also $B \cdot M^*$ höchstens $(n-2)$-dimensional. Die Menge $B \cdot M^{**}$ ist als Teil von M^{**} höchstens nulldimensional. Also ist die Menge $B \cdot M$, welche mit $B \cdot M^* + B \cdot M^{**}$ identisch ist, Summe einer höchstens $(n-2)$-dimensionalen und einer höchstens nulldimensionalen Menge und daher, da die Bemerkung β) für $n-1$ als gültig angenommen ist, höchstens $(n-1)$-dimensional. Jedenfalls existiert also eine Umgebung von p, die $\subset Z(p)$ ist und deren Begrenzung mit M einen höchstens $(n-1)$-dimensionalen Durchschnitt hat. Also ist M höchstens n-dimensional, womit die Bemerkung β) bewiesen ist.

Wir schreiben nun an den Beweis des Summensatzes für den Fall n. Es sei in einem separabeln Raum eine Folge $\{A_k\}$ von Mengen gegeben, von denen jede höchstens n-dimensional und in der Menge $A = \sum_{k=1}^{\infty} A_k$ abgeschlossen ist. Wir haben zu zeigen, daß die Menge A höchstens n-dimensional ist.

Wir setzen
$$M_1 = A_1, \quad M_k = A_k - A_k \cdot \sum_{i=1}^{k-1} A_i.$$

Je zwei Mengen M_k sind offenbar fremd. Ferner ist jede der Mengen M_k höchstens n-dimensional, denn M_k ist Teilmenge der höchstens n-dimensionalen Menge A_k. Weiter ist jede Menge M_k Differenz zweier in A abgeschlossener Mengen, also (vgl. S. 67) ein F_σ in A. Endlich gilt offenbar $A = \sum_{k=1}^{\infty} M_k$. Unsere Behauptung ist also bewiesen, wenn wir zeigen, daß $\sum_{k=1}^{\infty} M_k$ höchstens n-dimensional ist, wobei die Summanden *paarweise fremde* F_σ-Mengen in der Summe sind.

Nach der Bemerkung α) ist jede der höchstens n-dimensionalen Mengen M_k Summe einer höchstens $(n-1)$-dimensionalen Menge M_k^* und einer höchstens nulldimensionalen Menge M_k^{**},

$$M_k = M_k^* + M_k^{**}.$$

Wir setzen der Kürze halber

$$\sum_{k=1}^{\infty} M_k^* = M^*, \qquad \sum_{k=1}^{\infty} M_k^{**} = M^{**}.$$

Wir behaupten nun zunächst, daß für jedes k die Beziehung $M_k^* = M_k \cdot M^*$ gilt. Nach der Definition der Menge M^* ist

$$(*) \qquad M_k \cdot M^* = M_k \cdot \sum_{i=1}^{\infty} M_i^*.$$

Da je zwei Mengen M_i fremd sind, ist M_k fremd zu allen M_i $(i \neq k)$ und daher wegen $M_i^* \subset M_i$ zu allen Mengen M_i^* $(i \neq k)$; es sind also alle Mengen $M_k \cdot M_i^*$ $(i \neq k)$ leer, und es gilt mithin

$$(**) \qquad M_k \cdot \sum_{i=1}^{\infty} M_i^* = M_k \cdot M_k^*.$$

Wegen $M_k^* \subset M_k$ ist $M_k \cdot M_k^* = M_k^*$. Also folgt aus (*) und (**)

$$M_k \cdot M^* = M_k^*,$$

wie behauptet. Ganz ebenso sieht man ein, daß für jedes k die Beziehung $M_k^{**} = M_k \cdot M^{**}$ gilt.

Die Menge M_k ist, wie wir sahen, für jedes k ein F_σ in A, d. h. Durchschnitt von A mit einem F_σ; derselbe heiße F_k. Es gilt also $M_k = A \cdot F_k$. Den beiden bewiesenen Formeln zufolge ist also für jedes k

$$M_k^* = A \cdot F_k \cdot M^* \quad \text{und} \quad M_k^{**} = A \cdot F_k \cdot M^{**},$$

woraus, da $M^* \subset A$ und $M^{**} \subset A$ gilt, folgt

$$M_k^* = M^* \cdot F_k \quad \text{und} \quad M_k^{**} = M^{**} \cdot F_k.$$

Es ist also für jedes k die Menge M_k^* Durchschnitt von M^* und einem F_σ, also ein F_σ in M^* und die Menge M_k^{**} ein F_σ in M^{**}.

Die Menge M^{**}, die ihrer Definition zufolge $= \sum_{k=1}^{\infty} M_k^{**}$ ist, ist mithin Summe von abzählbarvielen höchstens nulldimensionalen Mengen, von denen jede ein F_σ in M^{**} ist. Daher ist M^{**} höchstens nulldimensional. Die Menge M^*, die ihrer Definition zufolge $= \sum_{k=1}^{\infty} M_k^*$ ist, ist Summe von abzählbarvielen höchstens $(n-1)$-dimensionalen Mengen, von denen jede ein F_σ in M^* ist. Also ist M^* zufolge dem für $n-1$ als gültig angenommenen Summensatz höchstens $(n-1)$-dimensional. Die Menge A ist also

Summe der höchstens nulldimensionalen Menge M^{**} und der höchstens $(n-1)$-dimensionalen Menge M^* und mithin zufolge der Bemerkung β) höchstens n-dimensional, was wir zu beweisen hatten.

5. Korollare des Summensatzes.

Da jede aus einem Punkt bestehende Menge nulldimensional und abgeschlossen ist, folgt aus dem Summensatz vor allem, *daß jede abzählbare Teilmenge eines separabeln Raumes nulldimensional ist*, und daß, wenn eine Menge M eine in M offene abzählbare Teilmenge M' enthält, M in allen Punkten von M' nulldimensional ist. Ist also die Menge M im Punkt p mehr als nulldimensional, so hat jede Umgebung von p mit M einen unabzählbaren Durchschnitt, womit wir einen zweiten Beweis für den Satz (von S. 88) haben, *daß jeder Punkt, in dem die Teilmenge M eines separabeln Raumes von positiver Dimension ist, Kondensationspunkt von M ist.*

Wir haben im vorigen Abschnitt unter der Voraussetzung, daß der Summensatz für den Fall $n-1$ gilt, in wenigen Worten folgende Bemerkung α) bewiesen: Jede n-dimensionale Menge eines separabeln Raumes ist Summe einer $(n-1)$-dimensionalen und einer nulldimensionalen Menge. Da wir den Summensatz für beliebiges n bewiesen haben, so gilt auch die erwähnte Bemerkung α) für beliebiges n. Aus ihr ergibt sich durch vollständige Induktion unmittelbar: *Jede höchstens n-dimensionale Teilmenge eines separabeln Raumes ist Summe von $n+1$ nulldimensionalen Mengen.* Noch einfacher ergab sich (ohne Verwendung des Summensatzes) die Bemerkung β), daß jede Menge, welche Summe einer höchstens $(n-1)$-dimensionalen und einer nulldimensionalen Menge ist, höchstens n-dimensional ist. Aus ihr ergibt sich durch vollständige Induktion, *daß jede Menge, welche Summe von $n+1$ nulldimensionalen Mengen ist, höchstens n-dimensional ist.* Zusammenfassend können wir daher sagen: *Damit eine Menge höchstens n-dimensional sei, ist notwendig und hinreichend, daß sie Summe von $n+1$ nulldimensionalen Mengen sei.* Diese Tatsache kann offenbar auch ausgedrückt werden als folgender

Zerspaltungssatz. *Eine n-dimensionale Menge eines separabeln Raumes ist Summe von $n+1$, aber nicht von weniger als $n+1$ nulldimensionalen Mengen.*

Beispielsweise ist jede eindimensionale Menge Summe von zwei (aber natürlich nicht von weniger als zwei) nulldimensionalen Mengen, eine Tatsache, die wir im Falle der eindimensionalen Geraden bereits verifiziert haben. Denn die Gerade ist Summe der nulldimensionalen Menge aller Punkte mit rationaler Koordinate und der nulldimensionalen Menge aller Punkte mit irrationaler Koordinate.

Während der Summensatz die Dimension einer Summe in Beziehung zu den Dimensionen der Summanden setzt unter der Voraussetzung, daß jeder der Summanden in der Summe abgeschlossen oder ein F_σ ist, können wir nun auch leicht eine Abschätzung für die Dimension einer Summe von beliebigen Summanden gewinnen, nämlich folgenden

Abschätzungssatz für die Summendimension. *Die Summe einer m-dimensionalen und einer n-dimensionalen Menge ist höchstens* $(m + n + 1)$-*dimensional.*

Dieser Satz ist *erstens* eine unmittelbare Folge des Zerspaltungssatzes. Wenn nämlich M eine m-dimensionale und N eine n-dimensionale Menge ist, so ist M Summe von $m + 1$ und N Summe von $n + 1$ nulldimensionalen Mengen. Also ist $M + N$ Summe von $m + n + 2$ nulldimensionalen Mengen und daher höchstens $(m + n + 1)$-dimensional.

Zweitens ergibt sich aber der Abschätzungssatz auch ganz unabhängig vom Zerspaltungssatz, d. h. vom Summensatz, durch vollständige Induktion. Da der Satz für den Fall, daß M oder N (-1)-dimensional ist, trivial ist, können wir annehmen, er sei bewiesen für den Fall, daß $m + n \leqq k$ ist. Es möge dann eine m'-dimensionale Menge M und eine n'-dimensionale Menge N vorliegen, wobei $m' + n' = k + 1$ ist. Ist p ein Punkt von $M + N$, so liegt p entweder in M und ist dann in beliebig kleinen Umgebungen enthalten, deren Begrenzungen mit M höchstens $(m' - 1)$-dimensionale, also mit $M + N$ auf Grund der Annahme höchstens $[(m' - 1) + n' + 1] = (m' + n')$-dimensionale Durchschnitte haben, oder p liegt in N, in welchem Falle man analog schließt. Also ist $M + N$ höchstens $(m' + n' + 1)$-dimensional.

Eine unmittelbare Folge des Abschätzungssatzes ist folgender

Allgemeiner Abschätzungssatz für die Summendimension. *Die Dimension einer Summe von k Mengen übertrifft die Summe der Dimensionen der Summanden um höchstens* $k - 1$.

Während für den Fall abgeschlossener Summanden der Summensatz die Dimension der Summe exakt bestimmt, nämlich gleich der Dimension des höchstdimensionalen Summanden, liefert der Abschätzungssatz bloß eine (im allgemeinen natürlich nicht scharfe) obere Schranke für die Dimension einer Summe. Sicherlich ist diese Schranke, dem Summensatz zufolge, unscharf, wenn die Summanden in der Summe abgeschlossen sind. Aber auch in einem noch allgemeineren Fall gibt der Summensatz eine scharfe Bestimmung der Dimension der Summe, welche hinter der durch den Abschätzungssatz gelieferten Schranke zurückbleibt; es gilt nämlich der Satz:

Ist in einem separabeln Raum A eine beliebige höchstens n-dimensionale Menge, B eine höchstens n-dimensionale Menge, welche zugleich F_σ und G_δ ist, dann ist die Menge $A + B$ höchstens n-dimensional.

In der Tat, da die Menge B nach Voraussetzuug ein F_σ ist, ist B auch ein F_σ in der Menge $A + B$; und da B ein G_δ ist, ist B auch ein G_δ in $A + B$, mithin ist A ein F_σ in $A + B$. Die Menge $A + B$ ist also Summe zweier höchstens n-dimensionaler Mengen, von denen jede ein F_σ in $A + B$ ist. Mithin ist nach dem Summensatz die Menge $A + B$ höchstens n-dimensional.

Wir können die eben bewiesene Bemerkung auch in folgender Form aussprechen:

Wird zu einer beliebigen n-dimensionalen Menge A eines separabeln Raumes eine höchstens n-dimensionale Menge, die zugleich F_σ und G_δ ist, hinzugefügt, so wird die Dimension von A nicht erhöht.

Insbesondere ist jede *abgeschlossene* Menge eines separabeln Raumes zugleich F_σ und G_δ. Ganz speziell ist ferner eine Menge, die aus einem einzigen Punkt besteht, abgeschlossen, so daß also im Bewiesenen der Satz enthalten ist:

Die Dimension einer nichtleeren Menge eines separabeln Raumes wird durch Hinzufügung eines Punktes nicht verändert.

Aus dieser Bemerkung ergibt sich folgendes: Laut Definition der n-dimensionalen Mengen ist eine Menge M höchstens n-dimensional, wenn sie in allen *ihren* Punkten (in allen Punkten *von* M) höchstens n-dimensional ist, wenn nämlich jeder Punkt *der Menge* M in beliebig kleinen Umgebungen enthalten ist, deren Begrenzungen mit M höchstens $(n - 1)$-dimensionale Durchschnitte haben. Ist nun M eine höchstens n-dimensionale Menge eines separabeln Raumes und p ein *beliebiger* Punkt des Raumes (der zu M gehören mag oder nicht), so ist nach dem Bewiesenen auch die Menge $M + (p)$ höchstens n-dimensional, also insbesondere im Punkt p höchstens n-dimensional. Folglich ist auch die Menge M, als Teilmenge der Menge $M + (p)$, im Punkte p höchstens n-dimensional, und wir sehen also: Eine höchstens n-dimensionale Menge eines separabeln Raumes ist (nicht nur, wie definitionsmäßig feststeht, in ihren *eigenen*, sondern) *in allen Punkten des Raumes* höchstens n-dimensional. Speziell ist eine nicht-abgeschlossene höchstens n-dimensionale Menge M auch in den nicht zu M gehörigen Häufungspunkten von M höchstens n-dimensional. Es wäre demnach mit unserer Definition der Dimension von Teilmengen eines separabeln Raumes inhaltlich gleichbedeutend, wenn wir festgesetzt hätten:

Eine Menge M eines separabeln Raumes heißt höchstens n-dimensional, wenn jeder Punkt des Raumes in beliebig kleinen Umgebungen enthalten ist, deren Begrenzungen mit M höchstens $(n - 1)$-dimensionale Durchschnitte haben.

Überdies kann man dieses Resultat auch dahin aussprechen, *daß ein mehr als einen Punkt enthaltender separabler Raum durch Weglassung eines einzigen Punktes seine Dimension nicht vermindert.*

Wir leiten nun aus dem Summensatz noch eine andere Umformung der Dimensionsdefinition her. Ein Raum heißt höchstens n-dimensional, wenn jeder *Punkt* in beliebig kleinen Umgebungen mit höchstens $(n-1)$-dimensionalen Begrenzungen enthalten ist. Wir wollen nun zeigen, daß in einem n-dimensionalen Raum jede *abgeschlossene Menge* in beliebig kleinen Umgebungen mit höchstens $(n-1)$-dimensionalen Begrenzungen enthalten ist. Da umgekehrt jede aus einem einzigen Punkt bestehende Menge abgeschlossen ist, so ist, sobald wir die eben ausgesprochene Behauptung bewiesen haben, gezeigt, daß folgende Definition mit jener, von der wir ausgegangen sind, äquivalent ist:

Ein Raum heißt höchstens n-dimensional, wenn jede abgeschlossene Teilmenge in beliebig kleinen Umgebungen mit höchstens $(n-1)$-dimensionalen Begrenzungen enthalten ist.

Zum Beweis sei A irgendeine vorgelegte abgeschlossene Teilmenge eines n-dimensionalen separabeln Raumes. Wir haben zu zeigen: Ist U irgendeine Umgebung von A, so existiert eine Umgebung V von A mit höchstens $(n-1)$-dimensionaler Begrenzung, die $\subset U$ ist.

Unmittelbar klar ist dies für den Fall, daß A *kompakt* ist. Denn ordnen wir jedem Punkt von A eine Umgebung $\subset U$ mit höchstens $(n-1)$-dimensionaler Begrenzung zu, so enthält dieses Überdeckungssystem, falls A kompakt ist, nach dem Überdeckungstheorem für kompakte Mengen endlichviele A überdeckende offene Mengen, etwa $W_1, W_2, \ldots, W_k$. Die offene Menge $\sum_{i=1}^{k} W_i$ ist eine Umgebung von A, die $\subset U$ ist und für deren Begrenzung nach dem Additionssatz für Begrenzungen offener Mengen die Beziehung gilt $B\left(\sum_{i=1}^{k} U_i\right) \subset \sum_{i=1}^{k} B(U_i)$, deren Begrenzung also, da jede der Mengen $B(U_i)$ höchstens $(n-1)$-dimensional ist, nach dem Summensatz höchstens $(n-1)$-dimensional ist.

Wenn A nicht kompakt ist, muß dieser Schluß modifiziert werden. Wir ordnen dann jedem Punkt p des Raumes eine Umgebung $U(p)$ gemäß folgenden Bedingungen zu: α) Wenn p in A liegt, so wählen wir $U(p) \subset U$; β) Wenn p nicht in A liegt, so wählen wir $U(p)$ zu A fremd. Das so bestimmte Überdeckungssystem von A enthält nach dem Überdeckungstheorem für Teilmengen separabler Räume abzählbarviele A überdeckende offene Mengen, etwa die Mengen $\{W_i\}$ $(i = 1, 2, \ldots$ ad inf.). Jede dieser Mengen, welche mit A einen nichtleeren Durchschnitt hat, ist wegen der Bedingungen α) und β) $\subset U$. Wir setzen $W'_1 = W_1$, $W'_i = W_i - W_i \cdot \sum_{j=1}^{i-1} \overline{W}_j$ $(i = 2, 3, \ldots$ ad inf.) und erhalten dadurch eine Folge von paarweise fremden offenen Mengen mit höchstens $(n-1)$-dimensionalen Begrenzungen (vgl. S. 106). Bezeichnet W die Summe jener Mengen W_i', welche mit A Punkte gemein haben, so ist W eine Umgebung von A, die $\subset U$ ist. Die Begrenzung von W ist nach dem oben (S. 108) durchgeführten Schluß zur Menge $\sum\limits_{i=1}^{\infty} W_i'$ fremd, also Teil der Menge $\sum\limits_{i=1}^{\infty} B(W_i')$, also höchstens $(n-1)$-dimensional, da die Mengen $B(W_i')$ höchstens $(n-1)$-dimensional und abgeschlossen sind und daher $\sum\limits_{i=1}^{\infty} B(W_i')$ nach dem Summensatz höchstens $(n-1)$-dimensional ist.

Dieses Ergebnis läßt sich noch in anderer Form aussprechen: Sind U und V zwei offene Mengen eines n-dimensionalen Raumes, für welche $U \Subset V$ gilt, so existiert dem Bewiesenen zufolge eine Umgebung W der Menge $\overline{U}$, welche $\subset V$ ist und eine höchstens $(n-1)$-dimensionale Begrenzung besitzt. Wir sehen also, daß in einem n-dimensionalen Raum die offenen Mengen mit höchstens $(n-1)$-dimensionalen Begrenzungen in gewissem Sinne *dicht* liegen: *Sind U und V irgend zwei offene Mengen eines n-dimensionalen Raumes, von denen die eine in der anderen im schärferen Sinn enthalten ist, dann existiert eine offene Menge mit höchstens $(n-1)$-dimensionaler Begrenzung zwischen U und V.*

In noch einer anderen Form läßt sich dieses Ergebnis aussprechen, wenn wir folgende Definition einführen: Zwei zueinander fremde abgeschlossene Mengen A und B des Raumes R heißen **durch die Menge C getrennt**, *wenn $R-C$ Summe von zwei fremden in $R-C$ abgeschlossenen Mengen ist, von denen die eine A, die andere B enthält.* Unter Verwendung dieser Definition kann unser obiges Resultat ausgesprochen werden in der Form von folgendem

Trennbarkeitssatz. *Damit ein separabler Raum höchstens n-dimensional sei, ist notwendig und hinreichend, daß je zwei abgeschlossene fremde Teilmengen durch eine höchstens $(n-1)$-dimensionale Menge trennbar seien.*

Zum Beweise der Notwendigkeit der Bedingung seien A und B zwei fremde abgeschlossene Teilmengen des höchstens n-dimensionalen Raumes R. Auf Grund unseres obigen Resultates existiert zu der abgeschlossenen Menge A und der offenen Menge $R-B \supset A$ eine offene Menge U mit höchstens $(n-1)$-dimensionaler Begrenzung, für welche $A \subset U \subset R-B$ gilt. Die Mengen A und B werden durch die höchstens $(n-1)$-dimensionale Menge $B(U)$ getrennt, denn es ist $R-B(U) = U + (R-\overline{U})$, wobei $U \supset A$, $R-\overline{U} \supset B$ gilt und wobei U und $R-\overline{U}$ in $R-B(U)$ abgeschlossen sind. — Daß die Bedingung hinreichend ist, ist klar. Denn sei in einem Raum, in dem je zwei fremde abgeschlossene Mengen durch eine höchstens $(n-1)$-dimensionale Menge trennbar sind, p ein vorgelegter

Punkt und $U(p)$ eine vorgelegte Umgebung von p. Es sei dann M eine höchstens $(n-1)$-dimensionale Menge, welche die abgeschlossenen Mengen (p) und $R - U(p)$ trennt, für welche also $R - M = V + W$ gilt, wo $V \supset (p)$ und $W \supset R - U(p)$ fremd und in $R - M$ abgeschlossen sind. Dann ist $R - \overline{W}$ eine Umgebung von p, die $\subset U(p)$ ist und deren Begrenzung $\subset M$, also höchstens $(n-1)$-dimensional ist. Der Raum ist also in jedem vorgelegten Punkt p höchstens n-dimensional.

Ein anderes Korollar des Summensatzes, auf das wir im folgenden an einer Stelle (S. 132) Bezug nehmen werden, ist der

Satz von gleichdimensionalen G_σ-Hüllen. *Ist M eine n-dimensionale Teilmenge eines separabeln Raumes, so existiert eine n-dimensionale G_δ-Menge des Raumes, welche M als Teilmenge enthält.*

Erster Beweis. (Durch Zurückführung auf den Zerspaltungssatz.) Der Satz gilt zunächst für den Fall $n = 0$. Sei nämlich M eine nulldimensionale Teilmenge eines separabeln Raumes. Es existiert (vgl. S. 90) ein abzählbares unbegrenzt feines Überdeckungssystem $\mathfrak{U}$ von M, bestehend aus offenen Mengen, deren Begrenzungen zu M fremd sind. Es seien etwa $\{U^k\}$ ($k = 1, 2, \ldots$ ad inf.) die in eine Folge geordneten Mengen von $\mathfrak{U}$. Mit B^k bezeichnen wir die (zu M fremde) Begrenzung von U^k. Die Menge G aller Punkte des Raumes, welche in beliebig kleinen Umgebungen von $\mathfrak{U}$ enthalten sind, ist dem Satz von den Gleichwertigkeitsteilen (S. 68) zufolge ein G_δ. Es bezeichne K das Komplement der Menge $\sum_{k=1}^{\infty} B^k$. Die Menge $\sum_{k=1}^{\infty} B^k$ ist, da jedes B^k abgeschlossen ist, ein F_σ. Die Menge K ist also, als Komplement eines F_σ, ein G_δ. Es ist mithin auch die Menge $G \cdot K$ als Durchschnitt zweier G_δ ein G_δ. Da $\mathfrak{U}$ nach Voraussetzung ein unbegrenzt feines Überdeckungssystem von M ist, so ist jeder Punkt von M in beliebig kleinen Umgebungen des Systems $\mathfrak{U}$ enthalten, und es gilt daher $M \subset G$. Da jede der Mengen B^k zu M fremd ist, gilt $M \subset K$. Es ist also $M \subset G \cdot K$. Wir zeigen noch, daß die M enthaltende G_δ-Menge $G \cdot K$ nulldimensional ist. Dies folgt daraus, daß jeder Punkt von G, also jeder Punkt von $G \cdot K$, in beliebig kleinen Umgebungen des Systems $\mathfrak{U}$ enthalten ist und daß die Begrenzungen der Mengen des Systems $\mathfrak{U}$ zu K, also erst recht zu $G \cdot K$ fremd sind. Die Menge $G \cdot K$ ist also ein nulldimensionales G_δ, welches M als Teil enthält, womit der Fall $n = 0$ des Satzes erledigt ist.

Es sei nun M eine n-dimensionale Teilmenge eines separabeln Raumes. Der einen Hälfte des Zerspaltungssatzes zufolge ist M Summe von $n + 1$ nulldimensionalen Mengen. Jede dieser $n + 1$ nulldimensionalen Mengen ist (dem eben bewiesenen Spezialfall $n = 0$ des Satzes zufolge) in einem nulldimensionalen G_δ enthalten. Die Summe dieser $n + 1$ G_δ-Mengen ist ein G_δ, welches nach der andern Hälfte des Zerspaltungssatzes höchstens n-dimensional ist, welches ferner M als Teilmenge enthält und daher auch mindestens n-dimensional ist. Damit ist ein M enthaltendes n-dimensionales G_δ aufgewiesen.

Zweiter Beweis. (Durch direkte Anwendung des Summensatzes.) Der Satz ist trivial für $n = -1$. Wir nehmen an, es sei bereits bewiesen, daß jede höchstens $(n-1)$-dimensionale Teilmenge eines separabeln Raumes Teil eines höchstens $(n-1)$-dimensionalen G_δ sei. Es sei dann eine n-dimensionale Menge M gegeben. Es existiert ein abzählbares unbegrenzt feines Überdeckungssystem $\mathfrak{U}$ von M bestehend aus offenen Mengen, deren Begrenzungen mit M höchstens $(n-1)$-dimensionale Durchschnitte haben. Es seien $\{U^k\}$ $(k = 1, 2, \ldots$ ad inf.) die in eine Folge geordneten Mengen von $\mathfrak{U}$, und es bezeichne B^k die Begrenzung von U^k. Die Menge G aller Punkte des Raumes, die in beliebig kleinen Umgebungen des Systems $\mathfrak{U}$ enthalten sind, ist dem Satz von den Gleichwertigkeitsteilen zufolge ein G_δ. Da wir den zu beweisenden Satz für $n-1$ als gültig annehmen, so existiert zu jeder der höchstens $(n-1)$-dimensionalen Mengen $M \cdot B^k$ $(k = 1, 2, \ldots$ ad inf.) ein sie als Teil enthaltendes höchstens $(n-1)$-dimensionales G_δ, welches wir mit G^k bezeichnen wollen. Für jedes k ist G^k ein G_δ, daher $B^k - G^k \cdot B^k$ ein F_σ in der abgeschlossenen Menge B^k, also ein F_σ. Demnach ist auch die Menge $\sum_{k=1}^{\infty}(B^k - G^k \cdot B^k)$ ein F_σ. Bezeichnen wir mit K das Komplement der letztgenannten Menge, so ist K ein G_δ. Die Menge $G \cdot K$ ist höchstens n-dimensional, denn jeder ihrer Punkte ist in beliebig kleinen Umgebungen des Systems $\mathfrak{U}$ enthalten, und für jede Menge B_k gilt zufolge der Definition von K die Beziehung $B^k \cdot K \subset G^k$, so daß also jede der Begrenzungen von den Mengen des Systems $\mathfrak{U}$ mit K und daher erst recht mit $G \cdot K$ einen höchstens $(n-1)$-dimensionalen Durchschnitt hat. Die Menge $G \cdot K$ ist also ein M enthaltendes höchstens n-dimensionales G_δ.

Historisches. Für den Zerspaltungssatz hinsichtlich kompakter Räume gab Urysohn (Fund. Mathem. *8*, S. 316) einen allerdings recht komplizierten Beweis. Für beliebige separable Räume wurde der Satz von Hurewicz (Math. Ann. *96*, 1927, S. 761) in der oben angegebenen Weise auf den Summensatz zurückgeführt und von Tumarkin (Math. Ann. *98*, 1928, S. 641, vgl. auch Proc. Acad. Amsterdam *28*, 1925, S. 996) umständlicher bewiesen. Der Abschätzungssatz findet sich bei Urysohn (Fundam. Mathem. *8*, S. 317) und Hurewicz (a. a. O., S. 761). Letzterer gab (a. a. O.) die scharfe Schranke für den Fall, daß einer der beiden Summanden zugleich F_σ und G_δ in der Summe ist, nebst den Konsequenzen dieser Tatsache an. Daß eine n-dimensionale Menge durch Hinzufügung eines einzelnen Punktes ihre Dimension nicht ändert, wurde auch von Tumarkin (Math. Ann. *98*, S. 640) bewiesen. Daß die offenen Mengen mit höchstens $(n-1)$-dimensionaler Begrenzung in einem n-dimensionalen kompakten oder halbkompakten Raum dicht liegen, habe ich (Monatshefte f. Mathem. u. Phys. *34*, 1924, S. 150) bewiesen. Der aus dieser Tatsache sich ergebende Trennbarkeitssatz wurde für kompakte und halbkompakte Räume von Brouwer (Proc. Acad. Amsterdam *27,* 1924, S. 635) auf den Summensatz zurückgeführt, für kompakte Räume von Urysohn (Fund. Mathem. *8,* S. 328), für beliebige separable Räume von Hurewicz (Math. Ann. *96,* S. 763) und Tumarkin (Math. Ann. *98,* S. 653) bewiesen. Für den Satz von den gleichdimensionalen G_δ-Hüllen gab Tumarkin (Math. Ann. *98,* S. 653) einen (für den Fall $n = 0$ ziemlich komplizierte Hilfsmittel verwendenden) Beweis. Der zweite oben angeführte Beweis (und der erste für den Fall $n = 0$) stammt von Hurewicz (vgl. Proc. Ac. Amsterdam *30,* S. 139 f.), die Zurückführung der Fälle $n > 0$ auf den Fall $n = 0$ mit Hilfe des Zerspaltungssatzes von Tumarkin (Math. Ann. *98,* S. 654).

6. Die rational n-dimensionalen Räume. — Normalbereiche.

Eine n-dimensionale Menge M ist dem Zerspaltungssatz zufolge Summe von $n+1$ nulldimensionalen Mengen. *Einer* dieser Summanden kann abzählbar sein, wie es z. B. für den eindimensionalen R_1 der Fall ist, welcher Summe der nulldimensionalen Menge aller irrationalen und der abzählbaren Menge aller rationalen Punkte ist. Es kann aber *nicht mehr als einer* der $n+1$ nulldimensionalen Summanden abzählbar sein. Denn wenn M Summe ist von $n+1$ nulldimensionalen Summanden, unter denen sich a abzählbare Mengen befinden, so ist die Summe dieser a abzählbaren Mengen abzählbar, also nulldimensional, die Menge M ist folglich Summe von $n+1-(a-1)=n-a+2$ nulldimensionalen Mengen, also für $a \geqq 2$ weniger als n-dimensional. Wir bezeichnen *eine n-dimensionale Menge, welche Summe von n + 1 nulldimensionalen Mengen ist, unter denen sich eine abzählbare Menge befindet,* als **rational n-dimensional.** Insbesondere sind also die abzählbaren Mengen und nur diese rational nulldimensional.

Jede Teilmenge einer rationalen n-dimensionalen Menge ist höchstens n-dimensional und, falls sie n-dimensional ist, so rational n-dimensional. Wir nennen eine Menge, *welche entweder rational n-dimensional oder weniger als n-dimensional ist,* **höchstens rational n-dimensional.** Es ist also jede Teilmenge einer rational n-dimensionalen Menge höchstens rational n-dimensional.

Für die rational n-dimensionalen Mengen ist der Abschätzungssatz (S. 114) einer starken Verschärfung fähig. Sei nämlich M Summe von k Mengen $M_1, M_2, \ldots M_k$, mit den resp. Dimensionen $n_1, n_2, \ldots n_k$. Die Menge M_i ist Summe von $n_i + 1$ nulldimensionalen Mengen. Falls unter den k Mengen r rationaldimensional sind, so sind unter den $\sum_{i=1}^{k} n_i + k$ nulldimensionalen Summanden von M r abzählbare Mengen vorhanden, deren Summe abzählbar, also nulldimensional ist. Es ist dann also die Menge M Summe von $\sum_{i=1}^{k} n_i + k - r + 1$ nulldimensionalen Mengen und daher höchstens $\left(\sum_{i=1}^{k} n_i + k - r\right)$-dimensional. Es gilt mithin folgender

Verschärfter Abschätzungssatz für die Summendimension. *Die Dimension einer Summe von k Mengen übertrifft die Summe der Dimensionen der Summanden um höchstens $k-1$ und im Falle, daß sich unter den Summanden r rationaldimensionale Mengen befinden ($r > 0$), um höchstens $k-r$.*

Z. B. ist also die Dimension einer Summe von k rationaldimensionalen Mengen höchstens gleich der Summe der Dimensionen der Summanden. Auch diese Schranke ist natürlich nicht notwendig scharf. Ein Fall, in welchem sie sicher unterschritten wird, liegt vor, wenn die Summanden in der Summe abgeschlossen sind.

Die Summe einer Folge von rational n-dimensionalen Mengen, von denen jede in der Summe abgeschlossen ist, ist dem Summensatz zufolge n-dimensional. Wir wollen nun zeigen, daß eine solche Summe rational n-dimensional ist, d. h. wir beweisen folgenden

Summensatz für rationaldimensionale Mengen. *Die Summe von abzählbarvielen höchstens rational n-dimensionalen Mengen, von denen jede in der Summe abgeschlossen ist, ist höchstens rational n-dimensional.*

Für $n = 0$ ist die Behauptung trivial, da die Summe von abzählbarvielen abzählbaren Mengen abzählbar ist. Für $n > 0$ leiten wir den Summensatz für rational n-dimensionale Mengen aus dem gewöhnlichen Summensatz für den Fall $n-1$ her. Es sei $\{A_k\}$ ($k = 1, 2, \ldots$ ad inf.) eine Folge von höchstens rational n-dimensionalen Mengen, von denen jede in der Menge $A = \sum_{k=1}^{\infty} A_k$ abgeschlossen ist. Setzen wir $M_1 = A_1$, $M_k = A_k - A_k \cdot \sum_{i=1}^{k-1} A_i$, so gilt $A = \sum_{i=1}^{\infty} M_i$, wobei die Mengen M_k (vgl. S. 111) paarweise fremde F_σ-Mengen in A sind. Jede Menge M_k ist höchstens rational n-dimensional, also Summe einer höchstens $(n-1)$-dimensionalen Menge M_k^* und einer abzählbaren Menge M_k^{**}. Wir setzen

$$M^* = \sum_{k=1}^{\infty} M_k^*, \qquad M^{**} = \sum_{k=1}^{\infty} M_k^{**}.$$

Dann gilt $A = M^* + M^{**}$. Die Menge M^{**} ist abzählbar, jede der Mengen M_k^* ist (vgl. S. 112) ein F_σ in M^*. Also ist M^* Summe von abzählbarvielen höchstens $(n-1)$-dimensionalen Mengen, von denen jede ein F_σ in M^* ist, und daher nach dem Summensatz höchstens $(n-1)$-dimensional. Die Menge A ist die Summe der höchstens $(n-1)$-dimensionalen Menge M^* und der abzählbaren Menge M^{**}, also höchstens rational n-dimensional, wie behauptet.

Aus dem Summensatz für rationaldimensionale Mengen ergibt sich, daß für die rationaldimensionalen Mengen auch folgende von der Zerspaltungseigenschaft unabhängige rekursive Definition möglich ist:

Ein Raum heißt höchstens rational n-dimensional, wenn jeder Punkt in beliebig kleinen Umgebungen mit höchstens rational $(n-1)$-dimensionalen Begrenzungen enthalten ist. Eine Menge M heißt höchstens rational n-dimensional, wenn jeder Punkt in beliebig kleinen Umgebungen enthalten ist, deren Begrenzungen mit M höchstens rational $(n-1)$-dimensionale Durchschnitte haben. Rational nulldimensional heißen die abzählbaren Räume und Mengen und nur diese.

Zum Beweis der Äquivalenz dieser Definition mit der früheren zeigen wir *erstens:* Wenn jeder Punkt des n-dimensionalen Raumes R in beliebig kleinen Umgebungen mit höchstens rational $(n-1)$-dimensionalen Begrenzungen enthalten ist, dann ist R Summe einer $(n-1)$-dimensionalen und einer abzählbaren Menge. Das unbegrenzt feine Überdeckungssystem des Raumes, bestehend aus den offenen Mengen mit höchstens rational $(n-1)$-dimensionalen Begrenzungen enthält nämlich nach dem verfeinerten Überdeckungstheorem für separable Räume ein abzählbares unbegrenzt feines Überdeckungssystem. Es seien $\{U_k\}$ $(k=1, 2, \ldots$ ad inf.) die in eine Folge geordneten Mengen dieses abzählbaren unbegrenzt feinen Überdeckungssystems. Die Menge $\sum_{k=1}^{\infty} B(U_k)$ ist Summe von abzählbarvielen höchstens rational $(n-1)$-dimensionalen abgeschlossenen Mengen, also nach dem Summensatz höchstens rational $(n-1)$-dimensional. Das Komplement dieser Menge, d. h. die Menge $R-\sum_{k=1}^{\infty} B(U_k)$ ist höchstens nulldimensional. Denn jeder Punkt dieser Menge ist in beliebig kleinen Umgebungen der Folge $\{U_k\}$ enthalten, also in beliebig kleinen Umgebungen, deren Begrenzungen $\subset \sum_{k=1}^{\infty} B(U_k)$ und daher zur Menge $R-\sum_{k=1}^{\infty} B(U_k)$ fremd sind. Durch die Formel $R=\sum_{k=1}^{\infty} B(U_k)+\left(R-\sum_{k=1}^{\infty} B(U_k)\right)$ ist R demnach als Summe einer höchstens rational $(n-1)$-dimensionalen Menge M und einer nulldimensionalen Menge N dargestellt. M ist Summe einer höchstens $(n-2)$-dimensionalen Menge M' und einer höchstens abzählbaren (evtl. leeren) Menge A. Die Menge $M'+N$ ist höchstens $(n-1)$-dimensional. Durch die Formel $R=(M'+N)+A$ wird also R als Summe einer abzählbaren und einer höchstens $(n-1)$-dimensionalen Menge dargestellt.

Wir zeigen *zweitens:* Wenn der Raum R Summe von $n+1$ nulldimensionalen Mengen ist, unter denen sich eine abzählbare Menge befindet, so ist jeder Punkt von R in beliebig kleinen Umgebungen mit höchstens rational $(n-1)$-dimensionalen Begrenzungen enthalten. Sei nämlich p irgendein Punkt von R und M einer der n unabzählbaren nulldimensionalen Summanden von R. Die Menge $M+(p)$ ist (vgl. S. 115) nulldimensional; also ist p in beliebig kleinen Umgebungen enthalten, deren Begrenzungen zu M fremd sind, deren Begrenzungen also Teilmengen der höchstens rational $(n-1)$-dimensionalen Menge $R-M$ sind, womit die Behauptung bewiesen ist.

Auf Grund des Satzes von den Teilmengen (S. 81) und des Summensatzes besitzt das System der höchstens n-dimensionalen Teilmengen eines separabeln Raumes die beiden folgenden Eigenschaften: Es enthält *erstens* neben jeder Menge auch alle Teilmengen derselben. Es enthält *zweitens* neben jeder Folge von Mengen, von denen jede in der Summe abgeschlossen ist, auch die Summe dieser Mengenfolge. Analoge Eigenschaften besitzt, dem Bewiesenen zufolge, das System der rational höchstens n-dimensionalen Mengen. Es heißt allgemein ein System von Teilmengen eines separabeln Raumes ein **Normalbereich von Mengen,** *wenn das System erstens neben jeder seiner Mengen alle Teilmengen derselben und zweitens neben jeder Folge von Mengen, von denen jede in der Summe abgeschlossen ist, die Summe dieser Mengenfolge enthält.* Wir bedienen uns ferner folgender Ausdrucksweise: Ist $\mathfrak{N}$ ein vorgelegtes System von Teilmengen eines separabeln Raumes, so heißt die Teilmenge M des Raumes dem System $\mathfrak{N}$ *übergeordnet, falls jeder Punkt von M in beliebig kleinen Umgebungen enthalten ist, deren Begrenzungen mit M Durchschnitte haben, die dem System angehören.* Beispielsweise sind also die nulldimensionalen Mengen gerade jene Mengen, welche dem aus der einzigen leeren Menge bestehenden Mengensystem übergeordnet sind; die höchstens n-dimensionalen Mengen sind die dem System der höchstens $(n-1)$-dimensionalen Mengen übergeordneten Mengen. Das System aller einem gegebenen Mengensystem $\mathfrak{N}$ übergeordneten Mengen bezeichnen wir auch als das dem System $\mathfrak{N}$ *übergeordnete Mengensystem.* Es gilt in dieser Audrucksweise folgender

Hauptsatz über Normalbereiche. *Das einem Normalbereich übergeordnete Mengensystem ist ein Normalbereich.*

Wir bezeichnen das einem vorgelegten Normalbereich $\mathfrak{N}$ übergeordnete Mengensystem mit $\mathfrak{N}^*$ und beweisen zunächst zwei Bemerkungen, welche den Bemerkungen α) und β) von S. 110 analog sind:

$\alpha_{\mathfrak{N}}$) *Jede Menge des Systems $\mathfrak{N}^*$ ist Summe einer Menge aus $\mathfrak{N}$ und einer höchstens nulldimensionalen Menge.* Sei nämlich A eine vorgelegte Menge des Systems $\mathfrak{N}$, eine Menge also, von welcher jeder Punkt in beliebig kleinen Umgebungen enthalten ist, deren Begrenzungen mit A

Durchschnitte haben, die dem System $\mathfrak{N}^*$ angehören. Das unbegrenzt feine Überdeckungssystem von A bestehend aus den offenen Mengen, deren Begrenzungen mit A Durchschnitte haben, die dem System $\mathfrak{N}$ angehören, enthält nach dem verfeinerten Überdeckungstheorem für Teilmengen separabler Räume ein abzählbares unbegrenzt feines Überdeckungssystem von A. Es seien $\{U_k\}$ $(k = 1, 2, \ldots$ ad inf.) die in eine Folge geordneten offenen Mengen dieses abzählbaren unbegrenzt feinen Überdeckungssystems. Dann ist die Menge $A \cdot \sum_{k=1}^{\infty} B(U_k)$ Summe von abzählbarvielen in ihr abgeschlossenen Mengen, welche dem System $\mathfrak{N}$ angehören und folglich, da $\mathfrak{N}$ ein Normalbereich ist, eine Menge des Systems $\mathfrak{N}$. Die Menge $A - A \cdot \sum_{k=1}^{\infty} B(U_k)$ ist höchstens nulldimensional, denn jeder Punkt dieser Menge ist in beliebig kleinen Umgebungen enthalten, deren Begrenzungen mit A Durchschnitte besitzen, die $\subset A \cdot \sum_{k=1}^{\infty} B(U_k)$ sind, deren Begrenzungen also zur Menge $A - A \cdot \sum_{k=1}^{\infty} B(U_k)$ fremd sind. Damit ist die gewünschte Zerspaltung von A angegeben.

$\beta_{\mathfrak{N}}$) *Eine Menge, welche Summe von einer Menge aus $\mathfrak{N}$ und einer höchstens nulldimensionalen Menge ist, gehört dem System $\mathfrak{N}^*$ an.* Sei nämlich M eine vorgelegte Menge, welche Summe der Menge N aus $\mathfrak{N}$ und der höchstens nulldimensionalen Menge M_0 ist. Ist p irgendein vorgelegter Punkt von M, so ist (vgl. S. 115) die Menge $M_0 + (p)$ nulldimensional, d. h. p ist in beliebig kleinen Umgebungen enthalten, deren Begrenzungen zu M_0 fremd sind, also mit M Durchschnitte besitzen, die Teilmengen von N sind. Da N dem Normalbereich $\mathfrak{N}$ angehört, gehört auch jede Teilmenge von N dem System $\mathfrak{N}$ an. Der Punkt p ist also in beliebig kleinen Umgebungen enthalten, deren Begrenzungen mit M Durchschnitte haben, welche dem System $\mathfrak{N}$ angehören, d. h. die Menge M ist dem Normalbereich $\mathfrak{N}$ übergeordnet, wie behauptet.

Es sei nun $\mathfrak{N}$ ein vorgelegter Normalbereich, $\mathfrak{N}^*$ das ihm übergeordnete Mengensystem. Zum Beweise des Hauptsatzes über Normalbereiche ist zu zeigen, daß $\mathfrak{N}^*$ ein Normalbereich ist. Ist *erstens* M irgendeine Menge aus $\mathfrak{N}^*$, eine Menge also, von welcher jeder Punkt in beliebig kleinen Umgebungen enthalten ist, deren Begrenzungen mit M Durchschnitte besitzen, die zu $\mathfrak{N}$ gehören, — dann gehört offenbar auch jede Teilmenge von M dem Normalbereich $\mathfrak{N}^*$ an. Ist *zweitens* $\{A_k\}$ $(k = 1, 2, \ldots$ ad inf.) eine gegebene Folge von Mengen des Systems $\mathfrak{N}^*$, von denen jede in der Menge $\sum_{k=1}^{\infty} A_k$ abgeschlossen ist, so haben wir zu zeigen, daß auch die Menge $A = \sum_{k=1}^{\infty} A_k$ dem System $\mathfrak{N}^*$ angehört. Wir setzen zunächst

$B_1 = A_1$, $B_k = B_k - B_k \cdot \sum_{i=1}^{k-1} B_i$. Die Mengen B_k sind dann paarweise fremde F_σ, die als Teilmengen der Mengen A_k dem Normalbereich $\mathfrak{N}^*$ angehören. Zufolge der Bemerkung $\alpha_\mathfrak{N}$) ist für jedes natürliche k die Menge B_k Summe einer Menge B_k^* des Normalbereiches $\mathfrak{N}$ und einer höchstens nulldimensionalen Menge B_k^{**}. Setzen wir $B^* = \sum_{k=1}^{\infty} B_k^*$, $B^{**} = \sum_{k=1}^{\infty} B_k^{**}$, so gilt $A = B^* + B^{**}$. Für jedes natürliche k ist (vgl. S. 67) die Menge B_k^* ein F_σ in B^*, die Menge B_k^{**} ein F_σ in B^{**}. Die Menge B^{**} ist als Summe der abzählbarvielen höchstens nulldimensionalen Mengen B_k^{**} nach dem Summensatz für nulldimensionale Mengen höchstens nulldimensional. Die Menge B^* ist Summe von abzählbarvielen Mengen des Systems $\mathfrak{N}$, von denen jede ein F_σ in B^* ist; also Summe von abzählbarvielen Mengen des Systems $\mathfrak{N}$, von denen jede in B^* abgeschlossen ist, und gehört mithin, da $\mathfrak{N}$ ein Normalbereich ist, dem System $\mathfrak{N}$ an. Die Menge A ist also Summe der Menge B^* des Systems $\mathfrak{N}$ und der höchstens nulldimensionalen Menge B^{**} und daher nach Bemerkung $\beta_\mathfrak{N}$) eine Menge von $\mathfrak{N}^*$, wie behauptet. Damit ist der Hauptsatz über Normalbereiche bewiesen.

Die höchstens n-dimensionalen Teilmengen eines separabeln Raumes bilden jenen Normalbereich, der durch n-malige Bildung von übergeordneten Normalbereichen aus dem Normalbereich der höchstens nulldimensionalen Mengen entsteht. Die höchstens rational n-dimensionalen Mengen bilden jenen Normalbereich, der durch n Mal iterierten Übergang zu übergeordneten Normalbereichen aus dem Normalbereich der abzählbaren Mengen hervorgeht. Beispiele von Normalbereichen sind ferner das System aller Teilmengen eines Raumes, die mit Bezug auf den Raum von erster Kategorie (d. h. Summe von abzählbarvielen im Raum nirgendsdichten Mengen) sind, sowie das System aller Teilmengen eines Raumes, welche Summe von abzählbarvielen endlichdimensionalen (also von abzählbarvielen nulldimensionalen) Mengen sind.

Historisches. Die rational n-dimensionalen Mengen wurden von mir (Wiener Akad. Anz. 1928, Nr. 1) eingeführt und untersucht. Mengen, deren sämtliche Punkte in beliebig kleinen Umgebungen mit *irgendeiner Eigenschaft* enthalten sind, insbesondere in Umgebungen, deren Begrenzungen eine gewisse Eigenschaft haben, wurden von mir (Math. Ann. *95*, S. 281) betrachtet. Insbesondere entwickelte ich (a. a. O. und Jahresber. d. Deutsch. Mathem.-Ver. *35*, S. 134) Zusammenhänge zwischen Additivitätseigenschaften von Mengensystemen und Struktureigenschaften der Mengen des übergeordneten Mengensystems. Dieser Gedanke wurde unabhängig auch von Hurewicz (Math. Ann. *96*, S. 736) entwickelt, welcher (a. a. O.) den Begriff des Normalbereiches von Mengen einführte und den Hauptsatz über Normalbereiche in der angegebenen Art bewies.

IV. Theorie der dimensionellen Raumstruktur.

1. Die Dimensionsteile.

Ein Raum kann, wie wir wissen, in verschiedenen Punkten verschiedendimensional sein. Ist ein Raum R und eine natürliche Zahl n gegeben, so bezeichnen wir die Menge aller Punkte von R, in denen R mindestens n-dimensional ist, mit R^n. Die Menge aller Punkte von R, in denen R keine endliche Dimension besitzt, bezeichnen wir mit R^∞. Da ein Raum in jedem seiner Punkte mindestens nulldimensional ist, gilt $R^0 = R$. Ist der Raum R im Punkt p mindestens n-dimensional, so ist R, falls m eine natürliche Zahl $< n$ ist, erst recht mindestens m-dimensional im Punkte p. Sind also m und n zwei natürliche Zahlen, für welche $m < n$ gilt, so ist $R^n \subset R^m$.

In jedem Raum R existiert also eine monoton abnehmende Folge von Mengen
$$R = R^0 \supset R^1 \supset R^2 \supset \cdots \supset R^n \supset \cdots \supset R^\infty.$$
Wir nennen diese Teilmengen von R die **Dimensionsteile von R.** Die Menge R^n soll der *nte Dimensionsteil* von R heißen. Ein Raum ist höchstens n-dimensional, wenn sein $(n+1)$ter Dimensionsteil leer ist. Ein Raum ist mindestens n-dimensional, wenn sein $n$ter Dimensionsteil nicht leer ist. Ein Raum ist demnach n-dimensional, wenn sein $(n+1)$ter, nicht aber sein $n$ter Dimensionsteil leer ist.

Ist M eine Teilmenge des Raumes R, so bezeichnen wir mit M^n die Menge aller Punkte von M, in denen M mindestens n-dimensional ist und nennen diese Menge den *nten Dimensionsteil von M.* Die Menge aller Punkte der abgeschlossenen Hülle $\overline{M}$, in denen M mindestens n-dimensional ist, bezeichnen wir mit $M^{\underline{n}}$ und nennen diese Menge die *nte Dimensionshülle von M.* Für eine abgeschlossene Menge M ist der $n$te Dimensionsteil M^n mit der $n$ten Dimensionshülle $M^{\underline{n}}$ identisch.

Eine zentrale Problemgruppe der Dimensionstheorie befaßt sich mit den Eigenschaften der Dimensionsteile der Räume, insbesondere mit der Frage nach der Dimension der Dimensionsteile. Die Behandlung dieser Fragen über die dimensionelle Raumstruktur bildet den Inhalt dieses Kapitels.

Zunächst ist eines klar: Ist R ein vorgelegter Raum, n eine gegebene natürliche Zahl, so ist die Menge $R - R^n$, das Komplement des $n$ten Dimensionsteiles eines Raumes, identisch mit der Menge aller Punkte des Raumes, in denen der Raum höchstens $(n-1)$-dimensional ist, also mit der Menge aller Punkte des Raumes, die in beliebig kleinen Umgebungen mit höchstens $(n-2)$-dimensionalen Begrenzungen enthalten sind. Die Menge $R - R^n$ ist demnach der Gleichwertigkeitsteil des Raumes hinsichtlich des Systems der offenen Mengen mit höchstens $(n-2)$-dimensionalen Begrenzungen, also nach dem Theorem von den Gleichwertigkeitsteilen (S. 66) ein G_δ. Mithin ist die Menge R^n ein F_σ. Ebenso sieht man, daß für eine vorgelegte Teilmenge M des Raumes R und ein gegebenes n die Menge $R - M^{\underline{n}}$ der Gleichwertigkeitsteil des Raumes hinsichtlich des Systems der offenen Mengen ist, deren Begrenzungen mit M höchstens $(n-2)$-dimensionale Durchschnitte haben, daß daher $R - M^n$ ein G_δ und $M^{\underline{n}}$, die $n$te Dimensionshülle von M, ein F_σ ist. Der $n$te Dimensionsteil M^n von M ist Durchschnitt von M mit der Menge $M^{\underline{n}}$, also ein F_σ in M. Der unendliche Dimensionsteil genügt offenbar der Beziehung $R^\infty = \prod_{n=1}^{\infty} R^n$, ist also ein $F_{\sigma\delta}$ (S. 27). Es gilt mithin folgender

Satz von den Abgeschlossenheitseigenschaften der Dimensionsteile. *Der $n$te Dimensionsteil R^n eines separabeln Raumes R ist für jedes natürliche n ein F_σ. Die Menge R^∞ ist ein $F_{\sigma\delta}$. Die $n$te Dimensionshülle $M^{\underline{n}}$ der Teilmenge M eines Raumes ist ein F_σ. Der $n$te Dimensionsteil M^n einer Menge M ist ein F_σ in M.*

An einfachen Beispielen sieht man, daß die Dimensionsteile eines Raumes oder einer Menge nicht abgeschlossen sein müssen. Betrachten wir etwa im R_1 die abgeschlossene Menge A, bestehend aus dem Nullpunkt und den abgeschlossenen Intervallen $\left[\frac{1}{2n+1}, \frac{1}{2n}\right]$ $(n = 1, 2, \ldots$ ad inf.). Diese Menge A ist in allen ihren Punkten, ausgenommen den Nullpunkt, eindimensional; die Menge A^1 ist also das nicht abgeschlossene F_σ, welches aus A durch Tilgung des Nullpunktes entsteht.

Historisches. Den angeführten Beweis des Satzes von den Abgeschlossenheitseigenschaften der Dimensionsteile gab ich (Monatsh. f. Math. u. Phys. *34*, 1924, S. 141 und Math. Ann. *95*, 1925, S. 282). Einen anderen allerdings sehr langen Beweis des Satzes gab Urysohn (Fund. Math. *8*, 1926, S. 277).

2. Das erste Fundamentaltheorem.

Wir wenden uns nunmehr dem Hauptproblem über die dimensionelle Raumstruktur zu, nämlich der *Frage nach der Dimension der Dimensionsteile.* Welche Dimension besitzt in einem allgemeinen Raum R die Menge R^n, d. i. die Menge aller Punkte, in denen R mindestens n-dimensional ist? Welche Dimension besitzt die Menge R^n in ihren Punkten? Welche Dimension besitzt die abgeschlossene Hülle der Menge R^n? Wie steht es insbesondere in einem n-dimensionalen Raum mit dem $n$ten (d. h. mit dem höchsten nichtleeren) Dimensionsteil?

Betrachten wir zunächst die Verhältnisse für einen ganz einfachen Spezialfall, nämlich für einen Raum R, bestehend aus den Punkten einer Quadratfläche Q, aus den Punkten einer Strecke S, welche mit Q genau einen Punkt gemein hat, und aus einem isolierten Punkt P. Eine Quadratfläche ist (wie wir sehen werden) in allen ihren Punkten zweidimensional. Der betrachtete Raum R ist also in allen Punkten von Q zweidimensional, in den nicht zu Q gehörigen Punkten von S eindimensional und in P nulldimensional. Es ist also für diesen Raum R die Menge R^2 identisch mit Q, die Menge R^1 identisch mit $Q + S$, die Menge R^0, wie für jeden Raum, identisch mit R. Wir bemerken, daß die Menge R^1 in allen ihren Punkten mindestens eindimensional, die Menge R^2 in allen ihren Punkten zweidimensional ist. Der höchste nichtleere Dimensionsteil unseres Raumes besitzt also in allen seinen Punkten dieselbe Dimension wie der Raum.

Gehen wir zur Untersuchung der Dimensionsteile in allgemeinen Räumen über, so zeigt sich in den Aussagen, die über die Dimension der Dimensionsteile möglich sind, ein fundamentaler Unterschied, je nachdem über den separabeln Raum vorausgesetzt wird, daß er kompakt oder halbkompakt ist oder nicht.

Wir beginnen mit dem Fall kompakter oder halbkompakter Räume, in welchem die Verhältnisse stets analog jenen des einfachen Beispiels liegen, das wir betrachtet haben. Das dimensionelle Strukturproblem dieser Räume wird gelöst durch folgendes

Erstes Fundamentaltheorem (Theorem von den Dimensionsteilen kompakter Räume). *In einem kompakten oder halbkompakten n-dimensionalen Raum ist der höchste Dimensionsteil, d. h. die Menge aller Punkte, in denen der Raum n-dimensional ist, eine homogen n-dimensionale, d. h. eine in jedem ihrer Punkte n-dimensionale Menge; dieselbe ist identisch mit der Summe aller homogen n-dimensionalen Teilmengen des Raumes. Allgemein ist in einem kompakten oder halbkompakten Raum R für jede natürliche Zahl k der $k$te Dimensionsteil, d. i. die Menge R^k aller Punkte, in denen R mindestens k-dimensional ist, eine in jedem ihrer Punkte mindestens k-dimensionale Menge.*

Wir beweisen zunächst ein für Strukturuntersuchungen außerordentlich wichtiges Lemma. Zur Herleitung des ersten Fundamentaltheorems würde schon die Gültigkeit dieses Lemmas für *kompakte* und *halbkompakte* Räume genügen. Da wir aber bei gewissen Untersuchungen über die Struktur beliebiger separabler Räume (S. 153) Folgerungen daraus ziehen werden, daß das Lemma für *beliebige separable* Räume gilt, so beweisen wir es sogleich unter diesen allgemeineren Voraussetzungen, zumal dieser Beweis nicht schwieriger ist als der für den Spezialfall kompakter Räume.

Ehe wir das Lemma formulieren, erinnern wir, damit seine etwas verwickelten Voraussetzungen durchsichtiger werden, an die Bedingungen für die Anwendbarkeit des verallgemeinerten Additionssatzes für Begrenzungen offener Mengen: Es mußte eine abgeschlossene Menge A vorliegen, die bis auf eine Teilmenge T überdeckt wird von einer Folge $\{U_k\}$ $(k=1,2\cdots)$ von offenen Mengen, welche die Eigenschaft hat, daß in jeder Menge V_j einer vorgelegten Folge von Umgebungen $\{V_j\}$ von A, für die $A=\prod_{j=1}^{\infty}\overline{V}_j$ gilt, fast alle Mengen der Folge $\{U_k\}$ enthalten sind. Ähnlich, nur etwas komplizierter, sind die Voraussetzungen des Lemmas: Es sei n irgendeine gegebene natürliche Zahl. Es sei ferner in einem separabeln Raum ein Punkt p und eine Umgebung $Z(p)$ gegeben. Es liege endlich eine Umgebung $U(p) \subsetdot Z(p)$ vor. Die Begrenzung B von $U(p)$ werde bis auf eine höchstens n-dimensionale Teilmenge P überdeckt von einer Folge von offenen Mengen $\{U_i\}$, deren jede $\subsetdot Z(p)$ ist und eine höchstens n-dimensionale Begrenzung besitzt, wobei die Folge $\{U_i\}$ noch die Eigenschaft hat, daß in jeder Menge V_j einer vorgelegten Folge von Umgebungen $\{V_j\}$ von B, für die $B=\prod_{j=1}^{\infty}\overline{V}_j$ gilt, fast alle Mengen $\{U_i\}$ enthalten sind — unter diesen Umständen behauptet das Lemma: Es existiert eine Umgebung $U^*(p)$ von p, die $\subset Z(p)$ ist und eine höchstens n-dimensionale Begrenzung besitzt. (Man bemerkt, daß die in der Voraussetzung des Lemmas auftretende Folge $\{U_i\}$ sich zur abgeschlossenen Menge B und zu ihrer Teilmenge P gerade derart verhält, daß der verallgemeinerte Additionssatz für Begrenzungen anwendbar ist.) In präziser Ausdrucksweise lautet das

Fundamentallemma. Voraussetzungen: *Es seien gegeben*

a) *eine natürliche Zahl n,*

b) *ein separabler Raum, in ihm ein Punkt p und eine Umgebung $Z(p)$ von p,*

c) *eine Umgebung $U(p)$ von p, die $\subsetdot Z(p)$ ist, und deren Begrenzung wir kurz mit B bezeichnen,*

d) *eine Folge $\{V_j\}$* ($j=1, 2, \ldots$ ad inf.) *von Umgebungen von B, so daß $B=\prod_{j=1}^{\infty}\overline{V}_j$ gilt,*

e) *eine höchstens n-dimensionale Teilmenge P von B,*

f) *eine Folge $\{U_i\}$ $(i=1,2,\ldots)$ von offenen Mengen, von denen jede $\subsetdot Z(p)$ ist und eine höchstens n-dimensionale Begrenzung besitzt, wobei die Bedingungen erfüllt sind:*

1. *Es gilt $B-P\subset\sum_{i=1}^{\infty}U_i$,*

2. *In jeder Umgebung $V(B)$ von B sind fast alle Mengen $\{U_i\}$ als Teil enthalten.*

Behauptung: *Es existiert eine Umgebung $U^*(p)$ von p, die $\subset Z(p)$ ist, und deren Begrenzung höchstens n-dimensional ist.*

Zum Beweis des Lemmas leiten wir aus der Umgebung $U(p)$ eine Umgebung $U^*(p)$ der gewünschten Art (nämlich eine Umgebung $\subset Z(p)$ mit höchstens n-dimensionaler Begrenzung) her, indem wir zur Umgebung $U(p)$ eine in der Nähe ihrer Begrenzung B befindliche offene Menge, nämlich die Menge $\sum_{i=1}^{\infty} U_i$, hinzufügen. Wir werden also zeigen, daß eine Umgebung $U^*(p)$, welche der Behauptung des Lemmas genügt, definiert wird durch die Formel

$$U^*(p) = U(p) + \sum_{i=1}^{\infty} U_i.$$

Zunächst sehen wir: Die so definierte Menge $U^*(p)$ ist offen, denn sie ist Summe von offenen Mengen. Ferner gilt $U^*(p) \subset Z(p)$, denn jeder der Summanden von $U^*(p)$, sowohl die Menge $U(p)$ als auch jede der Mengen U_i, ist $\subset Z(p)$ (nach Voraussetzungen c) und f)). Endlich enthält $U^*(p)$ die Menge $U(p)$ als Teilmenge und ist mithin eine Umgebung des Punktes p.

Es bleibt noch nachzuweisen, daß die Begrenzung von $U^*(p)$, welche wir kurz mit B^* bezeichnen wollen, höchstens n-dimensional ist.

Die Menge $U^*(p)$ ist ihrer Definition zufolge Summe von zwei offenen Mengen, nämlich von $U(p)$ und von $\sum_{i=1}^{\infty} U_i$. Nach dem (unverschärften) Additionssatz für Begrenzungen offener Mengen gilt daher

$$B^* \subset B + B\left(\sum_{i=1}^{\infty} U_i\right).$$

Wir bilden auf beiden Seiten dieser Formel den Durchschnitt mit der Menge B^* und erhalten, wenn wir beachten, daß $B^* \cdot B^* = B^*$ ist, die Beziehung

$$B^* \subset B^* \cdot B + B^* \cdot B\left(\sum_{i=1}^{\infty} U_i\right),$$

und da $\quad B^* \cdot B\left(\sum_{i=1}^{\infty} U_i\right) \subset B\left(\sum_{i=1}^{\infty} U_i\right) \quad$ gilt, so folgt weiter

$$(*) \qquad B^* \subset B^* \cdot B + B\left(\sum_{i=1}^{\infty} U_i\right).$$

Durch diese Formel ist B^* als Teil einer Summe von zwei Mengen dargestellt. Um eine Schranke nach oben für die Dimension der Menge B^* zu erhalten, betrachten wir die beiden Summanden auf der rechten Seite der Beziehung (*).

Methode für beliebige separable Räume unanwendbar ist, und zwar aus folgenden Gründen: Der verallgemeinerte Additionssatz für Begrenzungen offener Mengen ist zwar für beliebige separable Räume gültig, aber es ist in ihm, wie wir an einem einfachen Beispiel (S. 37) feststellten, die Bedingung 2. nicht schlechthin entbehrlich. Dies hat zur Folge, daß in den Beweis des Fundamentallemmas, welches gleichfalls für beliebige separable Räume gilt, die Bedingung f) 2. wesentlich eingeht, denn diese Bedingung ist es, welche die Voraussetzung 2. für den verallgemeinerten Additionssatz für Begrenzungen schafft und dadurch dessen Anwendung ermöglicht. Eine Überdeckung von F_σ-Mengen mit einer Folge von offenen Mengen, welche der Bedingung f) 2. genügt, ist aber in separabeln Räumen, die nicht kompakt oder wenigstens halbkompakt sind, nicht ausnahmslos möglich, wie der Satz von den Ausnahmefällen der verallgemeinerten Überdeckbarkeit (S. 49) zeigt. Dieser Umstand macht die Überlegungen, durch die wir das erste Fundamentaltheorem aus dem Lemma hergeleitet haben, für beliebige separable Räume undurchführbar.

Historisches. Das erste Fundamentaltheorem und sein dargelegter Beweis stammen von mir (Proc. Acad. Amsterdam *30,* 1926, S. 138).

3. Das zweite Fundamentaltheorem.

Nachdem wir durch das erste Fundamentaltheorem die Frage nach der Dimension der Dimensionsteile hinsichtlich *kompakter* und *halbkompakter* Räume beantwortet haben, wenden wir uns nunmehr der Untersuchung der entsprechenden Verhältnisse *in beliebigen separabeln Räumen* zu, wobei, wie wir sahen, neue Methoden herangezogen werden müssen. Unser diesbezügliches Resultat lautet:

Zweites Fundamentaltheorem (Theorem von den Dimensionsteilen separabler Räume). *In einem separabeln n-dimensionalen Raum ist der höchste nichtleere Dimensionsteil, d. h. die Menge aller Punkte, in denen der Raum n-dimensional ist, eine mindestens* $(n-1)$*-dimensionale Menge, d. h. entweder n-dimensional oder* $(n-1)$*-dimensional. Allgemein ist in einem separabeln Raum für jede natürliche Zahl k der k-te Dimensionsteil, d. i. die Menge* R^k *aller Punkte, in denen der Raum mindestens k-dimensional ist, eine mindestens* $(k-1)$*-dimensionale Menge. Es ist sogar jede nichtleere in* R^k *offene Menge mindestens* $(k-1)$*-dimensional.*

Wir beweisen sogleich die allgemeine Schlußbehauptung des Theorems, die Aussage nämlich, daß in einem separabeln Raum R eine nichtleere in der Menge R^k offene Menge mindestens $(k-1)$-dimensional ist. Zum Beweise nehmen wir an, es liege ein separabler Raum R und eine natürliche Zahl k vor.

Es sei nun irgendeine in R offene Menge U gegeben. In jedem Punkt der Menge $U - U \cdot R^k$ ist der Raum R höchstens $(k-1)$-dimensional. Denn alle Punkte von R, in denen R mindestens k-dimensional ist, liegen in R^k; demnach liegen alle Punkte von U, in denen R mindestens k-dimensional ist, in $U \cdot R^k$, also außerhalb von $U - U \cdot R^k$. Da R in allen Punkten von $U - U \cdot R^k$ höchstens $(k-1)$-dimensional ist, existieren zu jedem Punkt der Menge $U - U \cdot R^k$ beliebig kleine Umgebungen mit höchstens $(k-2)$-dimensionalen Begrenzungen, insbesondere auch solche, die $\Subset U$ sind.

Das unbegrenzt feine Überdeckungssystem der Menge $U - U \cdot R^k$ bestehend aus den offenen Mengen mit höchstens $(k-2)$-dimensionalen Begrenzungen, die $\Subset U$ sind, enthält dem verfeinerten Überdeckungstheorem für Teilmengen separabler Räume zufolge ein abzählbares unbegrenzt feines Überdeckungssystem von $U - U \cdot R^k$. Es seien $\{U_m\}$ $(m = 1, 2, \ldots$ ad inf.$)$ die in eine Folge geordneten Mengen dieses abzählbaren unbegrenzt feinen Überdeckungssystems. Wir setzen $B = \sum_{m=1}^{\infty} B(U_m)$. Die Menge B ist ein Teil-F_σ von U und dem Summensatz zufolge höchstens $(k-2)$-dimensional.

Wir betrachten nun die Menge

$$A = U - U \cdot R^k - B$$

und zeigen zunächst, daß diese Menge A höchstens nulldimensional ist. Jeder Punkt der Menge $U - U \cdot R^k$, also erst recht jeder Punkt der Menge A, ist in beliebig kleinen offenen Mengen des aus den Mengen $\{U_m\}$ bestehenden unbegrenzt feinen Überdeckungssystems von $U - U \cdot R^k$ enthalten. Die Begrenzung von jeder dieser Mengen U_m ist Teilmenge von B und daher zur Menge A fremd. Jeder Punkt von A ist also in beliebig kleinen offenen Mengen mit zu A fremden Begrenzungen enthalten, d. h. die Menge A ist, wofern sie nicht leer ist, nulldimensional.

Da die Menge A höchstens nulldimensional ist, ist sie, wie sich aus einem Korollar des Summensatzes (S. 115) ergibt, nicht nur in jedem *ihrer* Punkte, sondern in jedem Punkte *des Raumes* nulldimensional. Es ist also jeder Punkt des Raumes in beliebig kleinen offenen Mengen enthalten, deren Begrenzungen zu A fremd sind. Insbesondere ist also jeder Punkt von U in beliebig kleinen offenen Mengen enthalten, deren Begrenzungen zu A fremd sind. Da U eine offene Menge ist, sind die Begrenzungen aller hinlänglich kleinen Umgebungen eines Punktes von U Teilmengen von U. Wir sehen also: Jeder Punkt von U ist in beliebig kleinen offenen Mengen enthalten, deren Begrenzungen Teilmengen von U, aber zur Menge A fremd sind. *Jeder Punkt von U ist also in beliebig kleinen Umgebungen enthalten, deren Begrenzungen Teilmengen von $U - A$ sind.*

Nun ist die Menge A ihrer Definition zufolge $= U - U \cdot R^k - B$. Daraus folgt die Beziehung

$$U - A = U \cdot R^k + B.$$

Wir haben also das Ergebnis: *Jeder Punkt von U ist in beliebig kleinen Umgebungen enthalten, deren Begrenzungen Teilmengen von $U \cdot R^k + B$ sind.*

Betrachten wir nun diese Menge $U \cdot R^k + B$ näher! Der zweite Summand, die Menge B, ist, wie wir oben festgestellt haben, ein höchstens $(k-2)$-dimensionales F_σ. Die Menge R^k ist, wie aus dem Satz von den Abgeschlossenheitseigenschaften der Dimensionsteile folgt, ein F_σ. Der Durchschnitt von R^k mit der Menge U, die offen und daher (vgl. S. 67) ein F_σ ist, ist daher gleichfalls ein F_σ. Die Menge $U \cdot R^k + B$ ist also Summe von zwei F_σ-Mengen, von denen die zweite, die Menge B, höchstens $(k-2)$-dimensional ist.

Wenn also die Menge $U \cdot R^k$ höchstens $(k-2)$-dimensional ist, dann ist die Menge $U \cdot R^k + B$ Summe von zwei höchstens $(k-2)$-dimensionalen F_σ-Mengen, also dem Summensatz zufolge höchstens $(k-2)$-dimensional. Auch jede Teilmenge von der Menge $U \cdot R^k + B$ ist dann höchstens $(k-2)$-dimensional, und aus dem früher bewiesenen Ergebnis folgt also: Wenn die Menge $U \cdot R^k$ höchstens $(k-2)$-dimensional ist, dann ist jeder Punkt von U in beliebig kleinen Umgebungen mit höchstens $(k-2)$-dimensionalen Begrenzungen enthalten; dann ist also R in jedem Punkt der Menge U höchstens $(k-1)$-dimensional; dann ist m. a. W. die Menge $U \cdot R^k$ leer. Wir haben also bewiesen: Wenn eine offene Menge U mit der Menge R^k einen höchstens $(k-2)$-dimensionalen Durchschnitt hat, dann ist die Menge $U \cdot R^k$ leer. Eine offene Menge U, welche mit R^k einen nichtleeren Durchschnitt hat, hat also mit R^k einen mindestens $(k-1)$-dimensionalen Durchschnitt; oder m. a. W.: Jede nichtleere in R^k offene Menge ist mindestens $(k-1)$-dimensional. Das ist aber die zu beweisende allgemeine Schluß behauptung des Theorems.

Aus ihr folgt unmittelbar die erste Hälfte des Theorems, daß nämlich in einem separabeln n-dimensionalen Raum jede nichtleere in der Menge R^n offene Menge mindestens $(n-1)$-dimensional ist.

Damit ist das zweite Fundamentaltheorem in allen Stücken bewiesen.

Vergleichen wir das zweite Fundamentaltheorem mit dem ersten, d. h. die Aussage, welche wir über die Dimensionsteile beliebiger separabler Räume herleiten konnten, mit der entsprechenden Aussage, welche wir für kompakte und halbkompakte Räume bewiesen haben, so fallen insbesondere zwei Unterschiede auf.

Vor allem folgender: Während das erste Fundamentaltheorem zeigt, daß in einem kompakten oder halbkompakten Raum R die Menge R^k, wofern sie nichtleer ist, *mindestens k-dimensional* ist, lehrt das zweite Fundamentaltheorem für beliebige separable Räume bloß, daß die Menge R^k, wofern sie nichtleer ist, *mindestens* $(k-1)$-*dimensional* ist. Insbesondere bestehen für einen n-dimensionalen separabeln Raum zwei Möglichkeiten: Die Menge R^n ist entweder n-dimensional oder $(n-1)$-dimensional. Wir wollen, so oft es uns darauf ankommt, diese beiden Fälle auseinanderzuhalten, einen Raum R, für den die Menge R^n n-dimensional ist, als **stark n-dimensional** bezeichnen und einen Raum R, für welchen die Menge R^n $(n-1)$-dimensional ist, **schwach n-dimensional** nennen. Stark n-dimensional sind dem ersten Fundamentaltheorem zufolge beispielsweise alle kompakten und halbkompakten n-dimensionalen Räume. Merkwürdigerweise kann aber auch der zweite Fall tatsächlich eintreten: *Es existieren*, wie wir im folgenden Abschnitt an einem Beispiel sehen werden, *schwach eindimensionale separable Räume.* Es ist demnach kein Zufall, wenn die Methode, welche wir zum Beweis des ersten Fundamentaltheorems verwendeten, für beliebige separable Räume versagt. Und es ist kein Mangel der zur Untersuchung beliebiger separabler Räume verwendeten Methode, wenn sie bloß ergibt, daß die Menge R^k mindestens $(k-1)$-dimensional ist. Alles, was hinsichtlich der Dimension der Mengen R^k ausgesagt werden kann, ist, daß sie *nicht weniger als* $(k-1)$-*dimensional* sind, und dies wurde im zweiten Fundamentaltheorem bewiesen. Der tiefere Grund für die Möglichkeit schwachdimensionaler Räume aber liegt offenbar in dem Satz von den Ausnahmsfällen hinsichtlich des verschärften Überdeckungsproblems.

Ein weiterer Unterschied zwischen den beiden ersten Fundamentaltheoremen liegt darin, daß das erste Theorem für jeden kompakten und halbkompakten Raum R eine Aussage über die Dimension der Mengen R^k *in jedem ihrer Punkte* enthält, während das zweite für beliebige separable Räume R bloß über die Dimension der Mengen R^k *schlechthin* und über die Dimension *der nichtleeren in R^k offenen Mengen* etwas aussagt. Die Frage, welche Dimension in einem beliebigen separabeln Raum R die Menge R^k *in ihren Punkten* besitzt, wird durch das zweite Fundamentaltheorem nicht gelöst und ist bisher überhaupt noch unentschieden, so daß sie hier ausdrücklich als ein noch offenes Problem formuliert werden möge:

Problem. *Ist in einem separabeln Raum R die Menge R^k* (von der wir wissen, daß jede nichtleere in ihr offene Menge mindestens $(k-1)$-dimensional ist) *in allen ihren Punkten mindestens* $(k-1)$-*dimensional oder enthält die Menge R^k unter Umständen Punkte, in denen sie weniger als* $(k-1)$-*dimensional ist?*

Historisches. Das zweite Fundamentaltheorem wurde von mir (Proc. Acad. Amsterdam *30*, 1926, S. 141) bewiesen.

4. Über schwach n-dimensionale Räume.

Wir geben zunächst ein Beispiel eines schwach eindimensionalen Raumes, und zwar konstruieren wir diesen Raum, was seine Anschaulichkeit sehr erhöht, als Teilmenge der Euklidischen Ebene. Die Menge M, die wir konstruieren, ist bloß in den Punkten einer abzählbaren (also nulldimensionalen) Menge eindimensional.

Wir bezeichnen in der Ebene mit $R(a, b, c, d)$ das abgeschlossene Rechteck, welches bestimmt wird durch die Geraden

$$x = a,\ x = b,\ y = c,\ y = d\ (a < b,\ c < d).$$

Es sei $R^* = R(a, b, c, d)$ irgendein gegebenes Rechteck. Wir definieren für jede natürliche Zahl n abgeschlossene Rechtecke $R_{2n-1}(R^*)$ und $R_{2n}(R^*)$ durch die Festsetzungen

$$R_{2n-1}(R^*) = R\left(\frac{a+b}{2} - \frac{b-a}{2^{2n-1}},\ \frac{a+b}{2} - \frac{b-a}{2^{2n}},\ \frac{c+d}{2},\ d\right)$$

$$R_{2n}(R^*) = R\left(\frac{a+b}{2} + \frac{b-a}{2^{2n}},\ \frac{a+b}{2} + \frac{b-a}{2^{2n-1}},\ c,\ \frac{c+d}{2}\right).$$

Offenbar ist für jede natürliche Zahl k das Rechteck $R_k(R^*)$ Teilmenge von R^*, und es sind die Seitenlängen von $R_k(R^*)$ nicht größer als die Hälfte der entsprechenden Seitenlängen von R^*. Die Rechtecke $R_{2n-1}(R^*)$ mit ungeraden Indizes befinden sich im linken oberen Viertel von R^*, die Rechtecke $R_{2n}(R^*)$ mit geraden Indizes befinden sich im rechten unteren Viertel von R^*.

Wir setzen nun $R_0 = R(0, 1, 0, 1)$ und schreiben der Kürze halber $R_{n_1} = R_{n_1}(R_0)$, $R_{n_1, n_2} = R_{n_2}(R_{n_1}(R_0))$, $R_{n_1, n_2, n_3} = R_{n_3}(R_{n_2}(R_{n_1}(R_0)))$, ... usw. Beim k-ten Schritt erhalten wir Rechtecke

$$R_{n_1, n_2, \ldots n_k}\ (n_1, n_2, \ldots n_k = 1, 2, \ldots \text{ ad inf.}),$$

welche wir die Rechtecke des k-ten Schrittes nennen. Offenbar sind die Seiten sämtlicher Rechtecke des k-ten Schrittes $\leq \frac{1}{2^k}$. Die Gesamtheit aller Rechtecke, welche bei irgendeinem k-ten Schritt auftreten ($k = 1, 2, \ldots$ ad inf.), ist ein abzählbares System von Rechtecken

$$\{R_{n_1, n_2, \ldots n_k}\}\quad (n_i = 1, 2, \ldots \text{ ad inf.},\ i = 1, 2, \ldots \text{ ad inf.},\ k = 1, 2, \ldots \text{ ad inf.}).$$

Wir bezeichnen mit S_k die Summe der Rechtecke des k-ten Schrittes, d. h. die Menge aller Punkte, welche in einem der Rechtecke

$$R_{n_1, n_2, \ldots n_k} (n_1, n_2, \ldots n_k = 1, 2, \ldots \text{ ad inf.})$$

enthalten sind, und setzen

$$P = \prod_{k=1}^{\infty} S_k.$$

Ferner bezeichnen wir mit Q die Menge aller Mittelpunkte der Rechtecke des Systems $R_{n_1, n_2, \ldots, n_k}$. Mit Rücksicht auf die Abzählbarkeit des Rechtecksystems ist die Menge Q abzählbar.

Wir setzen nun $$M = P + Q$$

und wollen zweierlei zeigen: *Erstens*, daß die Menge M in allen Punkten der Menge P nulldimensional ist und demnach höchstens in Punkten der abzählbaren Menge Q mehr als nulldimensional sein kann. *Zweitens*, daß die Menge M tatsächlich mehr als nulldimensional ist.

Der *erste* Teil unserer Aufgabe besteht im Nachweis, daß die Menge M in allen Punkten der Menge P nulldimensional ist. Es sei p irgendein Punkt der Menge P. Da die Menge P ihrer Definition zufolge Durchschnitt der Mengen S_k ist, ist der Punkt p für jede natürliche Zahl k in der Menge S_k enthalten. Da die Menge S_k ihrer Definition zufolge Summe aller Rechtecke $R_{n_1, n_2, \ldots, n_k}$ des k-ten Schrittes ist, ist der Punkt p für jede natürliche Zahl k in einem Rechteck $R_{n_1, n_2, \ldots, n_k}$ des k-ten Schrittes enthalten. Da die Seitenlängen der Rechtecke des k-ten Schrittes $\leqq \frac{1}{2^k}$ sind, ist also der Punkt p in beliebig kleinen Rechtecken des Systems $\{R_{n_1, n_2, \ldots, n_k}\}$ enthalten. Wenn wir also nachweisen, daß für jedes Rechteck $R_{n_1, n_2, \ldots, n_k}$ die Menge $M \cdot R_{n_1, n_2, \ldots, n_k}$ sowohl in M abgeschlossen als auch in M offen ist, so ist bewiesen, daß der Punkt p in beliebig kleinen Mengen enthalten ist, die in M sowohl abgeschlossen als offen sind; damit ist dann also (vgl. S. 88) bewiesen, daß die Menge M im Punkte p nulldimensional ist. Nun ist tatsächlich die Menge $M \cdot R_{n_1, n_2, \ldots, n_k}$, als Durchschnitt von M mit einer abgeschlossenen Menge, in M abgeschlossen. Die Menge $M \cdot R_{n_1, n_2, \ldots, n_k}$ ist aber in M auch offen, d. h. sie enthält keinen Häufungspunkt der Menge $M - M \cdot R_{n_1, n_2, \ldots, n_k}$. Um dies einzusehen, hat man nur zu bedenken, daß das Rechteck $R_{n_1, n_2, \ldots, n_k}$ von allen übrigen Rechtecken des k-ten Schrittes und auch von allen in ihm nicht enthaltenen Punkten der Menge Q einen Abstand hat, der die Hälfte der Basis von $R_{n_1, n_2, \ldots, n_k}$ nicht unterschreiten kann. Damit ist also bewiesen, daß die Menge M in p nulldimensional ist.

Um *zweitens* zu zeigen, daß die Menge M mehr als nulldimensional ist, sind einige Vorbemerkungen nötig. Ist ein Reckteck $R = R(a, b, c, d)$ gegeben, so bezeichnen wir

mit $K(R)$ den Eckpunkt links oben von R, d. h. den Punkt mit den Koordinaten (a, d),

mit $L(R)$ den Eckpunkt rechts unten von R, d. h. den Punkt mit den Koordinaten (b, c), mit $F(R)$ den Mittelpunkt der unteren Kante von R, d. h. den Punkt mit den Koordinaten $\left(\frac{a+b}{2}, c\right)$,

mit $G(R)$ den Mittelpunkt der oberen Kante von R, d. h. den Punkt mit den Koordinaten $\left(\frac{a+b}{2}, d\right)$,

mit $C(R)$ den Mittelpunkt von R, d. h. den Punkt mit den Koordinaten $\left(\frac{a+b}{2}, \frac{c+d}{2}\right)$.

Betrachten wir den Punkt $K(R_{n_1, n_2, \ldots, n_k})$, d. h. den Eckpunkt links oben des Rechteckes $R_{n_1, n_2, \ldots, n_k}$. Dieser Punkt ist offenbar auch der linke obere Eckpunkt der Rechtecke

$$R_{n_1, n_2, \ldots, n_k, 1}, \quad R_{n_1, n_2, \ldots, n_k, 1, 1}, \ldots, \quad R_{n_1, n_2, \ldots, n_k, 1, 1, \ldots 1},$$

usw. Dieser Punkt gehört also den Mengen S_k, $S_{k+1}, \ldots, S_{k+m}, \ldots$ an, also auch den Mengen $S_1, S_2, \ldots S_{k-1}$ und mithin dem Durchschnitt aller Mengen S_k, d. i. der Menge P. Entsprechend gilt

$$L(R_{n_1, n_2, \ldots, n_k}) = L(R_{n_1, n_2, \ldots, n_k, 2}) = L(R_{n_1, n_2, \ldots, n_k, 2, 2}) = \ldots$$
$$= L(R_{n_1, n_2, \ldots, n_k, 2, 2, \ldots 2}).$$

Auch der rechte untere Eckpunkt eines Rechteckes $\{R_{n_1, n_2, \ldots, n_k}\}$ gehört also für jedes k zur Menge S_k und mithin zur Menge P. Da P Teilmenge von M ist, sehen wir also: *Die rechten unteren und die linken oberen Eckpunkte der Rechtecke des Systems* $\{R_{n_1, n_2, \ldots, n_k}\}$ sind Punkte der Menge M.

Ferner bestätigt man in einfachster Weise: Wenn für irgendein Rechteck R die Rechtecksfolgen $R_{2n-1}(R)$ und $R_{2n}(R)$ gebildet werden, so konvergieren die rechten unteren Eckpunkte der Rechtecke $R_{2n}(R)$ gegen den Punkt $F(R)$, und es konvergieren die linken oberen Eckpunkte der Rechtecke $R_{2n-1}(R)$ gegen den Punkt $G(R)$. Angewendet auf die Rechtecke des Systems $\{R_{n_1, n_2, \ldots, n_k}\}$ ergibt dies die Formeln

$$\lim_{n=\infty} K(R_{n_1, n_2, \ldots, n_k, 2n-1}) = G(R_{n_1, n_2, \ldots, n_k}),$$

$$\lim_{n=\infty} L(R_{n_1, n_2, \ldots, n_k, 2n}) = F(R_{n_1, n_2, \ldots, n_k}).$$

Da die rechten unteren und die linken oberen Eckpunkte von Rechtecken des Systems $R_{n_1, n_2, \ldots, n_k}$, wie wir festgestellt haben, Punkte der Menge M sind, *so sind* also *die Mittelpunkte der oberen und der unteren Kanten von Rechtecken des Systems* $\{R_{n_1, n_2, \ldots, n_k}\}$ *Häufungspunkte der Menge* M.

Endlich sieht man mühelos ein: Werden für ein Rechteck R die Rechtecksfolgen $R_{2n-1}(R)$ und $R_{2n}(R)$ gebildet, so konvergieren die Mittelpunkte der unteren Kanten der Rechtecke $R_{2n-1}(R)$ mit ungeraden Indizes und ebenso die Mittelpunkte der oberen Kanten der Rechtecke $R_{2n}(R)$ mit geraden Indizes gegen den Mittelpunkt $C(R)$ von R. Es konvergieren die

Mittelpunkte der oberen Kanten der Rechtecke $R_{2n-1}(R)$ gegen den Punkt $G(R)$, d. i. gegen den Mittelpunkt der oberen Kante von R; und es konvergieren die Mittelpunkte der unteren Kanten der Rechtecke $R_{2n}(R)$ gegen den Punkt $F(R)$, d. i. gegen den Mittelpunkt der unteren Kante von R. Auf die Rechtecke des Systems $\{R_{n_1, n_2, \ldots, n}\}$ angewendet, ergibt dies die Formeln

$$(\dagger) \qquad \lim_{n=\infty} F(R_{n_1, n_2, \ldots, n_k, 2n-1}) = \lim_{n=\infty} G(R_{n_1, n_2, \ldots, n_k, 2n}) = C(R_{n_1, n_2, \ldots, n_k}),$$

$$(\dagger\dagger) \qquad \lim_{n=\infty} G(R_{n_1, n_2, \ldots, n_k, 2n-1}) = G(R_{n_1, n_2, \ldots, n_k}),$$

$$(\dagger\dagger\dagger) \qquad \lim_{n=\infty} F(R_{n_1, n_2, \ldots, n_k, 2n}) = F(R_{n_1, n_2, \ldots, n_k}).$$

Es liege nun irgendeine Zerlegung der Menge M in zwei zueinander fremde, in M abgeschlossene Teilmengen A und B vor, $M = A + B$. (Übrigens ist in diesem Abschnitt stets, wenn kurz von einer *Zerlegung* von M die Rede ist, eine Zerlegung *in zwei zueinander fremde, in M abgeschlossene Teilmengen* gemeint.) Wir wollen sagen, *das Rechteck R wird durch die gegebene Zerlegung $M = A + B$ zerrissen*, wenn der Punkt $F(R)$ einen Abstand > 0 von dem einen Summanden der Menge M, etwa von A, und der Punkt $G(R)$ einen Abstand > 0 von dem anderen Summanden der Menge M, von B, hat. Wir werden weiter unten sehen, daß die Rechtecke des Systems $\{R_{n_1, n_2, \ldots, n_k}\}$ durch keine Zerlegung $M = A + B$ der Menge M zerrissen werden können, und hieraus wird sich ergeben, daß die Menge M mehr als nulldimensional ist.

Zunächst zeigen wir: *Wenn das Rechteck $R_{n_1, n_2, \ldots, n_k}$ durch eine gegebene Zerlegung $M = A + B$ zerrissen wird, so wird auch eines der Rechtecke $R_{n_1, n_2, \ldots, n_k, n}$* ($n = 1, 2, \ldots$ ad inf.), d. h. eines der in $R_{n_1, n_2, \ldots, n_k}$ enthaltenen Rechtecke des $(k+1)$ten Schrittes, *durch die Zerlegung $M = A + B$ zerrissen.* Da das Rechteck $R_{n_1, n_2, \ldots, n_k}$ nach Annahme durch die Zerlegung $M = A + B$ zerrissen wird, so können wir, indem wir eventuell die Bezeichnungen der Mengen A und B vertauschen, annehmen, daß der Punkt $f = F(R_{n_1, n_2, \ldots, n_k})$ einen positiven Abstand von der Menge A und der Punkt $g = G(R_{n_1, n_2, \ldots, n_k})$ einen positiven Abstand von der Menge B hat. Es existiert also eine Umgebung $U(f)$, so daß $M \cdot U(f) \subset B$ gilt, und es existiert eine Umgebung $V(g)$, so daß $M \cdot V(g) \subset A$ gilt.

Wir betrachten nun den Punkt $q = C(R_{n_1, n_2, \ldots, n_k})$. Als Mittelpunkt eines Rechteckes des Systems $\{R_{n_1, n_2, \ldots, n_k}\}$ ist q Punkt der Menge Q, also Punkt von M. Der Punkt q gehört daher einer der Mengen A und B an; da A und B fremd sind, gehört q genau einer der beiden Mengen A und B an.

Wir betrachten *erstens* den Fall, daß der Punkt q zu A gehört. In diesem Fall existiert, da die Menge B in M abgeschlossen ist, eine Umgebung $Z(q)$, so daß $M \cdot Z(q) \subset A$ gilt. In diesem Fall werden fast alle Rechtecke $R_{n_1, n_2, \ldots, n_k, 2n}$ ($n = 1, 2, \ldots$ ad inf.) durch die Zerlegung $M = A + B$ zerrissen. Denn nach Formel (†) konvergieren die Punkte $G(R_{n_1, n_2, \ldots, n_k, 2n})$ ($n = 1, 2, \ldots$ ad inf.) gegen den Punkt q. Fast alle von ihnen liegen daher in der offenen Menge $Z(q)$ und haben deshalb einen positiven Abstand von der Menge B. Nach Formel (†††) konvergieren die Punkte $F(R_{n_1, n_2, \ldots, n_k, 2n})$ ($n = 1, 2, \ldots$ ad inf.) gegen den Punkt f. Fast alle von ihnen liegen daher in $U(f)$ und haben deshalb einen positiven Abstand von der Menge A. Für fast alle von den Rechtecken $R_{n_1, n_2, \ldots, n_k, 2n}$ haben daher die Mittelpunkte der oberen Kante einen positiven Abstand von B, die Mittelpunkte der unteren Kante einen positiven Abstand von A, d. h. fast alle von den Rechtecken

$$R_{n_1, n_2, \ldots, n_k, 2n} \quad (n = 1, 2, \ldots \text{ ad inf.})$$

werden durch die Zerlegung $M = A + B$ zerrissen.

Liegt *zweitens* der Punkt q in B, so beweist man ganz analog, indem man bloß statt der Formel (†††) die Formel (††) heranzieht, daß für fast alle Rechtecke $R_{n_1, n_2, \ldots, n_k, 2n-1}$ ($n = 1, 2, \ldots$ ad inf.) die Mittelpunkte der oberen Kante einen positiven Abstand von B und die Mittelpunkte der unteren Kante einen positiven Abstand von A haben, daß also fast alle Rechtecke $R_{n_1, n_2, \ldots, n_k, 2n-1}$ ($n = 1, 2, \ldots$ ad inf.) durch die Zerlegung $M = A + B$ zerrissen werden.

Jedenfalls existiert also, wenn das Rechteck $R_{n_1, n_2, \ldots, n_k}$ durch die Zerlegung $M = A + B$ zerrissen wird, eine natürliche Zahl n_{k+1}, so daß auch das Rechteck $R_{n_1, n_2, \ldots, n_k, n_{k+1}}$ durch die Zerlegung $M = A + B$ zerrissen wird. Daraus ergibt sich durch vollständige Induktion: Wenn das Rechteck $R_{n_1, n_2, \ldots, n_k}$ durch die Zerlegung $M = A + B$ zerrissen wird, so existiert eine mit den Zahlen $n_1, n_2, \ldots, n_k$ beginnende unendliche Folge von natürlichen Zahlen $n_1, n_2, \ldots, n_k, n_{k+1}, \ldots, n_{k+m}, \ldots$, so daß jedes Rechteck $R_{n_1, n_2, \ldots, n_k}, R_{n_1, n_2, \ldots, n_k, n_{k+1}}, \ldots, R_{n_1, n_2, \ldots, n_k, n_{k+1}, \ldots, n_{k+m}}, \ldots$ durch die Zerlegung $M = A + B$ zerrissen wird. Wir setzen der Kürze halber für $m \geqq k$ $R^m = R_{n_1, n_2, \ldots, n_k, n_{k+1}, \ldots, n_{k+m}}$. Es ist dann R^m ein Reckteck des $(m + k)$ten Schrittes des Systems $\{R_{n_1, n_2, \ldots, n_k}\}$; seine Kantenlängen sind demnach $\leqq \frac{1}{2^{m+k}}$. Wir haben also bewiesen: *Wenn durch eine Zerlegung $M = A + B$ ein Rechteck des Systems $\{R_{n_1, n_2, \ldots, n_k}\}$ zerrissen wird, so existiert eine Folge $\{R^m\}$ ($m = 1, 2, \ldots$ ad inf.) von ineinander geschachtelten Rechtecken des Systems $\{R_{n_1, n_2, \ldots, n_k}\}$, deren Durchmesser gegen Null konvergieren und die sämtlich durch die Zerlegung $M = A + B$ zerrissen werden.*

Wir wollen nun zeigen: *Ist $M = A + B$ eine gegebene Zerlegung von M, so kann eine Folge von ineinander geschachtelten Rechtecken des Systems*

$\{R_{n_1, n_2, \ldots, n_k}\}$, *deren Durchmesser gegen Null konvergieren und die sämtlich durch die Zerlegung* $M = A + B$ *zerrissen werden, nicht existieren.* Damit ist dann nach dem eben Bewiesenen gezeigt, daß jedes der Rechtecke des Systems $\{R_{n_1, n_2, \ldots, n_k}\}$ durch keine Zerlegung $M = A + B$ zerrissen werden kann.

Wir haben also einen Widerspruch herzuleiten aus der Annahme, es sei $M = A + B$ eine Zerlegung von M in zwei zueinander fremde, in M abgeschlossene Teilmengen, und es sei $\{R^n\}$ ($n = 1, 2, \ldots$ ad inf.) eine Folge von ineinander geschachtelten Rechtecken des Systems $\{R_{n_1, n_2, \ldots, n_k}\}$, deren Durchmesser gegen Null konvergieren und die sämtlich durch die Zerlegung $M = A + B$ zerrissen werden. Wir betrachten zu diesem Zweck die Menge $\prod\limits_{n=1}^{\infty} R^n$. Da die Rechtecke R^n eine monoton abnehmende Folge nichtleerer abgeschlossener Teilmengen eines Rechteckes R_0, also einer kompakten Menge bilden, ist die Menge $\prod\limits_{n=1}^{\infty} R^n$ nichtleer. Da die Kantenlängen der Rechtecke R^n gegen Null konvergieren, enthält die Menge $\prod\limits_{n=1}^{\infty} R^n$ nicht mehr als einen Punkt. Die Menge $\prod\limits_{n=1}^{\infty} R^n$ enthält also genau einen Punkt, den wir mit r bezeichnen wollen. Der Punkt r liegt in $S_k, S_{k+1}, \ldots, S_{k+m}, \ldots$, also auch in $S_1, S_2, \ldots, S_{k-1}$, und daher in der Menge $P = \prod\limits_{k=1}^{\infty} S_k$. Der Punkt r liegt mithin in der Menge M.

Wir setzen nun $\quad f_n = F(R^n), \quad g_n = G(R^n).$

f_n und g_n sind also die Mittelpunkte der unteren und oberen Kanten von R^n. Als Mittelpunkte unterer bzw. oberer Kanten von Rechtecken des Systems $\{R_{n_1, n_2, \ldots, n_k}\}$ sind die Punkte f_n und g_n nach dem, was oben bewiesen wurde, Häufungspunkte von M. Da die Rechtecke R^n ($n = 1, 2, \ldots$ ad inf.) nach Annahme durch die Zerlegung $M = A + B$ zerrissen werden, hat in jedem Rechteck R^n der Punkt f_n einen Abstand > 0 von einer der beiden Mengen A und B, während der Punkt g_n einen Abstand > 0 von der anderen dieser beiden Mengen hat. Daraus folgt, daß in jedem Rechteck R^n einer der beiden Punkte f_n und g_n Häufungspunkt der Menge A, der andere der beiden Punkte f_n und g_n Häufungspunkt der Menge B ist. Daraus folgt weiter, daß der Punkt r, welcher den Durchschnitt der Rechtecke R^n ($n = 1, 2, \ldots$ ad inf.) bildet, Häufungspunkt sowohl von der Menge A als auch von der Menge B ist. Da r, wie wir sahen, Punkt von M ist, widerspricht dies der Voraussetzung, daß die Mengen A und B fremd und in M abgeschlossen sind. Damit ist aus der Annahme der Existenz einer Folge von ineinander geschachtelten Rechtecken des Systems $\{R_{n_1, n_2, \ldots, n_k}\}$, deren Durchmesser gegen Null konvergieren und die sämtlich durch eine Zerlegung $M = A + B$ zerrissen werden, ein Widerspruch hergeleitet. Aus dem früher Bewiesenen ergibt sich hieraus, *daß kein Rechteck des Systems* $R_{n_1, n_2, \ldots, n_k}$ *durch eine Zerlegung* $M = A + B$ *zerrissen wird.*

Auf Grund dieser Tatsache können wir nun leicht einsehen, daß die Menge M mehr als nulldimensional (und zwar in jedem Punkt der abzählbaren Menge Q mehr als nulldimensional) ist. Wir zeigen insbesondere, *daß die Menge* M *im Punkt* $C(R_0)$, d. h. im Mittelpunkt des Ausgangsrechteckes, im Punkt mit den Koordinaten $(\frac{1}{2}, \frac{1}{2})$, *mehr als nulldimensional ist.* Wir nennen diesen Punkt der Kürze halber q, bezeichnen mit R das offene Quadrat, dessen abgeschlossene Hülle R_0 ist und zeigen: Die Begrenzung von jeder hinlänglich kleinen Umgebung des Punktes q, nämlich von jeder Umgebung $U(q)$, die $\lll R$ ist, hat mit der Menge M Punkte gemein. Wir bezeichnen mit f den Punkt $F(R_0)$, d. i. den Punkt mit den Koordinaten $(\frac{1}{2}, 0)$, mit g den Punkt $G(R_0)$, d. i. den Punkt mit den Ko ordinaten $(\frac{1}{2}, 1)$. Um unsere Behauptung zu beweisen, zeigen wir: Ist $U(q)$ irgendeine Umgebung des Punktes q, deren Begrenzung zur Menge M fremd ist, so sind die Punkte f und g Häufungspunkte von $U(q)$. Wenn das gezeigt ist, steht fest, daß eine $U(q)$ mit zu M fremder Begrenzung nicht $\lll R$ sein kann.

Betrachten wir nun die Zerlegung $M = M \cdot U(q) + (M - M \cdot U(q))$. Da die Begrenzung der offenen Menge $U(q)$ zu M fremd ist, sind die beiden Summanden auf der rechten Seite in M abgeschlossen und zueinander fremd. Kein Rechteck des Systems $\{R_{n_1, n_2, \ldots, n_k}\}$ wird also dem oben Bewiesenen zufolge durch die erwähnte Zerlegung zerrissen. Nun ist der Formel (†) zufolge der Punkt $q = C(R_0)$ Häufungspunkt der Punkte $F(R_{2n-1})$ und der Punkte $G(R_{2n})$ $(n = 1, 2, \ldots$ ad inf.). Fast alle Punkte dieser beiden Punktefolgen liegen daher in der Menge $U(q)$ und haben mithin einen Abstand > 0 von der Menge $M - M \cdot U(q)$. Da die Rechtecke R_{2n-1} und die Rechtecke R_{2n} durch die Zerlegung

$$M = M \cdot U(q) + (M - M \cdot U(q))$$

nicht zerrissen werden, so folgt, daß für fast alle Rechtecke R_{2n-1} die Punkte $G(R_{2n-1})$ und für fast alle Rechtecke R_{2n} die Punkte $F(R_{2n})$ von der Menge $U(q)$ keinen Abstand > 0 haben können. M. a. W.: Fast alle Punkte $G(R_{2n-1})$ und $F(R_{2n})$ sind Häufungspunkte der Menge $U(q)$. Daher sind auch die Punkte f und g, welche den Formeln (††) und (†††) zufolge Häufungspunkte der Punktefolgen $F(R_{2n})$ bzw. $G(R_{2n-1})$ sind, Häufungspunkte der Menge $U(q)$, was wir eben zeigen wollten.

Damit ist bewiesen, *daß die Menge* M *mehr als nulldimensional ist,* und da M, wie vorher gezeigt wurde, höchstens in den Punkten der abzählbaren (also nulldimensionalen) Menge Q mehr als nulldimensional ist, ist damit der Beweis dafür vollendet, *daß M eine schwach eindimensionale Menge ist.* Eine Menge, welche so wie die eben konstruierte nicht nur bloß in den Punkten einer nulldimensionalen, sondern sogar *bloß in den Punkten einer abzählbaren Teilmenge eindimensional ist,* wollen wir als **äußerst schwach eindimensional** bezeichnen.

Ist R ein äußerst schwach eindimensionaler Raum, R^1 der abzählbare erste Dimensionsteil von R, so ist R in allen Punkten der Menge $R - R^1$ nulldimensional. Mithin ist erst recht die Menge $R - R^1$ in allen ihren Punkten nulldimensional, und wir sehen also: *Ein äußerst schwach eindimensionaler Raum ist rational eindimensional.*

Wir leiten nun eine Aussage betreffend die Existenz von schwach n-dimensionalen Räumen ($n > 1$) her und schicken dem Beweis zwei Hilfssätze voraus, welche sich mit den Produkträumen (S. 71) befassen.

Hilfssatz 1. *Ist der Raum R in seinem Punkt p nulldimensional und der Raum R' in seinem Punkt p' nulldimensional, so ist der Raum $R \times R'$ in seinem Punkt (p, p') nulldimensional.*

Wenn R in p und R' in p' nulldimensional ist, so ist p in einer auf p sich zusammenziehenden Folge von Teilmengen $\{U_k\}$ ($k = 1, 2, \ldots$ ad inf.) von R enthalten, die in R sowohl abgeschlossen als auch offen sind, und p' ist in einer auf p' sich zusammenziehenden Folge $\{U'_k\}$ ($k = 1, 2, \ldots$ ad inf.) von Teilmengen von R' enthalten, die in R' sowohl abgeschlossen als auch offen sind. Jede der Mengen $U_k \times U'_k$ ($k = 1, 2, \ldots$ ad inf.) ist (vgl. S. 71) im Raum $R \times R'$ sowohl abgeschlossen als auch offen, und die Folge der Mengen $\{U_k \times U'_k\}$ ($k = 1, 2, \ldots$ ad inf.) zieht sich (vgl. S. 71) auf den Punkt (p, p') zusammen. Also ist der Raum $R \times R'$ im Punkt (p, p') nulldimensional.

Hilfssatz 1 ist natürlich auf das Produkt einer beliebigen endlichen Anzahl von Faktorräumen ausdehnbar und für die Produkte nulldimensionaler *Teilmengen* von Räumen formulierbar.

Im folgenden beschränken wir uns der Einfachheit halber auf Produkte aus gleichen Faktoren oder, wie wir kurz sagen, auf *Potenzen* von Räumen. Wir bezeichnen, wenn R ein vorgelegter Raum ist, mit $(R)^n$ den aus n Faktoren aufgebauten Produktraum $R \times R \times \cdots \times R$, d. i. die Menge aller geordneten n-Tupel von Punkten aus R. Die einen Punkt von $(R)^n$ kennzeichnenden n Punkte von R in ihrer bestimmten Reihenfolge nennen wir die n *Koordinaten* des betreffenden Punktes von $(R)^n$.

Es sei nun R ein vorgelegter rational eindimensionaler Raum, also $= A + B$, wo A abzählbar ist und B eine zu A fremde nulldimensionale Menge bedeutet. Wir bezeichnen für eine gegebene natürliche Zahl n mit

Damit in einem n-dimensionalen kompakten oder halbkompakten Raum R die Menge $\overline{R^n}$ *homogen n-dimensional* (d. h. in allen ihren Punkten n-dimensional) *sei, ist notwendig und hinreichend, daß sie mit der Menge* R^n *identisch ist, also m. a. W. daß die Menge* R^n *abgeschlossen ist.*

Für beliebige separable Räume ergibt das zweite Fundamentaltheorem, daß die Menge R^k mindestens $(k-1)$-dimensional ist. Daraus folgt für die Menge $\overline{R^k}$, daß sie *mindestens* $(k-1)$*-dimensional* ist. Es gilt aber mehr: Die Menge $\overline{R^k}$ verhält sich nämlich in jedem beliebigen separabeln Raum so, wie unserer Feststellung zufolge in kompakten Räumen. Es gilt folgendes

Drittes Fundamentaltheorem (Theorem von den abgeschlossenen Hüllen der Dimensionsteile). *In einem n-dimensionalen separabeln Raum R ist die abgeschlossene Hülle* $\overline{R^n}$ *der Menge* R^n *in jedem Punkt der Menge* R^n *n-dimensional, in jedem anderen Punkt weniger als n-dimensional. Allgemein ist in einem separabeln Raum R für jede natürliche Zahl k die Menge* $\overline{R^k}$ *in jedem Punkt von* R^k *mindestens k-dimensional, in jedem anderen Punkt weniger als k-dimensional.*

Wir beweisen sogleich die allgemeine Schlußbehauptung. Daß die Menge $\overline{R^k}$ in jedem Punkt der Menge $R-R^k$ höchstens $(k-1)$-dimensional ist, folgt daraus, daß ja der ganze Raum R in jedem Punkte von $R-R^k$ höchstens $(k-1)$-dimensional ist. Wir haben noch zu zeigen, daß die Menge $\overline{R^k}$ in jedem Punkt von R^k mindestens k-dimensional ist. Wir können diese Behauptung auch so ausdrücken: Ist p ein Punkt, in dem die Menge $\overline{R^k}$ höchstens $(k-1)$-dimensional ist, dann ist auch der Raum R im Punkt p höchstens $(k-1)$-dimensional, dann ist also p ein Punkt von $R-R^k$.

Es sei also p ein Punkt, in dem die Menge $\overline{R^k}$ höchstens $(k-1)$-dimensional ist. Wir betrachten die Menge $R-\overline{R^k}$. Als Komplement einer abgeschlossenen Menge ist $R-\overline{R^k}$ ein F_σ (vgl. S. 67). Ferner ist die Menge $R-\overline{R^k}$ höchstens $(k-1)$-dimensional, denn es ist ja sogar der Raum R in jedem Punkt von $R-\overline{R^k}$ höchstens $(k-1)$-dimensional. Der Raum ist also Summe der im Punkt p höchstens $(k-1)$-dimensionalen abgeschlossenen Menge $\overline{R^k}$ und der höchstens $(k-1)$-dimensionalen F_σ-Menge $R-\overline{R^k}$. Also ist R nach dem verschärften Summensatz im Punkte p höchstens $(k-1)$-dimensional, w. z. b. w.

Historisches. Die Aussage des dritten Fundamentaltheorems hinsichtlich kompakter Räume habe ich (Monatshefte f. Math. u. Phys. *34,* S. 144) bewiesen. Dieser Fall wurde auch von Urysohn (Fund. Math. *8,* S. 270) bewiesen. Für beliebige separable Räume wurde das Theorem von Hurewicz (Math. Ann. *96,* S. 762) und von Tumarkin (Math. Ann. *98,* S. 652) bewiesen.

7. Das vierte Fundamentaltheorem.

Dem ersten Fundamentaltheorem zufolge sind unter den n-dimensionalen separabeln Räumen die kompakten und halbkompakten Räume stark n-dimensional, d. h. in diesen Räumen ist die Menge R^n n-dimensional. Wir wissen, daß in diesen Räumen die Menge R^n sogar homogen n-dimensional ist.

Man sieht an einfachen Beispielen, daß auch in nicht-halbkompakten separabeln n-dimensionalen Räumen die Menge R^n bisweilen homogen n-dimensional ist. Bezeichnen wir z. B. mit G den R_1, mit J die Menge aller irrationalen Punkte der Geraden, als Raum betrachtet, so ist der Produktraum $G \times J$ sicherlich nicht halbkompakt, aber doch ein stark eindimensionaler Raum; der erste Dimensionsteil dieses Raumes ist sogar homogen eindimensional.

n-dimensionale Räume, die *nicht* stark n-dimensional sind, stellen also auch unter den separabeln Räumen gleichsam Ausnahmefälle dar, und es ergibt sich daher die Frage, unter welchen Bedingungen ein n-dimensionaler separabler Raum stark n-dimensional ist oder, wie wir auch sagen wollen, *die Frage nach hinreichenden Bedingungen für starke Dimensionalität.*

Wir leiten zunächst aus dem Fundamentallemma, welches wir zum Beweis des ersten Theorems herangezogen haben, einen Satz her, der folgenden Sinn hat: Wenn in einem Raum R die Menge $R - R^k$ eine gewisse Eigenschaft hat, welche wir kurz als *Überdeckbarkeitseigenschaft* bezeichnen, dann ist in jedem Punkt, in welchem die Menge R^k weniger als k-dimensional ist, auch der Raum R weniger als k-dimensional.

Voraussetzungen. *Es sei k eine natürliche Zahl, p ein Punkt des separabeln Raumes R, in welchem die Menge R^k höchstens $(k-1)$-dimensional ist. Die Menge $R - R^k$ besitze folgende*

Überdeckbarkeitseigenschaft. *Ist A irgendeine in $R - R^k$ abgeschlossene Menge und U eine A enthaltende offene Menge, dann existiert eine Folge $\{V_j\}$ $(j = 1, 2, \ldots$ ad inf.$)$ von Umgebungen von A, so daß $\bar{A} = \prod_{j=1}^{\infty} \bar{V}_j$ gilt, ferner eine höchstens $(k-2)$-dimensionale Teilmenge P von A und eine Folge $\{U_i\}$ $(i = 1, 2, \ldots$ evtl. ad inf.$)$ von offenen Mengen, von denen jede $\subseteq U$ ist und eine höchstens $(k-2)$-dimensionale Begrenzung besitzt, so daß*

1. $A - P \subset \sum_{i=1}^{\infty} U_i$,

2. jede der Umgebungen V_j von A fast alle Mengen U_i als Teilmengen enthält.

Behauptung. *Der Raum R ist im Punkt p höchstens $(k-1)$-dimensional.*

Zum Beweise der Behauptung geben wir eine Umgebung $Z(p)$ vor und zeigen, daß eine Umgebung $U^*(p) \subset Z(p)$ existiert, deren Begrenzung höchstens $(k-2)$-dimensional ist. Betrachten wir nämlich irgendeine Umgebung $U(p) \Subset Z(p)$. Die Begrenzung von $U(p)$ heiße B. Da $U(p) \Subset Z(p)$ vorausgesetzt ist, gilt $B \subset Z(p)$. Die Menge $B \cdot (R - R^k)$, welche wir kurz A nennen, ist in der Menge $R - R^k$ abgeschlossen. Da A Teilmenge von B ist, gilt $A \subset Z(p)$. Wegen der vorausgesetzten Überdeckbarkeitsbedingung existiert zu der in $R - R^k$ abgeschlossenen Menge A und zu der A enthaltenden offenen Menge $Z(p)$ eine Folge $\{V_j\}$ $(j = 1, 2, \ldots$ ad inf.) von Umgebungen von A, für die $\bar{A} = \prod_{j=1}^{\infty} \overline{V}_j$ gilt, eine höchstens $(k-2)$-dimensionale Teilmenge P von A und eine Folge $\{U_i\}$ von offenen Mengen, von denen jede $\Subset Z(p)$ ist und eine $(k-2)$-dimensionale Begrenzung besitzt, so daß

1. $A - P \subset \sum_{i=1}^{\infty} U_i$ gilt,

2. jede der Umgebungen V_j von A fast alle Mengen U_i als Teilmengen enthält.

Damit sind aber die Voraussetzungen des Fundamentallemmas (S. 129) erfüllt, und das Fundamentallemma ergibt mithin: Es existiert eine Umgebung $U^*(p) \subset Z(p)$, deren Begrenzung höchstens $(k-2)$-dimensional ist, w. z. b. w.

Aus dem Bewiesenen ergibt sich: *Wenn im n-dimensionalen Raum R die Menge $R - R^n$ die erwähnte Überdeckbarkeitseigenschaft besitzt, dann ist die Menge R^n homogen n-dimensional.* Sei nämlich p ein vorgelegter Punkt der Menge R^n. Wäre die Menge R^n in p höchstens $(n-1)$-dimensional, so wäre dem Bewiesenen zufolge auch der Raum R im Punkt p höchstens $(n-1)$-dimensional; dies aber widerspricht der Annahme, daß p ein Punkt von R^n ist. Also muß R^n in p n-dimensional sein, und da dies für jeden Punkt von R^n gilt, ist damit die Behauptung bewiesen. Die Überdeckbarkeitseigenschaft von $R - R^n$ liefert also eine hinreichende Bedingung für homogene n-Dimensionalität der Menge R^n des n-dimensionalen Raumes R. Ist die Überdeckbarkeitsbedingung für die Menge $R - R^n$ in einer Umgebung eines Punktes von R^n erfüllt, so ist hierdurch gewährleistet, daß die Menge R^n in dem betreffenden Punkt n-dimensional, der Raum R demnach stark n-dimensional ist.

Wir wollen nun eine zweite Bedingung, die für starke Dimension hinreichend ist, herleiten. Wenn der n-dimensionale Raum R schwach n-dimensional ist, so betrachten wir die $(n-1)$-dimensionale F_σ-Menge R^n. Dem dritten Fundamentaltheorem zufolge ist die Menge $\overline{R^n}$ in jedem Punkt von R^n n-dimensional. Wenn wir also irgendeinen Punkt p von R^n vorgeben, so ist in p die Menge R^n $(n-1)$-dimensional, die Menge $\overline{R^n}$ n-dimensional. Folglich enthält jede Umgebung dieses Punktes p Punkte der Menge $\overline{R^n} - R^n$. Jeder Punkt von R^n ist also Häufungspunkt der Menge $\overline{R^n} - R^n$, d. h. die Menge $\overline{R^n} - R^n$ liegt in $\overline{R^n}$ dicht. Die Menge R^n ist also, falls sie $(n-1)$-dimensional ist, total irreduzibel (S. 53) und mithin (S. 53), da sie ein F_σ ist, von erster Kategorie. Wir sehen also: *Wenn der höchste Dimensionsteil eines Raumes von zweiter Kategorie ist, so ist der Raum stark dimensional.*

Zusammenfassend können wir also aussprechen folgendes

Viertes Fundamentaltheorem (von hinreichenden Bedingungen für Starkdimensionalität). *Damit der nte Dimensionsteil R^n des n-dimensionalen Raumes R homogen n-dimensional sei, ist hinreichend folgende Überdeckbarkeitsbedingung: Ist A irgendeine in $R - R^n$ abgeschlossene Menge und U eine A enthaltende offene Menge, dann existiert zu einer Folge* $\{V_j\}$ $(j = 1, 2, \ldots$ ad inf.) *von Umgebungen von A, für die* $\bar{A} = \prod_{j=1}^{\infty} \overline{V}_j$ *gilt, eine höchstens $(n-2)$-dimensionale Teilmenge P von A und eine Folge* $\{U_i\}$ $(i = 1, 2, \ldots$ evtl. ad inf.) *von offenen Mengen* $\subseteq U$ *mit höchstens $(n-2)$-dimensionalen Begrenzungen, so daß 1.* $A - P \subset \sum_{i=1}^{\infty} U_i$ *gilt; 2. jede der Umgebungen V_j von A fast alle Mengen U_i als Teilmengen enthält. Diese Bedingung ist insbesondere erfüllt, wenn $R - R^n$ halbkompakt ist.*

Damit der n-dimensionale Raum R stark n-dimensional sei, ist hinreichend, daß der nte Dimensionsteil R^n von zweiter Kategorie ist.

Historisches. Die erste Bedingung des vierten Theorems gab ich (Wiener Ber. *133*, S. 440, Math. Ann. *95*, S. 288, Jahresber. d. Deutsch. Math.-Ver. *35*, S. 136 f.) an. Beziehungen zwischen Starkdimensionalität und Kategorie stellte ich (Wiener Ber. *133*, S. 443) auf, wo ich für den Fall $n = 1$ die zweite Bedingung des vierten Theorems (und sogar noch eine schwächere) als hinreichend erwies. Für beliebiges n wurde die zweite Bedingung von Hurewicz (Math. Ann. *96*, S. 762) als hinreichend erwiesen.

V. Der Zerlegungssatz.

1. Problemstellung.

Wir wenden uns nun der Untersuchung gewisser Zerlegungseigenschaften endlichdimensionaler Räume zu. Jede endliche Menge ist offenbar Summe von endlichvielen abgeschlossenen, nämlich einpunktigen Mengen, die zu je zweien einen leeren Durchschnitt haben. Eine Strecke, d. h. ein Intervall des R_1, kann sls Summe von endlichvielen abgeschlossenen Teilmengen (Teilstrecken) vorgeschriebener Maximallänge dargestellt werden, die zu je zweien endliche (also höchstens nulldimensionale) Durchschnitte und zu je dreien leere Durchschnitte haben. Eine Quadratfläche läßt sich in endlichviele abgeschlossene Teilmengen von vorgeschriebener Kleinheit zerlegen, die zu je zweien höchstens eindimensionale, zu je dreien höchstens nulldimensionale, zu je vieren leere Durchschnitte haben. Es ist nun von großer Wichtigkeit, daß alle endlichdimensionalen separabeln Räume derartige Zerlegbarkeitseigenschaften besitzen.

Um dieselben bequem formulieren zu können, bedienen wir uns im folgenden einer abgekürzten Ausdrucksweise. Wir werden in einem vorgelegten separabeln Raum R Systeme von endlichvielen Teilmengen mit irgendeiner bestimmten Eigenschaft zu betrachten haben, z. B. Systeme von endlichvielen offenen Mengen, die paarweise fremd sind, oder Systeme von endlichvielen abgeschlossenen Mengen, die zu je dreien höchstens nulldimensionale Durchschnitte haben und deren Summe gleich dem vorgelegten Raum R ist u. dgl. *Wenn* nun *zu jedem vorgelegten endlichen Überdeckungssystem des Raumes R,* d. h. zu jedem vorgelegten System von endlichvielen offenen Mengen $U_1, U_2, \ldots, U_r$, deren Summe mit R identisch ist, *ein System von endlichvielen Mengen der betreffenden Eigenschaft existiert, von denen jede in einer der Mengen $U_1, U_2, \ldots, U_r$ des vorgelegten Überdeckungssystems als Teilmenge ist,* dann wollen wir kurz sagen: *Es existieren endlichviele beliebig kleine Mengen der betreffenden Art.* Wenn beispielsweise zu jedem vorgelegten endlichen Überdeckungssystem $U_1, U_2, \ldots, U_r$ des Raumes R endlichviele paarweise fremde abgeschlossene Mengen existieren, deren Summe gleich R ist und von denen jede in einer der Mengen U_i als Teilmenge enthalten ist, dann sagen wir: Der Raum R ist Summe von endlichvielen beliebig kleinen abgeschlossenen Mengen, die paarweise fremd sind.

Erinnern wir daran, daß wir als *Stück* eines Raumes die abgeschlossene Hülle einer offenen Menge bezeichnet haben, so läßt sich unter Verwendung der eben eingeführten Ausdrucksweise das Hauptresultat, zu dem wir gelangen werden, aussprechen als folgender

Allgemeiner Zerlegungssatz. *Ein n-dimensionaler separabler Raum ist Summe von endlichvielen beliebig kleinen Stücken, die*

zu je zweien einen höchstens $(n-1)$-dimensionalen
zu je dreien einen höchstens $(n-2)$-dimensionalen
. . . .
zu je k einen höchstens $(n-k+1)$-dimensionalen
. . . .
zu je $n+1$ einen höchstens nulldimensionalen
zu je $n+2$ einen (höchstens) (-1)-dimensionalen (d. h. leeren)

} *Durchschnitt haben.*

Der Satz behauptet also, daß zu jedem vorgelegten endlichen Überdeckungssystem eines separabeln Raumes R endlichviele Stücke des Raumes existieren, von denen jedes in einer der Mengen des vorgelegten Überdeckungssystems als Teilmenge enthalten ist, die zu je k einen höchstens $(n-k+1)$-dimensionalen Durchschnitt haben $(k = 2, 3, \ldots, n+2)$ und deren Summe mit R identisch ist.

Wir werden eine entsprechende Zerlegbarkeitseigenschaft für die n-dimensionalen abgeschlossenen Teilmengen separabler Räume nachweisen; es gilt nämlich, wie wir sehen werden, folgender

Allgemeiner Zerlegungssatz für abgeschlossene Mengen. *Ist M eine n-dimensionale abgeschlossene Teilmenge eines separabeln Raumes, so ist M in der Summe von endlichvielen beliebig kleinen Stücken des Raumes enthalten, die zu je k höchstens $(n-k+1)$-dimensionale Durchschnitte haben* $(k = 2, 3, \ldots, n+2)$.

Als *letzten Teil des allgemeinen Zerlegungssatzes* werden wir die für viele Anwendungen ausreichende Tatsache bezeichnen, daß jeder n-dimensionale separable Raum Summe ist von endlichvielen beliebig kleinen Stücken, die zu je $n+2$ leere Durchschnitte haben.

Wir werden von dem Zerlegungssatz auch die Umkehrung beweisen, d. h. wir werden zeigen: Ein separabler Raum, der Summe von endlichvielen beliebig kleinen Stücken ist, die zu je k höchstens $(n-k+1)$-dimensionale Durchschnitte haben $(k = 2, 3, \ldots, n+2)$, ist höchstens n-dimensional. Es gilt sogar mehr: Ein separabler Raum, der für *eine* der Zahlen $k = 2, 3, \ldots, n+2$ Summe von endlichvielen beliebig kleinen Stücken ist, die zu je k höchstens $(n-k+1)$-dimensionale Durchschnitte haben, ist höchstens n-dimensional. Ist R ein mindestens $(n+1)$-dimensionaler separabler Raum, so existiert also für jede der Zahlen $k = 2, 3, \ldots, n+2$

ein endliches Überdeckungssystem $\mathfrak{U}_k$ von R, so daß bei jeder Zerlegung von R in endlichviele abgeschlossene Mengen, von denen jede in einer der Mengen von $\mathfrak{U}_k$ als Teilmenge enthalten ist, k-Tupel von Mengen mit mindestens $(n-k+2)$-dimensionalem Durchschnitt auftreten. Bezeichnen wir mit $\mathfrak{U}$ ein endliches Überdeckungssystem des mindestens $(n+1)$-dimensionalen Raumes, für welches jede Menge in einer Menge von $\mathfrak{U}_1$, in einer Menge von $\mathfrak{U}_2, \ldots$, in einer Menge von $\mathfrak{U}_{n+2}$ als Teilmenge enthalten ist, so treten bei jeder Zerlegung des Raumes in endlichviele abgeschlossene Mengen, von denen jede in einer Menge von $\mathfrak{U}$ als Teilmenge enthalten ist, Paare mit mindestens n-dimensionalen, Tripel mit mindestens $(n-1)$-dimensionalen, ..., $(n+1)$-Tupel mit mindestens eindimensionalen, $(n+2)$-Tupel mit mindestens nulldimensionalen Durchschnitten auf. Wir wollen diese Tatsache kurz folgendermaßen formulieren:

Umkehrung des allgemeinen Zerlegungssatzes. *Bei jeder Zerlegung eines n-dimensionalen separabeln Raumes in endlichviele hinlänglich kleine abgeschlossene Mengen treten*

Mengenpaare mit mindestens $(n-1)$-dimensionalem
Mengentripel mit mindestens $(n-2)$-dimensionalem
. . . .
Mengen-k-Tupel mit mindestens $(n-k+1)$-dimensionalem
. . . .
Mengen-n-Tupel mit mindestens eindimensionalem
Mengen-$(n+1)$-Tupel mit mindestens nulldimensionalem (d. h. nichtleerem)

} *Durchschnitt auf.*

Beispielsweise gibt es bei jeder Parzellierung eines Areals auf der Erdoberfläche in (endlichviele) hinlänglich kleine Grundstücke Grenzlinien, in welchen zwei Grundstücke und Punkte, in welchen mindestens drei Grundstücke zusammenstoßen.

Historisches. Der letzte Teil des Zerlegungssatzes hinsichtlich kompakter Räume wurde bewiesen von Urysohn (Fund. Math. *8*, 1926, S. 292; ohne Beweis erwähnt in C. R. *175*, 1922, S. 441) und von mir (Monatshefte f. Math. u. Phys. *34*, 1924, S. 153). Der allgemeine Zerlegungssatz stammt von mir (Math. Ann. *98*, 1927. S. 81). Die Umkehrung des letzten Teiles hinsichtlich kompakter Räume wurde von Urysohn (Fund. Math. *8*, 1926, S. 294) bewiesen. Die Umkehrung des allgemeinen Zerlegungssatzes hinsichtlich kompakter Räume erwähnte ich (Jahresber. d. Deutsch. Math. Ver. *36*, 1927, S. 11). Die Umkehrung des letzten Teiles hinsichtlich beliebiger separabler Räume bewies Hurewicz (Proc. Acad. Amsterdam *30*, 1927, S. 429), wo auch zum ersten Mal die obige Formulierung des letzten Teiles des Zerlegungssatzes und seiner Umkehrung angegeben wird, die bis dahin nur in folgender metrischer Gestalt bewiesen waren: Damit ein kompakter metrischer Raum R höchstens n-dimensional sei, ist notwendig und hinreichend, daß R für jedes $\varepsilon > 0$ Summe ist von endlichvielen abgeschlossenen Mengen, deren Durchmesser $< \varepsilon$ sind und die zu je $n+2$ leere Durchschnitte haben.

Im folgenden wird im Abschnitt 2 zunächst ein kurzer Beweis für den letzten Teil des Zerlegungssatzes dargestellt, in welchem der Fall $n > 0$ durch einen mir von Vietoris mitgeteilten Gedanken in wenigen Worten auf den Fall $n = 0$ zurückgeführt wird. Abschnitt 3 enthält meinen Beweis des allgemeinen Zerlegungssatzes (Math. Ann. *98,* S. 81) nebst der (Jahresb. d. Deutsch. Math. Ver. *36,* S. 11) angekündigten Verallgemeinerung auf beliebige separable Räume, wobei sich ein die Dimensionsdefinition ergänzender Satz (den ich im Wiener akad. Anz. 1928, Nr. 1 ankündigte) als Nebenresultat ergibt. Abschnitt 4 enthält einen Beweis des allgemeinen Zerlegungssatzes und einer noch allgemeineren Behauptung (Hilfssatz 2) von Hurewicz (Math. Ann. *100,* 1928). Er verhält sich zum ersten Beweis so wie der zweite Beweis des Summensatzes zum ersten (Kap. III, Abschn. 3 u. 4). Die beiden zweiten Beweise stützen sich auf Zerspaltungstatsachen, wodurch einerseits ihre Kürze, anderseits aber der Umstand bewirkt wird, daß sie auch bei Anwendung auf kompakte Räume Sätze über beliebige separable Räume heranziehen müssen. Abschnitt 5 enthält in veränderter Form den Beweis von Urysohn (Fund. Math. *8,* S. 294) für die Umkehrung des letzten Teiles des Zerlegungssatzes in kompakten Räumen, Abschnitt 6 einen Beweis für die Umkehrung des allgemeinen Zerlegungssatzes in kompakten Räumen. Bei Abfassung der Abschnitte 5 und 6 zog ich aus Ratschlägen von Hurewicz Nutzen.

Bemerkenswert ist vielleicht folgender Umstand: Während die Umkehrung des allgemeinen Zerlegungssatzes in relativ einfacher Weise auf die Umkehrung des letzten Teiles zurückgeführt werden kann (vgl. Abschn. 6), sind zum Beweise des allgemeinen Zerlegungssatzes selbst, wie die Abschnitte 3 und 4 zeigen, erheblich kompliziertere Überlegungen erforderlich als zum Beweise des letzten Teiles des Zerlegungssatzes; denn das einfache Verfahren, welches im Abschnitt 2 zum Beweis des letzten Teiles führt, ist, wie es scheint, für den Beweis des allgemeinen Zerlegungssatzes nicht anwendbar.

2. Der letzte Teil des Zerlegungssatzes.

Wir beweisen zunächst den letzten Teil des Zerlegungssatzes, d. h. die Behauptung, daß jede abgeschlossene Teilmenge M eines separabeln Raumes R in der Summe von endlichvielen beliebig kleinen Stücken des Raumes enthalten ist, die zu je $n+2$ leere Durchschnitte haben. Wir beginnen mit dem Nachweis, daß eine n-dimensionale Teilmenge M von R (sie mag abgeschlossen sein oder nicht) in der Summe von endlichvielen beliebig kleinen *offenen* Mengen enthalten ist, die zu je $n+2$ einen leeren Durchschnitt haben (wobei die abgeschlossenen Hüllen dieser offenen Mengen vorerst eventuell noch zu je $n+2$ Punkte gemein haben können). Wir beweisen, genau gesprochen, den

Hilfssatz 1. *Sind m offene Mengen $U_1, U_2, \ldots, U_m$ des separabeln Raumes R gegeben, in deren Summe die n-dimensionale Menge M enthalten ist, dann existieren m offene Mengen $V_1, V_2, \ldots, V_m$, in deren Summe M enthalten ist, die zu je $n+2$ leere Durchschnitte haben und so daß für $i = 1, 2, \ldots, m$ die Beziehung $V_i \subset U_i$ gilt.*

Sei zunächst $n = 0$. Jeder Punkt von M ist in einer der m Mengen U_i, also, da M nulldimensional ist, in einer offenen Menge mit zu M fremder Begrenzung, welche Teilmenge von mindestens einer der m Mengen U_i ist, enthalten. Nach dem Überdeckungstheorem für separable Räume ist M in der Summe von abzählbarvielen derartigen Mengen $\{W_k\}$ ($k = 1, 2, \ldots$ ad inf.)

enthalten, von denen also jede eine zu M fremde Begrenzung besitzt und Teilmenge von mindestens einer der m Mengen U_i ist. Setzen wir

$$W'_1 = W_1, \qquad W'_k = W_k - W_k \cdot \sum_{j=1}^{k-1} W_j \quad (k = 2, 3, \ldots \text{ ad inf.}),$$

so sind die derart definierten Mengen W'_k (vgl. S. 99) offen, paarweise fremd, und ihre Summe enthält M als Teilmenge. Ferner ist jede der Mengen W'_k als Teilmenge von W_k in mindestens einer der m Mengen U_i als Teilmenge enthalten. Bezeichnen wir nun für $i = 1, 2, \ldots, m$ mit V_i die Summe aller jener Mengen W'_k, die in U_i, aber in keiner der Mengen $V_1, V_2, \ldots, V_{i-1}$ als Teilmenge enthalten sind, dann genügen die so definierten m Mengen V_i offenbar den Forderungen des Hilfssatzes: mit Rücksicht auf die paarweise Fremdheit der W'_k ist jedes V_i zu allen V_j $(j < i)$ fremd; es sind also die V_i paarweise fremd. Sie überdecken ferner offenbar die Menge M und jede von ihnen ist Teilmenge der entsprechenden Menge U_i.

Ist $n > 0$, dann zerspalten wir M nach dem Zerspaltungssatz in $n + 1$ nulldimensionale Mengen $M_1, M_2, \ldots, M_{n+1}$. Aus dem für $n = 0$ eben bewiesenen Hilfssatz folgt, wenn wir ihn auf die $n + 1$ Mengen M_i anwenden, die Existenz von $n + 1$ Systemen von je m offenen Mengen

$$\begin{array}{llll} V_1^1, & V_2^1, & \ldots, & V_m^1, \\ V_1^2, & V_2^2, & \ldots, & V_m^2, \\ \ldots & \ldots & \ldots & \ldots \\ V_1^{n+1}, & V_2^{n+1}, & \ldots, & V_m^{n+1}, \end{array}$$

so daß erstens jede Menge der $i$ten Kolonne Teilmenge von U_i ist, daß zweitens M_i Teilmenge von der Summe der m Mengen der $i$ten Zeile ist, und daß drittens je zwei Mengen einer und derselben Zeile zueinander fremd sind. Es haben dann je $n + 2$ unter den $m \cdot (n + 1)$ Mengen V_i^k $(i = 1, 2, \ldots, m, k = 1, 2, \ldots, n + 1)$ einen leeren Durchschnitt, denn unter je $n + 2$ von den Mengen V_i^k sind mindestens zwei Mengen aus einer und derselben Zeile (zwei Mengen mit gleichem oberen Index) vorhanden und diese haben einen leeren Durchschnitt. Bezeichnen wir mit V_i die Summe der $n + 1$ Mengen der $i$ten Kolonne (der $n + 1$ Mengen mit unterem Index i), so haben offenbar auch je $n + 2$ von den m Mengen V_i einen leeren Durchschnitt und befriedigen daher die Forderungen von Hilfssatz 1, womit derselbe bewiesen ist.

Um im Falle, daß die vorgelegte n-dimensionale Teilmenge M des separabeln Raumes R *abgeschlossen* ist, für M aus dem Hilfssatz 1 die Aussage des letzten Teiles des Zerlegungssatzes herzuleiten, stützen wir uns auf folgende

Bemerkung. Sind $V_1, V_2, \ldots, V_m$ offene Mengen des separabeln Raumes R, welche die abgeschlossene Menge M überdecken, dann existieren m die

Menge M überdeckende offene Mengen $V'_1, V'_2, \ldots, V'_m$, so daß für $i = 1, 2, \ldots, m$ die Beziehung gilt $V'_i \Subset V_i$.

Zum Beweise dieser Bemerkung beachten wir, daß die Menge

$$M \cdot \left(R - \sum_{i=2}^{m} V_i\right)$$

offenbar Teilmenge von V_1 ist und daß sie ferner, weil M als abgeschlossen vorausgesetzt ist, Durchschnitt zweier abgeschlossener Mengen, also abgeschlossen ist. Da $M \cdot \left(R - \sum_{i=2}^{m} V_i\right)$ eine abgeschlossene Teilmenge der offenen Menge V_1 ist, existiert (vgl. S. 31 ff.) eine offene Menge V'_1, welche der Beziehung genügt

$$M \cdot \left(R - \sum_{i=2}^{m} V_i\right) \subset V'_1 \Subset V_1.$$

Der erste Teil dieser Ungleichung ergibt die Beziehung $M \subset V'_1 + \sum_{i=2}^{m} V_i$. Betrachten wir nun das System der offenen Mengen $V'_1, V_2, \ldots, V_m$, und wenden wir auf die Menge V_2 dasselbe Verfahren an, wie eben auf die Menge V_1, so erhalten wir eine Menge $V'_2 \Subset V_2$, so daß $M \subset V'_1 + V'_2 + \sum_{i=3}^{m} V_i$ gilt. Durch Wiederholung des Verfahrens bis zur Menge V_m ergeben sich schließlich m offene Mengen $V'_i \Subset V_i$ $(i = 1, 2, \ldots, m)$, welche M überdecken, womit die Bemerkung bewiesen ist.

Es sei nun M eine n-dimensionale abgeschlossene Teilmenge des separabeln Raumes R, und es seien $U_1, U_2, \ldots, U_m$ endlichviele vorgelegte M überdeckende offene Mengen. Zum Beweis des letzten Teiles des Zerlegungssatzes bestimmen wir nach Hilfssatz 1 zunächst m offene Menge $V_1, V_2, \ldots, V_m$, welche M überdecken und zu je $n+2$ leere Durchschnitte haben, so daß $V_i \subset U_i$ $(i = 1, 2, \ldots, m)$ gilt, und bestimmen hierauf gemäß der bewiesenen Bemerkung m offene Mengen $V'_1, V'_2, \ldots, V'_m$, welche M überdecken und der Beziehung $V'_i \Subset V_i$ $(i = 1, 2, \ldots m)$ genügen. Infolge der letzten Beziehung sind, da die Mengen V_i zu je $n+2$ leere Durchschnitte haben, auch für je $n+2$ von den Stücken $\overline{V}'_i$ die Durchschnitte leer. Die Stücke $\overline{V}'_1, \overline{V}'_2, \ldots, \overline{V}'_m$ sind also endlichviele M überdeckende Stücke, die bzw. Teilmengen von $U_1, U_2, \ldots, U_m$ sind und zu je $n+2$ leere Durchschnitte haben, und erfüllen mithin die Forderung des letzten Teiles des Zerlegungssatzes.

Es ist für das Folgende zweckmäßig, die bewiesene Behauptung in die Form zu bringen von

Hilfssatz 1'. *Ist in einem separabeln Raum R eine n-dimensionale abgeschlossene Menge M und ein endliches Überdeckungssystem des Raumes* *bestehend aus den offenen Mengen $U_1, U_2, \ldots, U_m$ gegeben, dann existiert ein endliches Überdeckungssystem des Raumes, bestehend aus m offenen Mengen $W_1, W_2, \ldots, W_m$, für welche $W_i \ll U_i$ $(i = 1, 2, \ldots, m)$ gilt, so daß jeder Punkt von M höchstens $n + 1$ von den Mengen W_i angehört.*

Zum Beweise bestimmen wir m Mengen $V_1, V_2, \ldots, V_m$ nach Hilfssatz 1, setzen sodann $V_i' = V_i + U_i \cdot (R - M)$. Die Mengen $V_1', V_2', \ldots, V_m'$ bilden ein Überdeckungssystem des Raumes R. Bestimmen wir hierauf gemäß der obigen Bemerkung m Mengen $W_1, W_2, \ldots, W_m$, welche ein Überdeckungssystem von R bilden und der Beziehung $W_i \ll V_i'$ genügen, so erfüllen die so bestimmten Mengen W_i offenbar die Forderungen von Hilfssatz 1'.

3. Erster Beweis des allgemeinen Zerlegungssatzes.

Wir beweisen nun den allgemeinen Zerlegungssatz für abgeschlossene Mengen, und zwar in folgender Form:

Ist A eine vorgegebene höchstens n-dimensionale abgeschlossene Teilmenge eines separabeln Raumes R und sind $U_1, U_2, \ldots, U_m$ vorgelegte A überdeckende offene Mengen des Raumes, dann existieren endlichviele Raumstücke $\overline{V}_1, \overline{V}_2, \ldots, \overline{V}_r$, von denen jedes in einer der m Mengen U_i als Teilmenge enthalten ist, deren Summe die Menge A als Teilmenge enthält und so, daß der Durchschnitt von je k von den m Mengen $\overline{V}_i$ eine höchstens $(n - k + 1)$-dimensionale Teilmenge von A ist $(k = 2, 3, \ldots, n + 2)$.

Wir führen den Beweis zunächst unter der Annahme, daß der zugrunde liegende Raum R *kompakt* ist, und verwenden bei dieser Überlegung lediglich den Summensatz für kompakte Räume. Wir werden sodann zeigen, daß dieser Beweis durch einige leichte Abänderungen und durch Heranziehung des Summensatzes für beliebige separable Räume den Zerlegungssatz für abgeschlossene Teilmengen *beliebiger separabler* Räume ergibt.

Wir betrachten also die Behauptung unter der Voraussetzung, daß R kompakt ist. Die Behauptung ist trivial für den Fall $n = -1$. Wir wollen annehmen, die Behauptung sei für den Fall $n - 1$ gültig, und weisen unter dieser Annahme ihre Gültigkeit für den oben formulierten Fall n nach.

Zunächst ist, da die m offenen Mengen U_i nach Voraussetzung die höchstens n-dimensionale Menge A überdecken, jeder Punkt von A in einer offenen Menge enthalten, welche im schärferen Sinne Teilmenge von einer der m offenen Mengen U_i ist und deren Begrenzung mit A einen höchstens $(n-1)$-dimensionalen Durchschnitt hat. Nach dem Überdeckungstheorem für kompakte Mengen wird A von endlichvielen derartigen Mengen, etwa von Mengen $W_1, W_2, \ldots, W_s$, überdeckt. Bilden wir nach dem bereits mehrfach angewendeten Verfahren die Mengen

$$W_1' = W_1, \quad W_i' = W_i - W_i \cdot \sum_{j=1}^{i-1} \overline{W}_j \; (i = 2, 3, \ldots, s),$$

so sind die Mengen W_i' paarweise fremd und offen; ihre Begrenzungen haben dem Summensatz zufolge mit A höchstens $(n-1)$-dimensionale Durchschnitte; jede von ihnen ist Teilmenge von einer der m Mengen U_i, und es gilt $A \subset \sum_{i=1}^{s} \overline{W}_i'$.

Wir bestimmen nun zu jeder der s Mengen W_i' eine Teilmenge X_i in folgender Weise. Wir betrachten für jede der Zahlen $i = 1, 2, \ldots, s$ die beiden abgeschlossenen Mengen $A \cdot \overline{W}_i'$ und $R - W_i'$ und die offene Menge W_i' und erhalten durch Anwendung des allgemeinen Trennungssatzes (S. 31) eine offene Menge X_i mit folgenden Eigenschaften:

$$X_i \subset W_i', \quad A \cdot \overline{W}_i' \subset \overline{X}_i, \quad \overline{X}_i \cdot (R - W_i') \subset A \cdot \overline{W}_i' \cdot (R - W_i').$$

Da $A \cdot \overline{W}_i' \cdot (R - W_i')$ der Durchschnitt von A mit der Begrenzung von W_i', also höchstens $(n-1)$-dimensional ist, ist auch die Menge $\overline{X}_i \cdot (R - W_i')$ höchstens $(n-1)$-dimensional. Mit Rücksicht darauf, daß die offenen Mengen W_i' paarweise fremd sind, geht daraus unmittelbar hervor, daß je zwei Stücke $\overline{X}_i$ und $\overline{X}_j$ $(i \neq j)$ einen höchstens $(n-1)$-dimensionalen Durchschnitt haben. Überdies ist klar, daß jedes der Stücke $\overline{X}_i$ Teilmenge von einer der Mengen $\overline{W}_i'$, also von einer der m Mengen U_i ist, und daß $A \subset \sum_{i=1}^{s} \overline{X}_i$ gilt. Wir wollen das System der so bestimmten Stücke $\overline{X}_1, \overline{X}_2, \ldots, \overline{X}_s$ mit $\mathfrak{F}_2$ bezeichnen und die Anzahl der in $\mathfrak{F}_2$ enthaltenen Mengen s_2 statt s nennen.

Es liegt dann also ein A überdeckendes System $\mathfrak{F}_2$ von Stücken des Raumes vor, von denen jedes als Teilmenge in einer der m Mengen U_i enthalten ist und so daß der Durchschnitt von je zwei der Mengen aus $\mathfrak{F}_2$ eine höchstens $(n-1)$-dimensionale Teilmenge von A ist.

Wir nehmen nun an, daß für eine Zahl k, für welche $2 \leqq k \leqq n+1$ gilt, ein System $\mathfrak{F}_k$ vorliege, bestehend aus endlichvielen, etwa s_k, die Menge A überdeckenden Stücken des Raumes $\overline{Y}_1, \overline{Y}_2, \ldots, \overline{Y}_{s_k}$, von denen jedes in einer der m Mengen U_i als Teilmenge enthalten ist und so daß der Durchschnitt von je r Mengen $\overline{Y}_i$ eine höchstens $(n-r+1)$-dimensionale Teilmenge von A ist, für jede der Zahlen $r = 2, 3, \ldots, k$. Wir wollen unter dieser Annahme ein System $\mathfrak{F}_{k+1}$ von endlichvielen A überdeckenden Stücken des Raumes bestimmen, von welchen jedes in einer der m Mengen U_i als Teilmenge enthalten ist, und so daß der Durchschnitt von je r Mengen von $\mathfrak{F}_{k+1}$ eine höchstens $(n-r+1)$-dimensionale Teilmenge von A ist, für jede der Zahlen $r = 2, 3, \ldots, k, k+1$. Sobald diese Konstruktion durchgeführt ist, sind wir am Ziel; denn wenden wir sie auf das bereits vorliegende System $\mathfrak{F}_2$ an und iterieren wir diese Konstruktion, so gelangen wir nach n Schritten zu einem Mengensystem $\mathfrak{F}_{n+2}$, bestehend aus endlichvielen A überdeckenden Stücken, von denen jedes in einer der Mengen U_i als Teilmenge enthalten ist, und so daß der Durchschnitt von je r Mengen von $\mathfrak{F}_{n+2}$ eine höchstens $(n-r+1)$-dimensionale Teilmenge von A ist, für jede der Zahlen $r = 2, 3, \ldots, n+2$. Die Existenz eines solchen Mengensystems ist aber gerade der Inhalt unserer zu beweisenden Behauptung.

Es handelt sich also um die Herleitung eines Mengensystems $\mathfrak{F}_{k+1}$ aus einem Mengensystem $\mathfrak{F}_k$. Wir führen diese Aufgabe durch, indem wir erstens ein gewisses System $\mathfrak{F}''$ von Mengen definieren, die wir in $\mathfrak{F}_{k+1}$ aufnehmen, und indem wir zweitens die Mengen von $\mathfrak{F}_k$ mit Hilfe der Mengen von $\mathfrak{F}''$ modifizieren und in modifizierter Gestalt in das System $\mathfrak{F}_{k+1}$ aufnehmen.

Wir betrachten das vorliegende System $\mathfrak{F}_k$ von s_k die Menge A überdeckenden Stücken $\overline{Y}_1, \overline{Y}_2, \ldots, \overline{Y}_{s_k}$, für welches

1. jede der Mengen $\overline{Y}_i$ in einer der m Mengen U_j als Teilmenge enthalten ist,

2. der Durchschnitt von je r Mengen eine höchstens $(n-r+1)$-dimensionale Teilmenge von A ist $(r = 2, 3, \ldots, k)$.

Wir bezeichnen mit $S_r (r = 2, 3, \ldots, k)$ die Menge aller Punkte, welche in mindestens r von den s_k Mengen des Systems $\mathfrak{F}_k$ enthalten sind. Diese Menge S_r ist offenbar die Summe der Durchschnitte aller r-Tupel von Mengen des Systems $\mathfrak{F}_k$, also, als Summe von endlichvielen höchstens $(n-r+1)$-dimensionalen abgeschlossenen Teilmengen von A, eine höchstens $(n-r+1)$-dimensionale abgeschlossene Teilmenge von A.

Insbesondere ist S_k eine höchstens $(n-k+1)$-dimensionale Teilmenge von A. Da $k \geqq 2$ gilt, ist die Menge S_k weniger als n-dimensional, also kann auf S_k und die m Mengen U_i unsere für weniger als n-dimensionale Mengen als gültig angenommene Behauptung angewendet werden. Es existiert insbesondere ein System $\mathfrak{F}'$ von endlichvielen, etwa t, die Menge S_k überdeckenden Raumstücken $\overline{Y}'_1, \overline{Y}'_2, \ldots, \overline{Y}'_t$ mit folgenden Eigenschaften:

1'. Jedes der Stücke $\overline{Y}'_i$ ist in einer der Mengen U_j als Teilmenge enthalten.

2'. Der Durchschnitt von je zweien der Stücke $\overline{Y}'_i$ ist eine höchstens $(n-k)$-dimensionale Teilmenge von A.

Wir setzen nun $S_1 = A$ und bestimmen — daß eine solche Bestimmung stets *möglich* ist, werden wir hinterher beweisen — zu jeder der Mengen $\overline{Y}'_i$ von $\mathfrak{F}'$ eine offene Menge $\overline{Y}''_i$ mit folgenden Eigenschaften:

1″. $Y_i'' \subset Y_i'$,

2″. $S_k \cdot \overline{Y}_i'' = S_k \cdot \overline{Y}_i'$.

3″. Die Begrenzung von Y_i'' hat mit S_r einen höchstens $(n-r)$-dimensionalen Durchschnitt $(r = 1, 2, \ldots, k)$.

Das System dieser t Stücke $\overline{Y}_i''$ bezeichnen wir mit $\mathfrak{F}''$.

Wir setzen nun

$$Z_i^* = Y_i - Y_i \cdot \sum_{j=1}^{t} \overline{Y}_j'', \quad (i = 1, 2, \ldots, s_k),$$

und betrachten für jede der Zahlen $i = 1, 2, \ldots, s_k$ die abgeschlossenen Mengen $\overline{Z}_i^* \cdot A$ und $R - Z_i^*$ sowie die offene Menge Z_i^*. Wenden wir auf diese Mengen den allgemeinen Trennungssatz von S. 31 an, so ergibt sich die Existenz einer offenen Menge Z_i gemäß den Bedingungen

$$\overline{Z}_i \cdot A = \overline{Z}_i^* \cdot A$$

$$(\dagger) \qquad \overline{Z}_i \cdot (R - Z_i^*) \subset A.$$

Nunmehr definieren wir das System $\mathfrak{F}_{k+1}$ folgendermaßen: Es enthalte erstens die abgeschlossenen Hüllen der s_k Mengen Z_i $(i = 1, 2, \ldots, s_k)$ und zweitens die t Stücke von $\mathfrak{F}''$.

Wir setzen nun $\quad Z_{s_k+i} = Y_i'', \quad (i = 1, 2, \ldots, t)$

und nennen $\mathfrak{F}_{k+1}$ das System der $s_k + t$ Stücke

$$\overline{Z}_1, \overline{Z}_2, \ldots, \overline{Z}_{s_k}, \overline{Z}_{s_k+1}, \ldots, \overline{Z}_{s_k+t}.$$

Offenbar überdecken die Stücke des Systems $\mathfrak{F}_{k+1}$ die Menge A, und es ist jede Menge von $\mathfrak{F}_{k+1}$ in einer der m Mengen U_i als Teilmenge enthalten. Für die Mengen mit einem Index $\leqq s_k$ folgt letzteres daraus, daß sie Teilmengen von Mengen des Systems $\mathfrak{F}_k$ sind — für die Mengen mit einem Index $> s_k$ aus den Eigenschaften 1′. von $\mathfrak{F}'$ und 1″. von $\mathfrak{F}''$.

Wir weisen nun nach, daß der Durchschnitt von je r Mengen des Systems $\mathfrak{F}_{k+1}$ eine höchstens $(n-r+1)$-dimensionale Teilmenge von A ist, $(r = 2, 3, \ldots, k, k+1)$. Es seien zu diesem Zweck $\overline{Z}_{i_1}, \overline{Z}_{i_2}, \ldots, \overline{Z}_{i_r}$ irgend r vorgelegte Mengen des Systems $\mathfrak{F}_{k+1}$. Um die Behauptung betreffend ihren Durchschnitt nachzuweisen, unterscheiden wir drei Fälle.

Erster Fall. Unter den r vorgelegten Mengen $\mathfrak{F}_{k+1}$ kommen mindestens zwei vor, deren Index größer als s_k ist, d. h. mindestens zwei Mengen $\overline{Y}_i''$ und $\overline{Y}_j''$ $(i, j = 1, 2, \ldots, t, i \neq j)$. Der Durchschnitt dieser zwei Mengen $\overline{Y}_i''$ und $\overline{Y}_j''$ ist mit Rücksicht auf die Eigenschaften 2′. von $\mathfrak{F}'$ und 1″. von $\mathfrak{F}''$ eine höchstens $(n-k)$-dimensionale Teilmenge von A. Wegen $r \leqq k+1$ ist also der Durchschnitt $\overline{Y}_i'' \cdot \overline{Y}_j''$ und daher erst recht der Durchschnitt der r vorgelegten Mengen aus $\mathfrak{F}_{k+1}$ höchstens $(n-r+1)$-dimensional.

Zweiter Fall. Unter den r vorgelegten Mengen des Systems $\mathfrak{F}_{k+1}$ kommt genau eine vor, deren Index $> s_k$ ist, d. h. genau eine von den t Mengen $\bar{Y}_i''$. Da die offene Menge Y_i'' zu jeder der Mengen $\bar{Z}_j$ $(j \leqq s_k)$ auf Grund der Definition dieser Mengen fremd ist, ist der Durchschnitt der r vorgelegten Mengen Teilmenge der *Begrenzung* von Y_i''. Ist $r = 2$, so handelt es sich um den Durchschnitt der Begrenzung von Y_i'' mit einer der Mengen $\bar{Z}_j (j \leqq s_k)$. Wegen $Z_j \subset Z_j^*$ und $\bar{Y}_i'' \subset R - Z_j^*$ gilt nach (†) die Beziehung $B(Y_i'') \cdot \bar{Z}_j \subset A$, also ist $B(Y_i'') \cdot \bar{Z}_j$ wegen Eigenschaft 3″. des Systems $\mathfrak{F}''$ eine höchstens $(n-1)$-dimensionale, also eine höchstens $(n-r+1)$-dimensionale Teilmenge von A. Ist $r > 2$, dann ist, da ja $r-1$ von den r vorgelegten Mengen aus $\mathfrak{F}_{k+1}$ Indizes $\leqq s_k$ besitzen und daher Teilmengen von Mengen des Systems $\mathfrak{F}_k$ sind, der Durchschnitt der r vorgelegten Mengen aus $\mathfrak{F}_{k+1}$ Teilmenge von S_{r-1}, also Teilmenge des Durchschnittes von S_{r-1} mit der Begrenzung von Y_i'' und folglich wegen Eigenschaft 3″. des Systems $\mathfrak{F}''$ eine höchstens $(n-r+1)$-dimensionale Teilmenge von S_{r-1}, also von A.

Dritter Fall. Sämtliche r vorgelegten Mengen aus $\mathfrak{F}_{k+1}$ haben Indizes $\leqq s_k$. Ist $r < k+1$, dann ist der Durchschnitt der r vorgelegten Mengen aus $\mathfrak{F}_{k+1}$, als Teilmenge des Durchschnittes der r entsprechenden Mengen des Systems $\mathfrak{F}_k$, wegen der Eigenschaft 2. des Systems $\mathfrak{F}_k$ eine höchstens $(n-r+1)$-dimensionale Teilmenge von A.

Es bleibt also der Fall $r = k+1$. In diesem Fall liegen also $k+1$ Mengen des Systems $\mathfrak{F}_{k+1}$ vor, deren Indizes durchweg $\leqq s_k$ sind. Ihr Durchschnitt ist Teilmenge des Durchschnittes der $k+1$ entsprechenden Mengen des Systems $\mathfrak{F}_k$, also Teilmenge von S_k. Nun gilt $S_k \subset \sum_{j=1}^{t} \bar{Y}_j''$. Ferner ist, wie schon bei Besprechung des zweiten Falles festgestellt wurde, jede der Mengen $\bar{Z}_i$ mit einem Index $\leqq s_k$ ihrer Definition zufolge zur offenen Menge $\sum_{j=1}^{t} Y_i''$ fremd. Ein Punkt von S_k, welcher einer Menge $\bar{Z}_i (i \leqq s_k)$ angehört, kann also nicht in $\sum_{j=1}^{t} Y_j''$ liegen und muß demnach, da er in $\sum_{j=1}^{t} \bar{Y}_j''$ liegt, in $\sum_{j=1}^{t} B(Y_j'')$ enthalten sein, wenn $B(Y_j'')$ die Begrenzung von Y_j'' bezeichnet. Insbesondere ist also jeder Punkt des Durchschnittes der $k+1$ vorgelegten Mengen $\bar{Z}_i (i \leqq s_k)$ sowohl in S_k als auch in der Menge $\sum_{j=1}^{t} B(Y_j'')$ enthalten. Der Durchschnitt der $k+1$ vorgelegten Mengen von $\mathfrak{F}_{k+1}$ ist also Teilmenge von $S_k \cdot \sum_{j=1}^{t} B(Y_j'')$. Diese Menge ist aber mit $\sum_{j=1}^{t} S_k \cdot B(Y_j'')$ identisch, also, da wegen Eigenschaft 3″. des Systems $\mathfrak{F}''$ jede der Mengen $S_k \cdot B(Y_j'')$ höchstens $(n-k)$-dimensional ist, höchstens $(n-k)$-dimensional. Der Durchschnitt der $k+1$ vorgelegten

Mengen von $\mathfrak{F}_{k+1}$ ist mithin, als Teilmenge dieser Summe, eine höchstens $(n-k)$-dimensionale Teilmenge von A. Damit ist der dritte und letzte Fall erledigt und aus $\mathfrak{F}_k$ ein System $\mathfrak{F}_{k+1}$ mit den gewünschten Eigenschaften hergeleitet.

Nachzutragen ist noch die Herleitung der Mengen Y_i'' aus den Mengen Y_i'. Ehe wir diese Aufgabe durchführen, geben wir jene Modifikationen des vorstehenden Beweises an, durch welche derselbe von der Voraussetzung der Kompaktheit des Raumes unabhängig und für einen beliebigen separabeln Raum R anwendbar wird.

Was zunächst die Konstruktion des Systems $\mathfrak{F}_2$ betrifft, so erfolgt dieselbe in einem beliebigen separabeln Raum R so: Jeder Punkt der gegebenen höchstens n-dimensionalen Menge A ist in einer offenen Menge enthalten, welche in einer der m Mengen U_i als Teilmenge enthalten ist und deren Begrenzung mit A einen höchstens $(n-1)$-dimensionalen Durchschnitt hat. Nach dem Überdeckungstheorem für separable Räume wird A von abzählbarvielen derartigen offenen Mengen, etwa von den Mengen $\{W_i\}$ $(i = 1, 2, \ldots$ ad inf.) überdeckt. Wir bilden die Mengen

$$W_1^* = W_1, \quad W_i^* = W_i - W_i \cdot \sum_{j=1}^{i-1} \overline{W}_j \quad (i = 2, 3, \ldots \text{ ad inf.}).$$

Diese Mengen sind offen und paarweise fremd, ihre Begrenzungen haben mit A höchstens $(n-1)$-dimensionale Durchschnitte; jede von ihnen ist in einer der m Mengen U_i als Teilmenge enthalten, und es gilt $A \subset \sum_{i=1}^{\infty} \overline{W}_i^*$. Wir bezeichnen nun mit W_1' die Summe aller jener Mengen W_j^*, welche $\subset U_1$ sind, und nennen W_i' $(i = 2, 3, \ldots, m)$ die Summe aller Mengen W_j^*, welche $\subset U_i$, aber nicht $\subset \sum_{l=1}^{i-1} U_l$ sind. Zu jeder dieser m Mengen W_i' wird nun, so wie im Falle kompakter Räume, auf Grund des allgemeinen Trennungssatzes eine Menge X_i bestimmt, so daß

$$X_i \subset W_i', \quad A \cdot \overline{W}_i' \subset \overline{X}_i, \quad \overline{X}_i \cdot (R - W_i') \subset A \cdot \overline{W}_i' \cdot (R - W_i')$$

gilt. Das System $\mathfrak{F}_2$ der so definierten m Mengen $\overline{X}_i$ $(i = 1, 2, \ldots, m)$ ist aus denselben Gründen wie im Falle kompakter Räume ein System von A überdeckenden Stücken des Raumes, von denen jedes in einer der Mengen U_i als Teilmenge enthalten ist und so daß der Durchschnitt von je zwei Mengen aus $\mathfrak{F}_2$ eine höchstens $(n-1)$-dimensionale Teilmenge von A ist.

Um (in der Ausdrucksweise des Beweises für kompakte Räume) aus einem vorliegenden System $\mathfrak{F}_k$ ein System $\mathfrak{F}_{k+1}$ herzuleiten, bestimmen wir nach dem eben geschilderten Verfahren zunächst, so wie im Falle kompakter Räume, zu der höchstens $(n-k+1)$-dimensionalen Menge S_k

aller Punkte, die in mindestens k von den Mengen aus $\mathfrak{F}_k$ enthalten sind, ein System $\mathfrak{F}'$ von m die Menge S_k überdeckenden Stücken $\overline{Y}'_1, \overline{Y}'_2, \ldots, \overline{Y}'_m$, von denen jedes in einer der m Mengen U_i als Teilmenge enthalten ist, und so daß der Durchschnitt von je zwei Mengen aus $\mathfrak{F}'$ eine höchstens $(n-k)$-dimensionale Teilmenge von S_k ist. Sodann leiten wir, so wie im Falle kompakter Räume, aus dem System $\mathfrak{F}'$ ein System $\mathfrak{F}''$ von Mengen Y_i'' mit den Eigenschaften 1''., 2''., 3''. her — die *Möglichkeit* der Bestimmung dieser Mengen Y_i'' werden wir also für beliebige separable Räume nachzuweisen haben. Die Definition des Systems $\mathfrak{F}_{k+1}$, als System der Mengen von $\mathfrak{F}''$ und der mit Hilfe dieser Mengen modifizierten Mengen von $\mathfrak{F}_k$ erfolgt sodann ganz so, wie im Falle kompakter Räume. Ebenso zeigt dann ganz dieselbe Argumentation, wie im Falle kompakter Räume, daß der Durchschnitt von je r Mengen dieses Systems $\mathfrak{F}_{k+1}$ für $r = 2, 3, \ldots, k, k+1$ eine höchstens $(n-r+1)$-dimensionale Teilmenge von A ist, womit der allgemeine Zerlegungssatz für beliebige separable Räume bewiesen ist.

Da das in separabeln Räumen konstruierte System $\mathfrak{F}_2$ genau m Mengen enthält und ferner aus der Herleitung des Systems $\mathfrak{F}_{k+1}$ aus dem System $\mathfrak{F}_k$ hervorgeht, daß das erstere System um m Mengen mehr enthält als das letztere, so zeigt die durchgeführte Konstruktion nebenbei: *Ist A eine n-dimensionale abgeschlossene Menge eines separabeln Raumes und ist $U_1, U_2, \ldots, U_m$ ein A überdeckendes System von m offenen Mengen, so existieren $(n+1)\cdot m$ A überdeckende Stücke des Raumes, von denen jedes in einer der m Mengen U_i als Teilmenge enthalten ist und so, daß der Durchschnitt von je r dieser Stücke eine höchstens $(n-r+1)$-dimensionale Teilmenge von A ist* $(r = 2, 3, \ldots, n+2)$. (Dabei können unter den $(n+1)\cdot m$ Stücken identische, z. B. mehrere leere, auftreten.) Ferner folgt aus der durchgeführten Konstruktion, daß jede der m Mengen U_i mindestens $n+1$ von den $(n+1)\cdot m$ Stücken als Teilmengen enthält.

Nachzutragen ist nun noch für einen beliebigen separabeln Raum R die Herleitung des Systems $\mathfrak{F}''$ aus dem System $\mathfrak{F}'$. Die zu lösende Aufgabe besteht in Folgendem: Es liegen vor eine n-dimensionale abgeschlossene Menge A und ein System $\mathfrak{F}_k$, bestehend aus s_k Raumstücken $\overline{Y}_j$. Es war $S_1 = A$; mit S_r haben wir die Menge aller Punkte bezeichnet, welche in mindestens r von den Mengen des Systems $\mathfrak{F}_k$ enthalten sind. Nach Annahme ist die Menge S_r für $r = 1, 2, \ldots, k$ eine höchstens $(n-r+1)$-dimensionale Teilmenge von A. Es liegt ferner eine offene Menge Y_i' vor, welche wir kurz mit Y bezeichnen wollen, deren Begrenzung mit der Menge S_k einen höchstens $(n-k)$-dimensionalen Durchschnitt hat. Unsere Aufgabe ist die Bestimmung einer offenen Menge Y_i'' oder, wie wir kurz schreiben wollen, einer offenen Menge Y^*, so daß $S_k \cdot \overline{Y}^* = S_k \cdot \overline{Y}$ gilt und daß, wenn

$B(Y^*)$ die Begrenzung von Y^* bezeichnet, die Menge $B(Y^*) \cdot S_r$ für $r = 1, 2, \ldots, k$ eine höchstens $(n - r)$-dimensionale Teilmenge von A ist.

Wir beweisen das folgende Lemma. *Ist unter den eben formulierten Voraussetzungen Y_j eine offene Menge $\subset Y$, so daß $S_k \cdot \overline{Y}_j = S_k \cdot \overline{Y}$ gilt und daß $B(Y_j) \cdot S_r$ höchstens $(n-r)$-dimensional ist für $r = k, k-1, \ldots, k-j$, dann existiert eine offene Menge $Y_{j+1} \subset Y_j$, so daß $S_k \cdot \overline{Y}_{j+1} = S_k \cdot \overline{Y}$ gilt und daß $B(Y_{j+1}) \cdot S_r$ höchstens $(n - r)$-dimensional ist für*

$$r = k,\ k - 1, \ldots, k - j,\ k - j - 1.$$

Sobald dieses Lemma bewiesen ist, sind wir am Ziel. Denn bezeichnen wir die vorliegende Menge Y mit Y_0, so ist ja nach Voraussetzung $B(Y_0) \cdot S_r$ für $r = k$ höchstens $(n-r)$-dimensional. Wenden wir also auf die Menge Y_0 das Lemma iteriert an, so gelangen wir nach $k - 1$ Schritten zu einer Menge $Y_{k-1} \subset Y$, für welche $S_k \cdot \overline{Y}_{k-1} = S_k \cdot \overline{Y}$ gilt und so, daß $B(Y_{k-1}) \cdot S_r$ höchstens $(n - r)$-dimensional ist für $r = k, k - 1, \ldots, 2, 1$. Dabei sind die Mengen $B(Y_{k-1}) \cdot S_r$ Teilmengen von S_r und daher von A. Die so erhaltene Menge Y_{k-1} genügt also allen Forderungen an die Menge Y^*.

Zum Beweis des angeführten Lemmas, welcher nun noch erübrigt, verwenden wir die Methode der Modifikation der offenen Mengen in der Nähe ihrer Begrenzungen.

Wir bestimmen erstens durch Anwendung des allgemeinen Trennungssatzes auf die abgeschlossenen Mengen $S_{k-j} \cdot \overline{Y}_j$ und $R - Y_j$ sowie auf die offene Menge Y_j eine offene Menge $Y_j' \subset Y_j$, gemäß den Bedingungen

$$S_{k-j} \cdot \overline{Y}_j' = S_{k-j} \cdot \overline{Y}_j$$
$$\overline{Y}_j' \cdot (R - Y_j) \subset S_{k-j} \cdot \overline{Y}_j \cdot (R - Y_j) = S_{k-j} \cdot (B\,Y_j).$$

Dieselbe genügt offenbar folgenden Bedingungen:

$$S_{k-j} \cdot Y_j \subset Y_j',$$
$$\overline{Y}_j' \subset Y_j + S_{k-j} \cdot B(Y_j).$$

Man bestimmt zweitens durch Anwendung des allgemeinen Trennungssatzes auf die abgeschlossenen Mengen $\overline{Y}_j'$ und $R - Y_j$ sowie auf die offene Menge Y_j eine offene Menge $Y_j'' \subset Y_j$, welche, wie man leicht einsieht, den Bedingungen genügt

$$\overline{Y}_j' \subset Y_j'' + S_{k-j} \cdot B(Y_j)$$
$$\overline{Y}_j'' \subset Y_j + S_{k-j} \cdot B(Y_j).$$

Offenbar gelten für jede offene Menge Z, welche zwischen diesen beiden Mengen Y_j' und Y_j'' liegt, die Beziehungen $S_{k-j} \cdot \overline{Z} = S_{k-j} \cdot \overline{Y}_j$ und $B(Z) \cdot S_{k-j} = B(Y_j) \cdot S_{k-j}$, und daher die Formeln

$$S_k \cdot \overline{Z} = S_k \cdot \overline{Y}_j,$$
$$B(Z) \cdot S_r = B(Y_j) \cdot S_r \quad (r = k,\ k - 1, \ldots, k - j).$$

Zum Beweise des Lemmas ist daher bloß die Angabe einer zwischen Y'_j und Y''_j gelegenen Menge Y_{j+1} erforderlich, deren Begrenzung mit S_{k-j-1} einen höchstens $(n-k+j+1)$-dimensionalen Durchschnitt hat.

Nun ist die Menge S_{k-j-1} höchstens $(n-k+j+2)$-dimensional. Also existiert zu jedem Punkt des Raumes eine Umgebung, deren Begrenzung mit S_{k-j-1} einen höchstens $(n-k+j+1)$-dimensionalen Durchschnitt hat, wobei für jeden Punkt von $\overline{Y}'_j - B(Y'_j) \cdot S_{k-1}$ eine derartige Umgebung bestimmt wird, welche $\subset Y''_j$ ist und für jeden Punkt von $R - \overline{Y}'_j$ eine derartige Umgebung, welche zu $\overline{Y}'_j$ fremd ist. Es existieren unter den Umgebungen, welche solcherart den Punkten der Menge $R' = R - B(Y_j) \cdot S_{k-j}$ zugeordnet werden, abzählbarviele, welche R' überdecken. Aus ihnen kann nach einem bereits mehrfach angewendeten Verfahren (S. 99) eine Folge von paarweise fremden offenen Mengen hergeleitet werden, deren abgeschlossene Hüllen R' überdecken und von denen jede, die mit $\overline{Y}'_j$ Punkte gemein hat, $\subset Y''_j$ ist. Bezeichnen wir mit W die Summe aller jener Mengen dieser Folge, die zu $\overline{Y}'_j$ fremd sind, und nennen wir Y_{j+1} das Komplement der Menge $\overline{W}$, so bestätigt man leicht, daß diese offene Menge Y_{j+1} zwischen Y'_j und Y''_j liegt und daß ihre Begrenzung mit R' und folglich auch mit $R = R' + B(Y_j) \cdot S_{k-j}$ einen höchstens $(n-k+j+1)$-dimensionalen Durchschnitt hat. Damit ist das Lemma bewiesen.

Das bewiesene Lemma ist offenbar in einfacher Weise der folgenden Umformung fähig, die auch an sich ein gewisses Interesse bietet: *Sind in einem separabeln Raum m abgeschlossene Mengen $A_1 \subset A_2 \subset \cdots \subset A_{m-1} \subset A_m$ gegeben und ist, wenn j_i die Dimension von A_i $(i = 1, 2, \ldots, m)$ bezeichnet, U eine Umgebung eines Punktes p von A_1, deren Begrenzung mit A_m einen höchstens $(j_m - 1)$-dimensionalen Durchschnitt hat, so existiert eine Umgebung V von p, die $\subset U$ ist und deren Begrenzung für $i = 1, 2, \ldots, m$ mit A_i einen höchstens $(j_i - 1)$-dimensionalen Durchschnitt hat.*

Ist R ein n-dimensionaler separabler Raum, M eine m-dimensionale abgeschlossene Teilmenge von R und p ein Punkt von M, so ist p der Dimensionsdefinition zufolge erstens in beliebig kleinen Umgebungen mit höchstens $(n-1)$-dimensionalen Begrenzungen enthalten und zweitens in beliebig kleinen Umgebungen enthalten, deren Begrenzungen mit M höchstens $(m-1)$-dimensionale Durchschnitte haben. Aus der eben erwähnten Umformung des Lemmas ergibt sich offenbar als eine gewisse Ergänzung der Dimensionsdefinition der Satz: *Jeder Punkt einer m-dimensionalen abgeschlossenen Menge M eines n-dimensionalen separabeln Raumes ist in beliebig kleinen Umgebungen enthalten, deren Begrenzungen höchstens $(n-1)$-dimensional sind und mit M höchstens $(m-1)$-dimensionale Durchschnitte haben.*

4. Zweiter Beweis des allgemeinen Zerlegungssatzes.

Um einen zweiten Beweis des allgemeinen Zerlegungssatzes zu erbringen, beweisen wir den noch etwas allgemeineren (im folgenden verwendeten)

Hilfssatz 2. Voraussetzung: *Es sei R ein separabler Raum, $\mathfrak{F}$ ein System, bestehend aus endlichvielen abgeschlossenen Mengen. Es seien ferner m offene Mengen $U_1, U_2, \ldots, U_m$ gegeben, so daß $R = \sum_{k=1}^{m} U_k$ gilt.* Behauptung: *Es gibt m Stücke des Raumes $A_1, A_2, \ldots, A_m$ mit folgenden Eigenschaften:*

1. $A_k \subset U_k$ $(k = 1, 2, \ldots, m)$.

2. $R = \sum_{k=1}^{m} A_k$.

3. *Sind irgend r von den Mengen A_k vorgelegt, bezeichnet Π_r ihren Durchschnitt und ist F irgendeine Menge des Systems $\mathfrak{F}$, dann gilt*

$$\dim F \cdot \Pi_r \leqq \dim F - (r - 1).$$

(Dabei ist unter einer Menge von negativer Dimension stets die leere Menge zu verstehen.)

Daß in Hilfssatz 2 wirklich der allgemeine Zerlegungssatz enthalten ist, erkennt man, indem man annimmt, daß erstens das Mengensystem $\mathfrak{F}$ nur eine einzige Menge, nämlich den Raum R enthält und daß zweitens R n-dimensional ist. Für diesen Fall ergibt nämlich Hilfssatz 2 zu jedem vorgelegten endlichen Überdeckungssystem des Raumes die Existenz von endlichvielen Stücken, von denen jedes Teilmenge einer Menge des Überdeckungssystems ist und die zu je k höchstens $(n - k + 1)$-dimensionale Durchschnitte haben $(k = 2, 3, \ldots, n + 2)$, wie der Zerlegungssatz behauptet.

Zum Beweise bezeichnen wir mit n die größte unter den Dimensionen der Mengen des Systems $\mathfrak{F}$. Wir können annehmen, daß nur *eine* unter den Mengen des Systems $\mathfrak{F}$ die Dimension n besitzt. Liegt nämlich ein System $\mathfrak{F}'$ vor, welches mehrere Mengen höchster Dimension enthält, so betrachten wir statt dessen das System $\mathfrak{F}$, welches entsteht, wenn diese Mengen der Dimension n aus $\mathfrak{F}'$ getilgt werden und statt dessen die Summe der getilgten Mengen in das System aufgenommen wird. Das System $\mathfrak{F}$ enthält genau eine Menge der Dimension n, und wenn die Behauptung von Hilfssatz 2 für das System $\mathfrak{F}$ gilt, dann gilt sie offenbar erst recht für das System $\mathfrak{F}'$.

Es sei also M die einzige n-dimensionale Menge des Systems $\mathfrak{F}$. Wenn $n = 0$ ist, dann enthält das System $\mathfrak{F}$ bloß die Menge M, und die Behauptung unseres Satzes reduziert sich in diesem Fall auf die Behauptung des

Hilfssatzes 1′ (S. 160) für den Fall $n = 0$. Für den Fall $n = 0$ ist unsere Behauptung also erwiesen.

Wir nehmen an, unsere Behauptung sei bereits für $n - 1$ bewiesen, und wollen unter dieser Annahme ihre Gültigkeit für n herleiten.

Einem Korollar des Summensatzes (S. 113) zufolge kann die n-dimensionale Menge M in eine $(n - 1)$-dimensionale Teilmenge M' und in eine nulldimensionale Teilmenge M'' zerlegt werden. Wir wollen zeigen, daß es möglich ist, diese Zerspaltung von M unter Beobachtung von zwei Bedingungen durchzuführen:

α) M'' ist zu den von M verschiedenen Mengen des Systems $\mathfrak{F}$ fremd.

Wäre nämlich bei der Zerspaltung $M = M' + M''$ die Menge M'' nicht zu den von M verschiedenen Mengen des Systems $\mathfrak{F}$ fremd, so könnten wir, indem wir mit C die Summe aller von M verschiedenen Mengen des Systems $\mathfrak{F}$ bezeichnen, die Zerspaltung $M = M' + M''$ durch folgende Zerspaltung ersetzen:

$$\text{(Z*)} \qquad M = (M' + M \cdot C) + (M'' - M'' \cdot C) = M'_* + M''_*.$$

In dieser Zerspaltung ist der zweite Summand $\subset M''$, also nulldimensional und zu C fremd. Der erste Summand dieser Zerspaltung ist Summe der $(n - 1)$-dimensionalen Menge M' und der abgeschlossenen Menge $M \cdot C$, welche nach dem Summensatz höchstens $(n - 1)$-dimensional ist, da die endlichvielen abgeschlossenen Summanden der Menge C (die von M verschiedenen Mengen des Systems $\mathfrak{F}$) durchweg höchstens $(n - 1)$-dimensional sind. Als Summe der $(n - 1)$-dimensionalen Menge M' und der abgeschlossenen höchstens $(n - 1)$-dimensionalen Menge $M \cdot C$ ist also die Menge $(M' + M \cdot C)$ nach einem Korollar des Summensatzes (S. 115) $(n - 1)$-dimensional, so daß also (Z*) tatsächlich eine der Bedingung α) genügende Zerspaltung von M in eine $(n - 1)$-dimensionale und eine nulldimensionale Menge darstellt.

β) Die Menge M'' enthält keinen nichtleeren offenen Teil.

Wenn nämlich der offene Kern K der Menge M'' nichtleer ist, so ersetzen wir die Zerspaltung (Z*) durch die folgende:

$$\text{(Z**)} \qquad M = (M'_* + K) + (M''_* - K) = M'_{**} + M''_{**}.$$

Auch diese Zerspaltung genügt der Bedingung α), der zweite Summand, die Menge M''_{**}, ist nulldimensional und der erste Summand, die Menge M'_{**}, ist als Summe der $(n - 1)$-dimensionalen Menge M'_* und der nulldimensionalen Menge K, welche offen, also (vgl. S. 66) zugleich F_σ und G_δ ist, nach einem Korollar des Summensatzes (S. 115) $(n - 1)$-dimensional.

Wir können und wollen also annehmen, es liege eine Zerspaltung von M,

$$M = M' + M'',$$

in eine $(n-1)$-dimensionale und eine nulldimensionale Menge vor, welche den Bedingungen α) und β) genügt. Wir setzen $R' = R - M''$ und betrachten hierauf das System $\mathfrak{F}'$, welches aus $\mathfrak{F}$ entsteht, wenn die Menge M durch die Menge M' ersetzt wird. Alle Mengen des Systems $\mathfrak{F}'$ sind in R' abgeschlossen und höchstens $(n-1)$-dimensional.

Wir wenden nun auf die Menge M und die vorgelegten Mengen $U_1, U_2, \ldots, U_m$ den Hilfssatz 1′ (S. 160) an und erhalten hierdurch ein System von offenen Mengen $V_1, V_2, \ldots, V_m$ gemäß den Bedingungen

a) $V_i \Subset U_i$ $(i = 1, 2, \ldots, m)$,

b) $R = \sum_{i=1}^{m} V_i$.

c) Jeder Punkt von M gehört höchstens $n+1$ von den Mengen $\overline{V}_i$ an. Wir setzen $R' \cdot V_i = V'_i$ $(i = 1, 2, \ldots, m)$.

Da alle Mengen des Systems $\mathfrak{F}'$ höchstens $(n-1)$-dimensional und in R' abgeschlossen sind, können wir den für $n-1$ als gültig angenommenen Hilfssatz 2 auf die Menge R' als Raum, auf das System $\mathfrak{F}'$ und auf die eben bestimmten in R' offenen Mengen $V'_1, V'_2, \ldots, V'_m$ anwenden. Wir erhalten hierdurch m Stücke $A'_1, A'_2, \ldots, A'_m$ des Raumes R', welche den Bedingungen genügen:

1′. $A'_i \subset V'_i$ $(i = 1, 2, \ldots, m)$,

2′. $R' = \sum_{i=1}^{m} A'_i$.

3′. Bezeichnet Π'_r den Durchschnitt von irgend r Mengen A'_i und ist F' irgendeine Menge des Systems $\mathfrak{F}'$, so gilt

$$\dim F' \cdot \Pi'_r \leqq \dim F' - (r-1).$$

Wir wollen nun zeigen: Die abgeschlossenen Hüllen dieser Mengen A'_i, die wir mit A_i bezeichnen $(i = 1, 2, \ldots m)$, sind Stücke des Raumes R, welche den Forderungen 1., 2., 3. von Hilfssatz 2 hinsichtlich des Raumes R, des Systems $\mathfrak{F}$ und der Mengen $U_1, U_2, \ldots, U_m$ genügen.

Zunächst sieht man, daß die Mengen A_i Stücke des Raumes R sind. Betrachten wir nämlich etwa die Menge A_i. Nach Annahme ist A'_i ein Stück des Raumes R', d. h. abgeschlossene Hülle einer in R' offenen Menge. Es gilt also $A'_i = R' \cdot \overline{R' \cdot W_i}$, wo W_i eine in R offene Menge bezeichnet. Da $R - R' = M''$ ist, da also wegen β) die Menge $R - R'$ keinen nichtleeren offenen Teil enthält, ergibt sich hieraus $A'_i = R' \cdot \overline{W}_i$, und daraus folgert man wieder unter Benutzung der Tatsache, daß $R - R''$ keinen nichtleeren offenen Teil enthält, mühelos $A_i = \overline{A'_i} = \overline{W}$. Es ist also A_i ein Stück des Raumes R.

Wir haben nun zu zeigen, daß die Stücke $A_1, A_2, \ldots, A_m$ die Bedingungen 1., 2., 3. von Hilfssatz 2 erfüllen.

1. Es gilt $A'_i < V_i \leqq U_i$ $(i = 1, 2, \ldots, m)$. Also gilt

$$A_i = \overline{A'_i} < U_i \ (i = 1, 2, \ldots, m).$$

Die Mengen A_i erfüllen also die *erste* behauptete Bedingung.

2. Nach Voraussetzung β) enthält die Menge M'' keinen offenen Teil, also ist $R' = R - M''$ in R dicht. Folglich ist $\sum_{i=1}^{m} A_i = \overline{R'} = R$. Die Mengen A_i erfüllen also die *zweite* behauptete Bedingung.

3. Um zu zeigen, daß die A_i die *dritte* behauptete Bedingung erfüllen, haben wir nachzuweisen, daß für je r Mengen A_i, wenn Π_r ihren Durchschnitt und F irgendeine Menge des Systems $\mathfrak{F}$ bezeichnet, die Beziehung gilt:

$$\dim F \cdot \Pi_r \leqq \dim F - (r-1).$$

Wir bemerken zunächst, daß für jedes i $(i = 1, 2, \ldots, m)$ die Menge A_i Summe ist von A'_i und einer Teilmenge von M''. Der Durchschnitt Π_r von r vorgelegten Mengen A_i kann also dargestellt werden in der Form

$$\Pi_r = \Pi'_r + N,$$

wo Π'_r den Durchschnitt der r entsprechenden Mengen A'_i und N eine Teilmenge von M'' bedeutet. Ist also F irgendeine von M verschiedene Menge des Systems $\mathfrak{F}$, dann ist F nach Voraussetzung α) zu M'' fremd, und es gilt daher

$$F \cdot \Pi_r = F \cdot \Pi'_r + F \cdot N = F \cdot \Pi'_r.$$

Folglich gilt im Falle, daß F eine von M verschiedene Menge des Systems $\mathfrak{F}$ ist, nach Voraussetzung 3'

$$\dim F \cdot \Pi_r = \dim F \cdot \Pi'_r \leqq \dim F - (r-1).$$

Für die von M verschiedenen Mengen des Systems $\mathfrak{F}$ ist also auch die dritte Bedingung von Hilfssatz 2 erfüllt.

Wir haben nun noch die Durchschnitte der Form $\Pi_r \cdot M$ zu betrachten. Offenbar gilt wieder

$$(\dagger) \qquad \Pi_r \cdot M = \Pi_r \cdot M' + P,$$

wo P eine Teilmenge von M'' bedeutet und daher höchstens nulldimensional ist. Es ist also

$$(\dagger\dagger) \qquad \dim \Pi_r \cdot M \leqq \dim \Pi'_r \cdot M' + 1.$$

Wir unterscheiden nun zwei Fälle:

a) Es sei $r < n + 2$. Dann gilt nach Voraussetzung 3'.

$$\dim \Pi'_r \cdot M' \leqq \dim M' - (r-1) = n - 1 - (r-1).$$

Es ergibt also die Formel $(\dagger\dagger)$ für den Fall $r < n + 2$

$$\dim \Pi_r \cdot M \leqq n - (r-1),$$

womit die Gültigkeit der dritten behaupteten Bedingung für den Fall $r < n + 2$ bewiesen ist.

b) Es sei $r \geqq n + 2$. In diesem Fall ist zu zeigen, daß die Menge $\Pi_r \cdot M$ leer, d.h. (-1)-dimensional ist. Die Formel (†) ergibt nicht das gewünschte Resultat. Zwar können wir auch für $r \geqq n + 2$ herleiten, daß der erste Summand auf der rechten Seite von (†) (-1)-dimensional, also leer ist, aber die Menge P muß nicht leer sein. Für den Fall $r \geqq n + 2$ ergibt sich aber die Gültigkeit der dritten Bedingung aus einem anderen Grund: Es ist ja nach Voraussetzung 1'. jede Menge $A_i \subset \overline{V}_i$ $(i = 1, 2, \ldots, m)$, und nach Annahme c) über die Mengen V_i gehört kein Punkt des Raumes mehr als $n + 1$ von den Mengen $\overline{V}_i$ an. Also ist der Durchschnitt von mehr als $n + 1$ Mengen A_i, d. h. für $r \geqq n + 2$ jede Menge Π_r und daher erst recht jede Menge $\Pi_r \cdot M$ leer.

Damit ist gezeigt, daß die m Mengen A_i in jedem Fall auch die behauptete *dritte* Bedingung erfüllen, womit Hilfssatz 2 bewiesen ist.

5. Die Umkehrung des letzten Teiles des Zerlegungssatzes.

Wir wenden uns nun zum Beweis der Umkehrung des letzten Teiles des allgemeinen Zerlegungssatzes hinsichtlich kompakter Räume, wollen also zeigen: Ein kompakter Raum, welcher Summe von endlichvielen beliebig kleinen Stücken ist, die zu je $n + 2$ leere Durchschnitte haben, ist höchstens n-dimensional. Wir beweisen eine formal schärfere Behauptung. Wir zeigen nämlich, daß ein kompakter Raum sicher schon dann höchstens n-dimensional ist, wenn eine einzige erzeugende Doppelfolge $\mathfrak{D}$ (vgl. S. 61) existiert, so daß der Raum für jedes natürliche k Summe ist von endlichvielen abgeschlossenen Mengen, die zu je $n + 2$ leere Durchschnitte haben, und von denen jede in einer Menge des $k$ten Schrittes von $\mathfrak{D}$ als Teilmenge enthalten ist. Diese Behauptung ist nur *formal* schärfer als die Umkehrung des letzten Teiles des Zerlegungstheorems, denn wir haben ja festgestellt (S. 64): Ist $\mathfrak{D}$ eine erzeugende Doppelfolge eines kompakten Raumes und $\mathfrak{U}$ irgendein Überdeckungssystem des Raumes, so ist für eine gewisse natürliche Zahl k jede Menge des $k$ten und eines höheren Schrittes von $\mathfrak{D}$ in einer Menge von $\mathfrak{U}$ als Teilmenge enthalten. Wenn es also in einem kompakten Raum eine erzeugende Doppelfolge $\mathfrak{D}$ gibt, so daß für jedes natürliche k endlichviele Mengen einer gewissen Art existieren, von denen jede in einer Menge des $k$ten Schrittes von $\mathfrak{D}$ als Teilmenge enthalten ist, dann existieren eo ipso endlichviele beliebig kleine Mengen der betreffenden Art. Um uns kurz ausdrücken zu können, wollen wir, wenn $\mathfrak{D} = \{U_m^k\}$ eine vorgegebene erzeugende Doppelfolge und $\mathfrak{M}$ ein System von Mengen ist, deren jede in einer Menge des $k$ten Schrittes von $\mathfrak{D}$ als Teilmenge enthalten ist, sagen, $\mathfrak{M}$ sei *ein System von Mengen* $\subset \mathfrak{D}^k$.

Wir wollen also folgendes nachweisen: *Ein kompakter Raum R, in dem eine erzeugende Doppelfolge $\mathfrak{D} = \{U_m^k\}$ existiert, so daß R für jedes natür-*

liche k Summe von endlichvielen abgeschlossenen Mengen $\subset \mathfrak{D}^k$ *ist, die zu je* $n+2$ *leere Durchschnitte haben, ist höchstens n-dimensional.*

Diese Behauptung ist trivial für $n = -1$. Wir wollen ihre Gültigkeit für $n-1$ annehmen und unter dieser Annahme die Gültigkeit des oben formulierten Falles n nachweisen.

Es sei also R ein kompakter Raum, $\mathfrak{D} = \{U_m^k\}$ eine erzeugende Doppelfolge derart, daß R für jedes natürliche k Summe ist von endlichvielen abgeschlossenen Mengen $\subset \mathfrak{D}^k$, die zu je $n+2$ leere Durchschnitte haben. Wir behaupten, daß R höchstens n-dimensional ist, d. h. wir wollen zeigen: Sind U_0 und W_0 zwei vorgelegte offene Mengen des Raumes, für welche $U_0 \Subset W_0$ gilt, dann existiert eine offene Menge V zwischen U_0 und W_0, deren Begrenzung höchstens $(n-1)$-dimensional ist. Die Begrenzung einer offenen Teilmenge von R ist abgeschlossen, also in sich betrachtet ein kompakter Raum. Um zu zeigen, daß eine offene Menge zwischen U_0 und W_0 existiert, deren Begrenzung höchstens $(n-1)$-dimensional ist, genügt es daher mit Rücksicht auf die angenommene Gültigkeit unserer Behauptung für weniger als n-dimensionale kompakte Räume, daß wir zeigen: *Es existiert eine offene Menge V zwischen* U_0 *und* W_0, *deren Begrenzung für jedes natürliche k Summe ist von endlichvielen abgeschlossenen Mengen* $\subset \mathfrak{D}^k$, *die zu je* $n+1$ *leere Durchschnitte haben.*

Um eine offene Menge V mit den geforderten Eigenschaften zu konstruieren, bestimmen wir sukzessive für die natürlichen Zahlen $k = 1, 2, \ldots$, ad inf. monoton wachsende offene Mengen $U_0 \subset U_1 \subset U_2 \subset \ldots \subset U_k \subset \ldots$ und monoton abnehmende Mengen $W_0 \supset W_1 \supset W_2 \supset \ldots \supset W \supset \ldots$, so daß *erstens* für jedes k die Beziehung gilt

$$U_{k-1} \subset U_k \Subset W_k \subset W_{k-1}$$

und daß *zweitens* die Begrenzung von jeder offenen Menge zwischen U_k und W_k Summe ist von endlichvielen abgeschlossenen Mengen $\subset \mathfrak{D}^k$, die zu je $n+1$ leere Durchschnitte haben. Sobald diese Konstruktion durchgeführt ist, können wir mühelos nachweisen, daß die Menge $V = \sum\limits_{k=1}^{\infty} U_k$ die gewünschten Eigenschaften besitzt, nämlich zwischen U_0 und W_0 liegt und, da sie für jedes natürliche k zwischen U_k und W_k liegt, eine Begrenzung besitzt, die für jedes k Summe ist von endlichvielen abgeschlossenen Mengen $\subset \mathfrak{D}^k$, die zu je $n+1$ leere Durchschnitte haben.

Die Konstruktion der Mengen U_k und W_k gelingt auf Grund der beiden folgenden Hilfssätze:

Hilfssatz a). *Es sei* $\mathfrak{D} = \{U_m^k\}$ *eine erzeugende Doppelfolge des kompakten Raumes R, so daß R für jedes j Summe ist von endlichvielen ab-*

geschlossenen Mengen $\subset \mathfrak{D}^j$, *die zu je* $n+2$ *leere Durchschnitte haben. Sind* U *und* W *zwei offene Mengen, für die* $U \Subset W$ *gilt, und ist* k *eine vorgelegte natürliche Zahl, so gibt es eine offene Menge* V, *so daß* $U \subset V \Subset W$ *gilt und daß die Begrenzung von* V *Summe ist von endlichvielen abgeschlossenen Mengen* $\subset \mathfrak{D}^k$, *die zu je* $n+1$ *leere Durchschnitte haben.*

Da nach Voraussetzung $U \Subset W$ gilt, existieren nach dem allgemeinen Trennungssatz (S. 31) zwei zueinander fremde offene Mengen $X > \overline{U}$ und $Y > R - W$. Die drei Mengen X, Y, $W - \overline{U}$ bilden offenbar ein Überdeckungssystem des Raumes, und jede Menge, welche Teilmenge von einer dieser drei Mengen ist, kann nicht sowohl mit U als auch mit $R - W$ Punkte gemein haben. Betrachten wir nun für die vorgelegte Zahl k das System jener Mengen, welche Durchschnitt von einer der endlichvielen nichtleeren Mengen von $\mathfrak{D}^k$ und einer der drei Mengen X, Y, $W - \overline{U}$ sind! Dieses System $\mathfrak{D}^k_*$ ist ein Überdeckungssystem $\subset \mathfrak{D}^k$ des Raumes, von dessen Mengen keine sowohl mit U als auch mit $R - W$ Punkte gemein hat. Nach der Bemerkung über erzeugende Doppelfolgen (S. 64) ist für alle hinlänglich großen j, etwa für alle $j \geq \bar{k}$ jede Menge von $\mathfrak{D}^j$ in einer Menge von $\mathfrak{D}^k_*$ als Teilmenge enthalten. Nach Voraussetzung ist R insbesondere für $\bar{k}$ Summe von endlichvielen abgeschlossenen Mengen $\subset \mathfrak{D}^{\bar{k}}$, die zu je $n+2$ leere Durchschnitte haben; also ist R Summe von endlichvielen abgeschlossenen Mengen $A_1, A_2, \ldots, A_t$, die zu je $n+2$ leere Durchschnitte haben, die $\subset \mathfrak{D}^k$ sind und von denen keine sowohl mit U als auch mit $R - W$ Punkte gemein hat. Unter den t Mengen A_i befinden sich solche, welche zu U fremd sind, etwa die Mengen $A_{i_1}, A_{i_2}, \ldots A_{i_r}$, wobei $r = 0$ sein kann, und solche, welche mit U Punkte gemein haben, etwa die Mengen $A_{j_1}, A_{j_2}, \ldots, A_{j_s}$ $(r + s = t)$. Wir bezeichnen mit V das Komplement der Menge $\sum_{l=1}^{r} A_{i_l}$. Wir wollen zeigen, daß diese Menge V die gewünschten Eigenschaften besitzt. Offenbar gilt $U \subset V$ und, da keine der Mengen A_i sowohl mit U als auch mit $R - W$ Punkte gemein hat, $V \Subset W$. Wir haben noch zu zeigen, daß die Begrenzung $B(V)$ von V Summe ist von endlichvielen abgeschlossenen Mengen $\subset \mathfrak{D}^k$, die zu je $n+1$ leere Durchschnitte haben. Nun ist jeder Punkt von $B(V)$, da er nicht in V liegt, in mindestens einer der zu U fremden Mengen A_i enthalten, d. h. es gilt $B(V) = \sum_{l=1}^{r} A_{i_l} \cdot B(V)$. Jede der Mengen $A_{i_l} \cdot B(V)$ ist, als Teilmenge von A_{i_l}, in einer Menge des $k$ten Schrittes von $\mathfrak{D}$ enthalten. Wir haben noch zu zeigen, daß je $n+1$ von den Mengen $A_{i_l} \cdot B(V)$ einen leeren Durchschnitt haben, daß m. a. W. jeder Punkt von $B(V)$ in höchstens n von den Mengen $A_{i_l} \cdot B(V)$ enthalten ist. Nun liegt *erstens* jeder Punkt von $B(V)$, wie ja überhaupt jeder Punkt des Raumes, in höchstens $n+1$ von den t Mengen A_i. Jeder Punkt von $B(V)$ liegt *zweitens* in mindestens einer der s Mengen $A_{j_1}, A_{j_2}, \ldots, A_{j_s}$, welche mit U Punkte gemein haben. Denn ist p ein Punkt des Raumes, der in keiner dieser abgeschlossenen Mengen liegt, so existiert eine Umgebung $U(p)$, welche zur Menge $\sum_{l=1}^{s} A_{j_l}$ fremd und daher Teilmenge von $R - \overline{V}$ ist; ein solcher Punkt p liegt also nicht in $\overline{V}$ und daher nicht in $B(V)$. Da, wie wir festgestellt haben, jeder Punkt von $B(V)$ erstens in höchstens $n+1$ von den t Mengen A_i und zweitens in mindestens einer der s Mengen A_{j_l} liegt, so liegt jeder Punkt von $B(V)$ in höchstens n von den r Mengen A_{i_l}, wie behauptet. Damit ist gezeigt, daß V den Forderungen von Hilfssatz a) genügt.

Hilfssatz b). *Es sei unter den Voraussetzungen von Hilfssatz a) U eine offene Menge, deren Begrenzung B für eine vorgegebene natürliche Zahl k Summe von endlichvielen abgeschlossenen Mengen $\subset \mathfrak{D}^k$ ist, die zu je $n+1$ leere Durchschnitte haben. Dann existiert eine offene Menge W, so daß $U \Subset W$ gilt und daß die Begrenzung von jeder offenen Menge zwischen U und W Summe ist von endlichvielen abgeschlossenen Mengen $\subset \vartheta^k$, die zu je $n+1$ leere Durchschnitte haben.*

Es sei $B = \sum_{i=1}^{t} B_i$ eine Darstellung von B als Summe von endlichvielen, nämlich t, abgeschlossenen Mengen $\subset \mathfrak{D}^k$, die zu je $n+1$ leere Durchschnitte haben. Wir betrachten irgendeinen der t Summanden B_i. Wir bezeichnen für jede natürliche Zahl $m > k$ mit $\overline{U}_i^m$ die Summe aller jener Mengen V_j^m des $m$ten Schrittes von $\mathfrak{D}$, die mit B_i Punkte gemein haben und behaupten zunächst: Das System der t Mengen $\overline{U}_i^m$ $(i = 1, 2, \ldots, t)$ ist für fast alle $m \subset \mathfrak{D}^k$. Da jede der Mengen B_i nach Voraussetzung Teilmenge von einer der Mengen von $\mathfrak{D}^k$ ist, genügt zum Beweise dieser Behauptung offenbar, daß wir zeigen: Ist Z eine Menge von $\mathfrak{D}^k$, die $\supset B_i$ ist, so gilt für fast alle m auch die Beziehung $Z \supset \overline{U}_i^m$. Wäre dies unrichtig, so existierte für unendlichviele natürliche Zahlen n_m $(m = 1, 2, \ldots$ ad inf.) ein in $R - Z$ gelegener Punkt p_m von $\overline{U}_i^{n_m}$, also zufolge der Definition der Menge $\overline{U}_i^{n_m}$ ein in $R - Z$ gelegener Punkt einer Menge $V_j^{n_m}$ von $\mathfrak{D}^{n_m}$, die auch einen Punkt mit B_i gemein hat. Es existierte ein Punkt p von $R - Z$, von dem jede Umgebung unendlichviele Punkte p_m enthält. (Falls nur endlichviele verschiedene Punkte p_m existieren, so besitzt einer von ihnen die Eigenschaft von p, andernfalls ein wegen der Kompaktheit des Raumes existierender Häufungspunkt der Punkte p_m.) Jede Umgebung von p enthielte also für eine unendliche stets wachsende Zahlenfolge $\{k_m\}$ $(m = 1, 2, \ldots$ ad inf.) Punkte von fast allen Mengen einer Folge $\{V_{j_m}^{k_m}\}$ $(m = 1, 2, \ldots$ ad inf.), wo V^{k_m} eine Menge von $\mathfrak{D}^{k_m}$ ist. Da $\mathfrak{D}$ eine erzeugende Doppelfolge ist, müssen diese Mengen gegen den Punkt p konvergieren und dies ist unmöglich, da p in $R - Z$ liegt, während jede der Mengen $V_{j_m}^{k_m}$ einen Punkt mit B_i gemein hat. Die Annahme, von der Unrichtigkeit der Behauptung führt also auf einen Widerspruch.

Wir behaupten ferner, daß für fast alle m je $n + 1$ von den t Mengen $\overline{U}_1^m, \overline{U}_2^m, \ldots, \overline{U}_t^m$ leere Durchschnitte haben. Angenommen nämlich, diese Behauptung wäre unrichtig, dann existierte für unendlichviele natürliche Zahlen m_i ($i = 1, 2, \ldots$ ad inf.) ein Punkt p_{m_i}, welcher $n + 1$ von den t Mengen $\overline{U}_1^{m_i}, \overline{U}_2^{m_i}, \ldots, \overline{U}_t^{m_i}$ angehörte. Da für jedes m aus den t Mengen $\overline{U}_i^m, \overline{U}_2^m, \ldots, \overline{U}_t^m$ nur endlichviele $(n + 1)$-Tupel sich bilden lassen, so gäbe es $n + 1$ Zahlen $\leqq t$, etwa $j_1, j_2, \ldots, j_{n+1}$, so daß für unendlichviele natürliche m_i ($i = 1, 2, \ldots$ ad inf.) ein Punkt p_{m_i} den $n + 1$ Mengen $\overline{U}_{j_1}^{m_i}, \overline{U}_{j_2}^{m_i}, \ldots, \overline{U}_{j_{n+1}}^{m_i}$ angehörte. Es existierte ein Punkt p, von dem jede Umgebung für unendlichviele Zahlen m_i die Punkte p_{m_i} enthält. (Diese Eigenschaft von p besitzt, falls die Menge der Punkte p_{m_i} endlich ist, einer ihrer Punkte und, falls sie unendlich ist, ein wegen der Kompaktheit des Raumes existierender Häufungspunkt p der Punktefolge $\{p_{m_i}\}$). Dieser Punkt p liegt für jede der $n + 1$ Zahlen $j_1, j_2, \ldots, j_{n+1}$ in unendlichvielen Mengen $\overline{U}_{j_i}^m$, also für jede der $n + 1$ Zahlen j_i in B_{j_i}. (Denn daß p nicht in der abgeschlossenen Menge B_{j_i}, also außerhalb einer Umgebung von B_{j_i} liegt, führt so wie vorhin zu einem Widerspruch gegen die Tatsache, daß p in unendlichvielen Mengen $\overline{U}_{j_i}^m$ liegt.) Der Punkt p würde also den $n + 1$ Mengen $B_{j_1}, B_{j_2}, \ldots, B_{j_{n+1}}$ angehören, während doch je $n + 1$ von den t Mengen B_i einen leeren Durchschnitt haben sollen. Damit ist aus der Annahme, daß nicht für fast alle natürlichen m die t Mengen $\overline{U}_i^m$ ($i = 1, 2, \ldots, t$) zu je $n + 1$ leere Durchschnitte haben, ein Widerspruch hergeleitet.

Sicher existiert also eine natürliche Zahl $m > k$, so daß die t Mengen $\overline{U}_1^m, \overline{U}_2^m, \ldots, \overline{U}_t^m$ und daher erst recht die t offenen Mengen $U_1^m, U_2^m, \ldots, U_t^m$ $\subset \mathfrak{D}^k$ sind und zu je $n+1$ leere Durchschnitte haben. Für diese t Mengen U_i^m setzen wir

$$W = U + \sum_{i=1}^{t} U_i^m.$$

Dann gilt offenbar $U \lll W$, denn für die Begrenzung B von U gilt $B \subset \sum_{i=1}^{t} U_i^m$. Wir behaupten ferner: Ist V irgendeine offene Menge zwischen U und W, so ist die Begrenzung von V Summe von endlichvielen abgeschlossenen Mengen $\subset \mathfrak{D}^k$, die zu je $n + 1$ leere Durchschnitte haben. Um nämlich die Begrenzung B^* einer zwischen U und W liegenden Menge V als Summe von endlichvielen abgeschlossenen Mengen $\subset \mathfrak{D}^k$ darzustellen, die zu je $n + 1$ leere Durchschnitte haben, hat man offenbar bloß die

t Mengen $B^* \cdot \overline{U}_1^m, B^* \cdot \overline{U}_2^m, \ldots, B^* \cdot \overline{U}_t^m$ als Summanden von B^* zu wählen. Damit ist der Hilfssatz b) bewiesen.

Wir wenden uns nun dem Beweis der Umkehrung vom letzten Teil des Zerlegungssatzes zu. Es seien U_0 und W_0 vorgelegte offene Mengen unseres kompakten Raumes R, für welche $U_0 \Subset W_0$ gilt. Wir haben eine offene Menge V zwischen U_0 und W_0 anzugeben, deren Begrenzung für jedes natürliche k Summe ist von endlichvielen abgeschlossenen Mengen $\subset \mathfrak{D}^k$, die zu je $n+1$ leere Durchschnitte haben.

Zunächst existiert nach Hilfssatz a) eine offene Menge U_1 zwischen U_0 und W_0, die der Beziehung genügt $U_0 \subset U_1 \Subset W_0$ und deren Begrenzung Summe von endlichvielen abgeschlossenen Mengen $\subset \mathfrak{D}^1$ ist, die zu je $n+1$ leere Durchschnitte haben. Sodann existiert nach Hilfssatz b) eine offene Menge W_1', so daß $U_1 \Subset W_1'$ gilt und daß die Begrenzung von jeder offenen Menge zwischen U_1 und W_1' Summe ist von endlichvielen abgeschlossenen Mengen $\subset \mathfrak{D}^1$, die zu je $n+1$ leere Durchschnitte haben. Wir setzen $W_1 = W_0 \cdot W_1'$. Dann gilt $U_1 \Subset W_1 \subset W_0$.

Angenommen, es liegen bereits zwei offene Mengen U_{k-1} und W_{k-1} vor, so daß $U_0 \subset U_{k-1} \Subset W_{k-1} \subset W_0$ gilt und daß die Begrenzung von jeder offenen Menge zwischen U_{k-1} und W_{k-1} Summe ist von endlichvielen abgeschlossenen Mengen $\subset \mathfrak{D}^{k-1}$, die zu je $n+1$ leere Durchschnitte haben. Dann bestimmen wir nach Hilfssatz a) eine offene Menge U_k, für die $U_{k-1} \subset U_k \Subset W_{k-1}$ gilt und deren Begrenzung Summe von endlichvielen abgeschlossenen Mengen $\subset \mathfrak{D}^k$ ist, die zu je $n+1$ leere Durchschnitte haben. Hierauf bestimmen wir nach Hilfssatz b) eine offene Menge W_k', so daß $U_k \Subset W_k'$ gilt und daß die Begrenzung von jeder offenen Menge zwischen U_k und W_k' Summe ist von endlichvielen abgeschlossenen Mengen $\subset \mathfrak{D}^k$, die zu je $n+1$ leere Durchschnitte haben. Wir setzen hierauf $W_k = W_k' \cdot W_{k-1}$. Dann gilt $U_0 \subset U_k \Subset W_k \subset W_{k-1}$.

Auf diese Weise konstruieren wir für jedes natürliche k eine Menge U_k und eine Menge W_k. Die Menge

$$V = \sum_{k=1}^{\infty} U_k$$

liegt offenbar für jedes natürliche k zwischen U_k und W_k. Ihre Begrenzung ist also für jedes natürliche k Summe von endlichvielen abgeschlossenen Mengen $\subset \mathfrak{D}^k$, die zu je $n+1$ leere Durchschnitte haben. Die Existenz einer derartigen Menge V hatten wir zu beweisen. Die Voraussetzung der Kompaktheit des Raumes ist im vorstehenden Beweis mehrfach verwendet worden.

Ist R ein separabler Raum, $\mathfrak{U}$ ein Überdeckungssystem von R, so ist bisweilen folgende Ausdrucksweise zweckmäßig: Eine Menge M heiße

n-dimensional bezüglich $\mathfrak{U}$, falls M Summe ist von endlichvielen in M abgeschlossenen Mengen $\subset \mathfrak{U}$, die zu je $n+1$ leere Durchschnitte haben. Ist speziell $\mathfrak{D}$ eine ausgezeichnete Doppelfolge des Raumes und ist für eine gewisse natürliche Zahl k die Menge M n-dimensional hinsichtlich der Mengen des $k$ten Schrittes von $\mathfrak{D}$, dann sagen wir, M sei **n-dimensional von einem Grade $< \frac{1}{k}$ bezüglich $\mathfrak{D}$.** Eine Menge M ist also n-dimensional von einem Grade $< \frac{1}{k}$ bezüglich $\mathfrak{D}$, wenn M Summe ist von endlichvielen abgeschlossenen Mengen $\subset \mathfrak{D}^k$, die zu je $n+1$ leere Durchschnitte haben. Für jede Zahl $\frac{1}{k'} > \frac{1}{k}$ ist eine solche Menge erst recht n-dimensional von einem Grade $< \frac{1}{k'}$ bezüglich $\mathfrak{D}$. Ist die Menge M bezüglich $\mathfrak{D}$ nicht n-dimensional von einem Grad $< \frac{1}{k}$, so nennen wir sie n-dimensional von einem Grad $\geqq \frac{1}{k}$ bezüglich $\mathfrak{D}$; ist sie n-dimensional von einem Grad $< \frac{1}{k-1}$ und von einem Grad $\geqq \frac{1}{k}$, so nennen wir sie n-dimensional vom Grad $\frac{1}{k}$ bezüglich $\mathfrak{D}$.

Die bewiesene Umkehrung des letzten Teiles des Zerlegungssatzes läßt sich in dieser Ausdrucksweise folgendermaßen formulieren: Ein kompakter Raum, der hinsichtlich einer erzeugenden Doppelfolge für jedes natürliche k $(n+1)$-dimensional von einem Grade $< \frac{1}{k}$ ist, ist höchstens n-dimensional. Der letzte Teil des Zerlegungssatzes lautet in dieser Ausdrucksweise: Eine höchstens n-dimensionale abgeschlossene Menge eines kompakten Raumes ist hinsichtlich jeder erzeugenden Doppelfolge und für jedes natürliche k $(n+1)$-dimensional von einem Grade $< \frac{1}{k}$. Zusammenfassend kann man also auch sagen: *Ein kompakter Raum ist n-dimensional, wenn er hinsichtlich einer erzeugenden Doppelfolge von beliebig kleinem Grade $(n+1)$-dimensional, aber von irgendeinem positiven Grade n-dimensional ist.*

6. Die Umkehrung des allgemeinen Zerlegungssatzes.

Wir beweisen nun die Umkehrung des allgemeinen Zerlegungssatzes, d. h. die Behauptung: Ein kompakter Raum, der für irgendeine einzige der Zahlen $r = 2, 3, \ldots, n+2$ Summe ist von endlichvielen beliebig kleinen Stücken, die zu je r höchstens $(n-r+1)$-dimensionale Durchschnitte haben, ist höchstens n-dimensional. Wir beweisen wieder einen formal schärferen Satz, nämlich den folgenden:

Voraussetzung: *Es sei r irgendeine bestimmte der Zahlen $2, 3, \ldots, n+2$. Es sei ferner R ein kompakter Raum, $\mathfrak{D}$ eine R erzeugende Doppelfolge. R sei* *für jedes natürliche k Summe von endlichvielen Stücken $\subset \mathfrak{D}^k$, die zu je r höchstens $(n+r-1)$-dimensionale Durchschnitte haben.* Behauptung: *R ist höchstens n-dimensional.*

Auf Grund des bereits bewiesenen Falles $r = n+2$, d. h. der Umkehrung des letzten Teiles des Zerlegungstheorems, kann die Behauptung auch folgendermaßen ausgesprochen werden: R ist für jedes natürliche k Summe von endlichvielen abgeschlossenen Mengen $\subset \mathfrak{D}^k$, die zu je $n+2$ leere Durchschnitte haben.

Sei zum Beweise dieser Behauptung k eine vorgelegte natürliche Zahl. Auf Grund der Voraussetzung ist R Summe von endlichvielen Stücken $\subset \mathfrak{D}^k$, etwa von $\overline{U}_1, \overline{U}_2, \ldots, \overline{U}_s$, die zu je r höchstens $(n-r+1)$-dimensionale Durchschnitte haben. Wir bezeichnen mit S_r die Menge aller Punkte des Raumes, die in mindestens r von den s Mengen $\overline{U}_i$ enthalten sind, wobei r die in der Voraussetzung auftretende Zahl $< n+2$ ist. Die Menge S_r ist Summe der Durchschnitte aller r-Tupel von Mengen $\overline{U}_i$, also Summe von endlichvielen höchstens $(n-r+1)$-dimensionalen abgeschlossenen Mengen und daher höchstens $(n-r+1)$-dimensional. Also existieren nach dem letzten Teil des allgemeinen Zerlegungstheorems bzw. nach Hilfssatz 1 (S. 158) endlichviele S_r überdeckende offene Mengen $\subset \mathfrak{D}^k$, etwa $W_1, W_2, \ldots, W_t$, die zu je $n-r+3$ leere Durchschnitte haben. Nach der Bemerkung von S. 159f. existieren t offene Mengen $V_1, V_2, \ldots, V_t$, welche S_r überdecken und so daß $V_i \Subset W_i$ $(i = 1, 2, \ldots, t)$ gilt. Mit Rücksicht auf die letzteren Beziehungen ist auch das System der Mengen $\overline{V}_1, \overline{V}_2, \ldots, \overline{V}_t \subset \mathfrak{D}^k$. Wir setzen nun

$$U_i' = U_i - U_i \cdot \sum_{j=1}^{t} \overline{V}_j \quad (i = 1, 2, \ldots, s).$$

Dann gilt offenbar

$$(\dagger) \qquad R = \sum_{i=1}^{s} \overline{U}_i' + \sum_{j=1}^{t} \overline{V}_j.$$

Wir behaupten, daß das System der $s+t$ Mengen $\overline{U}_i'$ und $\overline{V}_j$, welches offenbar $\subset \mathfrak{D}^k$ ist, unserer Behauptung genügt, d. h. daß je $n+2$ von diesen $s+t$ Mengen einen leeren Durchschnitt haben. Seien nämlich irgend $n+2$ von den $s+t$ Summanden von $(\dagger)$ vorgelegt. Es sind zwei Fälle möglich.

Entweder kommen unter den $n+2$ vorgelegten Mengen r oder mehr von den s Mengen $\overline{U}_i'$ $(i = 1, 2, \ldots, s)$ vor, etwa $\overline{U}_{i_1}', \overline{U}_{i_2}', \ldots, \overline{U}_{i_r}', \ldots$ Es gilt $\overline{U}_i' \subset \overline{U}_i$, also ist der Durchschnitt dieser r Mengen $\overline{U}_{i_j}'$ Teilmenge des Durchschnittes $\overline{U}_{i_1} \cdot \overline{U}_{i_2} \cdot \ldots \cdot \overline{U}_{i_r}$. Diese letztere Menge ist Teilmenge von S_r, also, wegen $S_r \subset \sum_{i=1}^{t} V_i$, Teilmenge von $\sum_{i=1}^{t} V_i$ und daher zu jeder

der Mengen $U'_j = U_j - U_j \cdot \sum_{i=1}^{t} \overline{V}_i$ fremd. Der Durchschnitt von je r Mengen $\overline{U}'_{i_1}, \overline{U}'_{i_2}, \ldots, \overline{U}'_{i_r}$ ist mithin leer, und dasselbe gilt folglich für den Durchschnitt von je $n+2$ Mengen $\overline{U}'_i$, unter denen mindestens r Mengen $\overline{U}'_i$ vorkommen.

Oder kommen unter den $n+2$ vorgelegten Mengen höchstens $r-1$ von den s Mengen $\overline{U}'_i$ vor. Dann kommen unter den $n+2$ vorgelegten Mengen mindestens $n-r+3$ von den t Mengen $\overline{V}_j$ $(j = 1, 2, \ldots, t)$ vor. Ihr Durchschnitt ist leer, also ist auch der Durchschnitt der $n+2$ vorgelegten Mengen leer.

Damit ist gezeigt, daß R durch die Formel (†) als Summe von endlichvielen abgeschlossenen Mengen $\subset \mathfrak{D}^k$, die zu je $n+2$ leere Durchschnitte haben, dargestellt ist, und es ist die Umkehrung des allgemeinen Zerlegungssatzes bewiesen.

Wir bemerken noch, daß mit Rücksicht auf die Gültigkeit des allgemeinen Zerlegungssatzes für beliebige *separable* Räume die Überlegungen dieses Abschnittes für beliebige separable Räume gültig sind und den Satz ergeben: Es sei r eine der Zahlen $2, 3, \ldots, n+1$ und $\mathfrak{U}$ ein Überdeckungssystem des separabeln Raumes R. *Wenn R Summe ist von endlichvielen abgeschlossenen Mengen $\subset \mathfrak{U}$, die zu je r höchstens $(n-r+1)$-dimensionale Durchschnitte haben, dann ist R Summe von endlichvielen abgeschlossenen Mengen $\subset \mathfrak{U}$, die zu je $n+2$ leere Durchschnitte haben.*

7. Über die Definition kompakter Räume durch Komplexe.

Wir wollen nun die in den vorangehenden Abschnitten gewonnenen Resultate noch in anderer Weise formulieren. Es sei R ein kompakter Raum, $\{U_k^m\}$ $(k = 1, 2, \ldots, k_m,\ m = 1, 2, \ldots$ ad inf.) eine R erzeugende Doppelfolge, welche also insbesondere (vgl. S. 61) folgender Bedingung (†) genügen möge: Ist $\{r_m\}$ $(m = 1, 2, \ldots$ ad inf.) eine derartige Folge natürlicher Zahlen, daß die Menge $\prod_{m=1}^{\infty} \overline{U}_{r_m}^m$ nichtleer ist, dann konvergiert die Mengenfolge $\{U_{r_m}^m\}$ $(m = 1, 2, \ldots$ ad inf.) gegen einen Punkt. Wir setzen $\overline{U}_k^m = A_k^m$ und für $i > k_m$ A_i^m gleich der leeren Menge.

Ist α ein endliches System von natürlichen Zahlen, etwa das System der Zahlen $i_1, i_2, \ldots, i_r$, dann bezeichnen wir den Durchschnitt $A_{i_1}^m \cdot A_{i_2}^m \ldots A_{i_r}^m$ mit A_α^m. Eine Folge $\{\alpha_i\}$ $(i = 1, 2, \ldots$ ad inf.) von endlichen Systemen natürlicher Zahlen heiße *ausgezeichnet*, wenn für jedes natürliche m die Menge $\prod_{i=1}^{m} A_{\alpha_i}^i$ nichtleer ist. Offenbar ist, wenn $\{\alpha_i\}$ eine ausgezeichnete Folge bezeichnet, für jedes i das System α_i ein Teilsystem des Systems $\varkappa_i$ der Zahlen $1, 2, \ldots, k_i$, denn für $r > k_i$ ist ja die Menge A_r^i leer, und daher ist auch jede Menge $A^i_{\alpha_i}$, für welche das System α_i eine Zahl $r > k_i$ enthält, leer. Weiter ist klar, daß eine ausgezeichnete Folge $\{\alpha_i\}$ ausgezeichnet bleibt, wenn man irgendeines ihrer Glieder α_i durch ein System α'_i ersetzt, welches Teilsystem von α_i ist.

Wir behaupten ferner: Wenn $\{\alpha_i\}$ eine ausgezeichnete Folge ist, so besteht die Menge $\prod\limits_{i=1}^{\infty} A^i_{\alpha_i}$ aus einem Punkt. Sicher ist *erstens* die Menge $\prod\limits_{i=1}^{\infty} A^i_{\alpha_i}$ nichtleer. Denn es gilt ja $\prod\limits_{i=1}^{\infty} A^i_{\alpha_i} = \prod\limits_{m=1}^{\infty} \prod\limits_{j=1}^{m} A^m_{\alpha_j}$, also ist $\prod\limits_{i=1}^{\infty} A^i_{\alpha_i}$ Durchschnitt einer monoton abnehmenden Folge abgeschlossener Teilmengen des kompakten Raumes R, von denen, da die Folge $\{\alpha_i\}$ ausgezeichnet sein soll, keine leer ist; also ist $\prod\limits_{i=1}^{\infty} A^i_{\alpha_i}$ nach dem Durchschnittssatz (S. 44) nichtleer. *Zweitens* kann die Menge $\prod\limits_{i=1}^{\infty} A^i_{\alpha_i}$ nicht mehr als einen Punkt enthalten. Denn enthielte sie zwei verschiedene Punkte p und q, so wären, wenn a_i irgendeine Zahl des Systems α_i bezeichnet, p und q für jedes i in der Menge $A^i_{a_i}$ enthalten. Die Mengenfolge

$$\{A^i_{a_i}\}\ (i = 1, 2, \ldots \text{ ad inf.})$$

würde also nicht gegen einen Punkt konvergieren, obwohl ihr Durchschnitt nichtleer ist, und dies ist zufolge der Bedingung (†) über die Doppelfolge $\{U^m_k\}$ unmöglich.

Eine ausgezeichnete Folge $\{\alpha_i\}$ von endlichen Systemen natürlicher Zahlen möge eine *Kette* heißen, falls sie die Eigenschaft, ausgezeichnet zu sein, verliert, wofern irgendeines ihrer Glieder α_i durch ein umfassenderes endliches System α'_i von natürlichen Zahlen ersetzt wird, wenn also m. a. W. für jede Zahl r, die nicht in α_i vorkommt, die Menge A^i_r für mindestens einen Index m zur Menge $\prod\limits_{j=1}^{m} A^j_{\alpha_j}$ fremd ist.

Es gilt dann folgende Tatsache (††): Sind p und q zwei verschiedene Punkte und $\{\alpha_i\}$ und $\{\beta_i\}$ zwei Ketten, so daß $p = \prod\limits_{i=1}^{\infty} A^i_{\alpha_i}$ und $q = \prod\limits_{i=1}^{\infty} A^i_{\beta_i}$ gilt, so sind für alle hinreichend großen Zahlen i die beiden endlichen Systeme natürlicher Zahlen α_i und β_i elementefremd. Wenn nämlich p und q verschieden sind, so existieren zwei zueinander fremde Umgebungen U von p und V von q. Für alle hinreichend großen natürlichen i ist zufolge der Bedingung (†), welcher die Doppelfolge $\{U^m_k\}$ genügt, jede p enthaltende Menge U^i_k Teil von U und jede q enthaltende Menge U^i_k Teil von V. Also sind für alle hinreichend großen Mengen i, wenn a_i eine Zahl des Systems α_i und b_i eine Zahl des Systems β_i bezeichnet, die Mengen $A^i_{a_i}$

und $A^i_{b_i}$ fremd und daher die Systeme α_i und β_i elementefremd, womit (††) bewiesen ist.

Ferner gilt die Beziehung (*): *Sind* $\{\alpha_i\}$ *und* $\{\beta_i\}$ *zwei verschiedene Ketten (d. h. sind für ein natürliches i die Systeme* α_i *und* β_i *nicht identisch), dann sind für alle hinreichend großen j die Systeme* α_j *und* β_j *elementefremd.* Auf Grund der Tatsache (††) haben wir nur zu zeigen, daß für zwei verschiedene Ketten $\{\alpha_i\}$ und $\{\beta_i\}$ die Punkte $p = \prod_{i=1}^{\infty} A^i_{\alpha_i}$ und $q = \prod_{i=1}^{\infty} A^i_{\beta_i}$ verschieden sind. Nun enthält, wenn für ein gewisses i die Systeme α_i und β_i nicht identisch sind, eines von ihnen, etwa α_i, eine Zahl, etwa r, welche in β_i nicht enthalten ist. Da $\{\alpha_i\}$ eine Kette ist, so ist also die Menge A^i_r für mindestens einen Index m zur Menge $\prod_{j=1}^{m} A^j_{\beta_j}$ fremd und enthält daher den Punkt q nicht. Hingegen enthält die Menge A^i_r, wie jede Menge A^i_m, für welche m ein Element von α_i ist, den Punkt p. Also sind p und q verschieden, womit (*) bewiesen ist.

Bezeichnen wir mit K die Menge aller jener Folgen von endlichen Systemen natürlicher Zahlen, welche auf Grund der vorgelegten erzeugenden Doppelfolge von R als Ketten erklärt wurden, so haben wir also eine *eineindeutige Abbildung zwischen R und K* definiert. Denn *erstens* entspricht jedem Punkt p von R eine Kette, nämlich jene Kette $\{\alpha_i\}$, für welche $p = \prod_{i=1}^{\infty} A^i_{\alpha_i}$ ist; *zweitens* entspricht hierbei jede Kette $\{\alpha_i\}$ einem Punkt von R, nämlich jenem Punkt p, für welchen $p = \prod_{i=1}^{\infty} A^i_{\alpha_i}$ gilt; *drittens* entsprechen je zwei verschiedenen Punkten von R verschiedene Ketten und sogar, wie wir sahen, Ketten, deren Glieder für alle hinreichend großen Indizes elementefremd sind.

Wir wollen nun für eine vorgelegte Kette $\{\alpha_i\}$ von K und für eine gegebene natürliche Zahl m mit $U_m\{\alpha_i\}$ die Menge aller jener Ketten $\{\beta_i\}$ von K bezeichnen, für welche die Zahlensysteme $\beta_1, \beta_2, \ldots, \beta_m$ Teilsysteme bzw. von $\alpha_1, \alpha_2, \ldots, \alpha_m$ sind. Es gibt für jedes natürliche m nur endlichviele nichtleere Mengen A^m_i und daher nur endlichviele verschiedene Systeme von endlichvielen natürlichen Zahlen, welche als $m$tes Glied einer Kette $\{\alpha_i\}$ auftreten können. Es gibt infolgedessen für jedes natürliche m auch nur endlichviele verschiedene Mengen $U_m\{\alpha_i\}$, wenn $\{\alpha_i\}$ alle Elemente von K durchläuft. Bezeichnet $\mathfrak{U}$ das System aller so definierten nichtleeren Mengen $U_m\{\alpha_i\}$, wo $\{\alpha_i\}$ alle Elemente von K und m alle natürlichen Zahlen durchläuft, so ist also $\mathfrak{U}$ ein abzählbares System von Teilmengen von K. Wir wollen zeigen: *Auf Grund des Systems* $\mathfrak{U}$ *ist die auf R eineindeutig abgebildete Menge K ein mit R homöomorpher Raum.*

Wir haben also erstens zu zeigen, daß die Menge K auf Grund des Mengensystems $\mathfrak{U}$ ein Raum ist, d. h. daß das System $\mathfrak{U}$ die (auf S. 20 angegebenen) Eigenschaften eines Umgebungssystems besitzt, und zweitens, daß dieser Raum K auf Grund der eineindeutigen Abbildung auf R mit dem Raum R homöomorph ist, welch letztere Aufgabe wir durch den Nachweis erledigen werden, daß das Bild jeder in R offenen Menge in K offen ist und umgekehrt.

Wir betrachten also vor allem das Mengensystem $\mathfrak{U}$. Zunächst ist jedes Element k von K Durchschnitt einer auf k sich zusammenziehenden Folge von Mengen des Systems $\mathfrak{U}$. Bezeichnet nämlich k etwa die Kette $\{\alpha_i\}$, so gilt offenbar $k = \prod_{m=1}^{\infty} U_m\{\alpha_i\}$, und die Mengenfolge $U_m\{\alpha_i\}$ zieht sich auf k zusammen. Sei nämlich U eine k enthaltende Menge des Systems $\mathfrak{U}$. Wir haben zu zeigen, daß U für fast alle m die Menge $U_m\{\alpha_i\}$ als Teil enthält. Die vorgelegte Menge U von $\mathfrak{U}$ sei etwa $U_n\{\beta_i\}$. Da $k = \{\alpha_i\}$ in $U_n\{\beta_i\}$ enthalten sein soll, sind die Zahlensysteme $\alpha_1, \alpha_2, \ldots, \alpha_n$ Teilsysteme bzw. von $\beta_1, \beta_2, \ldots, \beta_n$. Ist dann m irgendeine natürliche Zahl $> n$, so gilt $U_m\{\alpha_i\} \subset U_n\{\beta_i\}$, weil für alle Ketten, deren m erste Glieder Teilsysteme der m ersten Glieder der Kette $\{\alpha_i\}$ sind, insbesondere die n ersten Glieder Teilsysteme von $\alpha_1, \alpha_2, \ldots, \alpha_n$ und daher erst recht Teilsysteme von $\beta_1, \beta_2, \ldots, \beta_n$ sind. Für $m > n$ sind also alle in $U_m\{\alpha_i\}$ enthaltenen Ketten auch in $U_n\{\beta_i\}$ enthalten, d. h. es gilt $U_m\{\alpha_i\} \subset U_n\{\beta_i\}$, wie behauptet.

Ferner sind offenbar zwei Elemente k und k' von K dann und nur dann identisch, wenn jede k enthaltende Menge des Systems $\mathfrak{U}$ auch k' enthält und umgekehrt. Wir wollen jede die Kette k enthaltende Menge des Systems $\mathfrak{U}$ eine Umgebung von k nennen. Es ist noch zu zeigen (vgl. S. 20): Zu jeder Umgebung U der Kette k existiert eine Umgebung U' von k, so daß jede in U nicht enthaltene Kette in einer zu U' fremden Umgebung enthalten ist. Den Nachweis dieser Tatsache erbringen wir später und zeigen vorher, daß das Bild jeder in R offenen Menge in K offen ist und umgekehrt.

Es sei *erstens* V eine in R offene Menge, U die Menge aller Ketten von K, welche den Punkten von V entsprechen. Wir behaupten, daß U offen ist. Es sei $\{\alpha_i\}$ irgendeine vorgegebene in U enthaltene Kette. Wir haben zu zeigen, daß für hinreichend großes m die Menge $U_m\{\alpha_i\}$ Teil von U ist. Ist $\{\beta_i\}$ eine Kette, welche in $U_m\{\alpha_i\}$ liegt, so sind die Systeme $\beta_1, \beta_2, \ldots, \beta_m$ Teilsysteme bzw. von $\alpha_1, \alpha_2, \ldots, \alpha_m$. Also ist der Punkt q von R, dem die Kette $\{\beta_i\}$ entspricht, bloß in solchen Mengen $A_i^k (k \leq m)$ enthalten, in denen auch der Punkt p, dem die Kette $\{\alpha_i\}$ entspricht, enthalten ist. Nun ist für alle hinreichend großen m jede p enthaltende Menge A_i^m Teilmenge von V; für alle hinreichend großen m liegt also auch jeder Punkt q, dessen entsprechende Kette $\{\beta_i\}$ in $U_m\{\alpha_i\}$ enthalten ist, in V, und es gehört mithin jede in $U_m\{\alpha_i\}$ gelegene Kette der Menge U an, wie behauptet.

Sei *zweitens* U eine in K offene Menge, V die Menge aller Punkte von R, deren entsprechende Ketten in U liegen. Wir haben zu zeigen, daß V in R offen ist. Es genügt offenbar der Nachweis dieser Behauptung für den Fall, daß U eine Menge des Systems $\mathfrak{U}$ ist. Betrachten wir also etwa die Menge $U_m\{\alpha_i\}$. Bezeichnen wir mit $U'_k\{\alpha_i\}$ die Menge aller jener Ketten $\{\beta_i\}$, für welche das $k$te Glied β_k Teilsystem von α_k ist, dann ist die Menge $U_m\{\alpha_i\}$ ihrer Definition zufolge $=\prod_{k=1}^{m} U'_k\{\alpha_i\}$. Zum Nachweis, daß die Menge V aller Punkte von R, deren entsprechende Ketten in $U_m\{\alpha_i\}$ liegen, offen ist, genügt also, wenn wir zeigen, daß die Menge V'_k aller Punkte von R, deren entsprechende Ketten in $U'_k\{\alpha_i\}$ liegen, für jedes k offen ist. Ist p jener Punkt, dem die Kette $\{\alpha_i\}$ entspricht, so liegt ein Punkt q in V'_k dann und nur dann, wenn in der dem Punkt q entsprechenden Kette $\{\beta_i\}$ das Glied β_k Teilsystem von α_k ist, wenn m. a. W. der Punkt q in keiner Menge A^k_j liegt, für welche j dem System α_k nicht angehört. Bezeichnet $B^k_{\alpha_i}$ die Summe der endlichvielen nichtleeren abgeschlossenen Mengen A^k_i mit oberem Index k, deren unterer Index j in α_i nicht enthalten ist, so liegt also der Punkt q in V'_k dann und nur dann, wenn er nicht in der abgeschlossenen Menge $B^k_{\alpha_i}$ liegt, d. h. es gilt $V'_k = R - B^k_{\alpha_i}$. Also ist V'_k als Komplement der abgeschlossenen Menge $B^k_{\alpha_i}$ offen, wie behauptet.

Der noch nachzutragende Beweis, daß zu jeder Umgebung $U_m\{\alpha_i\}$ von $\{\alpha_i\}$ eine Umgebung $U'\{\alpha_i\}$ existiert, die $\subseteq U_m\{\alpha_i\}$ ist, ergibt sich nun in folgender Weise: Bezeichnet p jenen Punkt von R, dem die Kette $\{\alpha_i\}$ entspricht, $V_m(p)$ die Umgebung von p, bestehend aus jenen Punkten, deren entsprechende Ketten in $U_m\{\alpha_i\}$ liegen, so existiert sicher eine Umgebung V' von p, die $\subseteq V_m(p)$ ist. Die Menge aller den Punkten von V' entsprechenden Ketten ist offen und enthält daher eine Umgebung $U_n\{\alpha_i\}$ als Teil. Diese Menge $U_n\{\alpha_i\}$ ist, wie man leicht einsieht, $\subseteq U_m\{\alpha_i\}$. Damit ist also in allen Stücken die Behauptung bewiesen:

Ein kompakter Raum ist homöomorph mit einem Raum, dessen Elemente Ketten sind. Dabei ist eine Kette erklärt als eine zwei Bedingungen genügende Folge $\{\alpha_i\}$, von der jedes Glied α_i Teilsystem eines Systems $\varkappa_i$ von endlichvielen natürlichen Zahlen ist. Die beiden Bedingungen, denen eine Folge $\{\alpha_i\}$ genügen muß, um Kette zu heißen, bestehen darin, daß erstens jeder ihrer endlichen Anfangsabschnitte $\alpha_1, \alpha_2, \ldots, \alpha_m$ in einer gewissen Weise *ausgezeichnet* ist (nämlich dadurch, daß eine zugehörige Menge $A^m_{\alpha_m}$ nichtleer ist), während zweitens ein solcher Anfangsabschnitt, wenn ein

Glied α_i durch ein umfassenderes System α_i' ersetzt wird, nicht mehr in der betreffenden Weise ausgezeichnet ist (indem nämlich die zugehörige Menge $\prod_{j=1}^{i-1} A^j_{\alpha_j} \cdot A^i_{\alpha_i'} \cdot \prod_{j=i+1}^{m} A^j_{\alpha_j}$ leer ist).

Das Prinzip der Auszeichnung von endlichen Folgen von Zahlensystemen (nämlich das Nichtleersein einer zugehörigen Menge) genügt dabei offenbar folgenden formalen Bedingungen:

a) Ist $\alpha_1, \ldots, \alpha_k, \alpha_{k+1}, \ldots, \alpha_m$ eine ausgezeichnete endliche Folge, dann auch jede Teilfolge $\alpha_1, \ldots, \alpha_k$.

b) Jede ausgezeichnete endliche Folge $\alpha_1, \alpha_2, \ldots, \alpha_m$ ist Teilfolge einer ausgezeichneten endlichen Folge $\alpha_1, \alpha_2, \ldots, \alpha_m, \alpha_{m+1}$.

c) Jede ausgezeichnete endliche Folge $\alpha_1, \alpha_2, \ldots, \alpha_m$ bleibt ausgezeichnet, wenn man irgendeines ihrer Glieder α_i durch ein System α_i' ersetzt, welches Teilsystem des Systems α_i ist.

Ferner ist eine Bedingung (*) erfüllt und offenbar folgende schärfere Bedingung:

d) Für je zwei nicht identische Ketten $\{\alpha_i\}$ und $\{\beta_i\}$ existieren zwei natürliche Zahlen r und $\bar{s}$, so daß, wenn $\{\xi_i\}$ bzw. $\{\eta_i\}$ irgendzwei Ketten von $U_r\{\alpha_i\}$ bzw. $U_r\{\beta_i\}$ sind, für alle $s > \bar{s}$ die Systeme ξ_s und η_s elementenfremd sind.

Dabei ist für jede Kette α_i als $m$te Umgebung $U_m\{\alpha_i\}$ die Menge aller Ketten $\{\beta_i\}$ erklärt, für welche $\beta_1, \beta_2, \ldots, \beta_m$ Teilsysteme bzw. von $\alpha_1, \alpha_2, \ldots, \alpha_m$ sind.

Nun gilt auch eine gewisse Umkehrung dieser Tatsachen: Es sei eine Folge $\{\varkappa_i\}$ $(i = 1, 2, \ldots$ ad inf.) von Systemen natürlicher Zahlen gegeben, und es seien gewisse endliche Folgen $\alpha_1, \alpha_2, \ldots, \alpha_m$, wo α_i ein Teilsystem von $\varkappa_i$ ist, derart *ausgezeichnet*, daß die Bedingungen a), b), c) erfüllt sind. Bezeichnen wir dann als Kette jede Folge $\{\alpha_i\}$, deren sämtliche endlichen Anfangsabschnitte ausgezeichnet sind, die aber diese Eigenschaft einbüßt, wofern eines ihrer Glieder durch ein umfassenderes Zahlensystem ersetzt wird, nehmen wir ferner an, daß diese Ketten der Bedingung d) genügen, wobei wir Umgebungen der Ketten in der angegebenen Weise definieren, dann gilt, wie wir nun zeigen wollen, der Satz: *Die Menge aller Ketten ist ein kompakter Raum.*

Es bezeichne K die Menge aller Ketten, $\mathfrak{U}$ das abzählbare System der Mengen $U_m\{\alpha_i\}$. Dann ist vor allem jede Kette k von K Durchschnitt einer auf k sich zusammenziehenden Folge von Mengen aus $\mathfrak{U}$. Ist nämlich die vorgelegte Kette k etwa $= \{\alpha_i\}$, dann ist k in allen Mengen $U_m\{\alpha_i\}$, also in $\prod_{m=1}^{\infty} U_m\{\alpha_i\}$, enthalten. Anderseits kann die Menge $\prod_{m=1}^{\infty} U_m\{\alpha_i\}$ keine von $\{\alpha_i\}$ verschiedene Kette $\{\beta_i\}$ enthalten. Denn nach Bedingung d) ist in jeder von $\{\alpha_i\}$ verschiedenen Kette $\{\beta_i\}$ für ein gewisses k (und sogar für alle hinreichend großen k) das Glied β_k zum entsprechenden Glied α_k elementenfremd; also ist β_k nicht Teilsystem von α_k, und daher ist $\{\beta_i\}$ nicht in $U_k\{\alpha_i\}$ enthalten. Mithin ist $\{\alpha_i\}$ der Durchschnitt der Mengenfolge $U_m\{\alpha_i\}(m = 1, 2, \ldots$ ad inf.), und daß dieselbe sich auf $\{\alpha_i\}$ zusammenzieht, d. h. daß jede $\{\alpha_i\}$ enthaltende Menge U von $\mathfrak{U}$ für fast alle m die Menge $U_m\{\alpha_i\}$ als Teil enthält, ergibt sich durch einen vorhin (S. 185) durchgeführten Schluß.

Daß ferner zwei Ketten dann und nur dann identisch sind, wenn jede Menge des Systems $\mathfrak{U}$, welche die eine enthält, auch die andere enthält, ist eine unmittelbare Folge der Bedingung d). Daß endlich zu jeder Umgebung U einer Kette k eine Umgebung U' von k, die $\Subset U$ ist, existiert, wollen wir später nachweisen.

Vorerst zeigen wir, was zum Nachweise der Kompaktheit von K notwendig ist, daß die Menge K von jeder ihrer unendlichen Teilmengen einen Häufungspunkt enthält. Sei also $\{\alpha_i^k\}$ $(k = 1, 2, \ldots$ ad inf.) eine unendliche Folge von Ketten. Wir zeigen, daß eine Kette $\{\alpha_i\}$ existiert, welche Häufungselement dieser Folge von Ketten ist, d. h. für welche jede Umgebung $U_m\{\alpha_i\}$ unendlichviele Ketten $\{\alpha_i^k\}$ enthält. Da es nur endlichviele Teilsysteme von $\varkappa_1$ gibt, und daher unter den Systemen $\alpha_1^k(k = 1, 2, \ldots$ ad inf.) nur endlichviele verschiedene existieren, können wir ein System α_1' derart bestimmen, daß für unendlichviele k die Beziehung $\alpha_1^k = \alpha_1'$ gilt. Angenommen, es seien bereits Zahlensysteme $\alpha_1', \alpha_1', \ldots, \alpha_m'$ bestimmt, so daß für unendlichviele k die Beziehungen zusammenbestehen:

$$\alpha_1^k = \alpha_1', \ \alpha_2^k = \alpha_2', \ \ldots, \ \alpha_m^k = \alpha_m'.$$

Für diese unendlichvielen k sind, da es nur endlichviele Teilsysteme von $\varkappa_{m+1}$ gibt, unter den Systemen α_{m+1}^k nur endlichviele verschieden. Wir können also ein System α_{m+1}' bestimmen, so daß für unendlichviele k die Beziehungen

$$\alpha_1^k = \alpha_1', \ \alpha_2^k = \alpha_2', \ \ldots, \ \alpha_m^k = \alpha_m^k, \ \alpha_{m+1}' = \alpha_{m+1}'$$

zusammenbestehen. Auf diese Weise erhalten wir für jedes natürliche i ein System α_i', und für jedes i ist die endliche Folge $\alpha_1', \alpha_2', \ldots, \alpha_i'$ ausgezeichnet, da sie den Anfangsabschnitt gewisser Ketten $\{\alpha_i^k\}$ darstellt. Also ist auch die Folge $\{\alpha_i'\}$ $(i = 1, 2, \ldots$ ad inf.) ausgezeichnet. Wenn diese Folge eine Kette ist, so sind wir am Ziel, denn sie ist dann auch Häufungselement der Kettenfolge $\{\alpha_i^k\}$. Es enthält ja für jedes m die Menge $U_m\{\alpha_i'\}$ unendlichviele Punkte dieser Folge, nämlich mindestens alle jene, für welche $\alpha_1^k = \alpha_1', \alpha_2^k = \alpha_2', \ldots, \alpha_m^k = \alpha_m'$ gilt. Ist die Folge $\{\alpha_i'\}$ hingegen keine Kette, so bezeichnen wir mit α_1 das umfassendste Zahlensystem, so daß die Folge $\alpha_1, \alpha_2', \alpha_3', \ldots, \alpha_i', \ldots$ ausgezeichnet ist, mit α_2 das umfassendste Zahlensystem, so daß die Folge $\alpha_1, \alpha_2, \alpha_3', \alpha_4', \ldots, \alpha_i', \ldots$ ausgezeichnet ist, und allgemein mit α_i das umfassendste Zahlensystem, so daß die Folge $\alpha_1, \alpha_2, \ldots, \alpha_i, \alpha'_{i+1}, \ldots, \alpha'_j, \ldots$ ausgezeichnet ist. Dann ist die Folge $\{\alpha_i\}$ offenbar eine Kette, und sie ist Häufungselement der Kettenfolge $\{\alpha_i^k\}$, weil für jedes m in der Menge $U_m\{\alpha_i\}$ unendlichviele $\{\alpha_i^k\}$ enthalten sind, nämlich mindestens jene, für welche $\alpha_1^k = \alpha'_1, \ldots, \alpha_m^k = \alpha'_m$ gilt und daher $\alpha_1^k, \alpha_2^k, \ldots, \alpha_m^k$ Teilsysteme bzw. von $\alpha_1, \alpha_2, \ldots, \alpha_m$ sind. Damit ist die zum Nachweis der Kompaktheit von K erforderliche Tatsache bewiesen.

Der noch nachzutragende Beweis dafür, daß zu jeder Umgebung $U_m\{\alpha_i\}$ eine Umgebung $U_n\{\alpha_i\}$ existiert, die $\ll U_m\{\alpha_i\}$ ist, ergibt sich nun in folgender Weise: Wir haben (S. 44) festgestellt, daß das Überdeckungstheorem für kompakte Räume davon unabhängig ist, daß zu jedem Punkt p des kompakten Raumes und zu jeder Umgebung U von p eine Umgebung U' von p existiert, die $\ll U$ ist. Für die Menge K aller Ketten und ihre abgeschlossenen Teilmengen darf daher bereits auf Grund des bisher Bewiesenen das Überdeckungstheorem für kompakte Mengen angewendet werden. Liegt nun eine Kette $\{\alpha_i\}$ und eine Umgebung $U_m\{\alpha_i\}$ vor, so betrachten wir die abgeschlossene Menge $K - U_m\{\alpha_i\}$. Jede Kette dieser Menge ist in einer die Kette $\{\alpha_i\}$ nicht enthaltenden Menge des Systems $\mathfrak{U}$ enthalten. Nach dem, wie wir sahen, anwendbaren Überdeckungstheorem ist die abgeschlossene Menge $K - U_m\{\alpha_i\}$ in der Summe von endlichvielen derartigen Mengen, etwa in der Summe der Mengen $U^1 = U_{m_1}\{\alpha_i^1\}, U^2 = U_{m_2}\{\alpha_i^2\}, \ldots, U^k = U_{m_k}\{\alpha_i^k\}$ enthalten. Vergleichen wir nun für eine der k Zahlen $j = 1, 2, \ldots, k$ die beiden Ketten $\{\alpha_i^j\}$ und $\{\alpha_i\}$. Da sie verschieden sind, sind zufolge der Bedingung d) für alle hinreichend großen natürlichen n, etwa für alle $n \geqq n_j$ die beiden Systeme $\{\alpha_n^j\}$ und $\{\alpha_n\}$ elementefremd. Also sind für $n \geqq n_j$, die beiden offenen Mengen U^j und $U_n\{\alpha_i\}$ fremd. Wählen wir demnach für n eine Zahl, welche größer ist als jede der k Zahlen $n_j (j = 1, 2, \ldots, k)$, so ist $U_n\{\alpha_i\}$ zu jeder der k Mengen U^j fremd, und es gilt daher für diese Zahl n die Beziehung $U_n\{\alpha_i\} \ll U_m\{\alpha_i\}$. Damit ist der Beweis dafür abgeschlossen, daß K ein kompakter Raum ist.

Wir haben also festgestellt, daß jeder kompakte Raum homöomorph ist mit einer Menge von Ketten, in der in gewisser Weise ein Umgebungssystem definiert ist, und daß umgekehrt eine Menge von Ketten, in der in der betreffenden Weise ein System von Umgebungen definiert ist, ein kompakter Raum ist. Wir haben m. a. W. im vorangehenden eine Umformung des Begriffes des kompakten Raumes durchgeführt. Wir wollen nun sehen, wie sich der Zerlegungssatz und seine Umkehrung in der eben eingeführten Terminologie ausdrücken.

Sei also zunächst ein höchstens n dimensionaler kompakter Raum R vorgelegt. Dem letzten Teil des Zerlegungssatzes zufolge ist R Summe von endlichvielen beliebig kleinen Stücken, die zu je $n+2$ leere Durchschnitte haben. Es kann insbesondere die erzeugende Doppelfolge $\{U_k^m\}$ so gewählt werden, daß für jedes natürliche m die k_m Mengen $A_i^m (i = 1, 2, \ldots, k_m)$ zu je $n+2$ leere Durchschnitte haben. Für jedes natürliche m und jedes mehr als $n+1$ natürliche Zahlen enthaltende Zahlensystem α ist dann also die Menge A_α^m leer. Wir sehen also: *Ein höchstens n-dimensionaler kompakter Raum ist homöomorph mit einem Kettenraum, in dem jede Kette eine Folge von Systemen bestehend aus höchstens $n+1$ natürlichen Zahlen ist.*

Sei umgekehrt eine Folge $\{\varkappa_i\}$ von endlichen Systemen natürlicher Zahlen und in der oben dargelegten Weise eine Menge K von Ketten $\{\alpha_i\}$ gemäß den Bedingungen a), b), c), d) gegeben, so daß also jedes $i$te Glied α_i einer Kette von K Teilsystem von $\varkappa_i$ ist und wobei in der oben erklärten Weise ein Umgebungssystem $\mathfrak{U}$ definiert ist, durch welches K zu einem kompakten Raum wird. Wir behaupten: *Falls jedes in einer Kette von K auftretende System α_i höchstens $n+1$ natürliche Zahlen enthält, dann ist der kompakte Raum K höchstens n-dimensional.*

Zum Beweise genügt es, auf Grund der Umkehrung des letzten Teiles des Zerlegungssatzes, daß wir zeigen: K ist Summe von endlichvielen beliebig kleinen abgeschlossenen Mengen, die zu je $n+2$ leere Durchschnitte haben. Es sei also $\mathfrak{V}$ ein vorgelegtes Überdeckungssystem des Raumes K, bestehend aus den Mengen $V_1, V_2, \ldots, V_j$. Wir bezeichnen für jedes natürliche r und für jede der Zahlen $k = 1, 2, \ldots, k_r$ des Systems $\varkappa_r$ mit A_k^r die Menge aller Ketten $\{\alpha_i\}$, für welche das $r$te Glied, d. h. das System α_r, die Zahl k enthält. Und wir behaupten: Für hinreichend großes r besitzen die k_r Mengen $A_k^r (k = 1, 2, \ldots, k_r)$ die gewünschten Eigenschaften, d. h. sie stellen eine Zerlegung von K dar in abgeschlossene Mengen $\subset \mathfrak{V}$, die zu je $n+2$ leere Durchschnitte haben.

Zunächst ist K für jedes r Summe der k_r Mengen A_k^r, denn mindestens eine der k_r Zahlen des Systems $\varkappa_r$ ist in jedem System α_r enthalten. Ferner ist für jedes r jede der k_r Mengen A_k^r abgeschlossen. Sei nämlich $\{\alpha_i\}$ irgendein Häufungselement der Menge A_k^r. Wir haben zu zeigen, daß die Kette $\{\alpha_i\}$ der Menge A_k^r angehört. Jedenfalls enthält, da $\{\alpha_i\}$ Häufungselement von A_k^r ist, die Umgebung $U_r\{\alpha_i\}$ eine Kette der Menge A_k^r, d. h. eine Kette $\{\beta_i\}$, für welche das System β_r die Zahl k enthält. Wenn eine derartige Kette der Menge $U_m\{\alpha_i\}$ angehört, so muß, laut Definition der Menge $U_m\{\alpha_i\}$, auch das System α_r die Zahl k enthalten (sonst wäre ja β_r nicht Teilsystem von α_r), d. h. aber, die Kette $\{\alpha_i\}$ gehört der Menge A_k^r an, wie behauptet.

Wir sehen weiter, daß die k_r abgeschlossenen Mengen A_k^r zu je $n+2$ leere Durchschnitte haben. Wenn nämlich die Kette $\{\alpha_i\}$ existierte, welche

$n+2$ Mengen $A^r_{j_1}, A^r_{j_2}, \ldots, A^r_{j_{n+2}}$ angehörte, dann würde das Glied α_r dieser Kette die $n+2$ Zahlen $j_1, j_2, \ldots, j_{n+2}$, insgesamt also mindestens $n+2$ natürliche Zahlen enthalten, während über den Raum K der Ketten vorausgesetzt ist, daß kein Glied einer Kette mehr als $n+1$ natürliche Zahlen enthalten soll.

Es bleibt noch nachzuweisen, daß für hinreichend großes r jede der k_r Mengen $A^r_k (k = 1, 2, \ldots, k_r)$ in mindestens einer der Mengen $V_1, V_2, \ldots, V_j$ des Systems $\mathfrak{V}$ als Teilmenge enthalten ist. Wir bilden nach der Bemerkung von S. 159f. ein Überdeckungssystem von K bestehend aus offenen Mengen V_i', wo $V_i' \leqslant V_i$ $(i = 1, 2, \ldots, j)$ gilt. Wäre unsere Behauptung unrichtig, so existierte offenbar eine Menge V_i', so daß für unendlichviele natürliche Zahlen $r_l (l = 1, 2, \ldots$ ad inf.) sowohl die Menge V_i' als auch die Menge $K - V_i$ mit einer der k_{r_l} Mengen $A^{r_l}_k$, etwa mit einer Menge A^l, Ketten gemein hätten. Für jede der Zahlen r_l bestimmen wir eine Kette $\{\alpha^l_i\}$ der Menge V_i' und eine Kette $\{\beta^l_i\}$ der Menge $K - V_i$. Jede der beiden Kettenfolgen $\{\alpha^l_i\}$ und $\{\beta^l_i\}$ $(l = 1, 2, \ldots$ ad inf.) hätte wegen der Kompaktheit von K ein Häufungselement, etwa die Kette $\{\alpha_i\}$ bzw. $\{\beta_i\}$. Damit ist aber ein Widerspruch hergestellt: Die beiden Ketten $\{\alpha_i\}$ und $\{\beta_i\}$ können nämlich einerseits nicht *identisch* sein. Denn die Kette $\{\alpha_i\}$ muß der abgeschlossenen Menge $\overline{V_i'}$, die Kette $\{\beta_i\}$ der abgeschlossenen Menge $K - V_i$ angehören, und wegen $V_i' \leqslant V_i$ sind diese beiden abgeschlossenen Mengen fremd. — Die beiden Ketten $\{\alpha_i\}$ und $\{\beta_i\}$ können anderseits auch nicht *verschieden* sein. Denn für je zwei verschiedene Ketten $\{\alpha_i\}$ und $\{\beta_i\}$ sind nach Bedingung d) für fast alle i die Systeme α_i und β_i elementenfremd. In jeder Umgebung von $\{\alpha_i\}$ und von $\{\beta_i\}$ liegen aber Ketten der Folgen $\{\alpha^l_i\}$ bzw. $\{\beta^l_i\}$, deren $r_l$te Glieder nicht elementenfremd sind, und folglich könnten auch die beiden Systeme α_{r_l} und $\beta_{r_l} (l = 1, 2, \ldots$ ad inf.) nicht elementenfremd sein. Damit ist also aus der Annahme, daß nicht für alle hinreichend großen r jede der k_r Mengen A^r_i in einer der Mengen von $\mathfrak{U}$ als Teil enthalten ist, ein Widerspruch hergeleitet und folglich gezeigt, daß für hinlänglich großes r die Mengen $A^r_1, A^r_2, \ldots, A^r_{k_r}$ eine Zerlegung von K liefern, wie sie erforderlich war zum Nachweis, daß K höchstens n-dimensional ist.

Wir können also zusammenfassend sagen: *Ein höchstens n-dimensionaler kompakter Raum ist homöomorph mit einem Raum, dessen Elemente Ketten sind, deren sämtliche Glieder Systeme von höchstens* $n+1$ *natürlichen Zahlen sind. Ein Raum, dessen Elemente Ketten sind, deren sämtliche Glieder höchstens je* $n+1$ *natürliche Zahlen sind, ist ein höchstens* **n**-*dimensionaler kompakter Raum.*

Die damit ausgesprochene formale Transformation des Begriffes des kompakten Raumes und des Zerlegungssatzes ist einer anschaulichen Interpretation fähig.

Wenn ein kompakter Raum R gegeben ist, so betrachten wir für irgendein festes natürliches m die k_m nichtleeren Mengen $U_1^m, U_2^m, \ldots, U_{k_m}^m$ der R erzeugenden Doppelfolge $\{U_k^m\}$, die zur Definition des mit R homöomorphen Kettenraumes K verwendet wurde. Jeder der k_m abgeschlossenen Mengen $A_k^m = \overline{U}_k^m$ ordnen wir einen Eckpunkt eines $(k_m - 1)$-dimensionalen Simplexes S zu und bezeichnen diese Punkte kurz mit $1, 2, \ldots, k_m$ (den der Menge A_i^m zugeordneten Punkt mit i). Wir markieren nun in dem Simplex S alle jene eindimensionalen Seiten, welche durch zwei Punkte i_1 und i_2 bestimmt sind, für welche der entsprechende Durchschnitt $A_{i_1}^m \cdot A_{i_2}^m$ nichtleer ist und markieren allgemein für alle $r \leqq k_m$ alle jene $(r-1)$-dimensionalen Seiten von S, welche durch r Punkte $i_1, i_2, \ldots, i_r$ bestimmt sind, für welche der entsprechende Durchschnitt $A_{i_1} \cdot A_{i_2} \cdot \ldots \cdot A_{i_r}$ nichtleer ist. Die Summe der so markierten Seiten von S heiße K_m. Offenbar ist K_m ein Komplex, denn der Durchschnitt je zweier Simplexe S' und S'' von K_m ist entweder leer oder eine gemeinsame Seite von S' und S''.

Einem kompakten Raum R kann in dieser Weise auf Grund von jeder R erzeugenden Doppelfolge $\{U_k^m\}$ eine Folge $\{K_i\}$ $(i = 1, 2, \ldots$ ad inf.) von Komplexen zugeordnet werden. Jede Kette $\{\alpha_i\}$ des mit R homöomorphen Kettenraumes K ist, da bei dieser Deutung α_i ein Simplex von K_i ist, eine gewissen Bedingungen genügende Folge von Simplexen der Komplexe $\{K_i\}$.

Ist umgekehrt ein kompakter Raum gegeben, dessen Elemente Ketten $\{\alpha_i\}$ sind, d. h. gewissen Bedingungen genügende Teilsysteme einer Folge $\{\varkappa_i\}$ von endlichen Systemen natürlicher Zahlen, so kann man für jedes natürliche i den k_i Zahlen des Systems $\varkappa_i$ die Eckpunkte eines $(k_i - 1)$-dimensionalen Simplexes S_i zuordnen, dieselben mit $1, 2, \ldots, k_i$ bezeichnen und in S_i alle jene Seiten markieren, welche durch Punkte $i_1, i_2, \ldots, i_r$ bestimmt sind, für die das System α, das aus den Zahlen $i_1, i_2, \ldots, i_r$ besteht, als $i$tes Glied einer Kette des Raumes K auftritt. Die Summe der so markierten Seiten von S_i bildet offenbar einen Komplex, der K_i heißen möge. Jede Kette $\{\alpha_i\}$ von K ist bei dieser Deutung wieder eine gewissen Bedingungen genügende Folge von Simplexen der Komplexe K_i.

Die dem Zerlegungssatz und seiner Umkehrung entsprechende Tatsache drückt sich dann offenbar folgendermaßen aus: *Die Komplexe der einem höchstens n-dimensionalen kompakten Raum zugeordneten Komplexenfolge sind durchwegs höchstens n-dimensional* (denn jedes Teilsimplex eines solchen Komplexes entspricht einem System von höchstens $n+1$ Zahlen und ist daher höchstens n-dimensional) und umgekehrt: *Der kompakte Raum, dessen Elemente Ketten sind, die durch eine Folge von höchstens n-dimen-*

sionalen Komplexen definiert sind, ist höchstens n-dimensional (denn wenn die definierenden Komplexe höchstens n-dimensional sind, so entspricht jedes ihrer Simplexe höchstens $n+1$ natürlichen Zahlen). Die Dimensionen der einem unendlichdimensionalen kompakten Raum entsprechenden Komplexe $\{K_m\}$ wachsen mit m über alle Grenzen.

Historisches. Die in diesem Abschnitt auseinandergesetzte Umformung des Begriffes des kompakten Raumes und des Zerlegungssatzes stammt von Alexandroff (Math. Ann. *96*, 1926, S. 489, sowie eine demnächst in den Math. Ann. erscheinende Berichtigung enthaltend die von Hausdorff stammende auf S. 191 verwendete Bedingung d) von S. 187 an Stelle der schwächeren Bedingung (*) von S. 184). Derselbe spricht von *Approximationen kompakter Räume durch Komplexe.* Diese Ausdrucksweise ist vielleicht deshalb nicht ganz glücklich gewählt, weil sie suggeriert, daß die Komplexe der einem Raum zugeordneten Folge dem Raum gestaltlich gleichsam immer ähnlicher werden. Dies ist nun aber nicht ganz der Fall. Es verhält sich nicht so, daß den höchstens n-dimensionalen Stücken eines n-dimensionalen Raumes n-dimensionale (oder gar gleichdimensionale) Simplexe der Komplexe und den höchstens $(n-k+1)$-dimensionalen Durchschnitten von k Stücken eines n-dimensionalen Raumes $(n-k+1)$-dimensionale Durchschnittssimplexe der den Stücken zugeordneten Simplexe entsprechen. Es entsprechen vielmehr den n-dimensionalen Stücken Punkte, also nulldimensionale Simplexe der Komplexe und den höchstens $(n-k+1)$-dimensionalen Durchschnitten von k Stücken $(k-1)$-dimensionale Simplexe der Komplexe. Die Dimension der Teile des Raumes und der entsprechenden Teile der Komplexe ergänzt sich stets auf höchstens n. Die einem Raum zugeordneten Komplexe sind also gestaltlich zum Raum in gewisser Hinsicht *dual.*

Der Nutzen der dargelegten Begriffsumformung liegt darin, daß *erstens* die Definierbarkeit n-dimensionaler kompakter Räume durch Ketten gewisser Anwendungen fähig ist (wie wir S. 280ff. sehen werden) und daß *zweitens* trotz der erwähnten gestaltlichen Verschiedenheit der Räume und der zugeordneten Komplexe doch gewisse gestaltliche Eigenschaften der Räume (die durch die erwähnte Dualität nicht zerstört werden) ihren Ausdruck in kombinatorisch erfaßbaren Eigenschaften der zugeordneten Komplexe finden. Daß z. B. die Dimension der Räume mit der Dimension der zugehörigen Komplexe übereinstimmt, dies ist die erwähnte Folge des Zerlegungssatzes. Ein anderes Beispiel solcher gestaltlicher Eigenschaften kompakter Räume, die mit kombinatorisch erfaßbaren Eigenschaften der zugeordneten Komplexe korrespondieren, ist (vgl. S. 199) der Zusammenhang. Derartige Eigenschaften kompakter Räume nennt Alexandroff (a. a. O. S. 508) *kombinatorische* Eigenschaften.

8. Ein Additionssatz.

Es sei $\mathfrak{U}$ ein Überdeckungssystem des separabeln Raumes R und n eine vorgegebene Zahl. Es seien ferner A und A' zwei abgeschlossene Mengen, von denen jede in der Ausdrucksweise von S. 178 n-dimensional bezüglich $\mathfrak{U}$ ist, d. h. von denen jede Summe ist von endlichvielen abgeschlossenen Mengen $< \mathfrak{U}$, die zu je $n+1$ leere Durchschnitte haben. Wie verhält sich die Menge $A + A'$ in dieser Hinsicht? Zunächst sieht man, daß, selbst wenn der Raum kompakt ist, die Menge $A + A'$ im allgemeinen nicht notwendig gleichfalls n-dimensional bezüglich $\mathfrak{U}$ ist. Es liege beispielsweise als Raum das abgeschlossene Intervall $[0, 1]$ des R_1 zugrunde, und es sei $\mathfrak{U}$ das System der beiden in diesem Raum offenen Intervalle

$0 \leqq x < \frac{3}{5}$, $\frac{2}{5} < x \leqq 1$. Bezeichnet A die abgeschlossene Menge, welche Summe ist von den Intervallen $0 \leqq x \leqq \frac{1}{4}$, $\frac{1}{2} \leqq x \leqq \frac{3}{4}$ und A' die abgeschlossene Menge, welche Summe ist von den Intervallen $\frac{1}{4} \leqq x \leqq \frac{1}{2}$, $\frac{3}{4} \leqq x \leqq 1$, dann ist offenbar jede der beiden Mengen A und A' eindimensional in bezug auf $\mathfrak{U}$, d. h. Summe von zwei zueinander fremden abgeschlossenen Mengen $< \mathfrak{U}$, während $A + A'$ mit dem Intervall [0, 1] identisch und daher nicht Summe von zwei fremden abgeschlossenen Mengen $< \mathfrak{U}$ ist. Es gilt nun aber diesbezüglich folgender (in den nächsten Kapiteln verwendeter)

Additionssatz. *Es sei gegeben eine natürliche Zahl n. Es sei R ein separabler Raum, $\mathfrak{U}$ ein Überdeckungssystem von R. Es seien ferner A und A' zwei bezüglich $\mathfrak{U}$ n-dimensionale abgeschlossene Teilmengen von R mit höchstens $(n-2)$-dimensionalem Durchschnitt. Dann ist die Menge $A + A'$ bezüglich $\mathfrak{U}$ n-dimensional.*

Nach Voraussetzung ist A Summe von endlichvielen abgeschlossenen Mengen $< \mathfrak{U}$, die zu je $n+1$ leere Durchschnitte haben. Wir behaupten: A ist auch Summe von endlichvielen in A offenen Mengen von $< \mathfrak{U}$, die zu je $n+1$ leere Durchschnitte haben. Es seien nämlich $A_1, A_2, \ldots, A_m$ die abgeschlossenen Summanden $< \mathfrak{U}$ von A, die zu je $n+1$ leere Durchschnitte haben und es seien $U_1, U_2, \ldots, U_m$ Mengen des Systems $\mathfrak{U}$, so daß $U_i > A_i$ gilt $(i = 1, 2, \ldots, m)$. Dann bilden wir die 2^m Durchschnitte $A_{i_1} \cdot A_{i_2} \cdot \ldots \cdot A_{i_r}$ $(r \leqq m,\ i_j = 1, 2, \ldots, m)$, die sich aus irgendwelchen von den m Mengen A_i bilden lassen und bezeichnen diese Durchschnitte mit $P_1, P_2, \ldots, P_{2^m}$. Wir betrachten hierauf die Menge A_1 und nennen S_1 die Summe aller zu A_1 fremden Mengen P_i. Wenden wir auf die beiden zueinander fremden abgeschlossenen Mengen A_1 und S_1 und auf die offene Menge $U_1 > A_1$ den allgemeinen Trennungssatz (S. 33) an, so erhalten wir eine offene Menge V_1, so daß $A_1 < V_1 < U_1$ gilt und $\overline{V}_1$ zu S_1 fremd ist. Wir betrachten nun das Mengensystem, welches aus $A_1, A_2, \ldots, A_m$ entsteht, wenn wir A_1 durch $\overline{V}_1$ ersetzen, und verfahren mit der Menge A_2 so wie vorhin mit A_1; d. h. wir nennen S_2 die Summe aller zu A_2 fremden Durchschnitte von Mengen des Systems $\overline{V}_1, A_3, A_4, \ldots, A_m$ und bilden eine Menge V_2, so daß $A_2 < V_2 < U_2$ gilt und $\overline{V}_2$ zu S_2 fremd ist. So fahren wir fort und erhalten nach m Schritten m Mengen $V_1, V_2, \ldots, V_m$, die $< \mathfrak{U}$ sind, so daß $A_i < V_i$ $(i = 1, 2, \ldots, m)$ gilt, und so daß r Mengen $V_{i_1}, V_{i_2}, \ldots, V_{i_r}$ (und sogar r Mengen $\overline{V}_{i_1}, \overline{V}_{i_2}, \ldots, \overline{V}_{i_r}$) dann und nur dann einen nichtleeren Durchschnitt haben, wenn die entsprechenden Mengen $A_{i_1}, A_{i_2}, \ldots, A_{i_r}$ einen nichtleeren Durchschnitt haben. Je $n+1$ von den m Mengen $\overline{V}_i$ haben mithin einen leeren Durchschnitt.

Es ist also A Summe von endlichvielen in A offenen Mengen $V_1, V_2, \ldots, V_m \subset \mathfrak{U}$, die zu je $n+1$ leere Durchschnitte haben, und ebenso ist A' Summe von endlichvielen in A' offenen Mengen $V_1', V_2', \ldots, V_{m'}'$, die $\subset \mathfrak{U}$ sind und zu je $n+1$ leere Durchschnitte haben. Wir fassen A als Raum auf, bezeichnen mit $\mathfrak{F}$ das Mengensystem, welches bloß die Menge $A \cdot A'$ enthält und wenden Hilfssatz 2 (S. 168), d. i. in diesem Fall den allgemeinen Zerlegungssatz, an. Wir erhalten dann m abgeschlossene Mengen $F_1, F_2, \ldots, F_m$, welche folgenden Bedingungen genügen:

1. $F_i \subset V_i$ $(i = 1, 2, \ldots, m)$,

2. $A \doteq \sum_{i=1}^{m} F_i$.

3. Ist Π_r der Durchschnitt von irgend r Mengen F_i, so gilt, da der Durchschnitt $A \cdot A'$ als höchstens $(n-2)$-dimensional vorausgesetzt ist,

$$(\dagger)\ \dim A' \cdot \Pi_r = \dim A \cdot A' \cdot \Pi_r \leqq \dim A \cdot A' - (r-1) = (n-2) - (r-1).$$

Wir bezeichnen nun mit $\mathfrak{F}'$ das System aller Mengen $A' \cdot \Pi_r$, wo Π_r alle Durchschnitte von irgend r Mengen F_i durchläuft. Auf dieses System, ferner auf die Menge A' als Raum und auf die offenen Mengen $V_1', V_2', \ldots, V_{m'}'$ wenden wir Hilfssatz 2 an und erhalten hierdurch m' abgeschlossene Mengen $F_1', F_2', \ldots, F_{m'}'$, welche folgenden Bedingungen genügen:

1'. $F_i' \subset V_i'$ $(i = 1, 2, \ldots, m')$.

2'. $A' = \sum_{i=1}^{m'} F_i'$.

3'. Ist Π_r' Durchschnitt von irgend r Mengen F_i' und M eine beliebige Menge des Systems $\mathfrak{F}'$, so gilt

$$\dim \Pi_r' \cdot M \leqq \dim M - (r-1).$$

Es gilt dann offenbar

$$A + A' = \sum_{i=1}^{m} F_i + \sum_{i=1}^{m'} F_i'.$$

Das System der $m + m'$ abgeschlossenen Mengen F_i und F_i' ist wegen 1. und 1'. $\subset \mathfrak{U}$. Zum Beweise des Additionssatzes haben wir noch zu zeigen, daß je $n+1$ von den $m + m'$ Mengen F_i und F_i' einen leeren Durchschnitt haben.

Es seien also $n+1$ von diesen $m + m'$ Mengen vorgelegt. Dieselben sind teils vom Typus F_i teils vom Typus F_i'. Wenn alle $n+1$ vorgelegten Mengen vom Typus F_i sind, so haben sie sicher einen leeren Durchschnitt, da ja die Mengen F_i Teilmengen der V_i sind und diese zu je $n+1$ keinen Punkt gemein haben. Ebenso ist der Durchschnitt der $n+1$ vorgelegten Mengen sicher dann leer, wenn alle vorgelegten Mengen vom Typus F_i' sind, da die Mengen F_i' Teilmengen von den zu je $n+1$

fremden Mengen V_i' sind. Wir haben also nur noch nachzuweisen, daß alle Mengen

$$\Pi_r \cdot \Pi_s' \quad (r \geqq 1, \quad s \geqq 1, \quad \text{wobei } r + s = n + 1 \text{ gilt})$$

leer sind. Es gilt $\Pi_r \cdot \Pi_s' = \Pi_r \cdot A' \cdot \Pi_s'$. Nun gehören die Mengen $\Pi_r \cdot A'$ zum System $\mathfrak{F}'$. Also ist mit Rücksicht auf die Bedingung 3'., der die Mengen F_i' genügen,

$$\dim \Pi_r \cdot \Pi_s' \leqq \dim \Pi_r \cdot A' - (s - 1).$$

Kombinieren wir diese Ungleichung mit der Ungleichung (†), so erhalten wir

$$\dim \Pi_r \cdot \Pi_s' \leqq (n - r - 1) - (s - 1) = n - (r + s);$$

also, da wir den Fall $r + s = n + 1$ betrachten,

$$\dim \Pi_r \cdot \Pi_s' \leqq -1.$$

Es ist demnach der Durchschnitt der $n + 1$ vorgelegten Mengen jedenfalls leer, was zu beweisen war.

Historisches. Der Additionssatz und sein angegebener Beweis stammen von Hurewicz (Math. Annalen *100,* 1928; vgl. auch schon Proc. Ac. Amsterdam, *29,* 1927, S. 164, wo eine unmittelbare Konsequenz des Additionssatzes angeführt wird).

VI. Die Zusammenhangseigenschaften der Räume.

1. Der Zusammenhangsbegriff.

Ist die Menge M n-dimensional im Punkt p, so ist auch jede Menge M', welche aus M dadurch entsteht, daß außerhalb einer gewissen Umgebung von p Punkte zu M hinzugefügt oder von M weggelassen werden, n-dimensional im Punkt p. Bloß Änderungen von M, die beliebig kleine Umgebungen von p betreffen, können die Dimension von M im Punkt p beeinflussen. Die Dimension einer Menge in einem Punkt ist also gleichsam Eigenschaft von ganz *lokalem* Charakter, und die Dimension einer Menge schlechthin hängt von der Dimension der Menge in ihren einzelnen Punkten ab. Nun gibt es auch gestaltliche Eigenschaften von Räumen, welche keinen derartigen lokalen Charakter besitzen, sondern sich ganz wesentlich auf *das Aussehen des Raumes in seiner Totalität* beziehen. Zu diesen Eigenschaften *im großen* gehören insbesondere die Zusammenhangseigenschaften, deren Behandlung dieses Kapitel gewidmet ist.

Das Wort Zusammenhang ist dem täglichen Leben entnommen. Auch der Nicht-Mathematiker verbindet mit den Worten „zusammenhängend" und „nicht zusammenhängend" eine Vorstellung. Wenn man von einem Grundstück auf der Erdoberfläche sagt, es sei nicht zusammenhängend, so meint man, daß das Grundstück in zwei oder mehrere getrennte Grundstücke gespalten ist. Zusammenhängend nennt man etwas Räumliches, was sich nicht in fremde Teilstücke spalten läßt. Diese Ausdrucksweise ist einer strengen Präzisierung fähig:

Ein nichtleerer Raum R heißt **zusammenhängend**, *wenn R nicht Summe ist von zwei fremden abgeschlossenen Teilmengen, es sei denn, daß eine der beiden leer ist.* Die Beschränkung auf Zerlegungen in *nichtleere* Summanden ist offenbar nötig, denn als Summe der abgeschlossenen leeren Menge und des abgeschlossenen Raumes selbst ist ja *jeder* Raum darstellbar. Man kann die angegebene Zusammenhangsdefinition offenbar auch dahin aussprechen, daß ein nichtleerer Raum zusammenhängend ist, *wenn bei jeder Zerlegung des Raumes in zwei nichtleere abgeschlossene Teilmengen die beiden Summanden einen nichtleeren Durchschnitt haben* oder m. a. W. *wenn bei jeder Zerlegung des Raumes in zwei fremde nichtleere Teilmengen M_1 und M_2 die eine einen Häufungspunkt der anderen enthält,* *mithin die Menge* $M_1 \cdot \overline{M}_2 + \overline{M}_1 \cdot M_2$ *nichtleer ist.* Entsprechend heißt die nichtleere Teilmenge M eines Raumes zusammenhängend, wenn sie nicht Summe ist von zwei fremden nichtleeren in M abgeschlossenen Teilmengen. Eine genau einen Punkt enthaltende Menge ist dieser Definition zufolge zusammenhängend.

Wir leiten nun einige einfache Sätze über zusammenhängende Räume und Mengen her.

1. *Damit der Raum R zusammenhängend sei, ist notwendig und hinreichend, daß jedes endliche Überdeckungssystem $\mathfrak{U}$ von R folgende Eigenschaft (Z) besitzt: Sind U und U' zwei nichtleere Mengen aus $\mathfrak{U}$, so enthält $\mathfrak{U}$ ein System von Mengen*

$$U = U_0, U_1, U_2, \ldots, U_{n-1}, U_n = U',$$

von denen je zwei aufeinanderfolgende Mengen nichtleere Durchschnitte haben.

Die Bedingung ist notwendig. Sei nämlich $\mathfrak{U}$ ein endliches Überdeckungssystem von R, welches die Eigenschaft (Z) nicht besitzt, also zwei nichtleere Mengen U und U' enthält, zwischen die sich keine Mengenreihe der angegebenen Art einschalten läßt. Dann bezeichnen wir mit V die Summe von U und allen Mengen U^* von $\mathfrak{U}$, für welche sich zwischen U und U^* eine Mengenreihe, in der je zwei aufeinanderfolgende Mengen nichtleere Durchschnitte haben, einschalten läßt. Wir nennen V' die Summe der übrigen Mengen von $\mathfrak{U}$. Die beiden Mengen V und V' sind offenbar zueinander fremd und es gilt $R = V + V'$. Sie sind nichtleer, denn es gilt $V \supset U$ und $V' \supset U'$. Jede der beiden Mengen V und V' ist als Summe von offenen Mengen offen, also, da sie zueinander komplementär sind, auch abgeschlossen. Mithin ist der Raum $R = V + V'$ nicht zusammenhängend. — Die Bedingung ist hinreichend. Denn wenn R nicht zusammenhängend ist, so gilt $R = V + V'$, wo V und V' zwei fremde nichtleere abgeschlossene Mengen sind. Da die Mengen V und V' zueinander komplementär sind, sind sie auch offen. Also besitzt das aus V und V' bestehende Überdeckungssystem von R nicht die Eigenschaft (Z).

2. *Gehören je zwei Punkte einer Menge M einer zusammenhängenden Teilmenge von M an, so ist M zusammenhängend.* Angenommen nämlich, M sei nicht zusammenhängend, also $= M' + M''$, wo M' und M'' zwei fremde nichtleere in M abgeschlossene Mengen sind. Ist dann p' ein Punkt von M', ist p'' ein Punkt von M'' und ist N irgendeine p' und p'' enthaltende Teilmenge von M, — dann gilt die Formel $N = N \cdot M' + N \cdot M''$, und durch diese Formel ist N dargestellt als Summe von zwei fremden, in N abgeschlossenen Summanden, von denen der eine p', der andere p'' enthält. Also ist N nicht zusammenhängend. In nicht-zusammenhängenden

Mengen liegen also nicht je zwei Punkte in einer zusammenhängenden Teilmenge, womit die Behauptung 2. bewiesen ist.

3. *Sind die Mengen M_1 und M_2 zusammenhängend und ist ihr Durchschnitt nichtleer, so ist die Menge $M_1 + M_2$ zusammenhängend.* Angenommen, es wäre $M = M_1 + M_2$ nicht zusammenhängend, dann wäre $M = M' + M''$, wo M' und M'' zwei fremde nichtleere, in M abgeschlossene Mengen wären. Es gilt

$$M_1 = M_1 \cdot M' + M_1 \cdot M'', \qquad M_2 = M_2 \cdot M' + M_2 \cdot M''.$$

Die Menge $M_1 \cdot M_2$ ist nach Voraussetzung nichtleer. Sei p ein Punkt von $M_1 \cdot M_2$. Der Punkt p liegt entweder in M' oder in M'', etwa in M'. Es liegt also p sowohl in $M_1 \cdot M'$ als auch in $M_2 \cdot M'$. Da aber die Menge M'' nach Voraussetzung nichtleer ist und $M'' = M_1 \cdot M'' + M_2 \cdot M''$ gilt, ist auch mindestens einer der beiden Summanden $M_1 \cdot M''$ und $M_2 \cdot M''$ von M'' nichtleer. Ist $M \cdot M''$ nichtleer, dann sind also in der Formel

$$M_1 = M_1 \cdot M' + M_1 \cdot M''$$

beide Summanden nichtleer, zueinander fremd (weil ja M' und M'' fremd sind) und in M_1 abgeschlossen (weil ja M' und M'' in $M \supset M_1$ abgeschlossen sind), d. h. die Menge M_1 ist nicht zusammenhängend entgegen der Voraussetzung. Ebenso zeigt man, daß, falls $M_2 \cdot M''$ nichtleer ist, die Menge M_2 nicht zusammenhängend ist. Die Annahme, daß $M_1 + M_2$ nicht zusammenhängend ist, führt also jedenfalls auf einen Widerspruch. Damit ist Satz 3 bewiesen.

4. *Die Summe einer Menge von zusammenhängenden Mengen, die zu je zweien nicht fremd sind, ist zusammenhängend.* Sei S die Summe zusammenhängender Mengen und seien p und q irgend zwei verschiedene Punkte von S. Jeder der beiden Punkte gehört mindestens einem zusammenhängenden Summanden der Menge S an. Es liege etwa p im zusammenhängenden Summanden A und q im zusammenhängenden Summanden B von S. Da nach Voraussetzung je zwei Summanden von S nicht fremd sind, so haben insbesondere die Mengen A und B einen nichtleeren Durchschnitt. Also ist $A + B$ nach Satz 3 zusammenhängend. Es sind demnach je zwei Punkte p und q von S in einer zusammenhängenden Teilmenge von S enthalten, also ist S nach Satz 2 zusammenhängend, wie behauptet.

5. *Ist M eine zusammenhängende Menge und N eine Menge, welche der Beziehung genügt $M \subset N \subset \overline{M}$, so ist N zusammenhängend.* Diese Behauptung kann offenbar auch so ausgesprochen werden: *Durch Hinzufügung von Häufungspunkten bleibt eine zusammenhängende Menge zusammenhängend.* Wäre die bloß Punkte und Häufungspunkte von M enthaltende Menge N nicht zusammenhängend, dann würde $N = N' + N''$

gelten, wo N' und N'' zwei nichtleere fremde Mengen wären, für welche die Menge $\overline{N}' \cdot N'' + N' \cdot \overline{N}''$ leer ist. Betrachten wir dann die mit Rücksicht auf $M \subset N$ gültige Formel

$$M = M \cdot N' + M \cdot N''.$$

Wir behaupten, daß keiner der beiden Summanden $M \cdot N'$ und $M \cdot N''$ von M leer ist. Wäre nämlich etwa $M \cdot N'$ leer, so wäre $M \subset N''$, mithin $\overline{M} \subset \overline{N}''$; wegen $N \subset \overline{M}$ wäre also $N \subset \overline{N}''$, und folglich müßte, da die Menge $N' \cdot \overline{N}''$ leer sein soll, auch $N' \cdot N$ leer sein. Da $N' \subset N$ ist, wäre dann auch N' leer, und das widerspricht der Voraussetzung. Die Menge $M \cdot N'$ und ebenso die Menge $M \cdot N''$ ist also leer. Nun sind diese beiden Mengen fremd, da N' und N'' fremd sind, und in M abgeschlossen, da N' und N'' in $N \supset M$ abgeschlossen sind. Dies aber widerspricht der Voraussetzung, daß M zusammenhängend ist. Die Annahme, daß N nicht zusammenhängend ist, ist also mit dieser Voraussetzung unverträglich, womit Satz 5 bewiesen ist.

Ist K Teilmenge irgendeiner Menge A, so heißt K eine **Komponente** von A, wenn K zusammenhängend ist und jede zu K nicht fremde zusammenhängende Teilmenge von A Teilmenge von K ist. Offenbar *ist jede Komponente von A in A abgeschlossen.* Denn wenn $K \subset A$ zusammenhängend ist, ist nach Satz 5 auch $\overline{K} \cdot A$ eine zusammenhängende Teilmenge von A, und wäre $\overline{K} \cdot A$ nicht mit K identisch, so wäre $\overline{K} \cdot A$ eine zusammenhängende Teilmenge von A, welche mit K Punkte gemein hätte, ohne Teilmenge von K zu sein, im Widerspruch zur Annahme, daß K eine Komponente von A ist.

Jeder Punkt einer Menge A gehört einer und nur einer Komponente von A an. Bezeichnen wir nämlich mit K_p die Summe aller p enthaltenden zusammenhängenden Teilmengen von A, dann ist die Menge K_p eine den Punkt p (und eventuell nur ihn) enthaltende und nach Satz 4 zusammenhängende Menge. Ist B irgendeine zu K_p nicht fremde zusammenhängende Teilmenge von A, so ist $K_p + B$ eine p enthaltende und nach Satz 3 zusammenhängende Teilmenge von A und daher Teilmenge von K_p, laut Definition dieser Menge. Jede zu K_p nicht fremde zusammenhängende Teilmenge von A ist also Teilmenge von K_p, d. h. die Menge K_p ist eine Komponente von A. Durch dieselbe Argumentation zeigt man, daß jede Komponente K' entweder mit K_p identisch oder zu K_p fremd ist. Also ist jeder Punkt von A in nur einer Komponente von A enthalten. Aus der bewiesenen Behauptung folgt, *daß jede Menge eindeutig als Summe von Komponenten dargestellt werden kann.*

Ein mehr als einen Punkt enthaltender zusammenhängender kompakter Raum und ebenso eine mehrpunktige zusammenhängende kompakte Teilmenge eines Raumes, die ja, in sich betrachtet, ein kompakter Raum ist, wird **Kontinuum** genannt. Da unter den Teilmengen kompakter Räume die kompakten mit den abgeschlossenen identisch sind, so sind unter den Teilmengen kompakter Räume die Teilkontinua identisch mit den mehr als einen Punkt enthaltenden zusammenhängenden abgeschlossenen Mengen. Insbesondere ist dem oben Bewiesenen zufolge jede Komponente eines kompakten Raumes entweder ein Kontinuum oder sie besteht aus einem einzigen Punkt. In nichtkompakten Räumen ist der obigen Definition zufolge zwischen zusammenhängenden abgeschlossenen Mengen und Teilkontinua zu unterscheiden, weil ja eine abgeschlossene Teilmenge eines nichtkompakten Raumes nicht notwendig kompakt ist.

Damit ein kompakter Raum zusammenhängend, also ein Kontinuum sei, ist offenbar schon hinreichend, daß für eine erzeugende Doppelfolge $\mathfrak{D}$ von R für jedes natürliche k das endliche Überdeckungssystem $\mathfrak{D}^k$ die Eigenschaft (Z) von Satz 1 besitze. Dann besitzt eo ipso jedes endliche Überdeckungssystem von R die Eigenschaft (Z). Ist nämlich $\mathfrak{U}$ irgendein endliches Überdeckungssystem von R, so sind zufolge der Bemerkung über erzeugende Doppelfolgen (S. 64) für ein gewisses k (und sogar für fast alle k) die Mengen von $\mathfrak{D}^k \subset \mathfrak{U}$, und das Überdeckungssystem $\mathfrak{D}^k$ könnte die Eigenschaft (Z) offenbar nicht besitzen, wenn sie nicht auch dem Überdeckungssystem $\mathfrak{U}$ zukäme. Für den dem System $\mathfrak{D}^k$ oben (S. 192) zugeordneten Komplex ist die Eigenschaft (Z) offenbar gleichbedeutend damit, daß zu je zwei Punkten p und p' des Komplexes sich eine Reihe von Punkten des Komplexes

$$p = p_0, p_1, p_2, \ldots, p_{n-1}, p_n = p'$$

einschalten läßt, von denen je zwei aufeinanderfolgende durch eine Strecke (ein eindimensionales Simplex) des Komplexes miteinander verbunden sind. Komplexe dieser Art heißen zusammenhängend, so daß also einem Kontinuum eine Folge von zusammenhängenden Komplexen zugeordnet werden kann und ein kompakter Kettenraum, der durch eine Folge von zusammenhängenden Komplexen definiert ist, zusammenhängend ist.

Als die den Punkt p enthaltende **Konstituante** der Menge A bezeichnen wir, falls p in einem Teilkontinuum von A enthalten ist, die Summe aller p enthaltenden Teilkontinua von A, andernfalls die Menge (p). Die p enthaltende Konstituante ist offenbar stets Teilmenge der p enthaltenden Komponente. In kompakten Räumen stimmen die Konstituanten mit den Komponenten überein. In nichtkompakten Räumen kann, wie wir im nächsten Abschnitt sehen werden, eine Konstituante echte Teilmenge einer Komponente sein.

Während die Punkte einer Konstituante gleichsam noch fester zusammenhängen als die Punkte einer Komponente, wollen wir nun Punktverbände erwähnen, welche miteinander in einem unter Umständen schwächeren Zusammenhang als die Punkte einer Komponente stehen. Zwei Punkte p und q der Menge M heißen (vgl. S. 117) in M durch die Menge A getrennt, wenn $M - A$ Summe von zwei fremden in $M - A$ abgeschlossenen Mengen ist, von denen die eine den Punkt p, die andere den Punkt q enthält. Die Punkte p und q sind demnach in M durch die leere Menge getrennt, wenn M Summe von zwei fremden in M abgeschlossenen Mengen ist, von denen die eine den Punkt p, die andere den Punkt q enthält. Wir sagen von zwei Punkten, die in M durch die leere Menge getrennt sind, kurz, sie seien *in M getrennt*. Ein nichtleerer Raum ist zusammenhängend offenbar dann und nur dann, wenn keine zwei Punkte des Raumes getrennt sind. Eine nichtleere Menge M ist zusammenhängend, wenn kein Punktepaar von M in M getrennt ist. Als die zum Punkt p der Menge A gehörige **Quasikomponente** von A bezeichnet man die Menge aller Punkte von A, die vom Punkt p in A nicht getrennt sind. Offenbar sind die Punkte der p enthaltenden Komponente von A von p nicht in A getrennt. Die p enthaltende Komponente von A ist also Teilmenge der A enthaltenden Quasikomponente. Das nähere Verhältnis von Quasikomponenten und Komponenten wird im folgenden Abschnitt klar werden.

Historisches. Eine erste Definition von zusammenhängenden Mengen und von Kontinua gab Cantor (Math. Ann. *21*, 1883, S. 576). Die oben angegebene Kontinuumsdefinition stammt von Jordan (Cours d'Analyse *1*, 1893, S. 25), der dargelegte Zusammenhangsbegriff von Lennes (Americ. Journ. of math. *33*, 1911, S. 303) sowie von Hausdorff (Grundz. d. Mengenlehre, 1914, S. 244), welcher die angeführten Sätze über zusammenhängende Mengen bewies und (a. a. O. S. 248) auch den Begriff der Quasikomponente einführte.

2. Die verstreuten Mengen.

Den Begriffen Konstituante, Komponente, Quasikomponente entsprechen drei Klassen von Räumen, die als (in verschiedenen Graden) *verstreut* bezeichnet werden können.

Wir nennen **diskontinuierlich** einen Raum, der *kein Teilkontinuum enthält*, oder m. a. W. einen Raum, dessen Konstituanten sich auf einzelne Punkte reduzieren. Wir nennen **zusammenhangslos** einen Raum *ohne mehrpunktige zusammenhängende Teilmenge*, oder m. a. W. einen Raum, dessen Komponenten sich auf einzelne Punkte reduzieren. Wir nennen endlich **total zusammenhangslos** einen Raum, *dessen Quasikomponenten sich auf einzelne Punkte reduzieren*. Mit diesen drei Klassen von Räumen vergleichen wir noch die **nulldimensionalen** Räume, zu deren Punkten beliebig kleine Umgebungen mit leeren Begrenzungen existieren.

Es gilt, wie wir zeigen wollen, folgender

Erster Satz über verstreute Räume. *Jeder nulldimensionale Raum ist total zusammenhangslos; jeder total zusammenhangslose Raum ist zusammenhangslos; jeder zusammenhangslose Raum ist diskontinuierlich.*

Schreibt man die vier Verstreutheitseigenschaften in folgender Ordnung:

diskontinuierlich,
zusammenhangslos,
total zusammenhangslos,
nulldimensional,

so impliziert dem behaupteten Satz zufolge jede die vorangehenden.

Erstens sind für einen Raum, dessen Komponenten einzelne Punkte sind, auch die Konstituanten, die ja Teilmengen von Komponenten sind, einzelne Punkte. *Zweitens* sind für eine Menge, deren Quasikomponenten einzelne Punkte sind, auch die Komponenten, die ja Teilmengen von Quasikomponenten sind, einzelne Punkte. *Drittens* haben wir zu zeigen, daß jeder nulldimensionale Raum total zusammenhangslos ist. Wir beweisen etwas mehr, indem wir zeigen: *Ist der Raum R im Punkt p nulldimensional, so enthält die zum Punkt p gehörige Quasikomponente bloß den Punkt p.* Ist nämlich q ein von p verschiedener Punkt, so existiert, da der Raum in p nulldimensional sein soll, eine Umgebung U von p mit leerer Begrenzung, die so klein ist, daß der Punkt q in ihrem Komplement liegt. Dann ist aber durch die Formel $R = U + (R - U)$ der Raum als Summe von zwei fremden Mengen dargestellt, die beide nichtleer sind (die eine enthält p, die andere q) und die beide abgeschlossen sind ($R - U$ ist als Komplement der offenen Menge U abgeschlossen und U ist eine offene Menge mit leerer Begrenzung, mithin abgeschlossen). Wenn also der Raum im Punkt p nulldimensional ist, so enthält die zu p gehörige Quasikomponente des Raumes keinen von p verschiedenen Punkt, wie behauptet. Damit ist der erste Satz über verstreute Räume bewiesen.

Es gilt ferner folgender

Zweiter Satz über verstreute Räume. *Es gibt unter den separablen Räumen solche, die total zusammenhangslos aber nicht nulldimensional sind, solche, die zusammenhangslos aber nicht total zusammenhangslos sind, und solche, die diskontinuierlich aber nicht zusammenhangslos sind.*

Von den vier Verstreutheitseigenschaften separabler Räume in der oben angegebenen Reihenfolge ist also dem behaupteten Satz zufolge jede schärfer als die vorangehenden.

Es existieren erstens *total zusammenhangslose separable Räume, die nicht nulldimensional sind.* In der Tat, der auf S. 146 betrachtete äußerst schwach eindimensionale Raum M ist, wie wir nun zeigen wollen, total zusammenhangslos, d. h. es sind je zwei Punkte von M in M getrennt. Jeder Punkt von M, in dem M nulldimensional ist, d. h. jeder Punkt der Teilmenge

P von M, ist sicher von allen anderen Punkten von M in M getrennt, denn wir haben ja festgestellt, daß jeder Punkt eines Raumes, in welchem der Raum nulldimensional ist, für sich eine Quasikomponente des Raumes bildet. Es bleibt also zu zeigen, daß je zwei Punkte, in denen M eindimensional ist, d. h. je zwei Punkte der abzählbaren Teilmenge von Q von M, in M getrennt sind. Seien also zwei Punkte q und q' von Q vorgegeben. Jeder ist (laut Definition der Menge Q) Mittelpunkt von einem der Rechtecke, welche bei der Konstruktion von M auftreten. Zwei solche Rechtecke sind entweder fremd, oder eines ist Teilmenge des anderen. Bezeichnen wir mit R das Rechteck, dessen Mittelpunkt q ist, und mit R' das Rechteck, dessen Mittelpunkt q' ist, so ist, wenn etwa R Teilmenge von R' ist, durch die Formel

$$M = R \cdot M + (M - R \cdot M)$$

die Menge M als Summe zweier fremder, in M abgeschlossener Mengen dargestellt, von denen die eine den Punkt q, die andere den Punkt q' enthält. Und dieselbe Formel liefert eine ebensolche Zerlegung im Falle, daß R und R' fremd sind.

Es existieren zweitens *zusammenhangslose separable Räume, die nicht total zusammenhangslos sind.* Ein Beispiel kann wieder mit Hilfe des schwach eindimensionalen Raumes M von S. 146 erbracht werden. Bezeichnen wir nämlich mit M' den Raum, der aus M durch Hinzufügung des Punktes mit den Koordinaten $(\frac{1}{2}, 1)$ entsteht. Unsere Feststellungen von S. 145 über das Verhältnis der beiden Punkte $(\frac{1}{2}, \frac{1}{2})$ und $(\frac{1}{2}, 1)$ können wir unter Verwendung des Begriffes der Quasikomponente offenbar dahin ausdrücken, daß diese beiden Punkte zu einer und derselben Quasikomponente von M gehören. Der separable Raum M' ist also nicht total zusammenhangslos. Doch ist der Raum M' offenbar schwach eindimensional und daher zusammenhangslos auf Grund des Satzes:

Jeder schwach eindimensionale Raum ist zusammenhangslos. Zum Beweise dieses Satzes verwenden wir wieder die vorhin hergeleitete einfache Tatsache, daß jeder Punkt eines Raumes R, in welchem R nulldimensional ist, für sich eine Quasikomponente von R bildet, d. h. von jedem anderen Punkt von R getrennt ist. Ein mehr als einen Punkt enthaltender zusammenhängender Raum, d. h. ein mehrpunktiger Raum, in dem keine zwei Punkte getrennt sind, ist also in keinem seiner Punkte nulldimensional. Ein solcher Raum ist also mindestens eindimensional, und zwar mindestens eindimensional in jedem seiner Punkte, also mindestens eindimensional in jedem Punkte einer mehr als nulldimensionalen Menge. Wenn also ein zusammenhängender Raum eindimensional ist, so ist er homogen eindimensional und daher stark eindimensional. Ein schwach eindimensionaler Raum ist mithin nicht zusammenhängend und enthält, da alle seine

Teilmengen nulldimensional oder schwach eindimensional sind, auch keinen mehrpunktigen zusammenhängenden Teil, ist also zusammenhangslos, wie behauptet.

Es gibt drittens *diskontinuierliche separable Räume, die nicht zusammenhangslos sind*, ja es existieren diskontinuierliche und dabei zusammenhängende Teilmengen der Cartesischen Ebene.

Es sei im R_2 im abgeschlossenen Intervall $[0, 1]$ der X-Achse eine nirgendsdichte perfekte Menge C, etwa das Diskontinuum C (S. 54) gegeben. Es sei P die abzählbare Menge jener Punkte von C, welche Endpunkte von zu C komplementären offenen Intervallen der X-Achse sind, und es sei $Q = C - P$. Wir betrachten ferner den Punkt a mit den Koordinaten $(\frac{1}{2}, \frac{1}{2})$ und bezeichnen, wenn c irgendein bestimmter Punkt von C ist, mit $L(c)$ die Strecke, welche die Punkte a und c verbindet. Wir nennen S_1 die Menge aller Punkte mit rationaler Ordinate, welche in irgendeiner der Mengen $L(p)$ enthalten sind, wo p einen Punkt von P bezeichnet. Wir nennen S_2 die Menge aller Punkte mit irrationaler Ordinate, welche in irgendeiner der Mengen $L(q)$ enthalten sind, wo q einen Punkt von Q bezeichnet. Wir behaupten: Die Menge $S = S_1 + S_2$ hat die gewünschten Eigenschaften, d. h. S ist zusammenhängend und diskontinuierlich.

Um erstens zu zeigen, daß S zusammenhängend ist, weisen wir nach: Ist S Summe zweier fremder in S abgeschlossener Mengen A und B, dann ist einer der beiden Summanden leer. Wir wählen die Bezeichnung so, daß der Punkt a von S in A liegt, und zeigen, daß B leer ist.

Sei q irgendein Punkt der Menge Q. Wir betrachten die Strecke $L(q)$. Da A und B in S abgeschlossen sind, existiert eine größte Teilstrecke von $L(q)$, welche den Punkt a enthält und zu B fremd ist. Den unteren Endpunkt dieser Teilstrecke bezeichnen wir mit $l(q)$. Wenn $l(q)$ nicht auf der X-Achse liegt, so ist $l(q)$ Häufungspunkt sowohl von A als auch von B, also, da A und B in S abgeschlossen sind, nicht Punkt von S. Liegt q auf der X-Achse, so ist $l(q) = q$. Da jeder auf der X-Achse gelegene Punkt von Q die Ordinate Null, also eine rationale Ordinate hat und daher weder zu S_2 noch zu S_1 gehört, so liegt der Punkt $l(q)$, auch wenn er mit q identisch ist, nicht in S. Für jeden Punkt q von Q liegt also der Punkt $l(q)$ nicht in S.

Der Punkt $l(q)$ liegt in der Strecke $L(q)$, und da die Punkte von $L(q)$ mit irrationaler Ordinate zu S gehören, so muß $l(q)$ eine rationale Ordinate haben. Für jeden Punkt q von Q liegt also $l(q)$ auf einer Parallelen zur X-Achse, deren Abstand von der X-Achse rational ist. Da es nur abzählbarviele solche Parallelen zur X-Achse gibt, so gilt, wenn E die Menge aller Punkte $l(q)$ für irgendeinen Punkt q von Q bezeichnet,

$$E = E_0 + E_1 + \cdots + E_n + \cdots,$$

wo E_0 eine Teilmenge der X-Achse ist und die Mengen E_n $(n \geqq 1)$ Teilmengen von Parallelen der X-Achse in rationalem Abstand von derselben sind.

Es gilt $E_0 \subset Q$. Da jeder nicht auf der X-Achse gelegene Punkt $l(q)$, wie wir sahen, Häufungspunkt sowohl von A als auch von B ist, gilt für $n \geqq 1$

$$E_n \subset \bar{A} \cdot \bar{B}, \quad \text{also} \quad \bar{E}_n \subset \bar{A} \cdot \bar{B}.$$

Da A und B in S abgeschlossen sind, ist also für $n \geqq 1$ die Menge $\bar{E}_n$ zu S fremd. Jeder Punkt von $\bar{E}_n$ hat eine rationale Ordinate und gehört nicht zu S, kann also nicht auf einer der Strecken $L(p)$ liegen, wenn p ein Punkt von P ist. Für jeden Punkt p der abzählbaren Menge P ist also $L(p)$ zu den Mengen $\bar{E}_n$ $(n \geqq 1)$ fremd.

Wir bezeichnen nun mit Q_n die Menge aller Punkte c von C, für welche die Menge $\bar{E}_n \cdot L(c)$ nichtleer ist. Dem eben Bewiesenen zufolge kann ein solcher Punkt c nicht zu P gehören. Es ist also $Q_n \subset Q$ für $n \geqq 1$. Anderseits ist $Q \subset E_0 + \sum_{n=1}^{\infty} Q_n$, denn zu jedem Punkt q von Q existiert eine Menge E_n, die einen Punkt von $L(q)$, nämlich $l(q)$, enthält. Es gilt also $Q = E_0 + \sum_{n=1}^{\infty} Q_n$ und daher

$$C = P + E_0 + \sum_{n=1}^{\infty} Q_n. \tag{†}$$

Nun ist, wie man leicht sieht, jede Menge $Q_n (n \geqq 1)$ mit Rücksicht auf ihre definitionsmäßige Beziehung zu $\bar{E}_n$ abgeschlossen. Ferner ist jeder Punkt von Q und daher jeder Punkt einer Menge $Q_n (n \geqq 1)$ Häufungspunkt von P. Also ist jede der Mengen $Q_n (n \geqq 1)$ nirgendsdicht in C. Die Menge $\sum_{n=1}^{\infty} Q_n$ und ebenso die Menge $P + \sum_{n=1}^{\infty} Q_n$, welche aus $\sum_{n=1}^{\infty} Q_n$ durch Hinzufügung der abzählbaren Menge P entsteht, ist also von erster Kategorie (S. 52). Da C kompakt ist, muß also wegen der Beziehung (†) nach einem oben (S. 52) bewiesenen Satz die Menge Q_0 in C dicht sein.

Jeder Punkt von E_0 ist ein auf der X-Achse liegender Punkt $l(q)$. Für jeden Punkt e von E_0 ist also die Strecke $L(e)$ Teilmenge von $\bar{A}$. Da E_0 in C dicht ist, ist die Menge aller Punkte von S, die für irgendeinen Punkt e von E_0 auf einer Strecke $L(e)$ liegen, dicht in S. Daher gilt $\bar{A} \supset S$, und folglich ist die Teilmenge B, da sie zu A fremd und da A in S abgeschlossen sein soll, leer, wie behauptet. Damit ist also die Menge S als zusammenhängend erwiesen.

Wir sehen ferner: *Jede zusammenhängende Teilmenge von S enthält den Punkt a*, m. a. W. die Menge $S - (a)$ ist zusammenhangslos. Sei nämlich

M eine Teilmenge von $S - (a)$. Ist M Teilmenge einer einzigen Strecke $L(c)$, wo c einen Punkt von C bezeichnet, so ist M offenbar nicht zusammenhängend. Hat M mit zwei verschiedenen Strecken $L(c)$ und $L(c')$ Punkte gemein, so gibt es offenbar eine Zerlegung von M in zwei fremde in $S - (a)$ abgeschlossene Mengen von denen die eine alle Punkte von $M \cdot L(c)$ und die andere alle Punkte von $M \cdot L(c')$ enthält; also ist M auch in diesem Fall nicht zusammenhängend.

Die Menge S hat also die merkwürdige Eigenschaft, *zusammenhängend zu sein, aber nach Tilgung eines einzigen Punktes zusammenhangslos* (also erst recht diskontinuierlich) *zu werden.* Nun werden wir am Ende des nächsten Abschnittes (S.214) sehen, daß ein Kontinuum durch Tilgung eines einzigen Punktes niemals diskontinuierlich werden kann. Die Menge S kann also kein Teilkontinuum enthalten und ist deshalb diskontinuierlich, wie behauptet.

Damit ist der zweite Satz über verstreute Räume in allen Stücken bewiesen.

Mit Hilfe der eben konstruierten Menge S läßt sich auch ein Beispiel für eine andere merkwürdige Tatsache erbringen: Bezeichnet man mit S' die zur Menge S hinsichtlich der X-Achse symmetrische Menge, so ist offenbar auch die Menge $S + S'$ diskontinuierlich. Man sieht aber ohne prinzipielle Schwierigkeiten ein, daß diese diskontinuierliche (nicht abgeschlossene) Menge $S + S'$ etwa die Punkte $(0, \frac{1}{2})$ und $(1, 1)$ in gewissem Sinne voneinander *separiert:* Jede diese beiden Punkte enthaltende zusammenhängende Teilmenge der Ebene hat mit der Menge $S + S'$ Punkte gemein. *Zwei Punkte der Ebene können also durch diskontinuierliche Teilmengen der Ebene separiert werden.* —

Obwohl aus dem zweiten Satz über verstreute Mengen hervorgeht, daß Nulldimensionalität die schärfste Verstreutheitseigenschaft ist, können die nulldimensionalen Teilmengen kompakter Räume doch durch eine Verstreutheitseigenschaft im gewöhnlichen Sinn charakterisiert werden. Es gilt nämlich folgende

Kennzeichnung der nulldimensionalen Mengen durch eine Verstreutheitseigenschaft. *Unter den nichtleeren Teilmengen eines kompakten Raumes sind die nulldimensionalen identisch mit jenen, die nach Hinzufügung eines beliebigen einzelnen Punktes total zusammenhangslos bleiben.*

Erstens bleibt jede nulldimensionale Teilmenge eines beliebigen separabeln Raumes nach Hinzufügung eines beliebigen einzelnen Punktes nulldimensional (vgl. S. 115) und daher (dem ersten Satz über verstreute Mengen zufolge) total zusammenhangslos.

Sei *zweitens* M eine nichtleere Teilmenge des kompakten Raumes R, welche nach Hinzufügung eines beliebigen einzelnen Punktes total zusammenhangslos bleibt. Wir behaupten, daß M nulldimensional ist. Sei zum Beweise p irgendein gegebener Punkt von M, U eine vorgelegte Umgebung von p. Wir haben eine Umgebung W von p, die $\subset U$ ist und eine zu M fremde Begrenzung besitzt, anzugeben. Wir betrachten irgendeine Umgebung V von p, die $\Subset U$ ist, und leiten eine Umgebung W der gewünschten Art durch Modifikation der offenen Menge V in der Nähe ihrer Begrenzung her. Ist q irgendein Punkt von $B(V)$, so ist nach Voraussetzung die Menge $M + (q)$ total zusammenhangslos. Insbesondere existiert also zu jedem Punkt q von $B(V)$ eine Zerlegung von $M + (q)$ in zwei relativ abgeschlossene fremde Mengen, von denen die eine p, die andere q enthält. Folglich ist jeder Punkt q von $B(V)$ in einer Umgebung $T(q)$ enthalten, welche p nicht enthält und eine zu $M + (q)$, also zu M fremde Begrenzung besitzt, für welche also auch die abgeschlossene Hülle den Punkt p nicht enthält. Da $B(V)$ eine abgeschlossene Teilmenge eines kompakten Raumes ist, existieren nach dem Überdeckungssatz für kompakte Mengen endlichviele derartige offene Mengen, welche $B(V)$ überdecken, etwa die Mengen $T_1, T_2, \ldots, T_k$. Wir betrachten nun die Menge

$$W = V - V \cdot \sum_{i=1}^{k} \overline{T}_i.$$

W ist offen; W enthält p, da dieser Punkt in keiner der Mengen $\overline{T}_i$ enthalten ist. W ist also eine Umgebung von p, die $\subset U$ ist. Die Begrenzung von W ist zu M fremd. Denn nach dem Additionssatz für Begrenzungen offener Mengen gilt

$$B(W) \subset B(V) + \sum_{i=1}^{k} B(T_i),$$

und wegen $B(V) \subset \sum_{i=1}^{k} T_i$ ist $B(V)$ zu $\overline{W}$, also zu $B(W)$ fremd, so daß

$$B(W) \subset \sum_{i=1}^{k} B(T_i)$$

gilt. Da jede der Mengen $B(T_i)$ zu M fremd ist, ist $B(W)$ zu M fremd. Also existiert eine Umgebung W von p, die $\subset U$ ist und eine zu M fremde Begrenzung besitzt, wie behauptet. Damit ist die Kennzeichnung der nulldimensionalen Mengen bewiesen.

Historisches. Zusammenhangslose Mengen wurden unter dem Namen „punkthafte" Mengen von Hausdorff (Grundz. d. Mengenlehre, 1914, S. 322), und unter dem Namen ensembles „dispersés" von Sierpiński (Fund. Math. *2*, S. 82) betrachtet. Diskontinuierliche Mengen werden im Französischen bisweilen punctiform genannt. Die beiden Sätze über verstreute Räume wurden in der obigen Form von mir (Jahresber. d. Deutsch. Math. Ver. *35*, S. 126) und in ähnlicher Form von Urysohn (Fund. Math. *7*, S. 74ff.) ausgesprochen. Die zusammenhängende diskontinuierliche Menge S wurde von Knaster und Kuratowski (Fund. Math. *2*, S. 241ff.) konstruiert, welche zugleich die Separierbarkeit der Ebene durch die diskontinuierliche Menge $S + S'$ bewiesen. A. a. O. S. 214 wird eine zusammenhängende Menge M

bikonnex genannt, wenn je zwei zusammenhängende Teilmengen von M einen nichtleeren Durchschnitt haben. Mit Rücksicht darauf, daß jede zusammenhängende Teilmenge von S den Punkt a enthält, ist S bikonnex (a. a. O. S. 244). Die Kennzeichnung der nulldimensionalen Mengen durch eine Verstreutheitseigenschaft habe ich (Wien. Ber. *133,* S. 437ff.) bewiesen.

Übrigens existieren nach Mazurkiewicz (Fund. Math. *10,* 1927, S. 311) für jedes natürliche n n-dimensionale Teil-G_δ Cartesischer Räume, welche total zusammenhangslos sind, und nach Urysohn (Fund. Math. *8,* S. 323) diskontinuierliche unendlichdimensionale separable Räume.

3. Eine Kontinuitätseigenschaft der Dimensionsteile kompakter Räume.

Wir gehen nunmehr an die Behandlung der näheren Beziehungen von Zusammenhangs- und Dimensionsbegriff und beweisen vor allem eine gewisse Kontinuitätseigenschaft der Dimensionsteile kompakter Räume. Wir wollen nämlich zeigen, daß in einem kompakten Raum R jeder Punkt des $k$ten Dimensionsteiles R^k, d. h. jeder Punkt, in dem der Raum mindestens k-dimensional ist ($k > 0$), in einem Teilkontinuum von R^k liegt, d. h. in einem Kontinuum, in dessen sämtlichen Punkten R mindestens k-dimensional ist. Die Dimensionsteile kompakter Räume enthalten also zu jedem ihrer Punkte ein den betreffenden Punkt enthaltendes Teilkontinuum. Die Kompaktheit des Raumes ist für die Gültigkeit der Behauptung wesentlich. Es gilt nicht etwa der Satz, daß in einem beliebigen separabeln Raum der $k$te Dimensionsteil zu jedem seiner Punkte einen diesen Punkt enthaltenden mehrpunktigen zusammenhängenden Teil enthält. Wir haben ja gesehen, daß gewisse separable Räume mehr als nulldimensional sind und trotzdem überhaupt keinen mehrpunktigen zusammenhängenden Teil enthalten, z. B. die schwach eindimensionalen Räume. Die Anwendbarkeit der Methode der Modifikation der Umgebungsbegrenzungen, welche zum Beweise der erwähnten Behauptung über kompakte Räume führt, beruht denn auch ganz wesentlich auf der vorausgesetzten Kompaktheit des Raumes.

Theorem von Kontinuitätseigenschaften der Dimensionsteile kompakter Räume: *In einem kompakten Raum R ist jeder Punkt der Menge R^k ($k > 0$) in einem Teilkontinuum von R^k enthalten.*

Es sei ein kompakter Raum R und irgendein Punkt p von R gegeben. Wir betrachten, ehe wir an den direkten Beweis des Theorems schreiten, die Menge aller Punkte q, welche folgende Eigenschaft haben: *Es existiert keine Umgebung $U(q)$ von q mit höchstens $(n-1)$-dimensionaler Begrenzung, so daß p im Komplement von $\overline{U}(q)$ liegt.* Wir wollen die Menge dieser Punkte q mit $R_n(p)$ bezeichnen und leiten zunächst einige Eigenschaften der so definierten Menge her.

1. Die Menge $R_n(p)$ ist *nichtleer.* Sie enthält ja mindestens den Punkt p selbst.

2. Die Menge $R_n(p)$ ist *abgeschlossen*. Sei nämlich q ein Häufungspunkt von $R_n(p)$. Wir haben zu zeigen, daß q ein Punkt der Menge $R_n(p)$ ist. Wäre q nicht Punkt von $R_n(p)$, so existierte laut Definition von $R_n(p)$ eine Umgebung $U(q)$ von q mit höchstens $(n-1)$-dimensionaler Begrenzung, so daß p im Komplement von $\overline{U}(q)$ liegt. Dann lägen aber auch, da q Häufungspunkt von $R_n(p)$ sein soll, Punkte (und sogar unendlichviele Punkte) von $R_n(p)$ in $U(q)$. Und das ist unmöglich. Denn zu diesen Punkten würde ja eine sie enthaltende offene Menge mit höchstens $(n-1)$-dimensionaler Begrenzung existieren, nämlich $U(q)$, so daß p im Komplement von $\overline{U}(q)$ läge. Das ist aber für einen Punkt von $R_n(p)$ laut Definition dieser Menge unmöglich. Also führt die Annahme, daß ein Häufungspunkt q von $R_n(p)$ nicht Punkt von $R_n(p)$ ist, zu einem Widerspruch, d. h. die Menge $R_n(p)$ ist abgeschlossen, wie behauptet.

3. Es gilt $R_n(p) \subset R^{n+1}$, d. h. in jedem Punkt der Menge $R_n(p)$ ist der Raum R mindestens $(n+1)$-dimensional. In der Tat, wenn q ein Punkt ist, in dem der Raum R höchstens n-dimensional ist, so existieren beliebig-kleine Umgebungen von q mit höchstens $(n-1)$-dimensionalen Begrenzungen. Insbesondere existiert auch eine Umgebung $U(q)$ von q mit höchstens $(n-1)$-dimensionaler Begrenzung, die $\Subset R-(p)$ ist. Der Punkt p liegt im Komplement von $\overline{U}(q)$, d. h. q liegt nicht in $R_n(p)$. In einem Punkt der Menge $R_n(p)$ ist also der Raum mindestens $(n+1)$-dimensional.

4. Die Menge $R_n(p)$ ist *zusammenhängend*. Wir machen die Annahme, die Menge $R_n(p)$ sei nicht zusammenhängend und leiten aus dieser Annahme einen Widerspruch her. Wenn $R_n(p)$ nicht zusammenhängend ist, so gilt $R_n(p) = R' + R''$, wo R' und R'' zwei zueinander fremde nichtleere Mengen sind, die in der abgeschlossenen Menge $R_n(p)$ abgeschlossen, also abgeschlossen im Raum R sind. Der Punkt p gehört, da R' und R'' fremd sind, nur einer der beiden Mengen an, etwa R'. Es existiert, da die Mengen R' und R'' fremd und abgeschlossen sind, eine offene Menge U, so daß $R' \subset U$ gilt und R'' zu $\overline{U}$ fremd ist. Die Begrenzung von U bezeichnen wir mit B. Die Menge B ist, da $R' \subset U$ gilt, zu R' fremd; und B ist, da R'' zu $\overline{U}$ fremd ist, zu R'' fremd. Also ist B zur Menge $R_n(p)$ fremd. Zu jedem Punkt q von B existiert also eine Umgebung $U(q)$ mit höchstens $(n-1)$-dimensionaler Begrenzung, so daß p dem Komplement von $\overline{U}(q)$ angehört. Nach dem Überdeckungstheorem für kompakte Mengen überdecken endlichviele derartige offene Mengen die abgeschlossene Teilmenge B des kompakten Raumes. (An dieser Stelle wird von der vorausgesetzten Kompaktheit des Raumes wesentlicher Gebrauch gemacht.) Es mögen etwa die offenen Mengen $U(q_1)$, $U(q_2)$, ..., $U(q_k)$ die Menge B überdecken. Wir setzen

$$U^* = \sum_{i=1}^{k} U(q_i)$$

und betrachten die Menge

$$V = U - U \cdot \overline{U^*}.$$

Die Menge V ist offen und enthält den Punkt p, da derselbe in U, aber in keiner der Mengen $\overline{U}(q_i)$ enthalten ist. Bezeichnen wir allgemein mit $B(M)$ die Begrenzung der Menge M, so ergibt sich aus dem Additionssatz für Begrenzungen offener Mengen

$$B(V) \subset B + B(U^*),$$

also, da $B \subset U^*$ gilt und daher B zu $\overline{V}$ fremd ist,

$$B(V) \subset B(U^*).$$

Nun ist wegen $U^* = \sum_{i=1}^{k} U(q_i)$ nach dem Additionssatz für Begrenzungen

$$B(U^*) \subset \sum_{i=1}^{k} B(U(q_i))$$

und daher

$$B(V) \subset \sum_{i=1}^{k} B(U(q_i)).$$

Da jede der Mengen $B(U(q_i))$ als höchstens $(n-1)$-dimensional voraus gesetzt ist, ist nach dem Summensatz auch ihre Summe und mithin $B(V)$, als Teilmenge dieser Summe, höchstens $(n-1)$-dimensional.

Damit sind wir aber bei dem angekündigten Widerspruch angelangt. Denn es ist V eine Umgebung von p mit höchstens $(n-1)$-dimensionaler Begrenzung, welche Teilmenge von U ist, so daß also die Menge $\overline{V}$ zu der nichtleeren Menge R'' fremd ist. Die Menge $R - \overline{V}$ wäre also eine offene Menge, welche Punkte von $R_n(p)$, nämlich Punkte von R'', enthält und eine höchstens $(n-1)$-dimensionale Begrenzung besitzt, während der Punkt p dem Komplement der abgeschlossenen Hülle dieser offenen Menge angehört. Da aber ein Punkt von $R_n(p)$ laut Definition dieser Menge in einer offenen Menge mit höchstens $(n-1)$-dimensionaler Begrenzung, deren abgeschlossene Hülle den Punkt p nicht enthält, nicht liegen kann, ist aus der Annahme, die Menge $R_n(p)$ sei nicht zusammenhängend, ein Widerspruch hergeleitet.

Wir haben also über die Menge $R_n(p)$ bisher festgestellt: *$R_n(p)$ ist eine den Punkt p enthaltende abgeschlossene zusammenhängende Teilmenge von R^{n+1}.* Wir zeigen nun:

5. *Damit die Menge $R_n(p)$ bloß aus dem Punkt p besteht, ist notwendig und hinreichend, daß der Raum im Punkt p höchstens n-dimensional ist.*

Wir nehmen *erstens* an, der Raum R sei im Punkt p höchstens n-dimensional, und zeigen: Die Menge $R_n(p)$ enthält außer dem Punkt p keinen Punkt. Sei nämlich q irgendein gegebener Punkt des Raumes $\neq p$. Da der Raum im Punkt p höchstens n-dimensional ist, existieren beliebig kleine

Umgebungen des Punktes p, mit höchstens $(n-1)$-dimensionalen Begrenzungen. Insbesondere also existiert eine Umgebung $U(p)$ von p, mit höchstens $(n-1)$-dimensionaler Begrenzung, die $\overline{\subset} R - (q)$ ist, so daß der gegebene Punkt q im Komplement der Menge $\overline{U}(p)$ liegt. Dann ist aber das Komplement der Menge $\overline{U}(p)$, d. h. die Menge $R - \overline{U}(p)$, eine q enthaltende offene Menge mit höchstens $(n-1)$-dimensionaler Begrenzung, so daß p nicht in der abgeschlossenen Hülle dieser offenen Menge liegt. Das heißt aber, der gegebene Punkt q liegt nicht in der Menge $R_n(p)$, und da dies für jeden Punkt $q \neq p$ gilt, so ist gezeigt, daß die Menge $R_n(p)$, falls der Raum im Punkt p höchstens n-dimensional ist, außer p keinen Punkt enthält.

Wir nehmen *zweitens* an, die Menge $R_n(p)$ enthalte keinen von p verschiedenen Punkt des Raumes, und wir behaupten: Der Raum R ist im Punkt p höchstens n-dimensional. Zu diesem Zwecke zeigen wir: Ist $V(p)$ irgendeine vorgelegte Umgebung von p, so existiert eine Umgebung $U(p) \subset V(p)$ mit höchstens $(n-1)$-dimensionaler Begrenzung. Wir geben zum Beweise zunächst irgendeine Umgebung $W(p)$ von p vor, die $\overline{\subset} V(p)$ ist. Die Begrenzung von $W(p)$ heiße B. Da die Menge $R_n(p)$ laut Annahme bloß den Punkt p enthält, gehört insbesondere kein Punkt von B der Menge $R_n(p)$ an. Zu jedem Punkt von B existiert also eine ihn enthaltende offene Menge mit höchstens $(n-1)$-dimensionaler Begrenzung, in deren abgeschlossener Hülle der Punkt p nicht enthalten ist. Nach dem Überdeckungstheorem für kompakte Mengen überdecken endlichviele derartige offene Mengen, etwa die Mengen $U_1, U_2, \ldots, U_k$, die abgeschlossene Menge B des kompakten Raumes. (An dieser Stelle geht wiederum die vorausgesetzte Kompaktheit des Raumes wesentlich in den Beweis ein.) Betrachten wir nun die Menge

$$U = W(p) - W(p) \cdot \sum_{i=1}^{k} \overline{U}_i,$$

so sehen wir, daß U eine offene Teilmenge von $V(p)$ ist, die den Punkt p enthält, da derselbe in $W(p)$ aber in keiner der Mengen $\overline{U}_i$ enthalten ist. Ferner sieht man, so wie beim Beweis der Eigenschaft 4. von $R_n(p)$, daß die Begrenzung von U Teilmenge von der Summe der Begrenzungen der Mengen U_i, also, da diese Begrenzungen höchstens $(n-1)$-dimensional sind, höchstens $(n-1)$-dimensional ist. Damit ist gezeigt, daß jede vorgelegte Umgebung $V(p)$, falls die Menge $R_n(p)$ bloß den Punkt p enthält, eine Umgebung von p mit höchstens $(n-1)$-dimensionaler Begrenzung enthält, daß also der Raum im Punkte p höchstens n-dimensional ist.

Damit ist aber gezeigt: *Wenn p ein Punkt der Menge R^{n+1} ist,* d. h. ein Punkt, in dem der Raum mindestens $(n+1)$-dimensional ist, *dann ist die*

Menge $R_n(p)$ *eine den Punkt* p *und noch andere Punkte enthaltende zusammenhängende abgeschlosssene Teilmenge von* R^{n+1}, d. h. *ein* p *enthaltendes Teilkontinuum von* R^{n+1}. Die Existenz eines derartigen Kontinuums ist aber gerade die Behauptung des zu beweisenden Satzes. Spricht man nämlich das Bewiesene für n, statt für $n+1$ aus, so lautet es: Jeder Punkt der Menge R^n ist in einem Teilkontinuum der Menge R^n enthalten, w. z. b. w.

Aus dem bewiesenen Theorem folgt insbesondere, daß jeder Punkt eines kompakten Raumes, in dem der Raum mehr als nulldimensional ist, in einem Teilkontinuum enthalten ist. Ein mehr als nulldimensionaler kompakter Raum enthält also Teilkontinua, m. a. W. *ein diskontinuierlicher kompakter Raum ist nulldimensional.* Da nach dem Summensatz die Summe von abzählbarvielen kompakten nulldimensionalen Räumen nulldimensional ist, so ergibt sich aus dem Bewiesenen, daß auch *ein diskontinuierlicher halbkompakter Raum nulldimensional ist,* und ferner daß *die Summe von abzählbarvielen diskontinuierlichen kompakten Räumen diskontinuierlich ist.*

Da, wie im vorigen Abschnitt nachgewiesen wurde, jeder nulldimensionale separable Raum diskontinuierlich ist, so sehen wir, daß unter den kompakten und halbkompakten Räumen die diskontinuierlichen und die nulldimensionalen identisch sind. Nun waren Diskontinuität und Nulldimensionalität die äußersten Glieder einer Kette von vier Eigenschaften, von denen in beliebigen separabeln Räumen nach dem zweiten Satz über verstreute Räume jede schärfer als die vorangehenden ist. Mit Rücksicht auf die Identität von Diskontinuität und Nulldimensionalität für kompakte und halbkompakte Räume gilt also folgender

Dritter Satz über verstreute Räume. *Unter den kompakten und halbkompakten Räumen sind die diskontinuierlichen, zusammenhangslosen, total zusammenhangslosen und nulldimensionalen identisch.*

Betrachten wir in einem kompakten Raum R für einen gegebenen Punkt p die vorhin verwendete Menge $R_n(p)$ für $n = 0$, d. h. die Menge aller Punkte q, für welche keine Umgebung $U(q)$ mit leerer Begrenzung existiert, so daß p im Komplement von $\overline{U}(q)$ liegt! Diese Menge $R_0(p)$ ist offenbar die p enthaltende Quasikomponente von R. Sie ist, wie unter der Voraussetzung der Kompaktheit von R bewiesen wurde, ein Kontinuum, falls R im Punkt p mehr als nulldimensional ist, und besteht aus dem Punkt p, falls R in p nulldimensional ist. *Die Quasikomponenten eines kompakten Raumes sind also zusammenhängend und stimmen daher mit den Komponenten überein.*

Betrachten wir endlich ein Kontinuum K und einen Punkt p von K. Ist U irgendeine nichtleere in K offene Menge $\Subset K - (p)$, so ist $\overline{U}$ abgeschlossen in K, also kompakt, und, da K in keinem Punkt nulldimensional ist, mindestens eindimensional. Mithin enthält $\overline{U}$ Teilkontinua, welche $\lll K-(p)$ sind, also p nicht enthalten. Ein Kontinuum wird also durch Tilgung eines einzigen Punktes nicht diskontinuierlich, eine Tatsache, die bereits im vorigen Abschnitt (S. 207) verwendet worden ist. Sie läßt sich übrigens offenbar dahin verschärfen, *daß ein Kontinuum nach Tilgung eines einzigen Punktes zu jedem Punkt des Restes ein diesen enthaltendes Teilkontinuum enthält.*

Historisches. Daß in jeder Umgebung jedes Punktes des $k$ten Dimensionsteiles eines kompakten oder halbkompakten Raumes Teilkontinua vom $k$ten Dimensionsteil des Raumes existieren, habe ich (Math. Ann. *95,* S. 287) und hat für kompakte Räume Urysohn (Fund. Math. *8,* S. 284) bewiesen. Das schärfere Theorem von den Kontinuitätseigenschaften, in welchem behauptet wird, daß jeder Punkt von R^k in in einem Teilkontinuum von R^k *enthalten* ist, wurde von Hurewicz (Math. Ann. *96,* S. 762) mit Hilfe der Methode der Modifikation der Umgebungsbegrenzungen bewiesen. Daß jedes diskontinuierliche Teil-F_σ eines R_n nulldimensional ist, wurde von Mazurkiewicz (Fund. Math. *3,* S. 67), die Identität von Komponenten und Quasikomponenten kompakter Räume von Hausdorff (Grundz. d. Mengenlehre, 1914, S. 303) bewiesen, übrigens auf anderen als den oben eingeschlagenen Wegen.

4. Über höherstufigen Zusammenhang.

Durch den im vorangehenden behandelten Zusammenhangsbegriff wird unsere anschauliche Vorstellung von zusammenhängenden Gebilden präzisiert. Nun besitzen wir aber auch eine anschauliche Vorstellung von *verschiedenen Graden des Zusammenhanges.* Sowohl eine Quadratfläche als auch die Summe von zwei Quadratflächen, welche bloß einen Eckpunkt miteinander gemeinsam haben, ist zusammenhängend. Doch scheint uns die letztere Menge schwächer zusammenhängend als eine Quadratfläche, da sie schon durch Tilgung eines einzigen Punktes zerlegt werden kann. Ebenso ist eine Strecke schwächer zusammenhängend als eine Quadratfläche, diese wieder ist schwächer zusammenhängend als ein Würfelkörper. Auch die Vorstellung von verschiedenen Graden oder Stufen des Zusammenhanges ist einer strengen Präzisierung fähig, welche wir durch die folgende Definition einführen können:

Ein mehr als einen Punkt enthaltender Raum R heißt **mindestens n-stufig zusammenhängend,** *wenn bei jeder Zerlegung von R in zwei abgeschlossene echte Teilmengen der Durchschnitt dieser beiden Summanden einen $(n-1)$-stufig zusammenhängenden Teil enthält* $(n \geqq 1)$. *Nullstufig zusammenhängend ist ein Raum, der genau einen Punkt enthält.*

Durch die Wahl der einpunktigen Räume als Ausgangspunkt der Rekursion ergeben sich unter den mehrpunktigen Räumen als mindestens einstufig zusammenhängend offenbar gerade jene, die im vorangehenden als zusammenhängend schlechthin bezeichnet wurden. Ein Raum R heißt

n-stufig zusammenhängend, wenn er mindestens n-stufig, aber nicht mindestens $(n+1)$-stufig zusammenhängend ist, m. a. W., *wenn n die größte Zahl ist, so daß R mindestens n-stufig zusammenhängend ist.* Ist der Raum R für keine natürliche Zahl n n-stufig zusammenhängend, so nennen wir ihn *unendlichstufig zusammenhängend.* Einen n-stufig zusammenhängenden kompakten Raum nennen wir ein **n-stufiges Kontinuum.** Ein Raum, welcher keine n-stufig zusammenhängende Teilmenge bzw. kein n-stufiges Teilkontinuum enthält, heiße **n-stufig zusammenhangslos** bzw. **n-stufig diskontinuierlich.**

Mit Hilfe des Begriffes der höherstufigen Zusammenhangslosigkeit kann die Definition, von der wir ausgehen, offenbar auch folgendermaßen ausgesprochen werden: Ein mehrpunktiger Raum R heißt mindestens n-stufig zusammenhängend, *wenn R nicht Summe zweier abgeschlossener echter Teilmengen mit $(n-1)$-stufig zusammenhangslosem Durchschnitt ist.* Dabei heißt nullstufig zusammenhangslos die leere Menge und nur diese.

Die Definition des höherstufigen Zusammenhanges ermöglicht uns also, ausgehend von der leeren Menge zu immer fester zusammenhängenden Räumen aufzusteigen, so wie uns die Definition der Dimension von der leeren Menge zu den höherdimensionalen Räumen hinaufführt. Im Gegensatz zur Dimension ist aber der höherstufige Zusammenhang eine Eigenschaft, die sich ganz wesentlich auf das Aussehen der Räume in ihrer Totalität bezieht.

Als wichtigstes Problem der Lehre vom höherstufigen Zusammenhang erhebt sich die Frage nach den Beziehungen zwischen Zusammenhangs- und Dimensionsbegriff. Für den Fall des einstufigen Zusammenhanges, des Zusammenhanges schlechthin, ist diese Frage in den vorangehenden Abschnitten erledigt worden. Es wurde daselbst insbesondere festgestellt: *Erstens,* daß eine mehrpunktige zusammenhängende Menge in jedem Punkt ihrer abgeschlossenen Hülle mindestens eindimensional ist, daß also jeder nulldimensionale Raum zusammenhangslos ist; *zweitens,* daß diskontinuierliche separable Räume existieren, die mehr als nulldimensional sind; *drittens,* daß unter den kompakten und halbkompakten Räumen die diskontinuierlichen und die nulldimensionalen identisch sind.

Wir zeigen zunächst, daß die *erste* dieser Tatsachen höherdimensionale Analoga besitzt: *Eine n-stufig zusammenhängende Menge ist in jedem Punkt ihrer abgeschlossenen Hülle mindestens n-dimensional, eine höchstens $(n-1)$-dimensionale Menge ist also n-stufig zusammenhangslos.* Die Behauptung gilt für $n=1$. Wir beweisen ihre Gültigkeit für den Fall n unter der Annahme ihrer Gültigkeit für $n-1$. Es sei M irgendeine vorgelegte mehrpunktige Menge, p ein Punkt von $\overline{M}$, in dem M höchstens $(n-1)$-dimensional ist. Unsere Behauptung ist offenbar bewiesen, wenn wir zeigen, daß M nicht n-stufig zusammenhängend ist. Da M in p höchstens $(n-1)$-dimensional ist, existieren beliebig kleine Umgebungen von p, deren Begrenzungen mit M höchstens $(n-2)$-dimensionale Durchschnitte haben. Da p Punkt von $\overline{M}$ und M mehrpunktig ist, existiert insbesondere eine Umgebung U von p, deren Begrenzung mit M einen höchstens $(n-2)$-dimensionalen Durchschnitt hat, so daß U einen Punkt q von M enthält, während ein Punkt q' von M im Komplement von $\overline{U}$ liegt. Durch die Formel $M = \overline{U} \cdot M + (R - U)$ wird M als Summe zweier in M abgeschlossener Teilmengen dargestellt, deren Durchschnitt identisch ist mit dem Durchschnitt von M und der Begrenzung von U, deren Durchschnitt also höchstens $(n-2)$-dimensional ist; und die beiden Teilmengen sind echt, denn die erste enthält nicht den Punkt q', die zweite nicht den Punkt q. Auf Grund unserer für $n-1$ als gültig angenommenen Behauptung ist jede höchstens $(n-2)$-dimensionale Menge $(n-1)$-stufig zusammenhangslos, also ist M Summe von zwei in M abgeschlossenen echten Teilmengen mit $(n-1)$-stufig zusammenhangslosem Durchschnitt, d. h. nicht n-stufig zusammenhängend, wie behauptet.

Daß umgekehrt die n-stufig zusammenhangslosen separabeln Räume durchweg höchstens $(n-1)$-dimensional seien, ist schon im Fall $n = 1$ unrichtig, wie der *zweite* oben erwähnte Satz besagt. Es drängt sich nun die Frage auf, ob von der *dritten* angeführten Tatsache höherdimensionale Analoga gelten, ob also unter den kompakten und halbkompakten Räumen die n-stufig diskontinuierlichen und die höchstens $(n-1)$-dimensionalen identisch sind. Die positive Antwort auf diese Frage bildet den Inhalt von folgendem

Theorem von der Charakterisierung der endlichdimensionalen kompakten und halbkompakten Räume durch Zusammenhangseigenschaften. *Unter den kompakten und halbkompakten Räumen sind die n-dimensionalen dadurch gekennzeichnet, daß sie ein n-stufiges, aber kein $(n+1)$-stufiges Teilkontinuum enthalten.*

Wir zeigen zunächst, daß es genügt, diese Behauptung für *kompakte* Räume zu beweisen. Angenommen nämlich, das Theorem gelte für die kompakten Räume und es sei R ein vorgelegter n-dimensionaler halbkompakter Raum. Wie jeder n-dimensionale Raum ist R dem oben Bewiesenen zufolge erstens $(n+1)$-stufig zusammenhangslos, also erst recht $(n+1)$-stufig diskontinuierlich. Zweitens ist R als halbkompakter Raum Summe von abzählbarvielen kompakten Mengen, unter denen, da R n-dimensional ist, dem Summensatz zufolge mindestens eine existiert, die n-dimensional ist, also der Annahme zufolge ein n-stufiges Teilkontinuum enthält. Folglich enthält R ein n-stufiges Teilkontinuum. Wenn das

Theorem für kompakte Räume gilt, so gilt es also auch für jeden halbkompakten Raum.

Für den Beweis des Theorems hinsichtlich kompakter Räume ist die Einführung folgender Definition zweckmäßig: Ein kompakter n-dimensionaler Raum heißt eine **n-dimensionale Cantorsche Mannigfaltigkeit,** wenn er nach Tilgung von jeder höchstens $(n-2)$-dimensionalen abgeschlossenen Teilmenge zusammenhängend bleibt. Insbesondere heißt also ein eindimensionaler kompakter Raum dann und nur dann eine Cantorsche Mannigfaltigkeit, wenn er zusammenhängend schlechthin ist. Wir wollen zunächst zeigen, daß die Gültigkeit des Charakterisierungstheorems äquivalent ist mit der Richtigkeit von folgendem

Satz S. *Jeder n-dimensionale kompakte Raum enthält eine n-dimensionale Cantorsche Mannigfaltigkeit als Teilmenge.*

Wir zeigen *erstens,* daß aus unserem Theorem der Satz S folgt. Unserem Theorem zufolge enthält jeder n-dimensionale kompakte Raum ein n-stufiges Kontinuum. Satz S ist also sicherlich dann eine Folge des Theorems, wenn jedes n-dimensionale n-stufige Kontinuum eine n-dimensionale Cantorsche Mannigfaltigkeit ist. Dies aber folgt tatsächlich aus unserem Theorem. Denn sei R irgendein n-dimensionaler kompakter Raum, welcher keine n-dimensionale Cantorsche Mannigfaltigkeit ist, welcher also eine höchstens $(n-2)$-dimensionale abgeschlossene Teilmenge A enthält, deren Komplement nicht zusammenhängend, also Summe von zwei fremden nichtleeren, in $R-A$ abgeschlossenen Teilmengen R' und R'' ist. Durch die Formel $R=(R'+A)+(R''+A)$ ist R dargestellt als Summe zweier abgeschlossener echter Teilmengen, deren Durchschnitt die Menge A ist, deren Durchschnitt also höchstens $(n-2)$-dimensional und mithin nach unserem Theorem $(n-1)$-stufig diskontinuierlich ist. Also ist R höchstens $(n-1)$-stufig zusammenhängend. Ein n-dimensionales n-stufiges Kontinuum ist also, wenn unser Theorem gilt, eine n-dimensionale Cantorsche Mannigfaltigkeit, womit gezeigt ist, daß der Satz S aus unserem Theorem folgt.

Wir zeigen *zweitens,* daß aus dem Satz S unser Theorem folgt. Da die n-dimensionalen kompakten Räume kein $(n+1)$-stufiges Teilkontinuum enthalten, ist die Behauptung sicher dann richtig, wenn wir mit Hilfe von Satz S zeigen, daß jede n-dimensionale Cantorsche Mannigfaltigkeit ein n-stufiges Kontinuum ist. Diese Behauptung ist für $n=1$ richtig, denn jede eindimensionale Cantorsche Mannigfaltigkeit ist, wie wir sahen, ein einstufiges Kontinuum. Wir wollen annehmen, es sei bereits bewiesen, daß jede $(n-1)$-dimensionale Cantorsche Mannigfaltigkeit ein $(n-1)$-stufiges Kontinuum ist. Aus dieser Annahme folgt auf Grund von Satz S, daß jeder $(n-1)$-stufig diskontinuierliche Raum höchstens $(n-2)$-dimensional ist. Sei nun R ein n-dimensionaler kompakter Raum, der kein

n-stufiges Kontinuum ist, der also Summe von zwei nichtleeren abgeschlossenen Mengen R' und R'' ist, deren Durchschnitt $(n-1)$-stufig zusammenhangslos, also auf Grund unserer Annahmen höchstens $(n-2)$-dimensional ist. Dann ist R keine n-dimensionale Cantorsche Mannigfaltigkeit, denn nach Tilgung der höchstens $(n-2)$-dimensionalen abgeschlossenen Menge $R' \cdot R''$ bleibt R nicht zusammenhängend. Eine n-dimensionale Cantorsche Mannigfaltigkeit ist also, wenn Satz S gilt, ein n-stufiges Kontinuum, wie behauptet.

Damit ist die Äquivalenz des Theorems und des Satzes S nachgewiesen. Überdies geht aus dem Beweis der Äquivalenz offenbar hervor, daß für den Fall der Gültigkeit des Theorems folgender Satz richtig ist, durch welchen der Begriff der Cantorschen Mannigfaltigkeit in den Begriff des höherstufigen Zusammenhanges eingeordnet wird:

Die Cantorschen Mannigfaltigkeiten sind unter den endlichdimensionalen kompakten Räumen dadurch charakterisiert, daß ihre Zusammenhangsstufe und Dimension identisch sind. Die n-dimensionalen Cantorschen Mannigfaltigkeiten sind identisch mit den n-dimensionalen n-stufig zusammenhängenden kompakten Räumen.

Wir schicken nun unter Verwendung der Ausdrucksweise von S. 180 dem Beweis von Satz S voran folgenden

Hilfssatz H. *Es sei R ein kompakter Raum, $\mathfrak{D}$ eine vorgelegte ausgezeichnete Doppelfolge von R und r eine gegebene natürliche Zahl. Ist* $\{A_k\}$ $(k = 1, 2, \ldots$ ad inf.) *eine monoton abnehmende Folge von abgeschlossenen Teilmengen von R, von denen jede in bezug auf $\mathfrak{D}$ n-dimensional von einem Grade $\geqq \frac{1}{r}$ ist, dann ist auch die (abgeschlossene) Menge $A = \prod_{k=1}^{\infty} A_k$ in bezug auf $\mathfrak{D}$ n-dimensional von einem Grad $\geqq \frac{1}{r}$.*

Angenommen, die Behauptung sei nicht richtig. Wir leiten aus dieser Annahme einen Widerspruch her. Die Annahme besagt, daß A in bezug auf $\mathfrak{D}$ n-dimensional von einem Grad $< \frac{1}{r}$ ist, d. h. daß A Summe ist von endlichvielen abgeschlossenen Mengen $\subset \mathfrak{D}^r$, die zu je $n+1$ leere Durchschnitte haben. Dann kann (vgl. S. 194) A auch mit endlichvielen offenen Mengen $\subset \mathfrak{D}^r$, etwa $U_1, U_2, \ldots, U_m$, überdeckt werden, deren abgeschlossene Hüllen zu je $n+1$ leere Durchschnitte haben. Wenn k eine hinreichend große natürliche Zahl ist, so gilt, da die $\bar{A}_k$ monoton abnehmen und A als Durchschnitt haben, offenbar $A_k \subset \sum_{i=1}^{m} U_i$ und daher $A_k = \sum_{i=1}^{m} A_k \cdot \bar{U}_i$. Jeder Summand auf der rechten Seite dieser Formel ist abgeschlossen und Teilmenge einer Menge von $\mathfrak{D}^r$; ferner haben je $n+1$ von den Summanden einen leeren Durchschnitt, da dies ja sogar für je $n+1$ von den m Mengen

$\overline{U}_i$ gilt. Aus der Annahme von der Unrichtigkeit der Behauptung H folgt also, daß für hinreichend großes k die Menge A_k in bezug auf $\mathfrak{D}$ n-dimensional von einem Grad $< \frac{1}{r}$ ist, im Widerspruch zur Voraussetzung. Damit ist Hilfssatz H bewiesen.

Aus dem Hilfssatz H folgt nach dem Reduktionstheorem (S. 69):

Ist der kompakte Raum R in bezug auf die ihn erzeugende Doppelfolge $\mathfrak{D}$ n-dimensional von einem Grade $\geqq g$, so enthält R eine abgeschlossene Teilmenge K, welche irreduzibel ist hinsichtlich der Eigenschaft, in bezug auf $\mathfrak{D}$ n-dimensional von einem Grade $\geqq g$ zu sein, d. h. R enthält eine abgeschlossene Teilmenge K, welche in bezug auf $\mathfrak{D}$ n-dimensional von einem Grade $\geqq g$ ist, aber ihrerseits keine echte abgeschlossene Teilmenge enthält, die in bezug auf $\mathfrak{D}$ n-dimensional von einem Grade $\geqq g$ ist.

Sei nun R ein vorgelegter n-dimensionaler kompakter Raum. Wir betrachten irgendeine erzeugende Doppelfolge $\mathfrak{D}$ von R. Der Raum ist (vgl. S. 178) für irgendeine natürliche Zahl g in bezug auf $\mathfrak{D}$ n-dimensional von einem Grade $\frac{1}{g}$ und enthält demnach, dem eben Bewiesenen zufolge, eine abgeschlossene Teilmenge K, die in bezug auf $\mathfrak{D}$ irreduzibel n-dimensional vom Grade $\geqq \frac{1}{g}$ ist. Wir behaupten nun: Diese n-dimensionale abgeschlossene Menge K ist eine Cantorsche Mannigfaltigkeit.

Wäre dies nicht der Fall, so wäre die n-dimensionale Menge K Summe von zwei abgeschlossenen echten Teilmengen K' und K'' mit höchstens $(n-2)$-dimensionalem Durchschnitt. Da K irreduzibel ist hinsichtlich der Eigenschaft, in bezug auf $\mathfrak{D}$ n-dimensional vom Grad $\geqq \frac{1}{g}$ zu sein, müßte sowohl K' als auch K'' in bezug auf $\mathfrak{D}$ n-dimensional von einem Grad $< \frac{1}{g}$ sein. Das ist aber unmöglich. Denn da die Menge $K' \cdot K''$ höchstens $(n-2)$-dimensional ist, müßte, wenn K' und K'' in bezug auf $\mathfrak{D}$ n-dimensional von einem Grad $< \frac{1}{g}$ wären, dem Additionssatz von S. 192 zufolge auch $K' + K''$ in bezug auf $\mathfrak{D}$ n-dimensional von einem Grad $< \frac{1}{g}$ sein, während $K = K' + K''$ nach Voraussetzung in bezug auf $\mathfrak{D}$ n-dimensional vom Grad $\geqq \frac{1}{g}$ ist. Die Annahme, daß die n-dimensionale Menge K keine Cantorsche Mannigfaltigkeit ist, führt also zu einem Widerspruch. Damit ist gezeigt, daß K eine n-dimensionale Cantorsche Teilmannigfaltigkeit des vorgelegten Raumes R ist, womit Satz S und mithin das Theorem bewiesen ist.

Der Beweis von Satz S ergibt offenbar sogar folgenden schärferen

Satz S'. *Ein n-dimensionaler kompakter Raum R enthält zu jeder vorgelegten ausgezeichneten Doppelfolge $\mathfrak{D}$ eine n-dimensionale Cantorsche*

Mannigfaltigkeit als Teilmenge, die in bezug auf $\mathfrak{D}$ *von demselben Grade n-dimensional ist wie R.*

Aus dem Beweis von Hilfssatz H ergibt sich übrigens offenbar folgender allgemeinere Satz H': Ist die abgeschlossene Menge A eines kompakten Raumes in bezug auf das aus den Mengen $U_1, U_2, \ldots, U_m$ bestehende Überdeckungssystem $\mathfrak{U}$ von A n-dimensional, so ist auch jede abgeschlossene Menge B, welche $\subset \sum_{i=1}^{m} \overline{U}_i$ ist, bezüglich $\mathfrak{U}$ n-dimensional. Und aus Satz H' folgt insbesondere der Satz: *Ist* $\{A_k\}$ $(k = 1, 2, \ldots,$ ad inf.) *eine konvergente Folge von abgeschlossenen Mengen eines kompakten Raumes, die alle in bezug auf das Überdeckungssystem* $\mathfrak{U}$ *des Raumes n-dimensional sind, dann ist auch die Menge* $\lim_{k=\infty} A_k$ *in bezug auf* $\mathfrak{U}$ *n-dimensional.*

Das im vorigen Abschnitt bewiesene Theorem von den Kontinuitätseigenschaften der Dimensionsteile kompakter Räume, welches besagt, daß in einem kompakten Raum R jeder Punkt von R^k in einem Teilkontinuum von R^k enthalten ist, ist offenbar eine Verschärfung des Satzes, daß in einem kompakten Raum R jede Umgebung eines Punktes von R^k ein Teilkontinuum von R^k enthält. Von dieser letzteren Tatsache gilt nun auf Grund des Theorems, daß jeder n-dimensionale kompakte Raum ein n-stufiges Teilkontinuum enthält, folgende Verallgemeinerung:

Ist R ein endlichdimensionaler kompakter Raum, so enthält jede Umgebung eines Punktes des kten Dimensionsteiles R^k *ein mindestens k-stufiges Teilkontinuum von* R^k. Die abgeschlossene Hülle einer Umgebung eines Punktes von R^k ist ja eine mindestens k-dimensionale kompakte Menge, enthält also ein mindestens k-stufiges Kontinuum K, und da eine solche Menge K in jedem ihrer Punkte mindestens k-dimensional ist, ist sie Teilmenge von R^k.

Eine Verschärfung dieser allgemeinen Behauptung, entsprechend jener für den Fall $k = 1$, in dem Sinn nämlich, daß jeder Punkt von R^k in einem mindestens k-stufigen Teilkontinuum von R^k *enthalten* sei, ist für $k > 1$ unmöglich. Denn betrachten wir etwa die Teilmenge M der Ebene, welche alle Punkte der Strecke $x = 0$, $0 \leqq y \leqq 1$ und alle Punkte der Rechtecke

$$\frac{1}{2n+1} \leqq x \leqq \frac{1}{2n}, \quad 0 \leqq y \leqq 1 \quad (n = 1, 2, \ldots \text{ad inf.})$$

enthält. Diese kompakte Menge A ist, wie sich weiter unten (S. 246) zeigen wird, homogen zweidimensional, ohne daß die Punkte der Strecke $x = 0$, $0 \leqq y \leqq 1$ in einem zweistufigen Teilkontinuum von A enthalten wären.

Historisches. Auf höherstufigen Zusammenhang habe ich gleich bei der Formulierung des Dimensionsbegriffes (Monatshefte f. Math. u. Phys. *33*, 1923, S. 160 und *34*, 1924, S. 161 und S. 156) hingewiesen und das Charakterisierungstheorem vermutet (vgl. Monatshafte *34,* S. 156). Eine Teilaussage, daß nämlich jeder n-dimensionale kompakte Raum n-dimensionale Teilkontinua enthält, wurde von Tumarkin (Proc. Ac. Amsterdam, *28,* S. 1001) bewiesen. Als Spezialfall eines allgemeineren Begriffes kann man den Begriff des höherstufigen Zusammenhanges folgendermaßen entwickeln: Ist $\mathfrak{M}$ ein gegebenes System von Teilmengen eines separabeln Raumes, so kann man die Menge A *zusammenhängend in bezug auf* $\mathfrak{M}$ nennen, wenn A nicht Summe zweier in A abgeschlossener echter Teilmengen ist, deren Durchschnitt eine Menge aus $\mathfrak{M}$ ist. Die n-stufig zusammenhängenden Mengen sind dieser Definition zufolge identisch mit jenen Mengen, die in bezug auf das System der $(n-1)$-stufig zusammenhangslosen Mengen zusammenhängend sind. Der Begriff der n-dimensionalen Cantorschen Mannigfaltigkeit stammt von Urysohn (Fund. Math. *7,* 1925, S. 124), welcher (Fund. Math. *8,* 1926, S. 285) die Frage aufwirft, ob jeder n-dimensionale kompakte Raum eine n-dimensional Cantorsche Mannigfaltigkeit als Teilmenge enthält. Die Äquivalenz dieser Frage mit jener nach der Gültigkeit des von mir vermuteten Charakterisierungstheorems habe ich (Proc. Acad. Amsterdam, *30,* 1927, S. 705, vgl. auch Math. Ann. *100,* 1928) bewiesen, wobei ich zugleich zeigte, wie sich der Begriff der Cantorschen Mannigfaltigkeit in den des höherstufigen Zusammenhanges einordnet. Das Charakterisierungstheorem wurde gemeinsam von Hurewicz und mir (Math. Ann. *100,* 1928) bewiesen.

VII. Über stetige Abbildungen.

1. Allgemeine Eigenschaften stetiger Abbildungen.

Wir haben zur Definition der Dimension eines Raumes ausschließlich den betreffenden Raum selbst betrachtet, ohne im entferntesten andere Räume heranzuziehen, welche aus dem betrachteten Raum durch irgendwelche Transformationen hervorgehen. Die Dimension eines Raumes ist unserer Definition zufolge eine gestaltliche Eigenschaft des Raumes *selbst*, nicht eine Transformierbarkeit des Raumes in irgendwelche andere Räume. Nachdem wir, der Anschauung folgend, die Dimension unabhängig von Transformationsbegriffen eingeführt haben, ist es allerdings von Interesse, hinterher das Verhalten der Dimension eines Raumes bei gewissen Transformationen des Raumes zu untersuchen. Dieser Frage wenden wir uns in diesem Kapitel zu.

Es sei ein Raum R gegeben und ein Raum R^*, auf den R *abgebildet* ist. D. h. es sei jedem Punkt von R eine Teilmenge von R^* zugeordnet, welche die *Bildmenge* des Punktes p heißt, wobei jeder Punkt von R^* der Bildmenge von mindestens einem Punkt von R angehört. Ist M eine Teilmenge von R, so heißt die Summe der Bildmengen aller Punkte von M auch die Bildmenge oder das **Bild** der Menge M. Jeder gegebene Punkt q von R^* liegt nach Voraussetzung in der Bildmenge von mindestens einem Punkt von R. Die Menge aller Punkte aus R, in deren Bildmenge der Punkt q von R^* liegt, heißt auch die *Urbildmenge* des Punktes q; und entsprechend heißt für eine gegebene Teilmenge N von R^* die Summe aller Mengen, welche Urbildmengen von mindestens einem Punkte von N sind, die Urbildmenge oder kurz das **Urbild** von N.

Wie verhält sich die Dimension des Bildraumes R^* zur Dimension des Urbildraumes R? Dies hängt offenbar wesentlich von den näheren Eigenschaften der Abbildung ab. Nehmen wir beispielsweise bloß an, daß die Abbildung von R auf R^* *eineindeutig* sei, d. h. daß jedem Punkt von R genau ein Punkt von R^* entspreche und dabei verschiedenen Punkten von R auch stets verschiedene Punkte von R^* entsprechen, dann läßt sich über das Verhältnis der Dimensionen von R und R^* keine allgemeine Aussage machen. Es ist ja beispielsweise die eindimensionale Zahlengerade bekanntlich eineindeutig abbildbar einerseits auf die nulldimensionale Menge aller irrationalen Zahlen und anderseits auf den R_n, der, wie wir sehen werden, n-dimensional ist, ja auf den, wie wir zeigen werden, unendlichdimensionalen Q_ω.

Verschiedene Aussagen werden dagegen über das Verhältnis der Dimensionen von Bildraum und Urbildraum möglich, wenn von der Abbildung eine andere wichtige Eigenschaft vorausgesetzt wird, nämlich *Stetigkeit.* Diese stetigen Abbildungen sollen nun näher untersucht werden.

In der Analysis nennt man stetig eine Funktion, welche — grob gesprochen — benachbarten Argumentwerten benachbarte Funktionswerte zuordnet. In der mengentheoretischen Geometrie bezeichnet man in Verallgemeinerung dieses Begriffes eine Abbildung als stetig, wenn sie benachbarte Punkte des Urbildraumes auf benachbarte Punkte des Bildraumes abbildet; genauer: wenn sie für jeden Punkt p des Urbildraumes alle in einer hinreichend kleinen Umgebung von p liegenden Punkte abbildet auf Punkte einer vorgelegten Umgebung der Bildmenge von p. Eine Abbildung des Raumes R auf den Raum R^* heißt also **stetig,** *wenn zu jedem Punkt p von R und zu jeder Umgebung V der Bildmenge des Punktes p eine Umgebung $U(p)$ von p existiert, so daß die Bildmengen aller Punkte von $U(p)$ Teilmengen von V sind.*

Diese Definition ist, wie wir nun zeigen wollen, gleichbedeutend mit der folgenden: Der Raum R heißt stetig auf den Raum R^* abgebildet, *wenn die Urbildmenge von jeder in R^* abgeschlossenen Menge in R abgeschlossen ist.*

Zum Beweise der Gleichwertigkeit dieser beiden Definitionen nehmen wir *erstens* an, es sei R auf R^* so abgebildet, daß das Urbild von jeder in R^* abgeschlossenen Menge in R abgeschlossen ist. Geben wir sodann einen Punkt p von R und eine Umgebung V der Bildmenge von p vor, so sehen wir: Es existiert eine Umgebung $U(p)$ von p, so daß die Bildmengen aller Punkte von $U(p)$ in V liegen. Andernfalls gäbe es ja in jeder Umgebung von p einen Punkt, dessen Bildmenge nicht in V enthalten wäre. Es wäre mithin p Häufungspunkt von Punkten, deren Bildmengen Punkte mit $R^* - V$ gemein hätten. Dann wäre aber die Urbildmenge der in R^* abgeschlossenen Menge $R^* - V$ nicht abgeschlossen, denn diese Urbildmenge enthielte nicht den Punkt p (dessen Bild ja Teilmenge von V ist), obwohl p, wie wir sahen, Häufungspunkt von der Urbildmenge der Menge $R^* - V$ ist. Es hätte also eine abgeschlossene Teilmenge von R^* eine nicht abgeschlossene Urbildmenge, im Widerspruch zur Voraussetzung.

Nehmen wir *zweitens* an, es sei R so auf R^* abgebildet, daß zu jedem Punkt p von R und zu jeder Umgebung V der Bildmenge von p eine Umgebung $U(p)$ existiert, so daß die Bildmengen aller Punkte von $U(p)$ Teilmengen von V sind. Dann sehen wir: Das Urbild von jeder in R^* abgeschlossenen Menge ist in R abgeschlossen. Denn sei A^* irgendeine abgeschlossene Teilmenge von R^* und sei p irgendein Häufungspunkt der Urbildmenge A von A^*. Wir behaupten, daß p auch Punkt von A ist. Andernfalls wäre ja die Bildmenge P^* des Punktes p zur Menge A^* fremd, also Teilmenge der in R^* offenen Menge $R^* - A^*$. Dennoch enthielte jede Umgebung des Punktes p einen Punkt der Menge A, also einen Punkt, dessen Bildmenge zu A^* nicht fremd und daher nicht $\subset R^* - A^*$ ist. Es wären also für keine Umgebung $U(p)$ die Bildmengen aller Punkte Teilmengen der offenen Menge $R^* - A^*$, im Widerspruch zur Voraussetzung. Damit sind die beiden angeführten Definitionen der stetigen Abbildung als äquivalent erwiesen.

Auch für die Abbildungen von Teilmengen eines und desselben oder verschiedener Räume aufeinander kann Stetigkeit definiert werden: Die Teilmenge M^* eines Raumes R^* heiße stetiges Bild der Teilmenge M des Raumes R, falls die Urbildmenge von jeder in M^* abgeschlossenen Menge in M abgeschlossen ist.

Wir befassen uns nun mit *eindeutigen* stetigen Abbildungen, d. h. mit stetigen Abbildungen, bei welchen die Bildmenge jedes Punktes aus einem einzigen Punkt besteht. (Die Urbildmenge eines Bildpunktes kann mehrere Punkte enthalten.) Wir betrachten also stetige Abbildungen, bei welchen jedem Punkt des Urbildraumes ein einziger Bildpunkt, dabei aber eventuell verschiedenen Urbildpunkten derselbe Bildpunkt zugeordnet wird.

Ist der Raum R^* irgendein eindeutiges (nicht notwendig stetiges) Bild des Raumes R, sind A^* und B^* zwei Teilmengen von R^* und bezeichnen A und B die Urbildmengen von A^* und B^* in R, so enthält die Urbildmenge der Menge $A^* \cdot B^*$ offenbar die Menge $A \cdot B$ als Teilmenge. Denn das Bild jedes Punktes der Menge $A \cdot B$ ist sowohl in A^* als auch in B^* enthalten. Sind insbesondere die Teilmengen A^* und B^* von R^* zueinander fremd bzw. zueinander in R^* komplementär, so sind die Urbildmengen A und B zueinander fremd bzw. zueinander in R komplementär. Das Urbild des Komplements einer Teilmenge A^* von R^* ist also, falls R^* eindeutiges Bild von R ist, mit dem Komplement des Urbildes von A^* identisch. Ist R^* eindeutiges *stetiges* Bild von R, so ist das Urbild jeder abgeschlossenen Teilmenge von R^* abgeschlossen, also *das Urbild jeder offenen Teilmenge von R^* offen in R.*

Die Begrenzung $B(U^*)$ einer in R^* offenen Menge U^* ist mit der Menge $U^* \cdot \overline{R^* - U^*}$ identisch. Die Urbildmenge von $B(U^*)$ enthält daher, wenn U die (offene) Urbildmenge von U^* bezeichnet, die Menge $\overline{U} \cdot (R - U)$, d. h. die Begrenzung von U, als Teilmenge. Eine *Identität* der Urbildmenge von $A^* \cdot B^*$ mit der Menge $A \cdot B$ besteht aber, wenn R^* eindeutiges stetiges

Bild von R ist, im allgemeinen natürlich nicht. Ein Punkt der Menge $A^* \cdot B^*$ besitzt sowohl einen Urbildpunkt, welcher in A liegt, als auch einen Urbildpunkt, welcher in B liegt, aber nicht notwendig einen Urbildpunkt, der sowohl in A als auch in B liegt. Dies hat zur Folge: *Ist R^* eindeutiges stetiges Bild von R, so enthält die Urbildmenge der Begrenzung einer in R^* offenen Menge U^* die Begrenzung der (offenen) Urbildmenge von U^* als Teilmenge, ist aber nicht notwendig mit ihr identisch.*

Die eindeutigen stetigen Abbildungen besitzen ferner die wichtige Eigenschaft, daß sie Kompaktheit und Zusammenhang nicht zerstören, d. h. es gilt der Satz:

Ist der Raum R kompakt bzw. zusammenhängend, so ist jeder Raum R^*, welcher eindeutiges stetiges Bild von R ist, kompakt bzw. zusammenhängend.

Wir beweisen zunächst die Behauptung hinsichtlich der Kompaktheit. Es sei also R ein kompakter Raum und R^* eindeutig-stetiges Bild von R. Wäre R^* nicht kompakt, so existierte eine unendliche Teilmenge M^* von R^*, welche keinen Häufungspunkt in R^* besäße, also in R^* abgeschlossen wäre. Es sei $\{p_n^*\}$ ($n = 1, 2, \ldots$ ad inf.) eine Folge von paarweise verschiedenen Punkten von M^* und p_n ein Punkt der Urbildmenge von p_n^* ($n = 1, 2, \ldots$ ad inf.). Mit P bezeichnen wir die Menge dieser Punkte $\{p_n\}$ ($n = 1, 2, \ldots$ ad inf.). Sie ist Teilmenge der Urbildmenge M von M^*. Als Urbildmenge einer unendlichen Teilmenge von R^* ist P wegen der Eindeutigkeit der Abbildung unendlich. Als unendliche Teilmenge des kompakten Raumes R besitzt P einen Häufungspunkt p in R. Als Urbildmenge der abgeschlossenen Teilmenge M^* von R^* ist M wegen der Stetigkeit der Abbildung abgeschlossen, also ist p Punkt von M. Sei p^* der in M^* gelegene Bildpunkt von p. Wegen der Stetigkeit der Abbildung existiert zu jeder Umgebung $V(p^*)$ von p^* eine Umgebung $U(p)$ von p, deren sämtliche Punkte auf Punkte von $V(p^*)$ abgebildet werden. Jede Umgebung $U(p)$ enthält aber, da p Häufungspunkt von P ist, unendlichviele Punkte von M, deren Bildpunkte paarweise verschieden sind und durchweg in M^* liegen. Also muß jede Umgebung $V(p)$ unendlichviele Punkte von M^* enthalten, d. h. p^* ist ein Häufungspunkt von M^* im Widerspruch zur Annahme, daß die Menge M^* keinen Häufungspunkt besitzt. Die Annahme, R^* sei nicht kompakt, führt also zu einem Widerspruch.

Es sei ferner R ein zusammenhängender Raum und R^* eindeutiges und stetiges Bild von R. Wir behaupten, daß R^* zusammenhängend ist. Angenommen nämlich, R^* wäre nicht zusammenhängend, dann würde $R^* = R_1^* + R_2^*$ gelten, wo R_1^* und R_2^* zwei fremde nichtleere, in R^* abgeschlossene Mengen wären. Bezeichnen wir mit R_1 und R_2 die Urbildmengen von R_1^* und R_2^*. Wegen der Stetigkeit der Abbildung wären R_1 und R_2, als Urbildmengen abgeschlossener Mengen, abgeschlossen. Wegen der Eindeutigkeit der Abbildung wären R_1 und R_2 nichtleer und fremd, da R_1^* und R_2^* nichtleer und fremd sind. Dann wäre aber R nicht zusammenhängend im Widerspruch gegen die Voraussetzung. Es ist also das eindeutige stetige Bild eines zusammenhängenden Raumes zusammenhängend.

Dem Bewiesenen zufolge ist offenbar auch jede Teilmenge eines Raumes, welche eindeutiges und stetiges Bild einer kompakten bzw. zusammenhängenden Teilmenge eines (evtl. anderen) Raumes ist, kompakt bzw. zusammenhängend, da ja jede kompakte bzw. zusammenhängende Menge in sich betrachtet ein kompakter bzw. zusammenhängender Raum ist.

Liegt irgendeine Abbildung des Raumes R auf den Raum R^* vor, so heißt jene Abbildung, welche jedem Punkt p^* von R^* jeden Punkt p von R zuordnet, welcher bei der vorliegenden Abbildung zum Urbild von p^* gehört, die zur gegebenen Abbildung *inverse Abbildung.* Eine stetige Abbildung, deren inverse Abbildung ebenfalls stetig ist, heißt *beiderseits stetig.* Die beiderseits stetigen Abbildungen sind also jene Abbildungen, welche jede abgeschlossene Teilmenge des Urbildraumes auf eine abgeschlossene Teilmenge des Bildraumes abbilden, derart, daß die Urbildmenge von jeder im Bildraum abgeschlossenen Menge abgeschlossen im Urbildraum ist. Eine eindeutige stetige Abbildung ist nicht notwendig beiderseits stetig. Wir wollen jedoch zeigen, *daß jede eindeutige stetige Abbildung eines kompakten Raumes beiderseits stetig ist.*

Diese Behauptung kann offenbar auch in folgender Form ausgesprochen werden: *Bei einer eindeutigen stetigen Abbildung eines kompakten Raumes werden abgeschlossene Teilmengen des Urbildraumes auf abgeschlossene Teilmengen des Bildraumes abgebildet.* Es sei also A eine abgeschlossene Teilmenge eines kompakten Raumes R, der eindeutig und stetig auf den Raum R^* abgebildet ist, und es sei A^* die Bildmenge von A. Wir behaupten, daß A^* abgeschlossen in R^* ist. Die Menge A ist als abgeschlossene Teilmenge eines kompakten Raumes kompakt. Die Menge A^* ist also als eindeutiges und stetiges Bild einer kompakten Menge dem Bewiesenen zufolge kompakt und daher in R^* abgeschlossen. Damit ist die Behauptung bewiesen.

Dieselbe kann auf Grund der Definition der stetigen Abbildung offenbar auch folgendermaßen ausgesprochen werden: *Ist der kompakte Raum R eindeutig und stetig auf den Raum R^* abgebildet, so existiert zu jedem Punkt p^* von R^* und zu jeder Umgebung der Urbildmenge P von p^* eine Umgebung $U(p^*)$, so daß die Urbildmengen aller Punkte von $U(p^*)$ Teilmengen von $V(P)$ sind.*

2. Die stetigen Bilder der Strecke.

Wir untersuchen nun jene Räume, welche eindeutige stetige Bilder der Strecke, d h. eines Intervalles des R_1, sind. Von ausschlaggebender Bedeutung für diese Frage erweist sich folgender Begriff des Zusammenhanges im kleinen: Ein separabler Raum heißt **im Punkte p zusammenhängend im kleinen,** *wenn p in beliebig kleinen zusammenhängenden Umgebungen enthalten ist.* (Wir nennen in diesem Abschnitt zusammenhängend schlechthin die *einstufig* zusammenhängenden Mengen.) Die Menge aller Punkte eines separabeln Raumes R, in denen R zusammenhängend im kleinen ist, ist offenbar der Gleichwertigkeitsteil des Raumes hinsichtlich des Systems der zusammenhängenden offenen Mengen. Nach dem Theorem von den Gleichwertigkeitsteilen (S. 68) *ist also in jedem separabeln Raum die Menge aller Punkte, in denen der Raum zusammenhängend im kleinen ist, ein G_δ.*

Ein Raum, der in jedem seiner Punkte zusammenhängend im kleinen ist, heißt schlechthin **zusammenhängend im kleinen.** Zusammenhängend im kleinen ist also ein Raum, *wenn jeder seiner Punkte in beliebig kleinen zusammenhängenden Umgebungen enthalten ist.* Beispielsweise ist der R_1 oder die Strecke, d. h. das Intervall des R_1, zusammenhängend im kleinen.

Wir befassen uns im folgenden bloß mit im kleinen zusammenhängenden *Kontinua,* d. h. zusammenhängenden kompakten Räumen, und beweisen über dieselben folgenden

Satz über im kleinen zusammenhängende Kontinua. *Damit ein Kontinuum R zusammenhängend im kleinen sei, ist jede der drei folgenden Bedingungen notwendig und hinreichend:*

1. *Sämtliche Komponenten einer jeden in R offenen Menge sind offen.*
2. *Zu jedem Punkt p von R und zu jeder Umgebung U von p existiert eine Umgebung V von p, so daß jeder Punkt von $\overline{V}$ mit p durch ein Teilkontinuum von U verbunden ist.*
3. *R ist Summe von endlichvielen beliebig kleinen Kontinua.*

Die zweite Bedingung kann anschaulicher auch so ausgedrückt werden: *Jeder mit p hinreichend benachbarte Punkt ist mit p durch ein beliebig kleines Kontinuum verbunden.*

Zum Beweise der Notwendigkeit der ersten Bedingung sei R ein im kleinen zusammenhängendes Kontinuum, U eine in R offene Menge. Wir haben nachzuweisen, daß jede Komponente von U offen ist. Dazu zeigen wir: Ist p ein vorgelegter Punkt einer Komponente K von U, so ist eine Umgebung V von p Teilmenge von K. Da R im kleinen zusammenhängend ist, ist p in einer zusammenhängenden Umgebung $V < U$ enthalten. Da K Summe aller p enthaltenden zusammenhängenden Teilmengen von U

ist, gilt $V \subset K$, womit die Offenheit von K bewiesen ist. — Die erste Bedingung ist auch hinreichend. Sei R ein Kontinuum, in dem die Komponenten jeder offenen Menge offen sind. Ist p irgendein Punkt von R und U irgendeine vorgelegte Umgebung p, so betrachten wir die p enthaltende Komponente von U. Eine Komponente ist stets zusammenhängend. Eine Komponente der offenen Menge U ist zufolge der Annahme über den Raum auch offen. Also existiert eine zusammenhängende Umgebung von p, die $\subset U$ ist, und R ist mithin zusammenhängend im kleinen.

Zum Beweise der Notwendigkeit der zweiten Bedingung sei R ein im kleinen zusammenhängendes Kontinuum, p ein Punkt von R und U eine vorgelegte Umgebung von p. Es existiert eine zusammenhängende Umgebung V von p, die $\subseteq U$ ist. Jeder Punkt von $\overline{V}$ ist mit p durch ein Teilkontinuum von U, nämlich durch $\overline{V}$, verbunden. — Die zweite Bedingung ist hinreichend. Sei nämlich R ein Kontinuum, welches die zweite Bedingung des Satzes erfüllt; sei ferner p ein Punkt von R und U eine vorgelegte Umgebung von p. Wir haben zu zeigen, daß eine zusammenhängende Umgebung von p existiert, die $\subset U$ ist. Wir bezeichnen zu diesem Zweck mit V die Menge aller Punkte von U, die mit p durch ein Teilkontinuum von U verbunden sind. V ist offenbar eine zusammenhängende Teilmenge von U. Die Menge V ist auch offen. Denn sei q ein Punkt von V, ein Punkt also, der mit p durch ein Teilkontinuum K von U verbunden ist. Nach Voraussetzung existiert eine Umgebung W von q, so daß jeder Punkt von W mit q durch ein Teilkontinuum von U verbunden ist. Ist der Punkt r von W mit q durch das Teilkontinuum L von U verbunden, so ist r mit p durch das Teilkontinuum $K + L$ von U verbunden, also ist r Punkt von V. Damit ist gezeigt, daß die Menge V offen, also eine zusammenhängende Umgebung von p und $\subset U$ ist.

Zum Beweise der Notwendigkeit der dritten Bedingung sei $\mathfrak{U}$ ein Überdeckungssystem des im kleinen zusammenhängenden Kontinuums R. Jeder Punkt von R ist in einer zusammenhängenden Umgebung enthalten, die nebst ihrer abgeschlossenen Hülle Teilmenge von einer der Mengen des Systems $\mathfrak{U}$ ist. Nach dem Überdeckungstheorem für kompakte Räume überdecken endlichviele derartige Umgebungen den Raum R. Ihre abgeschlossenen Hüllen bilden ein System von endlichvielen Kontinua $\subset \mathfrak{U}$, deren Summe $= R$ ist. — Die dritte Bedingung ist hinreichend. Sei nämlich R für jedes Überdeckungssystem $\mathfrak{U}$ Summe von endlichvielen Kontinua $\subset \mathfrak{U}$. Um zu zeigen, daß R zusammenhängend im kleinen ist, genügt es, wenn wir nachweisen, daß R die zweite Bedingung des Satzes erfüllt, welche für den Zusammenhang im kleinen bereits als hinreichend erwiesen ist. Wir haben also zu zeigen: Wenn p ein vorgelegter Punkt von R und U eine vorgelegte Umgebung von p ist, so existiert eine Umgebung V von p, so daß jeder Punkt von $\overline{V}$ mit p durch ein Teilkontinuum von U verbunden ist. Zufolge der Voraussetzung über R kann R als Summe von endlichvielen derartigen Kontinua $K_1, K_2, \ldots, K_r$ angenommen werden, daß jedes von diesen r Kontinua, welches p enthält, $\subset U$ ist. Es mögen unter den r Kontinua K_i etwa die Kontinua $K_{i_1}, K_{i_2}, \ldots, K_{i_s}$ den Punkt p nicht enthalten. (Es kann natürlich $s = 0$ sein.) Die abgeschlossene Menge $\sum_{j=1}^{s} K_{i_j}$ enthält den Punkt p nicht. Wir betrachten eine Umgebung V von p, die $\Subset R - \sum_{j=1}^{s} K_{i_j}$ ist. Jeder Punkt von $\overline{V}$ ist in einem der $r - s$ Kontinua K_i gelegen, welche den Punkt p enthalten, also mit p durch ein Teilkontinuum von U verbunden.

Damit ist der Satz über im kleinen zusammenhängende Kontinua in allen Stücken bewiesen.

Ein einfaches Beispiel eines nicht im kleinen zusammenhängenden Kontinuums wird geliefert durch die Menge K der Punkte des R_2 mit den Koordinaten

$$0 < x \leqq 1 \quad \text{und} \quad y = \sin\frac{1}{x}$$

$$x = 0 \quad \text{und} \quad -1 \leqq y \leqq +1.$$

In den Punkten der Strecke $x = 0, \; -1 \leqq y \leqq +1$ ist K offenbar nicht zusammenhängend im kleinen. Eine offene Teilmenge von K, deren Komponenten nicht durchweg offen sind, ist die Menge aller Punkte von K, für welche $y < 0$ ist. Die Komponente dieser Menge, bestehend aus den Punkten $x = 0, \; 0 < y \leqq 1$, ist nicht offen.

Wir zeigen nun: *Das eindeutige stetige Bild eines im kleinen zusammenhängenden Kontinuums ist ein im kleinen zusammenhängendes Kontinuum.* Sei R ein im kleinen zusammenhängendes Kontinuum, R^* eindeutiges stetiges Bild von R. Nach den Feststellungen des vorigen Abschnittes ist R^* ein Kontinuum. Zum Beweise, daß R^* im kleinen zusammenhängend ist, wollen wir R^*, wenn $\mathfrak{U}^*$ irgendein Überdeckungssystem von R^* bezeichnet, als Summe von endlichvielen Kontinua $\subset \mathfrak{U}^*$ darstellen. Es sei $\mathfrak{U}$ das System der Urbildmengen der Mengen von $\mathfrak{U}^*$ in R. Die Mengen von $\mathfrak{U}$ sind (vgl. S. 224) offen und bilden ein Überdeckungssystem von R. Da R zusammenhängend im kleinen ist, ist R Summe von endlichvielen Kontinua $\subset \mathfrak{U}$. Die Bildmengen dieser Kontinua sind endlichviele R^* überdeckende Kontinua $\subset \mathfrak{U}^*$. Damit ist die Behauptung bewiesen.

Insbesondere ist also jedes eindeutige stetige Bild der Strecke ein im kleinen zusammenhängendes Kontinuum. Wir wollen nun zeigen, daß der Zusammenhang im kleinen nicht nur *notwendig* sondern auch *hinreichend* dafür ist, daß ein Kontinuum eindeutiges stetiges Bild der Strecke sei. Wir beweisen also das

Theorem von den stetigen Bildern der Strecke. *Ein Kontinuum ist dann und nur dann eindeutiges stetiges Bild der Strecke, wenn es zusammenhängend im kleinen ist.*

Wir haben noch die erste Hälfte der Behauptung zu beweisen. Wir setzen also voraus, R sei ein im kleinen zusammenhängendes Kontinuum und haben eine eindeutige stetige Abbildung des Intervalles $E = [0, 1]$ auf R anzugeben. Wir wählen zu diesem Zweck vor allem (was nach den Ausführungen von S. 61 möglich ist) aus dem unbegrenzt feinen Überdeckungssystem von R, bestehend aus den zusammenhängenden offenen Teilmengen von R eine R erzeugende Doppelfolge $\mathfrak{D}$ von zusammenhängenden offenen Mengen $\{U_m^k\}$, welche folgenden Bedingungen genügt:

1. $\mathfrak{D}$ enthält für jedes natürliche k nur endlichviele, etwa μ_k, nichtleere R überdeckende Mengen U_m^k $(m = 1, 2, \ldots, \mu_k)$.

2. Zu jedem Punkt p von R existiert eine Folge $\{m_k\}$ $(k = 1, 2, \ldots$ ad inf.) von natürlichen Zahlen, so daß p Durchschnitt der auf p sich zusammenziehenden monoton abnehmenden Mengenfolge $\{U_{m_k}^k\}$ $(k = 1, 2, \ldots$ ad inf.) ist.

3. Ist $\{m_k\}$ $(k = 1, 2, \ldots$ ad inf.) eine Folge von natürlichen Zahlen derart, daß für jedes natürliche k die beiden Mengen U_m^k und $U_{m_{k+1}}^{k+1}$ einen nichtleeren Durchschnitt haben, dann besitzt die Mengenfolge

$$\{U_{m_k}^k\} \quad (k = 1, 2, \ldots \text{ ad inf.})$$

einen aus genau einem Punkt bestehenden Limes.

Wir ordnen nun die μ_1 Mengen U_m^1 von $\mathfrak{D}$ derart in eine Reihe (in der eine und dieselbe Menge auch mehrfach auftreten kann), daß je zwei aufeinanderfolgende Mengen der Reihe nichtleere Durchschnitte haben. Da R zusammenhängend ist, ist eine solche Anordnung möglich (vgl. S. 198). Wir bezeichnen diese Reihe, welche etwa k_1 Glieder enthalten möge $(k_1 \geqq \mu_1)$, von denen jedes einer Menge U_m^1 gleich ist, mit

$$V_1^1, \quad V_2^1, \quad \ldots, \quad V_{k_1}^1.$$

Wir betrachten sodann unter den μ_2 Mengen U_m^2 von $\mathfrak{D}$ jene, welche mit V_1^1 Punkte gemein haben. Dieselben sollen derart in eine Reihe

$$(\dagger) \qquad V_1^2, \quad V_2^2, \quad \ldots, \quad V_{k_2}^2$$

(in der eine und dieselbe Menge auch mehrfach auftreten kann) geordnet werden, daß erstens je zwei aufeinanderfolgende Mengen einen Punkt gemein haben und zweitens die letzte Menge, $V_{k_2}^2$, mit V_2^1 einen nichtleeren Durchschnitt hat. Die erste Bedingung ist erfüllbar, weil V_1^1 zusammenhängend ist, die zweite weil V_1^1 und V_2^1 einen nichtleeren Durchschnitt haben.

Es seien sodann

$$(\dagger\dagger) \qquad V^2_{k_2+1}, \quad V^2_{k_2+2}, \quad \ldots, \quad V^2_{k_2+k_2'}$$

diejenigen Mengen V^2_m, welche mit V^1_2 Punkte gemein haben, und zwar so angeordnet, daß $V^2_{k_2+1}$ mit $V^2_{k_2}$ einen Punkt gemein hat, daß je zwei aufeinanderfolgende Mengen von (††) nichtleere Durchschnitte haben und daß $V^2_{k_2+k_2'}$ mit V^1_3 einen Punkt gemein hat. Wegen des Zusammenhanges von V^1_2 und der Tatsache, daß V^1_2 mit V^1_1 und V^1_3 nichtleere Durchschnitte hat, ist eine derartige Anordnung möglich. Indem wir entweder in der Reihe (†) oder in der Reihe (††) eines der Glieder mehrmals wiederholen, können wir bewirken, daß diese beiden Reihen gleichviele Elemente enthalten, d. h. wir können $k_2' = k_2$ also $k_2 + k_2' = 2k_2$ annehmen.

Indem wir sukzessive die Mengen U^2_m, die mit V^1_i Punkte gemein haben, $(i = 1, 2, \ldots, k_1)$ in dieser Weise anordnen, erhalten wir schließlich eine Reihe $V^2_1, \ldots, V^2_{k_2}, V^2_{k_2+1}, \ldots, V^2_{2k_2}, \ldots, V^2_{(k_1-1)k_2+1}, \ldots, V^2_{k_1k_2}$, in welcher *erstens* jede der Mengen U^2_m mindestens einmal auftritt, *zweitens* je zwei aufeinanderfolgende Mengen nichtleere Durchschnitte haben, *drittens* für $i = 1, 2, \ldots, k_1$ die Beziehung $V^1_i \subset \sum_{j=1}^{k_2} V^2_{(i-1)\cdot k_2+j}$ gilt, *viertens* jede der k_2 Mengen $V^2_{(i-1)\cdot k_2+j}$ $(j = 1, 2, \ldots, k_2)$ mit V^1_i einen Punkt gemein hat.

Auf dieselbe Weise bestimmen wir eine Anordnung der Mengen U^3_m in eine Reihe von $k_1 \cdot k_2 \cdot k_3$ Mengen V^3_i und allgemein für jedes natürliche r eine Anordnung der Mengen U^r_m in eine Reihe von $k_1 \cdot k_2 \cdot \ldots \cdot k_r$ Mengen V^r_i.

Wir bezeichnen nun mit E^1_i $(i = 1, 2, \ldots, k_1)$ das abgeschlossene Intervall $\left[\frac{i-1}{k_1}, \frac{i}{k_1}\right]$ und ordnen dem Intervall E^1_i die Menge V^1_i zu. Wir nennen $E^2_{(i-1)k_2+j}$ das abgeschlossene Intervall $\left[\frac{i-1}{k_1} + \frac{j-1}{k_1k_2}, \frac{i-1}{k_1} + \frac{j}{k_1k_2}\right]$ für $i = 1, 2, \ldots, k_1$, $j = 1, 2, \ldots, k_2$ und ordnen dem Intervall $E^2_{(i-1)k_2+j}$ die Menge $V^2_{(i-1)k_2+j}$ zu. Allgemein bestimmen wir für jedes natürliche r durch Unterteilung der $k_1 \cdot k_2 \cdot \ldots \cdot k_{r-1}$ Intervalle E^{r-1}_i die $k_1 \cdot k_2 \cdot \ldots \cdot k_{r-1} \cdot k_r$ Intervalle E^r_i, denen wir beziehungsweise die Mengen V^r_i zuordnen.

Wir definieren nun folgende Abbildung von E auf R. Ist p ein gegebener Punkt von E, so existiert eine Zahlenfolge $\{m_k\}$ $(k = 1, 2, \ldots$ ad inf.), so daß die Intervalle $\{E^k_{m_k}\}$ $(k = 1, 2, \ldots$ ad inf.) monoton abnehmen und den Punkt p als Limes besitzen. In der entsprechenden Mengenfolge $\{V^k_{m_k}\}$ $(k = 1, 2, \ldots$ ad inf.) haben für jedes natürliche k, mit Rücksicht auf die Beziehung $E^{k+1}_{m_{k+1}} \subset E^k_{m_k}$ die Mengen $V^{k+1}_{m_{k+1}}$ und $V^k_{m_k}$ einen nichtleeren Durchschnitt. Also besitzt nach Annahme 3. über das System $\mathfrak{D}$ die Mengenfolge $\{V^k_{m_k}\}$ $(k = 1, 2, \ldots$ ad inf.) einen aus einem Punkt p' bestehenden Limes. Diesen Punkt p' von R ordnen wir dem Punkt p zu.

Man überzeugt sich mühelos davon, daß dem Punkt p von E für je zwei monoton abnehmende gegen p konvergierende Intervallfolgen $\{E^k_{m_k}\}$ und $\{E^k_{n_k}\}$ $(k = 1, 2, \ldots$ ad inf.) derselbe Punkt p' von R zugeordnet wird. Ferner sieht man, daß jeder Punkt von R Bildpunkt von mindestens einem Punkt von E ist. Denn nach Annahme 2. über das System $\mathfrak{D}$ ist jeder Punkt q von R für eine gewisse Zahlenfolge $\{n_k\}$ Durchschnitt der Mengenfolge $V^k_{n_k}$ und daher Bildpunkt jenes Punktes von E, welcher den Limes der Intervallfolge $\{E^k_{n_k}\}$ $(k = 1, 2, \ldots$ ad inf.) darstellt. Es ist also eine eindeutige Abbildung von E auf R definiert. Dieselbe ist *stetig*. Sei nämlich p ein Punkt von E, p' sein Bildpunkt, U' eine vorgelegte Umgebung von p'. Für hinreichend großes k ist eine p' enthaltende Menge V^k_i Teilmenge von U'. Wir betrachten das entsprechende abgeschlossene Intervall E^k_i, welches $[a, b]$ sein möge. Wenn p dem offenen Intervall $[a, b]$ angehört, so stellt dieses eine Umgebung von p dar, deren Bildmenge $\subset U'$ ist. Wenn p mit einem der Begrenzungspunkte von E^k_i, etwa mit dem linken Punkt a identisch ist, dann hat für jedes $n > k$ eines der Intervalle E^n_j den Punkt p als rechten Endpunkt. Für ein hinreichend großes n, etwa für m, ist die Menge V^m_j, welche dem p als rechten Endpunkt enthaltenden Intervall E^m_j zugeordnet ist, $\subset U'$. Ist $E^m_j = (c, a)$, so ist (c, b) eine Umgebung von p, deren Bildmenge $\subset U'$ ist. Eine solche Umgebung von p existiert also jedenfalls, d. h. die Abbildung von E auf R ist stetig.

Das vorgelegte im kleinen zusammenhängende Kontinuum R ist also als eindeutiges stetiges Bild der Strecke dargestellt, womit das Theorem von den stetigen Bildern der Strecke bewiesen ist.

Aus dem Beweise ergibt sich zugleich, daß ein Teil der dargestellten Konstruktion für einen beliebigen kompakten Raum R, von dem Zusammenhang und Zusammenhang im kleinen nicht vorausgesetzt wird, durchgeführt werden kann. Sei nämlich $\{U^k_m\}$ eine R erzeugende Doppelfolge. Man kann die μ_1 Mengen U^1_m (in irgendeiner Anordnung) $\nu_1 = \mu_1$ paarweise fremden abgeschlossenen Teilintervallen E^1_m $(m = 1, 2, \ldots, \mu_1)$ von E, von denen jedes eine Länge $< \frac{1}{2}$ besitzt, entsprechen lassen. Man kann sodann die μ_2 Mengen U^2_m einem System von $\nu_2 \geqq \mu_2$ paarweise fremden Intervallen E^2_n von Längen $< \frac{1}{3}$ entsprechen lassen gemäß der Bedingung, daß erstens jede Menge U^2_m mindestens einem der Intervalle E^2_n entspricht, daß zweitens jedes Intervall E^2_n Teilmenge von einem der Intervalle E^1_m ist und daß drittens stets aus $E^2_n \subset E^1_m$ für die entsprechenden Mengen $U^2_{n'}$ und $U^1_{m'}$ folgt, daß sie einen Punkt gemein haben. So kann man allgemein für jedes natürliche k die Mengen U^k_m einem System von paarweise fremden Intervallen mit Längen $< \frac{1}{k+1}$ entsprechen lassen, so daß jede Menge U^k_m einem Intervall $E^k_{m'}$ entspricht, daß jedes E^k_m Teilmenge eines

E_n^{k-1} ist, und daß stets aus $E_n^k \subset E_m^{k-1}$ für die entsprechenden Mengen $U_{n'}^k$ und $U_{m'}^{k-1}$ folgt, daß sie einen Punkt gemein haben. Ganz so wie im vorhin dargestellten Beweis eine eindeutige Abbildung von E auf R, so kann nun eine eindeutige Abbildung der Menge

$$\prod_{k=1}^{\infty} \sum_{i=1}^{\nu_k} E_i^k = D$$

auf R definiert werden, von welcher sich, wie oben, zeigen läßt, daß sie stetig ist. Nun ist die Menge D ihrer Definition zufolge abgeschlossen und nulldimensional; ersteres weil die Mengen E_i^k, also auch die Mengen $\sum_{k=1}^{\nu_k} E_i^k$ abgeschlossen sind und D Durchschnitt dieser Mengen ist; letzteres weil die Mengen E_i^k $(i = 1, 2, \ldots, \nu_k)$ paarweise fremde D überdeckende Mengen sind, die für hinreichend großes k beliebig klein sind. *Jeder kompakte Raum ist also eindeutiges stetiges Bild einer nirgendsdichten abgeschlossenen Teilmenge der Strecke.* Speziell läßt sich nach dem obigen Abbildungsvorgang jeder kompakte Raum als eindeutiges stetiges Bild eines *Diskontinuums* darstellen. Umgekehrt ist jeder Raum, der eindeutiges stetiges Bild einer abgeschlossenen Teilmenge der Strecke ist, kompakt.

Beispielsweise wird, wie man leicht bestätigt, eine eindeutigstetige Abbildung des Diskontinuums D auf das Intervall $E = [0, 1]$ definiert, indem man jedem Punkt von D, welcher Endpunkt eines zu D komplementären offenen Intervalls ist, jenen Punkt von E zuordnet, welcher Mittelpunkt des betreffenden Intervalls ist, und indem man jedem Punkt von D, welcher Limespunkt einer Folge solcher Punkte erster Art von D ist, den Limespunkt der entsprechenden Punkte von E zuordnet. Jedes zu D komplementäre offene Intervall besitzt zwei in D gelegene Endpunkte, welchen beiden ein und derselbe Punkt von E zugeordnet wird. Jedem Punkt zweiter Art von D wird durch die erwähnte Abbildungsvorschrift ein einziger Punkt von E zugeordnet.

Historisches. Jordan definierte (Cours d'Analyse 2. Aufl. 1893, I, S. 90) als Kurve („ligne continue") eine Menge, die stetiges Bild der Strecke ist. Speziell im R_n hängen die Koordinaten der Punkte einer solchen „Kurve" stetig von einem Parameter ab. Deuten wir denselben als Zeit, so heißen also nach Jordan „Kurven" jene Gebilde, die von einem sich stetig bewegenden Punkt in endlicher Zeit durchlaufen werden können. Daß diese Definition die Kurvenvorstellung nicht erfaßt, ging aus Peano's Beispiel (Math. Ann. *36,* 1890, S. 257) einer eindeutigen stetigen Abbildung der Strecke auf das Quadrat, ja auf das Intervall des R_n, hervor. Diese Gebilde wird niemand als Kurven bezeichnen, obwohl sie eindeutige stetige Bilder der Strecke sind.

Der Begriff des Zusammenhanges im kleinen und das Theorem, daß diese Eigenschaft für die stetigen Streckenbilder charakteristisch ist, stammt von Hahn (Wien. Ber. *123,* 1914, S. 2433, s. auch Jahresber. d. Deutsch. Math. Ver. *23*, 1914, S. 318) und Mazurkiewicz (Fund. Math. *1,* 1920, S. 166, siehe auch polnische Noten in den C. R. Soc. Sc. Varsovie *6,* 1913). Der Zusammenhang im kleinen wurde von den beiden Autoren als die Verbindbarkeit hinreichend benachbarter Punkte durch beliebig kleine Kontinua eingeführt. Daß die Zerlegbarkeit in endlichviele beliebig kleine Teilkontinua für Streckenbilder charakteristisch ist, bewies Sierpiński (Fund. Math. *1,* 1920, S. 44). Der Satz von der Offenheit der Komponenten offener Mengen in Kontinua, die im kleinen zusammenhängend sind, stammt von Kuratowski (Fund. Math. *1,* 1920, S. 43) und Hahn (Fund. Math. *2,* 1922, S. 191). Die Definierbarkeit des Zusammenhanges im kleinen durch die Existenz beliebig kleiner zusammenhängender Umgebungen wurde von Kuratowski (a. a. O. S. 41) und Vietoris (Monatsh. f. Math. u. Phys. *31,* S 194) erkannt. Der oben angegebene Beweis des Theorems über die stetigen Streckenbilder ist im wesentlichen eine Reproduktion der Kerékjártoschen abgekürzten Form (Hamb. Abhandl. *4,* 1926, S. 164) des Beweises von Sierpiński (Fund. Math. *1,* 1920, S. 44).

Daß jeder kompakte Raum eindeutiges stetiges Bild einer Teilmenge der Strecke ist, wurde von Mazurkiewicz (Fund. Math. *1,* 1920, S. 179f.) bemerkt. (Über die Abbildbarkeit der Diskontinua auf kompakte Räume vgl. auch Alexandroff, Math. Ann. *96,* 1927, S. 563.)

Es sei schließlich darauf hingewiesen, daß sich der Begriff des Zusammenhanges im kleinen naturgemäß verallgemeinern läßt, indem man als *n-stufig zusammenhängend im kleinen* einen Raum bezeichnet, von dem jeder Punkt in beliebig kleinen n-stufig zusammenhängenden Umgebungen enthalten ist.

3. Die dimensionserniedrigenden stetigen Abbildungen.

Wir wenden uns nun der Frage zu, wie sich die Dimension eines Raumes R^*, welcher eindeutiges stetiges Bild eines kompakten Raumes R ist, zur Dimension von R verhält. Zunächst ist klar, daß die Dimension des Bildraumes nicht notwendig gleich der Dimension des Urbildraumes ist. Wir haben ja einerseits gesehen, daß das nulldimensionale Diskontinuum auf jeden kompakten Raum eindeutig und stetig abbildbar ist, beispielsweise auf das eindimensionale Intervall des R_1 und auf das Intervall des R_n, welches, wie wir sehen werden, n-dimensional ist. Bilden wir anderseits die Gerade eindeutig auf eine Menge ab, welche genau einen Punkt enthält, so ist diese Abbildung offenbar auch stetig, also eindeutig und stetig und dabei dimensionserniedrigend. Und bilden wir den R_n durch Projektion auf einen $R_m (m < n)$ ab, so ist dies offenbar gleichfalls eine eindeutige stetige Abbildung, welche — vorausgesetzt, daß der R_k k-dimensional ist, was später bewiesen werden wird — einen n-dimensionalen Raum auf einen m-dimensionalen Raum abbildet. *Die Dimension eines Raumes kann also durch eindeutige stetige Abbildungen sowohl erhöht als auch erniedrigt werden.*

Wir wollen nun die eindeutigen stetigen Abbildungen, welche die Dimension zerstören, näher untersuchen und beginnen mit den dimensions*erniedrigenden* Abbildungen. Wenn wir den zweidimensionalen R_2 auf den eindimensionalen R_1 projizieren, so ist dies eine dimensionserniedrigende eindeutige stetige Abbildung. Wir sehen dabei, daß jeder Punkt des Bildraumes eine Teilgerade des Urbildraumes als Urbildmenge hat. Bei der

Projektion des R_n auf den R_m hat jeder Punkt des R_m einen R_{n-m} als Urbildmenge. Diese Tatsache ist nun ein Spezialfall von folgendem

Theorem über die dimensionserniedrigenden Abbildungen. *Ist der n-dimensionale kompakte Raum R eindeutig und stetig abgebildet auf den n^*-dimensionalen Raum R^*, wobei $n^* \leqq n$ ist, dann gibt es in R^* Punkte mit mindestens $(n - n^*)$-dimensionalen Urbildmengen.*

Ist der n-dimensionale kompakte Raum R eindeutig und stetig abgebildet auf den n^*-dimensionalen Raum R^*, wobei $n^* \leqq n$ gilt, dann ist die Urbildmenge von jedem Punkt von R^* als Teilmenge von R höchstens n-dimensional. Bezeichnen wir mit k die größte unter den Dimensionen, welche eine Urbildmenge von einem Punkt von R^* besitzt, so lautet die Behauptung des Theorems: Es gilt $k \geqq n - n^*$ oder, was gleichbedeutend ist, es gilt $n \leqq n^* + k$. Das Theorem kann also offenbar auch folgendermaßen ausgesprochen werden: *Ist der kompakte Raum R eindeutig und stetig auf den n^*-dimensionalen Raum R^* abgebildet derart, daß k die größte unter den Dimensionen der Urbildmengen von Punkten von R^* ist, so genügt die Dimension n von R der Ungleichung $n \leqq n^* + k$ für $n > -1$ bzw. der Gleichung $n = n^*$ für $n = -1$.*

Für $n^* = -1$ liegt eine eindeutige stetige Abbildung auf einen leeren Raum vor. Es ist also auch $n = -1$. Wir nehmen an, die Behauptung gelte für alle Zahlen $n^* < m$ und wollen sie auf Grund dieser Annahme für $n^* = m$ beweisen.

Wir setzen also voraus, es sei der kompakte Raum R eindeutig und stetig abgebildet auf den m-dimensionalen Raum R^* derart, daß k die größte unter den Dimensionen der Urbildmengen von Punkten von R^* ist. Wir behaupten, daß R höchstens $(n^* + k)$-dimensional sei.

Ehe wir den Beweis beginnen, erinnern wir daran, was aus der Annahme der Gültigkeit unserer Behauptung für $n^* < m$ für unseren vorgelegten Raum R und sein Bild R^* folgt. Wir können auf Grund dieser Annahme voraussetzen: *Ist T^* eine höchstens $(m - 1)$-dimensionale abgeschlossene Teilmenge von R^*, so gilt, wenn t die Dimension der Urbildmenge T von T^* bezeichnet, die Ungleichung $t \leqq m + k - 1$ für $m > 0$ bzw. $t = -1$ für $m = 0$.* In der Tat, es ist ja T, in sich betrachtet, ein kompakter Raum, T^* ein höchstens $(m - 1)$-dimensionaler kompakter Raum, der eindeutiges stetiges Bild von T ist, und die höchste unter den Dimensionen der Urbildmengen von Punkten von T^* bei der Abbildung von T auf T^* ist $\leqq k$, d. h. nicht größer als die höchste unter den Dimensionen der Urbildmengen von Punkten von R^*.

Nach dieser Bemerkung über den vorgelegten Raum R schreiten wir an den Beweis, daß R höchstens $(n + k)$-dimensional ist. Geben wir irgendein Überdeckungssystem $\mathfrak{U}$ von R vor, so genügt es, auf Grund der Umkehrung des letzten Teiles des Zerlegungssatzes (S. 174), daß wir zeigen: R ist in der Ausdrucksweise von S. 180 hinsichtlich $\mathfrak{U}$ $(n+k+1)$-dimensional. Wir haben also zu zeigen, daß R Summe ist von endlichvielen abgeschlossenen Mengen $\subset \mathfrak{U}$, die zu je $n+k+2$ leere Durchschnitte haben.

Es sei also p irgendein Punkt von R, p^* sein Bild in R^* und P die Urbildmenge von p^* in R. Die Menge P ist höchstens k-dimensional nach Definition der Zahl k. Also ist P dem letzten Teil des Zerlegungssatzes (bzw. dem Hilfssatz 1′ von S. 160) zufolge in der Summe von endlichvielen offenen Mengen enthalten, deren abgeschlossene Hüllen $\subset \mathfrak{U}$ sind und zu je $k+2$ leere Durchschnitte haben. Wir bezeichnen mit U die Summe dieser offenen Mengen. Da p^* Punkt des m-dimensionalen Raumes R^* ist, existieren beliebig kleine Umgebungen von p^* mit höchstens $(m-1)$-dimensionalen Begrenzungen. Insbesondere existiert, da wegen der Kompaktheit von R und der Eindeutigkeit und Stetigkeit der Abbildung von R auf R^* auch die inverse Abbildung stetig ist, eine Umgebung V^* von p^* mit höchstens $(m-1)$-dimensionaler Begrenzung, deren Urbildmenge V Teilmenge von U ist. Als Teilmenge von $\overline{U}$ ist $\overline{V}$ Summe von endlichvielen abgeschlossenen Mengen $\subset \mathfrak{U}$, die zu je $k+2$, also erst recht zu je $k+m+2$, leere Durchschnitte haben. Es ist also die Menge $\overline{V}$ höchstens $(k+m+1)$-dimensional bezüglich $\mathfrak{U}$. Nun ist V als Urbildmenge einer Umgebung von p^* eine Umgebung von p, und das Bild der Begrenzung von V ist Teilmenge der Begrenzung von V^*, also höchstens $(m-1)$-dimensional. Zufolge der vor Beginn des Beweises erwähnten Folgerung aus unserer induktiven Annahme ist die Begrenzung von V, als Urbildmenge einer höchstens $(m-1)$-dimensionalen abgeschlossenen Menge, höchstens $(k+m-1)$-dimensional. Im Falle $m=0$ ist, nebenbei bemerkt, die Begrenzung von V sogar (-1)-dimensional, d. h. leer, da die Begrenzung von V^* in diesem Fall leer ist.

Wir haben also bisher bewiesen: *Es existiert zu jedem Punkt p von R eine Umgebung von p mit höchstens $(k+m-1)$-dimensionaler Begrenzung, deren abgeschlossene Hülle höchstens $(k+m+1)$-dimensional bezüglich $\mathfrak{U}$ ist.* Nach dem Überdeckungstheorem für kompakte Räume überdecken endlichviele derartige offene Mengen, etwa $U_1, U_2, \ldots, U_r$, den Raum R. Setzen wir

$$U_1' = U_1, \qquad U_s' = U_s - U_s \cdot \sum_{t=1}^{s-1} \overline{U}_t \qquad (s = 2, 3, \ldots, r),$$

so ist

$$R - \sum_{s=1}^{r} \overline{U}_s',$$

wobei die $\overline{U}_s'$ zu je zweien höchstens $(k+m-1)$-dimensionale Durchschnitte haben und jede Menge $\overline{U}_s'$ höchstens $(k+m+1)$-dimensional bezüglich $\mathfrak{U}$ ist. Dann ist aber nach dem Additionssatz (S. 194) der Raum R höchstens $(k+m+1)$-dimensional bezüglich $\mathfrak{U}$. Also ist R für jedes Überdeckungssystem $\mathfrak{U}$ von R hinsichtlich $\mathfrak{U}$ höchstens $(k+m+1)$-dimensional und mithin höchstens $(k+m)$-dimensional, wie behauptet. Damit ist das Theorem von den dimensionserniedrigenden Abbildungen bewiesen.

Historisches. Das Theorem dieses Abschnittes und sein angeführter Beweis stammen von Hurewicz (Proc. Acad. Amsterdam *30,* 1927, S. 164). Vermutungsweise ausgesprochen findet sich der Satz bei Alexandroff (Math. Ann. *96,* 1927, S. 570). Einen Beweis des Spezialfalles $n = 0$ gab Tumarkin (Proc. Acad. Amsterdam *28,* 1925, S. 1000).

4. Die dimensionserhöhenden stetigen Abbildungen.

Nach den dimensionserniedrigenden eindeutigen stetigen Abbildungen betrachten wir nun die *dimensionserhöhenden.* Bei der eindeutigen stetigen Abbildung des nulldimensionalen Diskontinuums auf das Intervall des R_1, die wir oben (S. 235) erwähnt haben, treten im Intervall des R_1 Punkte auf, welche zwei Urbildpunkten zugeordnet sind. Dies ist ein Spezialfall des folgenden Theorems, welches zeigt, daß ganz allgemein die dimensions*erhöhende* Wirkung eindeutiger stetiger Abbildungen von der *Mächtigkeit der Urbildmengen* der einzelnen Punkte des Bildraumes abhängt, ein Gegenstück zu der im vorangehenden Abschnitt bewiesenen Tatsache, daß die dimensions*erniedrigende* Wirkung eindeutiger stetiger Abbildungen von der *Dimension der Urbildmengen* der einzelnen Punkte des Bildraumes abhängt.

Theorem von den dimensionserhöhenden Abbildungen. *Ist der n-dimensionale kompakte Raum R eindeutig und stetig abgebildet auf den n^*-dimensionalen Raum R^*, wobei $n^* \geqq n \geqq 0$ gilt, dann gibt es in R^* Punkte, deren Urbildmengen mindestens $n^* - n + 1$ verschiedene Punkte enthalten.*

Die Behauptung kann offenbar auch folgendermaßen ausgesprochen werden: Wenn der n-dimensionale kompakte Raum R eindeutig und stetig auf einen Raum R^* abgebildet wird derart, daß die Urbildmenge jedes Punktes von R^* höchstens k verschiedene Punkte enthält, dann gilt, wenn n^* die Dimension von R^* bezeichnet, die Ungleichung $n^* \leqq n + k - 1$ für $k \geqq 0$ und $n \geqq 0$ bzw. die Gleichung $n^* = n$ für $k = 0$ und $n = -1$.

Wir beweisen den Satz durch doppelte Induktion nach n und k. Für $k = 0$ ist die Behauptung trivial. Denn wenn alle Urbildmengen keine Punkte enthalten, d. h. leer sind, dann sind Bildraum und Urbildraum leer, d. h. es gilt $n = n^* = -1$. Aus demselben Grund ist die Behauptung richtig für $n = -1$.

Wir nehmen also an, es seien zwei Zahlen $n \geqq 0$ und $k \geqq 1$ gegeben, so daß die Behauptung für die Kombinationen $n - 1$, k und n, $k - 1$

gültig ist. Wir wollen auf Grund dieser Annahme die Behauptung für die Zahlen n, k beweisen.

Ehe wir den Beweis beginnen, erinnern wir daran, was aus der Annahme der Gültigkeit unserer Behauptung für die Zahlen $n-1, k$ und $n, k-1$ für einen vorgelegten n-dimensionalen kompakten Raum R folgt, welcher eindeutig und stetig auf einen Raum R^* abgebildet ist, derart, daß die Urbildmengen jedes Punktes von R^* höchstens k Punkte enthalten. Ein solcher Raum besitzt auf Grund unserer beiden Annahmen die beiden folgenden Eigenschaften: 1. *Ist A eine höchstens $(n-1)$-dimensionale abgeschlossene Teilmenge von R, so ist die Bildmenge von A höchstens $(n+k-2)$-dimensional.* 2. *Ist A eine derartige abgeschlossene Teilmenge von R, daß jeder Punkt der Bildmenge A^* von A höchstens $k-1$ Urbildpunkte in A besitzt, dann ist A^* höchstens $(n+k-2)$-dimensional.* Es ergibt sich etwa die zweite Eigenschaft von R daraus, daß A, in sich betrachtet, ein höchstens n-dimensionaler kompakter Raum ist, und daß A^*, in sich betrachtet, eindeutiges stetiges Bild von A ist derart, daß jede Urbildmenge eines Punktes von A^* höchstens $k-1$ Punkte enthält. Hieraus folgt, da wir unsere Behauptung für $n, k-1$ als gültig annehmen, daß A^* höchstens $(n+k-2)$-dimensional ist.

Wir geben nun einen n-dimensionalen kompakten Raum vor, der eindeutig und stetig auf einen Raum R^* abgebildet ist derart, daß die Urbildmenge jedes Punktes von R^* höchstens k Punkte enthält. Die Behauptung lautet, daß R^* höchstens $(n+k-1)$-dimensional ist.

Nach einem Korollar des Summensatzes (S. 117) genügt es, wenn wir zeigen, daß je zwei fremde abgeschlossene Teilmengen von R^* durch eine höchstens $(n+k-2)$-dimensionale Menge getrennt werden können, d. h. daß zu je zwei fremden abgeschlossenen Teilmengen A^* und B^* von R^* eine höchstens $(n+k-2)$-dimensionale Menge C^* existiert, so daß $R^*-C^*=M+N$ gilt, wo $M \supset A^*$ und $N \supset B^*$ zwei fremde in R^*-C^* abgeschlossene Mengen sind. Die Urbildmengen A und B von A^* bzw. B^* sind fremd und in R abgeschlossen. Also sind, da R n-dimensional ist, nach einem Korollar des Summensatzes die Mengen A und B in R durch eine höchstens $(n-1)$-dimensionale Menge getrennt, d. h. es existiert eine höchstens $(n-1)$-dimensionale Teilmenge C von R, so daß $R-C=U+V$ gilt, wo $U \supset A$ und $V \supset B$ zwei fremde in $R-C$ abgeschlossene Mengen sind, und überdies (vgl. S. 117) $\overline{U}+\overline{V}=R$ angenommen werden kann. Bezeichnen wir mit M und N die Bildmengen von $\overline{U}$ bzw. von $\overline{V}$, so sind M und N zwei in R^* abgeschlossene Mengen.

Wir behaupten zunächst, daß A^* und B^* durch die Menge $M \cdot N$ getrennt werden. In der Tat, wegen $R=\overline{U}+\overline{V}$ gilt $R^*=M+N$ und daher $R^*-M \cdot N = M \cdot (R^*-M \cdot N) + N \cdot (R^*-M \cdot N)$.

Die beiden Summanden auf der rechten Seite dieser Formel sind offenbar zueinander fremd und in $R^* - M \cdot N$ abgeschlossen (als Durchschnitt von $R^* - M \cdot N$ mit den abgeschlossenen Mengen M bzw. N). Es gilt ferner $M \cdot (R^* - M \cdot N) > A^*$. Denn wegen $A < U$ gilt erstens $A^* < M$. Zweitens folgt mit Rücksicht auf die Fremdheit von U und V und daher von U und $\overline{V}$ aus $A < U$, daß A^* zu N fremd ist, also $A^* < R^* - N$ und erst recht $A^* < R^* - M \cdot N$ gilt. Ebenso zeigt man, daß $N \cdot (R^* - M \cdot N) > B^*$ gilt. Es werden also A^* und B^* durch $M \cdot N$ getrennt. Um unsere Behauptung zu beweisen, daß A^* und B^* in R^* durch eine höchstens $(n + k - 2)$-dimensionale Menge getrennt sind, haben wir noch nachzuweisen, daß die Menge $M \cdot N$ höchstens $(n + k - 2)$-dimensional ist. Dies ist offenbar, da M und N die Bilder der abgeschlossenen Mengen $\overline{U}$ und $\overline{V}$ mit höchstens $(n - 1)$-dimensionalem Durchschnitt sind, in folgender allgemeiner Behauptung enthalten, die wir nunmehr beweisen wollen:

Sind A und B abgeschlossene Teilmengen von R, die einen höchstens $(n - 1)$-dimensionalen Durchschnitt haben, dann ist der Durchschnitt $A^* \cdot B^*$ der Bildmengen A^* und B^* von A bzw. von B höchstens $(n + k - 2)$-dimensional. Zur Vermeidung von Mißverständnissen sei ausdrücklich darauf hingewiesen, daß diese Behauptung vom *Durchschnitt der Bildmengen*, nicht von der *Bildmenge des Durchschnittes* handelt. Die letztere Menge ist gewiß höchstens $(n + k - 2)$-dimensional auf Grund der ersten von unseren zwei Annahmen über den Raum R. Aber der Durchschnitt der Bildmengen kann Punkte enthalten, die nicht Bildpunkte von Durchschnittspunkten sind.

Zum Beweise dieser Behauptung bezeichnen wir mit B^{**} die Urbildmenge von B^*, d. h. die Menge aller Punkte von R, deren Bildpunkte in B^* liegen. Dann ist die Menge $A^* \cdot B^*$, die als höchstens $(n + k - 2)$-dimensional erwiesen werden soll, offenbar identisch mit der Bildmenge der Menge $A \cdot B^{**}$. Denn *erstens* liegt ja jeder Bildpunkt eines Punktes von $A \cdot B^{**}$ sowohl in A^* als auch in B^*. Und *zweitens* ist jeder Punkt von $A^* \cdot B^*$ Bildpunkt eines Punktes von A, der zugleich Urbild eines Punktes von B^* ist, also auch in B^{**} liegen muß. Demnach ist jeder Punkt von $A^* \cdot B^*$ Bildpunkt eines Punktes von $A \cdot B^{**}$, und die Menge $A^* \cdot B^*$ ist mit der Bildmenge von $A \cdot B^{**}$ identisch.

Nun ist die Menge B^*, als Bildmenge der in R abgeschlossenen Menge B, abgeschlossen in R^*. Die Menge B^{**} ist als Urbildmenge von B^* abgeschlossen in R. Die Menge B ist offenbar Teilmenge von B^{**}. Also ist die Menge $A \cdot B^{**} - A \cdot B$ Differenz zweier in R abgeschlossener Mengen und daher (vgl. S. 67) ein F_σ in R, d. h. Summe von abzählbarvielen in R abgeschlossenen Mengen. Es sei etwa

$$A \cdot B^{**} - A \cdot B = \sum_{i=1}^{\infty} P_i,$$

wo die P_i in R abgeschlossene Mengen sind. Statt dessen kann man offenbar auch schreiben:

$$A \cdot B^{**} = A \cdot B + \sum_{i=1}^{\infty} P_i.$$

Diese Summendarstellung von $A \cdot B^{**}$ ergibt eine entsprechende Summendarstellung für die Bildmenge von $A \cdot B^{**}$, d. h. für die Menge $A^* \cdot B^*$, nämlich

$$A^* \cdot B^* = (A \cdot B)^* + \sum_{i=1}^{\infty} P_i^*,$$

wobei $(A \cdot B)^*$ die Bildmenge von $A \cdot B$ und P_i^* die Bildmenge von P_i bezeichnet. Die Mengen $(A \cdot B)^*$ und P_i^* sind als Bildmengen der in R abgeschlossenen Mengen $A \cdot B$ bzw. P_i abgeschlossen in R^*.

Zum Beweise der Behauptung, daß die Menge $A^* \cdot B^*$ höchstens $(n+k-2)$-dimensional ist, genügt es daher auf Grund des Summensatzes, wenn wir zeigen, daß jeder der abzählbarvielen abgeschlossenen Summanden von $A^* \cdot B^*$ höchstens $(n + k - 2)$-dimensional ist, d. h. wenn wir zeigen, daß $(A \cdot B)^*$ und jede der Mengen P_i^* höchstens $(n + k - 2)$-dimensional ist.

Daß die Menge $(A \cdot B)^*$ höchstens $(n + k - 2)$-dimensional ist, ergibt sich, wie bereits erwähnt, daraus, daß diese Menge Bild der höchstens $(n - 1)$-dimensionalen Menge $A \cdot B$ ist, auf Grund der ersten unserer zwei Annahmen über R. Wir betrachten nun die Mengen P_i^*. Bei der eindeutigen stetigen Abbildung von P_i auf P_i^* entspricht jeder Punkt von P_i^* höchstens $k - 1$ Urbildpunkten von P_i. Denn unter den höchstens k Urbildpunkten, welche ein Punkt von P_i^* bei der Abbildung von R auf R^* in R besitzt, liegt, da $P_i^* \subset B^*$ ist, mindestens einer in B, also außerhalb von P_i^*, da ja $P_i^* \subset B^{**} - B$ ist. Da nun P_i als Teilmenge von R höchstens n-dimensional ist, so ist die Menge P_i^* auf Grund der zweiten von unseren beiden Annahmen über R höchstens $(n + k - 2)$-dimensional.

Damit ist bewiesen, daß der Durchschnitt der Bildmengen zweier abgeschlossener Mengen mit höchstens $(n - 1)$-dimensionalem Durchschnitt höchstens $(n + k - 2)$-dimensional ist, und auf diese Behauptung war der Beweis des Theorems zurückgeführt.

Historisches. Das Theorem dieses Abschnittes und sein angeführter Beweis stammen von Hurewicz (Proc. Acad. Amsterdam *30*, 1927, S. 164), welcher (a. a. O.) bemerkt, daß der Beweis sich auf *beliebige separable Räume* übertragen läßt, wofern über die Abbildung von R auf R^* vorausgesetzt wird, daß sie *eindeutig und beiderseits stetig* ist, so daß jede abgeschlossene Teilmenge von R auf eine abgeschlossene Teilmenge von R^* abgebildet wird und jede abgeschlossene Teilmenge von R^* eine in R abgeschlossene Urbildmenge besitzt.

5. Über topologische Abbildungen.

Eine eindeutige stetige Abbildung, deren inverse Abbildung ebenfalls eindeutig und stetig ist, m. a. W. eine eineindeutige beiderseits stetige Abbildung heißt *topologisch*. Da jede eindeutige stetige Abbildung eines kompakten Raumes auf einen andern, wie oben festgestellt wurde, eo ipso beiderseits stetig ist, so sind die topologischen Abbildungen *kompakter* Räume schon dadurch gekennzeichnet, daß sie eineindeutig und stetig sind. Offenbar ist topologische Abbildbarkeit zweier Räume aufeinander gleichbedeutend mit der *Homöomorphie* der beiden Räume.

Bei einer eindeutigen stetigen Abbildung eines Raumes R auf einen Raum R^* ist das Urbild von jeder in R^* abgeschlossenen Menge abgeschlossen in R. Ist die Abbildung überdies umkehrbar eindeutig, so ist auch das Urbild des Komplementes einer Teilmenge M^* von R^* mit dem Komplement des Urbildes von M^* identisch; also ist dann das Urbild jeder in R^* offenen Menge offen in R. Die Begrenzung der offenen Teilmenge U^* von R^* ist die Menge $\overline{U}^* \cdot (R^* - U^*)$. Das Urbild dieser Begrenzung ist, wenn R^* eineindeutiges stetiges Bild von R ist und wir mit U das Urbild von U^* bezeichnen, die Menge $\overline{U} \cdot (R - U)$, also die Begrenzung von U. Bei einer topologischen Abbildung zweier Räume aufeinander entspricht also, da diese Abbildung in beiden Richtungen eindeutig und stetig ist, jeder offenen Menge des einen Raumes eine offene Menge des andern und der Begrenzung jeder offenen Menge des einen Raumes die Begrenzung der entsprechenden offenen Bildmenge. Überdies wird jede auf einen Punkt p sich zusammenziehende Folge von Umgebungen abgebildet auf eine Folge von Umgebungen von p^*, die sich auf p^* zusammenziehen: Aus diesen Tatsachen folgt fast unmittelbar der

Satz von der topologischen Invarianz der Dimension. *Homöomorphe Räume sind gleichdimensional. Ist der Raum R im Punkte p n-dimensional, und ist R^* topologisches Bild von R, so ist R^* im Bildpunkte p^* von p n-dimensional.*

Je zwei (-1)-dimensionale Räume sind leer, also homöomorph. Wir machen die Annahme, daß jeder Raum, der mit einem höchstens $(n-1)$-dimensionalen bzw. im Punkt p höchstens $(n-1)$-dimensionalen Raum homöomorph ist, höchstens $(n-1)$-dimensional bzw. im Bildpunkt p^* höchstens $(n-1)$-dimensional ist, und beweisen unter dieser Annahme den im Satz formulierten Fall n des Invarianzsatzes, und zwar der allgemeinen Schlußbehauptung. Es liege also ein im Punkte p n-dimensionaler Raum R vor. Der Punkt p ist in einer auf ihn sich zusammenziehenden Folge von Umgebungen mit höchstens $(n-1)$-dimensionalen Begrenzungen enthalten. Ist nun R^* mit R homöomorph und p^* der

Bildpunkt von p, so wird nach dem vorhin Gesagten die auf p sich zusammenziehende Folge von Umgebungen auf eine auf p^* sich zusammenziehende Folge von Umgebungen von p^* abgebildet, und dabei ist die Begrenzung von jeder dieser Umgebungen von p^* Bild von der Begrenzung der entsprechenden Umgebung von p, also homöomorph mit einer höchstens $(n-1)$-dimensionalen Menge und daher auf Grund der induktiven Annahme höchstens $(n-1)$-dimensional. Der Punkt p^* ist also in einer auf ihn sich zusammenziehenden Folge von Umgebungen mit höchstens $(n-1)$-dimensionalen Begrenzungen enthalten, d. h. der Raum R^* ist im Punkt p^* höchstens n-dimensional. Der Raum R^* ist in p^* aber auch mindestens n-dimensional, denn wäre er in p^* höchstens $(n-1)$-dimensional, so wäre R, da die zu einer topologischen Abbildung inverse Abbildung topologisch ist, topologisches Bild von R^* und die Dimension von R in p wäre mehr als $(n-1)$-dimensional, obwohl die Dimension von R^* im Urbildpunkt p^* von p höchstens $(n-1)$-dimensional wäre, was auf Grund der induktiven Annahme unmöglich ist. Der Raum R^* ist also in p^* n-dimensional, wie behauptet. Damit ist der Invarianzsatz allgemein bewiesen.

Seine Gültigkeit ergibt sich übrigens *zweitens* auch aus dem Theorem von den dimensionserhöhenden Abbildungen. Damit eine eindeutige stetige Abbildung die Dimension eines separabeln Raumes erhöhe, ist ja diesem Theorem zufolge notwendig, daß die Urbildmenge von mindestens einem Punkt des Bildraumes mehr als einen Punkt enthalte. Bei einer topologischen Abbildung enthält aber die Urbildmenge von jedem Punkt des Bild raumes genau einen Punkt, kann also die Dimension nicht erhöht, und, da die inverse Abbildung einer topologischen Abbildung ebenfalls topologisch ist, auch nicht erniedrigt werden.

Für kompakte Räume ergibt sich die Gültigkeit des Invarianzsatzes *drittens* aus dem Theorem von den dimensionserniedrigenden Abbildungen (und falls dieses Theorem für beliebige separable Räume gilt, folgt aus ihm der Invarianzsatz für beliebige separable Räume). Damit nämlich eine eindeutige stetige Abbildung die Dimension eines kompakten Raumes erniedrige, ist dem Theorem zufolge notwendig, daß die Urbildmenge von mindestens einem Punkt des Bildraumes mehr als nulldimensional sei, während bei einer topologischen Abbildung die Urbildmenge von jedem Punkt einpunktig, also nulldimensional ist. Die Dimension kann also durch topologische Abbildungen nicht erniedrigt und folglich wegen des topologischen Charakters der inversen Abbildung gar nicht verändert werden.

Historisches. Der Satz von der topologischen Invarianz der Dimension ist, wie man sieht, eine unmittelbare Folge des Dimensionsbegriffes und des Begriffes der topologischen Abbildung. Mit Absicht haben wir ihn jedoch nicht unter die unmittelbaren Folgerungen aus der Definition aufgenommen, sondern erst an dieser Stelle, also nach der Entwicklung der fundamentalen Theoreme der Dimensionstheorie, bewiesen. Es tritt hierdurch nämlich die Unabhängigkeit der Theorie von diesem Satz in volle Evidenz. Und es sollte hier kein Vorschub geleistet werden dem aus historischen Gründen (nämlich durch Herübernahme elementargeometrischer Überlegungen in die Punktmengenlehre) entstandenen Vorurteil, daß der Invarianz einer Eigenschaft gegenüber einer Transformationsgruppe und insbesondere der topologischen Invarianz einer Eigenschaft übermäßige Bedeutung zukomme. Wäre die Dimension nicht topologisch invariant, so würde dies höchstens der Wichtigkeit der topologischen Abbildungen Abbruch tun, die ganze im vorangehenden entwickelte Dimensionstheorie bliebe hierdurch jedoch unberührt. Tatsächlich läßt sich auch für topologisch nichtinvariante *gestaltliche* Eigenschaften eine recht umfangreiche Theorie entwickeln, so vor allem für die *Konvexität* und verwandte Eigenschaften (vgl. meine Theorie der Konvexität, Math. Ann. *100,* 1928). — Daß endlich der oben bewiesene Satz von der Invarianz der Dimension von einem in der vordimensionstheoretischen Topologie so genannten Satz ganz verschieden ist, wird bei Besprechung dieses letzteren Satzes (S. 268f.) auseinandergesetzt werden.

VIII. Die Dimensionsverhältnisse in Cartesischen Räumen.

1. Problemstellung.

Wir wenden uns nun der Untersuchung der Dimensionsverhältnisse in Cartesischen Räumen zu. Der R_n und die Intervalle des R_n sind jene Gebilde, für welche die Bezeichnung *n-dimensional* im allgemeinen Sprachgebrauch festgelegt ist. Daß die Strecke eindimensional, die Quadratfläche zweidimensional, der Würfelkörper dreidimensional, das Intervall des R_n n-dimensional ist, das sind in der gesamten Geometrie und darüber hinaus unerschütterlich festgelegte Ausdrucksweisen. Während die *Aufstellung* des allgemeinen Dimensions*begriffes* in der umfangreichen *Theorie*, welche in den vorangehenden Kapiteln entwickelt wurde, ihre volle Rechtfertigung findet, so ist die *Benennung* des Begriffes mit dem Worte „Dimension" noch zu begründen durch den Nachweis, daß sie mit dem allgemeinen Gebrauch des Wortes Dimension nicht im Widerspruch steht (vgl. S. 76f.). Und da ein allgemeiner und übereinstimmender Gebrauch des Wortes „Dimension" vor der Entwicklung der allgemeinen Dimensionstheorie bloß hinsichtlich des R_n und seiner Intervalle vorlag, so ist also nachzuweisen, daß der R_n und das Intervall des R_n im Sinne der allgemeinen Definition n-dimensional ist. Die Dimensionstheorie selbst ist, wie betont werden muß, von diesem Satz völlig unabhängig. Alle Theoreme der vorangehenden Kapitel gelten ohne Rücksicht auf die Dimensionsverhältnisse irgendwelcher spezieller Räume. Für die allgemeine Dimensionstheorie spielt der Satz nur insofern eine wichtige *formale* Rolle, als er durch Angabe eines Beispiels, nämlich des R_n, die *Existenz* n-dimensionaler Räume für jedes natürliche n nachweist, eine Tatsache, die jedoch in der eigentlichen Dimensionstheorie nirgends vorausgesetzt wird.

Aus dem Satz, daß das Intervall des R_n n-dimensional ist, folgt, daß jede Teilmenge des R_n, welche ein Intervall als Teil enthält, n-dimensional ist, also der

Satz von den offenen Teilmengen des R_n. *Jede Menge des R_n, welche eine offene Teilmenge enthält, ist n-dimensional.*

Neben diesem Satz ist nun auch seine Umkehrung anschaulich plausibel, nämlich der folgende

Satz von den n-dimensionalen Mengen des R_n. *Jede n-dimensionale Menge des R_n enthält eine offene Teilmenge.*

Zusammengenommen lassen sich die beiden erwähnten Sätze in folgender Form aussprechen:

Unter den Teilmengen des R_n sind diejenigen, welche n-dimensional sind, und diejenigen, welche eine offene Teilmenge enthalten, identisch.

Historisches. Der Satz von der n-Dimensionalität des R_n wurde von Brouwer (Journ. f. d. reine u. angew. Math. *142*, 1913, S. 148) ausgesprochen und bewiesen durch Zurückführung auf ein Lemma, welches Lebesgue (Math. Ann. *70*, 1911, S. 166) ausgesprochen, aber nicht einwandfrei bewiesen hatte. Das Lemma lautet: Bei jeder Zerlegung eines n-dimensionalen Würfels W_n in endlichviele hinlänglich kleine Teilmengen, deren jede Summe von endlichvielen abgeschlossenen Teilwürfeln von W_n ist, gibt es Punkte von W_n, die mindestens $n+1$ von den Teilmengen angehören. Brouwer beweist (a. a. O.) dieses Lemma mit Hilfe seiner Lehre vom Abbildungsgrad. Einen anderen einwandfreien Beweis seines Lemmas gab Lebesgue (Fund. Math. *2*, 1921, S. 257). Der Satz von den n-dimensionalen Teilmengen des R_n wurde von mir (Monatsh. f. Math. u. Phys. *34*, 1924, S. 157) und von Urysohn (Fund. Math. *7*, 1925, S. 81 ff.) bewiesen.

Im folgenden wird der Satz von den offenen Mengen des R_n in zwei Aussagen gespalten: daß die offenen Teilmengen des R_n erstens *höchstens* n-dimensional und zweitens *mindestens* n-dimensional sind. Abschnitt 2 enthält drei ganz verschiedenartige Beweise der einfachen ersten Hälfte. Der dritte Beweis stützt sich auf eine von Lebesgue (Fund. Math. *2*, 1921, S. 266) angegebene kanonische Zerlegung der n-dimensionalen Intervalle in Teilintervalle. Abschnitt 3 enthält zwei Beweise der zweiten Hälfte. Der erste stammt von Sperner (demnächst in den Hamburger Abhandl. erscheinend) und bezieht sich auf das n-dimensionale Simplex. Er stellt bei Verwendung des Brouwerschen Begriffes der simplizialen Zerlegung (Math. Ann. *71*, 1911, S. 161) durch Ausschaltung des Begriffes vom Abbildungsgrad eine Vereinfachung des erwähnten Brouwerschen Beweises dar. Der zweite Beweis ist eine von Hurewicz stammende (demnächst in den Math. Ann. erscheinende) Vereinfachung des Beweises von Lebesgue, bezieht sich auf den n-dimensionalen Würfel und verwendet die Lebesguesche kanonische Würfelzerlegung. Die Einfachheit der beiden abgekürzten Beweise (und ihre weitgehende Analogie untereinander) beruht darauf, daß für gewisse Zerlegungen des n-dimensionalen Simplexes bzw. Intervalles in $n+1$ Teilmengen bestimmter Art gezeigt wird, daß eine *ungerade* Anzahl von Punkten des Simplexes bzw. Intervalles den $n+1$ Summanden gemein ist. — Abschnitt 4 enthält zwei Beweise des Satzes von den n-dimensionalen Teilmengen des R_n. Den ersten gab ich (Monatsh. f. Math. u. Phys. *34*, S. 157) an. Die Konstruktion ist eine Verallgemeinerung eines Verfahrens, welches mir für den Fall $n=2$ von Schreier mitgeteilt wurde (vgl. Monatsh. f. Math. u. Phys. *33*, 1923, S. 153). Der zweite von Urysohn (Fund. Math. *7*, 1925, S. 81 ff.) stammende Beweis besteht in einer Zurückführung des Satzes auf den Satz von Fréchet (Math. Ann. *68*, 1910, S. 159), daß je zwei abzählbare überall dichte Teilmengen des R_n isotop sind, welchen wir im wesentlichen nach Fréchet (a. a. O.) mit Hilfe eines Cantorschen Verfahrens der anordnungserhaltenden Abbildung beweisen.

2. Drei Beweise der ersten Hälfte des Satzes von den offenen Mengen des R_n.

Wir geben zunächst drei verschiedene Beweise für die einfache Tatsache an, daß ein Intervall des R_n höchstens n-dimensional ist.

Erster Beweis.

Zunächst ist, wie wir wissen, der R_1 höchstens eindimensional, da zu jedem seiner Punkte beliebig kleine Umgebungen (nämlich Intervalle) existieren, deren Begrenzungen genau zwei Punkte enthalten, also nulldimensional sind. Wir haben also unter der Voraussetzung, daß der R_{n-1} als höchstens $(n-1)$-dimensional erwiesen ist, zu zeigen, daß der R_n höchstens n-dimensional ist. Aus der Voraussetzung, daß der R_{n-1} höchstens $(n-1)$-dimensional ist, folgt, daß jede $(n-1)$-dimensionale Hyperebene des R_n, die ja, in sich betrachtet, ein R_{n-1} ist, höchstens $(n-1)$-dimensional ist, und daß daher auch alle Teilmengen einer $(n-1)$-dimensionalen Hyperebene des R_n höchstens $(n-1)$-dimensional sind. Nun ist die Begrenzung jedes n-dimensionalen Würfels des R_n Summe von endlichvielen abgeschlossenen Mengen, von denen jede Teilmenge einer $(n-1)$-dimensionalen Hyperebene des R_n und daher höchstens $(n-1)$-dimensional ist. Die Begrenzung jedes n-dimensionalen Würfels ist also höchstens $(n-1)$-dimensional. Da nun zu jedem Punkt des R_n beliebig kleine Umgebungen existieren, die n-dimensionale Würfel sind, so ist der R_n höchstens n-dimensional. Damit ist der erste Beweis beendet.

Der durchgeführte Beweis ergibt offenbar auch folgenden allgemeineren Satz, welcher die erste Hälfte des Satzes von den offenen Mengen des R_n (da der R_n Produktraum von n Zahlengeraden ist) als Spezialfall enthält:

Das Produkt eines m-dimensionalen und eines n-dimensionalen Raumes ist höchstens $(m+n)$*-dimensional.*

Daß der Produktraum zweier nulldimensionaler Räume nulldimensional ist, wurde oben (S. 146) bewiesen. Es seien m und n irgendzwei vorgegebene Zahlen. Wir nehmen an, daß für je zwei Zahlen m' und n', für welche $m' + n' < m + n$ ist, die Behauptung gelte, d. h. das Produkt eines m'-dimensionalen und eines n'-dimensionalen Raumes höchstens $(m' + n')$-dimensional sei. Es sei dann ein m-dimensionaler Raum R und ein n-dimensionaler Raum S vorgelegt; wir behaupten, daß ihr Produktraum $P = R \times S$ höchstens $(m+n)$-dimensional ist. Sei zu diesem Zweck p irgendein Punkt von P, etwa der als geordnetes Paar (r, s) gegebene Punkt, wo r einen Punkt von R, s einen Punkt von S bezeichnet, und sei U irgendeine vorgelegte Umgebung von p, d. h. eine p enthaltende offene Menge des Raumes P. Sicher enthält zunächst U eine Umgebung U' von p, welche Produkt ist von einer Umgebung V des Punktes r im Raum R und einer Umgebung W des Punktes s im Raum S. Da R in r höchstens m-dimensional und S in s höchstens n-dimensional ist, existiert eine Umgebung $V^* \subset V$ von r, deren Begrenzung höckstens $(m-1)$-dimensional ist, und eine Umgebung $W^* \subset W$ von s, deren Begrenzung höchstens $(n-1)$-dimensional ist. Wir betrachten die Menge $V^* \times W^*$ in P. Sie ist eine Umgebung von p und Teilmenge von U'. Wir wollen sie mit U^*, ihre Begrenzung mit $B(U^*)$ bezeichnen. Es gilt offenbar

$$B(U^*) = B(V^*) \times \overline{W}^* + \overline{V}^* \times B(W^*).$$

Jede der beiden Mengen $B(V^*) \times \overline{W}^*$ und $\overline{V}^* \times B(W^*)$ ist Produkt zweier abgeschlossener Teilmengen der Faktorräume, also eine abgeschlossene Teilmenge von P. Die erste ist Produkt einer höchstens $(m-1)$-dimensionalen und einer höchstens n-dimensionalen, die zweite ist Produkt einer höchstens m-dimensionalen und einer höchstens $(n-1)$dimensionalen Menge, also sind auf Grund der induktiven Annahme die beiden Summanden höchstens $(m+n-1)$-dimensional. Da sie abgeschlossen sind, ist ihre Summe, d. h. die Menge $B(U^*)$, höchstens $(m+n-1)$-dimensional. Damit ist also für jeden Punkt p von P und für jede Umgebung U von p eine Teilumgebung von p aufgewiesen, deren Begrenzung höchstens $(m+n-1)$-dimensional ist, d. h. der Raum P ist höchstens $(m+n)$-dimensional, wie behauptet.

Zweiter Beweis.

Bezeichnen wir mit M_n^k die Menge aller Punkte des R_n, welche k rationale und $n-k$ irrationale Koordinaten haben ($k = 0, 1, \ldots, n$), so ist, wie wir sahen (S. 147 f.), jede der $n+1$ Mengen M_n^k nulldimensional. Also ist der R_n Summe von $n+1$ nulldimensionalen Mengen und mithin höchstens n-dimensional. Dabei ist eine der $n+1$ nulldimensionalen Mengen, nämlich die Menge M_n^n, für jedes n abzählbar. Also ist der R_n höchstens rational n-dimensional.

Auch diese Argumentation lieferte bereits oben (S. 148) ein allgemeineres Ergebnis, nämlich den Satz: *Das Produkt von n rational eindimensionalen Räumen ist höchstens rational n-dimensional.*

Dritter Beweis.

Wir stützen uns auf die Umkehrung des letzten Teiles des Zerlegungssatzes, derzufolge ein kompakter Raum höchstens n-dimensional ist, wenn er Summe ist von endlichvielen beliebig kleinen abgeschlossenen Mengen, die zu je $n+2$ leere Durchschnitte haben. Um zu zeigen, daß das Intervall des R_n höchstens n-dimensional ist, genügt es also, den R_n für jede Zahl d in n-dimensionale Würfel der Kantenlänge d zu zerlegen, die zu je $n+2$ leere Durchschnitte haben. Um ein vorgelegtes Intervall J des R_n in endlichviele abgeschlossene Intervalle mit Kantenlängen $\leqq d$ zu zerlegen, die zu je $n+2$ leere Durchschnitte haben, müssen wir dann bloß die Durchschnitte von J mit den homothetischen Würfeln der Kantenlänge d betrachten, in die wir den R_n zerlegen. Die endlichvielen nichtleeren von diesen Durchschnitten stellen eine Zerlegung von J dar, wie sie gefordert wird.

Wir zeigen mehr: Wir geben für ein vorgelegtes d eine Zerlegung des R_n in Würfel der Kantenlänge d an, die zu je k höchstens $(n-k+1)$-dimensionale Durchschnitte haben ($k = 2, 3, \ldots, n+2$). Eine solche Zerlegung des R_n möge *kanonisch* heißen. Die Durchschnitte eines Intervalles mit den Würfeln einer solchen Zerlegung erfüllen also nicht bloß die Forderungen des letzten Teiles des Zerlegungssatzes, sondern genügen offenbar den Bedingungen des allgemeinen Zerlegungssatzes: Sie haben zu je k höchstens $(n-k+1)$-dimensionale Durchschnitte ($k = 2, 3, \ldots, n+2$).

Es sei also eine Zahl $d > 0$ vorgelegt. Wir bilden für jedes n-Tupel von ganzen (positiven und negativen) Zahlen $a_1, a_2, \ldots, a_n$ die Menge aller Punkte $(x_1, x_2, \ldots, x_n)$, deren Koordinaten den Ungleichungen genügen

$$a_i \cdot d \leqq x_i \leqq (a_i + 1) \cdot d, \quad (i = 1, 2, \ldots, n).$$

Jede dieser Mengen ist ein abgeschlossener n-dimensionaler Würfel mit der Kantenlänge d. Wir bezeichnen die den n Zahlen $a_1, a_2, \ldots, a_n$ zugeordnete Menge mit $A_{a_1, a_2, \ldots, a_n}$. Die Menge, welche aus $A_{a_1, a_2, \ldots, a_n}$ durch die Translation

$$\begin{aligned}
x_1' &= x_1 + a_2 \frac{d}{2} + a_3 \frac{d}{4} + \cdots + a_n \frac{d}{2^{n-1}},\\
x_2' &= x_2 + a_3 \frac{d}{4} + a_4 \frac{d}{8} + \cdots + a_n \frac{d}{2^{n-1}},\\
&\cdots\cdots\cdots\cdots\cdots\cdots\\
x_{n-1}' &= x_{n-1} + a_n \frac{d}{2^{n-1}},\\
x_n' &= x_n
\end{aligned}$$

entsteht, bezeichnen wir mit $A'_{a_1, a_2, \ldots, a_n}$. Wir behaupten nun über das System der Mengen $A'_{a_1, a_2, \ldots, a_n}$ folgendes:

1. *Jeder Punkt des R_n ist in mindestens einer der Mengen $A'_{a_1, a_2, \ldots, a_n}$ enthalten.*

2. *Je zwei verschiedene Mengen $A'_{a_1, a_2, \ldots, a_n}$ haben höchstens Begrenzungspunkte (keine inneren Punkte) gemein.*

3. *Der Durchschnitt von r Mengen $A'_{a_1, a_2, \ldots, a_n}$, wo $2 \leqq r \leqq n+1$ ist, ist entweder leer oder eine Menge, deren Punkte Koordinaten haben, welche $r-1$ Gleichungen der Form $x_i = m_i \frac{d}{2^{n-1}}$ genügen, wobei m_i ganze Zahlen sind.*

Die Behauptung ist für $n = 1$ trivial, denn in diesem Fall ist für jede ganze Zahl a_1 die auf A_{a_1} ausgeübte Translation die Identität, und es gilt daher $A'_{a_1} = A_{a_1}$. Wir beweisen nun die Behauptung unter der Annahme, daß sie für $n-1$ gültig sei, für n. Ist a_n irgendeine vorgelegte ganze Zahl, so ist die Summe aller Mengen $A_{a_1, a_2, \ldots, a_{n-1}, a_n}$, wo $a_1, a_2, \ldots, a_{n-1}$ alle $(n-1)$-Tupel von ganzen Zahlen durchläuft, identisch mit der Menge aller Punkte $(x_1, x_2, \ldots, x_{n-1}, x_n)$, deren letzte Koordinate der Ungleichung genügt $a_n \cdot d \leqq r_n \leqq (a_n + 1) \cdot d$. Wir wollen diese Schichte des Raumes mit S_{a_n} bezeichnen und die beiden S_{a_n} begrenzenden Hyperebenen $x_n = a_n \cdot d$ und $x_n = (a_n + 1) \cdot d$ mit H_{a_n} bzw. H_{a_n+1} bezeichnen. Ist $A_{a_1, a_2, \ldots, a_n}$ eine Teilmenge von S_{a_n}, dann ist auch $A'_{a_1, a_2, \ldots, a_n}$ Teilmenge von S_{a_n}, da ja die Translation, die $A_{a_1, a_2, \ldots, a_n}$ in $A'_{a_1, a_2, \ldots, a_n}$ überführt, die letzte Koordinate x_n unverändert läßt.

Um den *ersten* Punkt unserer Behauptung zu beweisen, daß nämlich jeder Punkt des R_n in mindestens einer Menge $A'_{a_1, a_2, \ldots, a_n}$ liegt, genügt es also, wenn wir zeigen, daß für jede Zahl a_n jeder Punkt von S_{a_n} in mindestens einer der Mengen $A'_{a_1, a_2, \ldots, a_{n-1}, a_n}$, deren letzter Index a_n ist, enthalten ist. Ist p ein Punkt von S_{a_n} mit den Koordinaten $\bar{x}_1, \bar{x}_2, \ldots, \bar{x}_{n-1}, \bar{x}_n$, wobei also $a_n \cdot d \leqq \bar{x}_n \leqq (a_n + 1) \cdot d$ gilt, so liegen offenbar alle Punkte, welche die Koordinaten $\bar{x}_1, \bar{x}_2, \ldots, \bar{x}_{n-1}, x_n$ haben, wobei $a_n \cdot d \leqq x_n \leqq (a_n + 1) \cdot d$ gilt, ebenfalls in S_{a_n}, und zwar in allen jenen Mengen $A'_{a_1, a_2, \ldots, a_{n-1}, a_n}$, in denen p liegt. Um zu zeigen, daß jeder Punkt von S_{a_n} in mindestens einer der Mengen $A'_{a_1, \ldots, a_n}$ liegt, genügt es also, zu zeigen, daß jeder Punkt der Hyperebene H_{a_n} in mindestens einer der Mengen $A'_{a_1, \ldots, a_n}$ liegt. Setzen wir

$$B_{a_1, a_2, \ldots, a_{n-1}, a_n} = H_{a_n} \cdot A_{a_1, a_2, \ldots, a_{n-1}, a_n},$$
$$B'_{a_1, a_2, \ldots, a_{n-1}, a_n} = H_{a_n} \cdot A'_{a_1, a_2, \ldots, a_{n-1}, a_n},$$

so sehen wir: Übt man auf H_{a_n} zunächst folgende Translation in sich aus

$$x'_i = x_i + a_n \frac{d}{2^{n-1}} \quad (i = 1, 2, \ldots, n-1), \quad x'_n = x_n = a_n \cdot d,$$

so entsteht $B'_{a_1, a_2, \ldots, a_n}$ aus $B_{a_1, a_2, \ldots, a_n}$ durch die Translation

$$\begin{aligned} x''_1 &= x'_1 + a_2 \frac{d}{2} + a_3 \frac{d}{4} + \cdots + a_{n-1} \frac{d}{2^{n-2}}, \\ x''_2 &= x'_2 + a_3 \frac{d}{4} + a_4 \frac{d}{8} + \cdots + a_{n-1} \frac{d}{2^{n-2}}, \\ &\ldots\ldots\ldots\ldots\ldots\ldots \\ x''_{n-2} &= x'_{n-2} + a_{n-1} \frac{d}{2^{n-2}}, \\ x''_{n-1} &= x'_{n-1}, \\ x''_n &= x'_n. \end{aligned}$$

Nun ist H_{a_n}, in sich betrachtet, ein R_{n-1}, und für diesen ist unsere Behauptung als gültig angenommen. Also liegt jeder Punkt von H_{a_n} in mindestens einer der Mengen $B'_{a_1, a_2, \ldots, a_n}$, d. h. in mindestens einer der Mengen $A'_{a_1, a_2, \ldots, a_n}$. Damit ist der erste Punkt unserer Behauptung bewiesen.

Zweitens haben, da unsere Behauptung für den R_{n-1} und daher insbesondere für die Zerlegung von H_{a_n} in die Menge $B'_{a_1, \ldots, a_{n-1}, a_n}$ als gültig angenommen ist, die Mengen $B'_{a_1, a_2, \ldots, a_{n-1}, a_n}$ zu je zweien keine inneren Punkte, sondern höchstens Grenzpunkte miteinander gemein. Daher gilt dasselbe für je zwei verschiedene Mengen $A_{a_1, a_2, \ldots, a_n}$ einer und derselben Schichte S_{a_n}. Die Teilwürfel verschiedener Schichten haben aber ebenfalls höchstens Begrenzungspunkte miteinander gemein. Damit ist der zweite Punkt unserer Behauptung bewiesen.

Infolge der Annahme, daß unsere Behauptung für den R_{n-1} und daher für die Zerlegung von H_{a_n} in die Mengen $B'_{a_1, a_2, \ldots, a_n}$ richtig ist, gilt auch der *dritte* Punkt unserer Behauptung für die Durchschnitte von r Mengen, welche einer und derselben Schichte S_{a_n} angehören. Es erübrigt noch der Beweis des dritten Punktes der Behauptung für Durchschnitte von mehreren Mengen $A'_{a_1, a_2, \ldots, a_n}$, welche verschiedenen Schichten angehören. Offenbar kann es sich dabei nur um Durchschnitte von mehreren Mengen handeln, die zwei benachbarten Schichten angehören, um Durchschnitte also, welche in einer Hyperebene H_{a_n} liegen, die die beiden Schichten S_{a_n} und $S_{a_n - 1}$ trennt, denn die Durchschnitte von Mengen, die mehr als zwei oder zwei nicht benachbarten Schichten angehören, sind sicherlich leer. Es sei also V ein in H_{a_n} enthaltener Durchschnitt von Mengen, die teils in S_{a_n}, teils in $S_{a_n - 1}$ liegen. Jeder Punkt von V liege in r Mengen $A'_{a_1, a_2, \ldots, a_{n-1}, a_n}$ und in s Mengen $A'_{a_1, a_2, \ldots, a_{n-1}, a_n - 1}$. Die Punkte des Durchschnittes V'_r der erstgenannten Mengen haben Koordinaten, welche, da für die Zerlegung von H_{a_n} in die $B_{a_1, \ldots, a_n}$ Punkt 3 der Behauptung gilt, $r - 1$ Gleichungen der Form $x_i = m_i \frac{d}{2^{n-2}} + a_n \frac{d}{2^{n-1}}$ genügen. Nehmen wir, um etwas Bestimmtes vor Augen zu haben, a_n als gerade Zahl an, dann sind dies $r - 1$ Gleichungen der Form $x_i = \mu_i \frac{d}{2^{n-1}}$, wo die μ_i ganze Zahlen sind.

Die erwähnten Mengen $A'_{a_1, a_2, \ldots, a_n - 1}$ entstehen aus den $B'_{a_1, a_2, \ldots, a_n}$ durch die Translation

$$x'_i = x_i - \frac{d}{2^{n-1}} \quad (i = 1, 2, \ldots, n-1), \quad x'_n = x_n = a_n d.$$

Also haben die Punkte des Durchschnittes von s Mengen $A'_{a_1, a_2, \ldots, a_n - 1}$ Koordinaten, welche $s - 1$ Gleichungen $x_i = (2\nu_i + 1)\frac{d}{2^{n-1}}$ genügen. Die Gleichungen, welche den Durchschnitt V''_s von s Mengen $A'_{a_1, \ldots, a_n - 1}$ definieren, sind also verschieden von den Gleichungen, welche den Durchschnitt V'_r von r Mengen $B'_{a_1, a_2, \ldots, a_n}$ definieren.

Die Punkte von V, d. h. vom Durchschnitt der $r + s$ in benachbarten Schichten liegenden Mengen, liegen in V'_r und in V''_s, ihre Koordinaten genügen also der Gleichung $x_n = a_n d$ und $r + s - 2$ Gleichungen der Form $x_i = m_i \frac{d}{2^{n-1}}$, insgesamt also $r + s - 1$ Gleichungen. Entsprechend verfährt man, wenn a_n eine ungerade Zahl ist. Dadurch ist der dritte Punkt der Behauptung auch für die in einer Hyperebene H_{a_n} enthaltenen Durchschnitte von Mengen $A'_{a_1, a_2, \ldots, a_n}$, die verschiedenen Schichten angehören, bewiesen, womit der Beweis der gesamten Behauptung abgeschlossen ist.

Betrachten wir nun die Zerlegung des R_n in die Mengen $A'_{a_1, a_2, \ldots, a_n}$. Jede dieser Mengen ist ein abgeschlossener n-dimensionaler Würfel mit der Kantenlänge d. Jeder Punkt des Raumes liegt zufolge dem ersten Punkt der bewiesenen Behauptung in mindestens einer der Mengen. Aus dem bewiesenen dritten Punkt der Behauptung ergibt sich: *Je k Mengen $A'_{a_1, a_2, \ldots, a_n}$, die nicht fremd sind, haben ein $(n-k+1)$-dimensionales Begrenzungsintervall miteinander gemein* ($k = 2, 3, \ldots, n, n+2$). Insbesondere haben also je n von den Mengen, die keinen leeren Durchschnitt haben, eine Strecke als Durchschnitt, und es haben je $n+1$ von den Mengen, die keinen leeren Durchschnitt haben, genau einen Punkt miteinander gemein.

3. Zwei Beweise der zweiten Hälfte des Satzes von den offenen Teilmengen des R_n.

Wir zeigen, daß jede offene Teilmenge des R_n mindestens n-dimensional ist. Es genügt zu diesem Zweck offenbar nachzuweisen, daß eine abgeschlossene Teilmenge eines Intervalles des R_n mindestens n-dimensional ist. Nun ist eine abgeschlossene Teilmenge eines Intervalles des R_n, in sich betrachtet, ein kompakter Raum. Ein höchstens $(n-1)$-dimensionaler kompakter Raum ist dem letzten Teil des Zerlegungssatzes zufolge Summe von endlichvielen beliebig kleinen abgeschlossenen Mengen, die zu je $n+1$ leere Durchschnitte haben. Es genügt also zum Beweise unserer Behauptung die Angabe *einer abgeschlossenen Teilmenge M eines Intervalles des R_n, so daß bei jeder Zerlegung von M in endlichviele hinreichend kleine abgeschlossene Teilmengen Punkte von M existieren, die mindestens $n+1$ von den Summanden angehören.* Wir werden im folgenden zeigen, daß diese Behauptung erstens zutrifft, wenn M ein n-dimensionales Simplex ist und zweitens, wenn M ein Intervall des R_n ist.

Erster Beweis.

Es seien $n+1$ nicht in einer Hyperebene des R_n liegende Punkte $p_0, p_1, \ldots, p_n$ gegeben. Mit S bezeichnen wir das durch sie bestimmte n-dimensionale Simplex. Die dem Punkt p_i gegenüberliegende $(n-1)$-dimensionale Seite des Simplexes S, d. h. das Simplex mit den Ecken $p_0, \ldots, p_{i-1}, p_{i+1}, \ldots, p_n$ nennen wir S_i. Wir werden nun zeigen:

Bei jeder Zerlegung von S in endlichviele abgeschlossene Mengen $B_1, B_2, \ldots, B_r$, von denen keine mit allen $(n-1)$-dimensionalen Seiten *von S Punkte gemein hat, existiert ein Punkt von S, welcher mindestens $n+1$ von den abgeschlossenen Summanden von S angehört.*

Wir bezeichnen mit A_0 die Summe aller zu S_0 fremden B_j. Diese Menge A_0 enthält offenbar den Punkt p_0, denn jede p_0 enthaltende Menge B_j ist zu S_0 fremd, da sie sonst mit allen $(n-1)$-dimensionalen Seiten S_i Punkte gemein hätte. Wir bezeichnen mit A_i $(i = 1, 2, \ldots, n-1)$ die Summe der nicht in $\sum_{k=0}^{i-1} A_k$ enthaltenen Mengen B_j, die zu S_i fremd sind. Die Menge A_i enthält offenbar den Punkt p_i. Wir nennen endlich A_n die Summe aller in $\sum_{k=0}^{n-1} A_k$ nicht enthaltenen Mengen B_j. Die Menge A_n enthält den Punkt p_n. Ein Punkt, welcher den $n+1$ Mengen A_i gemein ist, liegt offenbar in mindestens $n+1$ von den r Mengen B_j. Es genügt also, wenn wir zeigen:

Bei jeder Zerlegung von S in $n+1$ Mengen A_i, von denen jede den Punkt p_i enthält und zu S_i fremd ist $(i = 0, 1, \ldots, n)$, existiert ein Punkt von S, der den $n+1$ Mengen A_i gemein ist.

Wir bedienen uns beim Beweise dieser Behauptung folgender Ausdrucksweise: Wir nennen das Simplex S **simplizial zerlegt**, und zwar in die n-dimensionalen Summandensimplexe $T_1, T_2, \ldots, T_r$ simplizial zerlegt, *wenn S Summe ist von den r Simplexen T_i, wobei der Durchschnitt von je zwei Simplexen T_i und T_j entweder leer oder eine k-dimensionale Seite von T_i und T_j ist* $(0 \leqq k \leqq n-1)$. Das System aller jener $(n-1)$-dimensionalen Simplexe, welche Seite von mindestens einem der Simplexe T_i sind, bezeichnen wir als das zur vorgelegten simplizialen Zerlegung von S gehörige *Netz*. Betrachten wir ein $(n-1)$-dimensionales Simplex U dieses Netzes. Die U enthaltende Hyperebene des R_n zerlegt den R_n in zwei Hälften. In jeder Hälfte kann höchstens ein Simplex T_i liegen, welches U als Seite enthält, weil ja nach Definition der simplizialen Zerlegung je zwei Simplexe T_i und T_j höchstens eine $(n-1)$-dimensionale Seite, also keine inneren Punkte miteinander gemein haben. Ist U Teilmenge einer Seite von S — in diesem Falle wollen wir U als ein *äußeres* Element des Netzes bezeichnen —, dann enthält die eine Hälfte des R_n, welche durch die U enthaltende Hyperebene bestimmt ist, keine Punkte von S, also kein T_i. Ist dagegen U nicht Teilmenge einer Seite von S — in diesem Fall wollen wir U als ein *inneres* Element des Netzes bezeichnen —, dann ist U offenbar Seite von genau zweien der Simplexe T_i, weil deren Summe mit S identisch ist. Wir sehen also: *Von den Elementen des Netzes einer simplizialen Zerlegung von S ist jedes innere Element Seite von genau zwei, jedes äußere Element Seite von genau einem Summandensimplex der simplizialen Zerlegung.*

Zum Beweise unserer Behauptung genügt nun, daß wir zeigen:

Ist das n-dimensionale Simplex S Summe von $n+1$ abgeschlossenen Mengen, von denen jede einen Eckpunkt von S enthält und zur gegenüberliegenden $(n-1)$-dimensionalen Seite fremd ist, dann existiert bei jeder simplizialen Zerlegung von S ein Summandensimplex T derart, daß jede der $n+1$ Mengen A_i einen Eckpunkt von T enthält.

Wenn dies nämlich nachgewiesen ist, so wählen wir eine Folge von simplizialen Zerlegungen von S in die Simplexe

$$T_1^k, T_2^k, \ldots, T_{r_k}^k \ (k = 1, 2, \ldots \text{ ad inf.})$$

gemäß folgenden Bedingungen:

1. Für jedes natürliche k ist die Zerlegung von S in die r_{k+1} Simplexe T_j^{k+1} eine *Unterzerlegung* der Zerlegung in die r_k Simplexe T_i^k, d. h. jeder innere Punkt eines Simplexes T_j^{k+1} ist innerer Punkt eines der Simplexe T_i^k.

2. Bezeichnet d_k die längste Kante eines Simplexes T_i^k der $k$ten Zerlegung, so gilt $\lim\limits_{k=\infty} d_k = 0$.

Wenn nun für jedes natürliche k ein Simplex $T_{i_k}^k$ existiert, dessen $n+1$ Ecken in den $n+1$ Mengen A_i enthalten sind, dann existiert, da für jedes k nur endlichviele $T_{i_k}^k$ vorliegen, offenbar auch eine monoton abnehmende Folge $\{T_{i_k}^k\}$ $(k = 1, 2, \ldots$ ad inf.) von Simplexen dieser Art, und der Durchschnittspunkt dieser Simplexfolge muß wegen der Abgeschlossenheit der $n+1$ Mengen A_i ihrem Durchschnitt angehören. Der Nachweis der angeführten Behauptung genügt also tatsächlich für unser Ziel.

Wir beweisen nun eine schärfere Behauptung, bei deren Formulierung wir der Kürze halber sagen wollen, das k-dimensionale Simplex R *repräsentiere* $k+1$ vorliegende Mengen $M_1, M_2, \ldots, M_k$, falls jede dieser $k+1$ Mengen einen Eckpunkt von R enthält: Wir beweisen nämlich:

Ist das n-dimensionale Simplex S Summe von $n+1$ abgeschlossenen Mengen A_i $(i = 0, 1, \ldots, n)$, von denen jede einen Eckpunkt von S enthält und zur gegenüberliegenden $(n-1)$-dimensionalen Seite fremd ist, so existiert bei jeder simplizialen Zerlegung von S eine ungerade Anzahl von Summandensimplexen, welche die Mengen $A_0, A_1, \ldots, A_n$ repräsentieren (also mindestens eines).

Diese Behauptung ist trivial für $n = 0$ (übrigens auch für $n = 1$). Wir beweisen sie unter der Annahme ihrer Gültigkeit für den Fall $n-1$.

Wir denken eine simpliziale Zerlegung von S in die Simplexe $T_1, T_2, \ldots, T_r$ vorgelegt. Wir betrachten eines der Summandensimplexe, etwa T_i. Wir bezeichnen mit p_i die Anzahl der $(n-1)$-dimensionalen Seiten von T_i, welche die n Mengen $A_1, A_2, \ldots, A_n$ repräsentieren. Die Zahl p_i ist $= 0$, wenn eine der n Mengen $A_1, A_2, \ldots, A_n$ keinen Eckpunkt von T_i enthält. Es ist $p_i = 2$, wenn jede der Mengen $A_1, A_2, \ldots, A_n$, nicht aber die Menge

A_0 einen Eckpunkt von T_i enthält. Es ist endlich $p_i = 1$, wenn T_i die $n+1$ Mengen $A_0, A_1, \ldots, A_n$ repräsentiert. Einer dieser drei Fälle muß offenbar vorliegen. Wir ordnen nun jedem der r Simplexe T_i die Zahl p_i, welche einen der Werte 0, 1, 2 besitzt, zu. Falls unter den r Simplexen T_i genau a vorkommen, welche die $n+1$ Mengen $A_0, A_1, \ldots, A_n$ repräsentieren, so gilt offenbar

$$a \equiv \sum_{i=1}^{r} p_i \pmod 2.$$

Betrachten wir anderseits das zur vorliegenden simplizialen Zerlegung gehörige Netz. Jedes innere Simplex dieses Netzes gehört, wie wir sahen, genau zwei Simplexen T_i und T_j an, jedes Randsimplex des Netzes entspricht genau einem Simplex T_k. In der Summe $\sum_{i=1}^{r} p_i$ wird also jedes innere Netzsimplex, falls es die n Mengen $A_1, A_2, \ldots, A_n$ repräsentiert, zweimal, andernfalls nullmal gezählt, jedes äußere Netzsimplex, falls es die n Mengen $A_1, A_2, \ldots, A_n$ repräsentiert, einmal, sonst nullmal. Wenn also unter den äußeren Netzsimplexen genau a' vorkommen, welche die n Mengen $A_1, A_2, \ldots, A_n$ repräsentieren, so gilt

$$a' \equiv \sum_{i=1}^{r} p_i \pmod 2.$$

Demnach gilt
$$a \equiv a' \pmod 2.$$

Nun sind aber alle jene a' äußeren Netzsimplexe, welche die n Mengen $A_1, A_2, \ldots, A_n$ repräsentieren, Teilmengen von S_0. Denn wäre ein solches Simplex Teilmenge von S_i $(i \neq 0)$, so enthielte die Seite S_i einen Punkt der Menge A_i, was nach Voraussetzung nicht der Fall ist. Setzen wir $A_i' = S_0 \cdot A_i$ $(i = 1, 2, \ldots, n)$, so ist das $(n-1)$-dimensionale Simplex S_0 Summe der n abgeschlossenen Mengen A_i', von denen jede einen Eckpunkt von S_0 enthält und zur gegenüberliegenden $(n-2)$-dimensionalen Seite von S_0 fremd ist. Die äußeren Netzsimplexe, welche Teilmengen von S_0 sind, stellen offenbar eine simpliziale Zerlegung von S_0 dar. Also kommt unter ihnen auf Grund der für $n-1$ als gültig angenommenen Behauptung eine *ungerade* Anzahl von Simplexen vor, welche die n Mengen $A_1, A_2, \ldots, A_n$ repräsentieren, d. h. die Zahl a' ist ungerade. Folglich ist auch die mit a' modulo 2 kongruente Zahl a ungerade, w. z. b. w.

Zweiter Beweis.

Wir zeigen, daß der *Einheitswürfel* E_n, d. h. die Menge aller Punkte $(x_1, x_2, \ldots, x_n)$ des R_n, für welche $0 \leq x_i \leq 1$ $(i = 1, 2, \ldots, n)$ gilt, n-dimensional ist. Die $2n$ Durchschnitte von E_n mit den $(n-1)$-dimensionalen Ebenen $x_i = 0$ und $x_i = 1$ $(i = 1, 2, \ldots, n)$ nennen wir die *Seiten* von E_n. Wir beweisen nun:

Bei jeder Zerlegung von E_n in endlichviele abgeschlossene Mengen, von denen keine mit zwei gegenüberliegenden Seiten von E_n Punkte gemein hat, existiert ein Punkt von E_n, welcher mindestens $n + 1$ von den Summanden angehört.

Es sei also eine Zerlegung von E_n in endlichviele abgeschlossene Mengen $S_1, S_2, \ldots, S_r$, von denen keine mit gegenüberliegenden Seiten von E_n Punkte gemein hat, gegeben. Wir geben eine gegen Null konvergente Folge von Zahlen $\{d_k\}$ vor, etwa $d_k = \frac{1}{k}$, und zerlegen den R_n nach dem Verfahren, welches zum dritten Beweis der ersten Hälfte des Satzes (S. 247 f.) verwendet wurde, für jede natürliche Zahl k kanonisch in abgeschlossene *n-dimensionale Würfel, deren Kantenlängen $= d_k$ sind und welche die Eigenschaft haben, daß je n von ihnen, die einen nichtleeren Durchschnitt haben, eine Strecke gemein haben, und daß je $n + 1$ von ihnen, die einen nichtleeren Durchschnitt haben, genau einen Punkt gemein haben.* Die Durchschnitte dieser abgeschlossenen n-dimensionalen Würfel mit E_n nennen wir $A^k_{a_1, a_2, \ldots, a_m}$. Wir bilden nun für jede der r Mengen S_i $(i = 1, 2, \ldots, r)$ und für jede gegebene natürliche Zahl k die Summe aller Mengen $A^k_{a_1, a_2, \ldots, a_m}$, welche die betreffende Zahl k als oberen Index besitzen und mit S_i Punkte gemein haben. Diese Menge nennen wir S_i^k. Die Summanden von S_i^k sind n-dimensionale Würfel mit Kanten der Länge d_k, die zu S_i nicht fremd sind. Da nach Voraussetzung $\lim\limits_{k=\infty} d_k = 0$ ist und keine der Mengen S_i mit gegenüberliegenden Seiten von E_n Punkte gemein hat, so haben auch für fast alle natürlichen k die Mengen S_i^k nicht mit gegenüberliegenden Seiten von E_n Punkte gemein. Wenn für fast alle natürlichen Zahlen k ein Punkt von E_n existiert, welcher mindestens $n + 1$ von den r Mengen S_i^k $(i = 1, 2, \ldots, r)$ angehört, dann existiert nach dem oben (S. 178) angewendeten Schluß auch ein Punkt von E_n, der mindestens $n + 1$ von den r abgeschlossenen Mengen S_i angehört. Zum Beweise unserer Behauptung genügt also der Nachweis, daß für hinreichend großes k ein Punkt von E_n in mindestens $n + 1$ von den r Mengen S_i^k enthalten ist. Wir haben m. a. W. folgendes Lemma zu beweisen:

Ist E_n kanonisch in Intervalle zerlegt und Summe von endlichvielen abgeschlossenen Mengen $A_1, A_2, \ldots, A_r$, von denen jede Summe von endlichvielen Intervallen der kanonischen Zerlegung ist und von denen keine mit gegenüberliegenden Seiten von E_n Punkte gemein hat, dann gibt es einen Punkt von E_n, der mindestens $n + 1$ von den r Mengen A_i angehört.

Es seien die Voraussetzungen dieses Lemmas erfüllt. Wir bezeichnen mit B_1 die Summe aller jener Mengen A_i, die mit der Hyperebene $x_1 = 0$

des R_n Punkte gemein haben. Da nach Voraussetzung jede dieser Mengen A_i zur Hyperebene $x_1 = 1$ fremd ist, ist B_1 zu $x_1 = 1$ fremd. Es bezeichne ferner B_2' die Summe aller jener Mengen A_i, die mit der Hyperebene $x_2 = 0$ Punkte gemein haben. Da jede dieser Mengen zur Hyperebene $x_2 = 1$ fremd ist, ist B_2' zu dieser Hyperebene fremd. Wir nennen B_2 die abgeschlossene Hülle der Menge $B_2' - B_2' \cdot B_1$. Die Menge B_2 ist nichtleer, denn sie enthält jedenfalls den Punkt mit den Koordinaten $x_1 = 1$, $x_2 = x_3 = \cdots = x_n = 0$. Wir bezeichnen allgemein mit B_k' die Summe aller jener Mengen A_i, die mit der Hyperebene $x_k = 0$ Punkte gemein haben und nennen B_k die abgeschlossene Hülle der Menge

$$B_k' - B_k' \cdot \sum_{i=1}^{k-1} B_i \ (k = 2, 3, \ldots, n).$$

Die Menge B_k ist offenbar zur Hyperebene $x_k = 1$ fremd und enthält den Punkt mit den Koordinaten $x_1 = x_2 = \cdots = x_{k-1} = 1$, $x_k = x_{k+1} = \cdots = x_n = 0$. Wir bezeichnen endlich mit B_{n+1} die abgeschlossene Hülle der Menge $E_n - \sum_{i=1}^{n} B_i$. Die Menge B_{n+1} enthält den Punkt, dessen sämtliche Koordinaten $= 1$ sind.

Die Menge E_n ist solcherart als Summe von $n+1$ Mengen B_i dargestellt, von denen jede Summe ist von endlichvielen Intervallen einer kanonischen Zerlegung von E_n. Ein Punkt von E_n, der den $n+1$ Mengen B_i gemein ist, liegt offenbar auch in mindestens $n+1$ von den r Mengen A_i. Es genügt also zum Beweis des Lemmas, daß wir zeigen, daß die $n+1$ Mengen B_i einen Punkt gemein haben, wobei diese Mengen B_i ihrer Konstruktion zufolge paarweise kein Teilintervall von E_n, sondern höchstens Seiten von Intervallen der kanonischen Zerlegung gemein haben. Wir zeigen nun allgemeiner:

Voraussetzung: *E_n sei kanonisch in Intervalle zerlegt und sei Summe von $n+1$ Mengen $B_1, B_2, \ldots, B_n, B_{n+1}$, welche folgenden Bedingungen genügen:*

1. *Jede Menge B_i ist Summe von Intervallen der kanonischen Zerlegung.*
2. *Keine der Mengen B_i hat mit gegenüberliegenden Seiten von E_n Punkte gemein.*
3. *Keine zwei Mengen B_i und B_j $(i \neq j)$ haben ein Teilintervall von E_n gemein.*
4. *B_i enthält den Punkt mit den Koordinaten*

$$x_1 = x_2 = \cdots = x_{i-1} = 1, \quad x_i = x_{i+1} = \cdots = x_n = 0.$$

Behauptung: *Die Mengen B_i haben eine ungerade Anzahl von Punkten (also mindestens einen) gemein.*

Dieses Lemma gilt zunächst im Fall $n = 1$. Denn angenommen, es sei das Intervall E_1 in zwei Teile B_1 und B_2 zerlegt, die keine inneren Punkte gemein haben, deren jedes Summe von endlichvielen abgeschlossenen Teilintervallen von E_1 ist und von denen B_2 den Punkt $x = 0$, aber nicht den Punkt $x = 1$ enthält. Wenn B_1 zusammenhängend ist, dann ist B_1 ein Intervall, und der Durchschnitt von B_1 und B_2 besteht aus dem einen von $x = 0$ verschiedenen Begrenzungspunkt von B_1. Wenn B_1 mehrere Komponenten enthält, so sind dies lauter Intervalle, und der Durchschnitt von B_1 und B_2 enthält außer dem einen von $x = 0$ verschiedenen Begrenzungspunkt der den Punkt $x = 0$ enthaltenden Komponente von B_1 noch die beiden Begrenzungspunkte von jeder der übrigen Komponenten von B_1, also insgesamt eine ungerade Anzahl von Punkten.

Wir nehmen also die Gültigkeit der Behauptung für den Fall $n-1$ an und beweisen unter dieser Annahme den Satz im oben formulierten Fall n.

Nennen wir B'_i den Durchschnitt von B_i mit der Hyperebene $x_n = 0$ $(i = 1, 2, \ldots, n)$, so stellen die n Mengen B'_i offenbar eine Zerlegung der Seite $x_n = 0$ von E_n dar, welche den Voraussetzungen unserer Behauptung für den Fall $n-1$ genügt. Unsere induktive Annahme ergibt daher: Es gibt eine ungerade Zahl, etwa a^*, Punkte der Seite $x_n = 0$ von E_n, welche den n Mengen $B_1, B_2, \ldots, B_n$ gemein sind.

Es sei nun p irgendein Punkt von E_n, der den Durchschnitt von $n+1$ Intervallen der kanonischen Zerlegung von E_n bildet. Wir bezeichnen mit $a(p)$ die Anzahl jener n-Tupel von Intervallen der kanonischen Zerlegung von E_n, von denen je eines Teilmenge von einer der n Mengen B_i $(i = 1, 2, \ldots, n)$ ist und in deren Durchschnitt p enthalten ist. Die Zahl $a(p)$ hat offenbar einen der Werte 0, 1, 2. Es gilt $a(p) = 0$ dann und nur dann, wenn p in einer der Mengen B_i $(i = 1, 2, \ldots, n)$ nicht enthalten ist; es ist $a(p) = 1$ dann und nur dann, wenn von den $n+1$ den Punkt p enthaltenden Intervallen der kanonischen Zerlegung je eines in einer der $n+1$ Mengen B_i $(i = 1, 2, \ldots, n+1)$ als Teilmenge enthalten ist; es ist $a(p) = 2$ dann und nur dann, wenn in jeder der n Mengen B_i $(i = 1, 2, \ldots, n)$ eines und in einer dieser n Mengen zwei von den $n+1$ den Punkt p enthaltenden Intervallen der kanonischen Zerlegung als Teil enthalten sind.

Betrachten wir anderseits jene n-Tupel von Intervallen der kanonischen Zerlegung, von denen je eines in einer der n Mengen B_i $(i = 1, 2, \ldots, n)$ enthalten ist. Es seien etwa b solcher n-Tupel vorhanden. Jedes dieser n-Tupel hat eine Strecke als Durchschnitt. Ein Endpunkt einer solchen Strecke ist entweder einer der a^* Punkte der Seite $x_n = 0$ von E_n, welche den n Mengen B_i $(i = 1, 2, \ldots, n)$ angehören, oder einer der Punkte p

von E_n, für welche $a(p) = 1$ oder 2 ist. Jene Punkte p, für welche $a(p) = 2$ ist, sind Endpunkte von genau zwei Strecken, von denen jede den Durchschnitt von n Intervallen bildet, die bzw. Teilmengen der n Mengen B_i $(i = 1, 2, \ldots, n)$ sind. Ist etwa für a'' Punkte p von E_n $a(p) = 2$, so ist also $a^* + 2a'' + a'$ eine gerade Zahl, nämlich $= 2b$. Auch $a^* + a'$ ist daher eine gerade Zahl, mithin gilt

$$a' \equiv a^* \pmod 2.$$

Da unserer induktiven Annahme zufolge a^* eine ungerade Zahl ist, ist also auch a' eine ungerade Zahl. a' ist aber eben die Zahl der Punkte von E_n, welche den $n + 1$ Mengen B_i $(i = 1, 2, \ldots, n + 1)$ angehören, und daß diese Zahl ungerade ist, bildete den Inhalt der zu beweisenden Behauptung.

4. Zwei Beweise des Satzes von den n-dimensionalen Teilmengen des R_n.

Wir beweisen nun den Satz, daß jede n-dimensionale Menge des R_n eine offene Teilmenge enthält. Man kann diesen Satz auch so aussprechen: Jede Teilmenge des R_n, welche keinen offenen Teil enthält, ist höchstens $(n - 1)$-dimensional. Da die Mengen des R_n, welche keine offene Teilmenge enthalten, offenbar identisch sind mit den Teilmengen des R_n, deren Komplement im R_n dicht liegt, so können wir die zu beweisende Behauptung auch folgendermaßen aussprechen: *Eine Teilmenge des R_n, deren Komplement im R_n dicht ist, ist höchstens $(n - 1)$-dimensional.*

Erster Beweis.

Wir beweisen den Satz für den n-dimensionalen Euklidischen Raum, d. h. für den R_n mit Pythagoreischer Abstandsdefinition.

Die zu beweisende Behauptung gilt für $n = 1$. Wir haben ja (S. 88) gesehen, daß jede nichtleere Teilmenge des R_1, deren Komplement im R_1 dicht ist, höchstens nulldimensional ist. Wir nehmen also die Gültigkeit der Behauptung für $n - 1$ an. Da der R_{n-1}, etwa durch stereographische Projektion, auf die um einen Punkt verminderte Begrenzung einer n-dimensionalen Kugel topologisch abgebildet werden kann und die Eigenschaften, dicht zu sein und höchstens $(n - 2)$-dimensional zu sein, bei topologischen Abbildungen erhalten bleiben, so folgt aus der Annahme: Eine Teilmenge der Begrenzung einer n-dimensionalen Kugel, deren Komplement in der Kugelbegrenzung dicht liegt, ist höchstens $(n - 2)$-dimensional.

Wir definieren nun einen Hilfsbegriff. Es sei p ein Punkt des R_n und U eine Umgebung von p, deren Durchschnitt mit jedem von p ausgehenden Halbstrahl eine Strecke ist. Wir können dann jedem von p ausgehenden Halbstrahl eine nichtnegative Zahl zuordnen, nämlich die Länge der Strecke, welche der betreffende Halbstrahl mit U gemein hat. Diese Zahl ist, da U als Umgebung von p vorausgesetzt ist, für jeden von p ausgehenden Halbstrahl wesentlich positiv, d. h. weder negativ noch 0. Es wird also durch U eine wesentlich positive Funktion definiert auf der Menge aller von p ausgehenden Halbstrahlen, oder, was gleichbedeutend ist, auf der Begrenzung einer n-dimensionalen Kugel mit p als Zentrum. Wenn diese Funktion für die vorgelegte Umgebung U *stetig* ist, dann wollen wir U eine *Radialumgebung von* p nennen. (Dieser Fall liegt dann und nur dann vor, *wenn die Begrenzung von U mit jedem von p ausgehenden Halbstrahl genau einen Punkt gemein hat.*) Jeder Radialumgebung von p entspricht also eine wesentlich positive stetige Funktion auf der Begrenzung einer n-dimensionalen Kugel, welche wir die *zu U gehörige Funktion* nennen wollen. Und umgekehrt entspricht jeder wesentlich positiven stetigen Funktion f auf der Begrenzung einer n-dimensionalen Kugel eine Radialumgebung von p, welche wir die *zu f gehörige Radialumgebung* nennen wollen. Man erhält ihre Begrenzung, indem man auf jedem von p ausgehenden Halbstrahl jenen Punkt bestimmt, dessen Abstand von p gleich ist dem Wert der vorgelegten Funktion für den betreffenden Halbstrahl. Zwischen der Begrenzung einer Radialumgebung von p und der Begrenzung einer n-dimensionalen Kugel um p wird offenbar durch die von p ausgehenden Halbstrahlen eine eineindeutige beiderseits stetige, also topologische Abbildung vermittelt.

Wir ziehen im folgenden einen allgemein bekannten Satz über reelle Funktionen heran: Wenn die Folge $\{f_k\}$ ($k = 1, 2, \ldots$ ad inf.) von reellen Funktionen, die auf der kompakten Menge A stetig sind, auf A *gleichmäßig* konvergiert, dann ist die Funktion $f = \lim\limits_{k=\infty} f_k$ auf A *stetig*. Aus diesem Satz folgt für Radialumgebungen: Ist $\{U_k\}$ ($k = 1, 2, \ldots$ ad inf.) eine Folge von Radialumgebungen des Punktes p und konvergiert die Folge der zu den U_k gehörigen Funktionen f_k auf der Begrenzung einer n-dimensionalen Kugel gleichmäßig gegen eine nirgends verschwindende Funktion, so gehört zu der (stetigen) Grenzfunktion eine Radialumgebung von p. Wir sprechen in diesem Fall kurz von einer *gleichmäßig konvergenten Folge von Radialumgebungen, welche gegen eine Radialumgebung konvergiert.*

Zum Nachweis unserer Behauptung, daß eine Teilmenge des R_n, deren Komplement im R_n dicht ist, höchstens $(n-1)$-dimensional sei, betrachten wir nun eine Teilmenge A des R_n, für welche $R_n - A$ im R_n dicht ist, geben einen Punkt p des R_n und eine Umgebung V von p vor und haben zu zeigen: Es existiert eine Umgebung von p, welche $\subset V$ ist und deren Begrenzung mit A einen höchstens $(n-2)$-dimensionalen Durchschnitt hat. Wir zeigen mehr. Wir zeigen nämlich, daß eine *Radial*umgebung von p der gewünschten Art existiert. Um dies nachzuweisen, genügt es offenbar, daß wir zeigen: es existiert eine Radialumgebung U von p, die $\subset V$ ist, und so daß in der Begrenzung $B(U)$ die Menge $B(U) - A \cdot B(U)$ dicht ist. Denn auf Grund der Konsequenz unserer induktiven Annahme ist jede Teilmenge der Begrenzung einer n-dimensionalen Kugel, deren Komplement in der Kugelbegrenzung dicht ist, höchstens $(n-2)$-dimensional. Die Menge $B(U)$ ist, als Begrenzung einer Radialumgebung, topologisches Bild der Begrenzung einer n-dimensionalen Kugel; und da die Eigenschaften, dicht zu sein und höchstens $(n-2)$-dimensional zu sein, bei topologischen Abbildungen erhalten bleiben, so ist auch jede Teilmenge von $B(U)$, deren Komplement zu $B(U)$ in $B(U)$ dicht liegt, höchstens $(n-2)$-dimensional. Zum Beweise unserer Behauptung genügt also der Nachweis des angeführten Satzes, dem wir folgende offenbar äquivalente, aber für den Beweis bequemere Formulierung geben: *Wenn die Menge M im R_n dicht ist, so existiert zu jedem Punkt p und zu jeder vorgelegten Umgebung V von p eine Radialumgebung U von p, die $\subset V$ ist und so daß $M \cdot B(U)$ in $B(U)$ dicht ist.*

Der Gedankengang des Beweises dieser Behauptung ist folgender: Wir bestimmen, ausgehend von einer n-dimensionalen Kugel K mit dem Zentrum p, welche $\Subset V$ ist, durch sukzessive Modifikationen eine monoton wachsende Folge von Radialumgebungen $K_1, K_2, \ldots, K_m, \ldots$, die durchweg $\Subset V$ sind und so, daß in der Begrenzung B_m von K_m mindestens einige Punkte von M liegen, und zwar mit wachsendem m eine gleichsam immer dichter liegende Menge von Punkten von M. Dabei wird die Konstruktion so eingerichtet, daß die K_m gleichmäßig, also gegen eine Radialumgebung U von p, die $\subset V$ ist, konvergieren, und daß in der Begrenzung $B(U)$ die Menge $M \cdot B(U)$ dicht liegt. Die so bestimmte Radialumgebung U von p erfüllt dann die Forderungen unserer Behauptung.

Wir gehen also aus von einer n-dimensionalen offenen Kugel $K \Subset V$ mit p als Mittelpunkt und bestimmen vor allem *erstens* eine Folge $\{\varepsilon_m\}$ ($m = 1, 2, \ldots$ ad inf.) von wesentlich positiven Zahlen mit konvergenter Summe, derart daß jeder Punkt des R_n, welcher von der Begrenzung $B(K)$ einen Abstand $< \sum_{m=1}^{\infty} \varepsilon_m$ hat, in V liegt (wegen $K \Subset V$ ist eine solche Bestimmung möglich) und *zweitens* eine in $B(K)$ dichte abzählbare Menge, deren Punkte wir in eine Folge $\{p_m\}$ ($m = 1, 2, \ldots$ ad inf.) anordnen.

Nunmehr bestimmen wir eine Folge $\{K_m\}$ von Radialumgebungen des Punktes p durch folgende Vorschriften:

Da $K \Subset V$ gilt und M im R_n dicht ist, können wir zunächst eine n-dimensionale Kugel K_1 bestimmen, welche $\Subset V$ ist und deren Begrenzung einen Punkt q_1 von M enthält, welcher nicht in $\overline{K}$, aber in einem Abstand $< \varepsilon_1$ vom Punkt p_1 von $\overline{K}$ liegt.

Wir nehmen nun an, es sei bereits eine Radialumgebung K_{m-1} von p bestimmt gemäß zwei sogleich zu formulierenden Bedingungen. Für jeden Punkt b von $B(K)$ bezeichne $t_{m-1}(b)$ jenen Punkt von $B(K_{m-1})$, welcher auf demselben von p ausgehenden Halbstrahl liegt wie b. Der Abstand des Punktes $t_{m-1}(b)$ von p, welchen wir mit $f_{m-1}(b)$ bezeichnen wollen, ist offenbar der Wert im Punkt b von der zur Radialumgebung K_{m-1} gehörigen wesentlich positiven stetigen Funktion, welche für alle Punkte von $B(K)$ definiert ist. Wir nehmen nun an, daß K_{m-1} gemäß den beiden folgenden Bedingungen definiert ist:

1_{m-1}. Für jeden Punkt b von B ist der Abstand der Punkte $t_{m-1}(b)$ und $b < \sum_{i=1}^{m-1} \varepsilon_i$.

2_{m-1}. Die Begrenzung B_{m-1} von K_{m-1} enthält $m-1$ (nicht notwendig verschiedene) Punkte $q_1, q_2, \ldots, q_{m-1}$ der Menge M derart, daß der Abstand der Punkte q_i und $t_{m-1}(p_i) < \varepsilon_i$ ist für $i = 1, 2, \ldots, m-1$.

Wir betrachten dann den Punkt $t_{m-1}(p_m)$ auf B_{m-1}. Ist dieser Punkt identisch mit einem der $m-1$ Punkte $q_i (i < m)$, dann setzen wir $K_m = K_{m-1}$, also $t_m(b) = t_{m-1}(b)$ für alle Punkte b von $B(K)$. Andernfalls bestimmen wir um den betrachteten Punkt $t_{m-1}(p_m)$ als Zentrum eine Kugel W mit einem Durchmesser $< \varepsilon_m$, die $\Subset V$ und so klein ist, daß in $\overline{W}$ keiner der $m-1$ Punkte $q_i (i < m)$ enthalten ist. Wir wählen sodann (was mit Rücksicht auf die Dichtheit von M im R_m möglich ist) in W außerhalb von $\overline{K}_{m-1}$ einen Punkt von M, den wir mit q_m bezeichnen, und konstruieren nun aus K_{m-1} eine Radialumgebung K_m von p derart, daß K_m mit K_{m-1} außerhalb von W identisch ist, daß hingegen K_{m-1} innerhalb von W derart vergrößert wird, daß die Begrenzung der entstehenden Radialumgebung K_m auch den Punkt q_m enthält. Offenbar erfüllt die so bestimmte Radialumgebung K_m die den Bedingungen 1_{m-1} und 2_{m-1} entsprechenden Bedingungen 1_m und 2_m, und ihre Begrenzung B_m enthält die m Punkte $q_1, q_2, \ldots, q_{m-1}, q_m$.

Aus der Konstruktion der Mengen K_m geht ferner hervor, daß dieselben monoton wachsen und durchweg $\Subset V$ sind. Ferner sieht man, daß die Radialumgebungen K_m, d. h. die zugehörigen wesentlich positiven stetigen Funktionen, gleichmäßig konvergieren. Sei nämlich $\varepsilon > 0$ eine vorgelegte Zahl.

Wir wählen m so groß, daß $\sum_{i=m}^{\infty} \varepsilon_i < \varepsilon$ gilt. Sind dann m' und m'' irgendzwei natürliche Zahlen, für die $m < m' < m''$ gilt, so ist für jeden Punkt b von B der Abstand zwischen den Punkten $t_{m'}(b)$ und $t_{m''}(b)$ eine Zahl $< \varepsilon$, d. h. es gilt für jeden Punkt b von B, für jedes vorgelegte ε und für je zwei hinreichend große Zahlen m' und m'' die Beziehung

$$f_{m''}(b) - f_{m'}(b) < \varepsilon.$$

Die Funktionen f_m konvergieren also gleichmäßig. Zur Funktion $f = \lim_{k=\infty} f_k$ gehört demnach eine Radialumgebung von p, die wir mit U bezeichnen wollen. Es ist $U = \sum_{m=1}^{\infty} K_m$ und daher $U \subset V$.

Wir wollen noch zeigen, daß in der Begrenzung B von U die Menge $M \cdot B(U)$ dicht ist. Bei der Konstruktion von K_m aus K_{m-1} ergab sich, daß jeder der nicht notwendig verschiedenen $m-1$ Punkte $q_1, q_2, \ldots, q_{m-1}$ von B_{m-1} auch in B_m enthalten ist, also für jedes $j > m-1$ in B_j liegt. Jeder dieser Punkte liegt daher in B. Bezeichnen wir also mit $t(b)$ jenen Punkt von B, welcher auf demselben von p ausgehenden Halbstrahl liegt wie der Punkt b von $B(K)$, so sehen wir: B enthält zu jedem Punkt der in $B(K)$ dichten Punktfolge p_m einen Punkt q_m von M, so daß der Abstand zwischen den Punkten q_m und $t(p_m) < \varepsilon_m$ ist. Da die Punktefolge $\{p_m\}$ ($m = 1, 2, \ldots$ ad inf.) in $B(K)$ dicht liegt, liegt die Punktefolge $\{t(p_m)\}$ ($m = 1, 2, \ldots$ ad inf.) in B dicht. Wegen $\lim_{m=\infty} \varepsilon_m = 0$ liegt demnach auch die Punktefolge $\{q_m\}$ ($m = 1, 2, \ldots$ ad inf.) in B dicht.

U ist also eine Radialumgebung von p, die $\subset V$ ist und in deren Begrenzung B die Menge $M \cdot B$ dicht liegt. Ein solches U hatten wir aber zum Beweis des Satzes von den n-dimensionalen Teilmengen des R_n zu bestimmen.

Da wir nun, wie erwähnt, mehr bewiesen haben, als zum letztgenannten Satz erforderlich ist, so haben wir ein Nebenresultat mitbewiesen. Wir haben ja gezeigt, daß zu jedem Punkt einer Teilmenge A des R_n, deren Komplement im R_n dicht ist, nicht nur beliebig kleine *Umgebungen* existieren, deren Begrenzungen mit A höchstens $(n-2)$-dimensionale Durchschnitte haben, sondern beliebig kleine *Radialumgebungen* dieser Art. Bedenken wir, daß nach dem Satz von den offenen Teilmengen des R_n das Komplement jeder höchstens $(n-1)$-dimensionalen Teilmenge des R_n im R_n dicht ist, so ergibt sich also: *Zu jedem Punkt einer höchstens $(n-1)$-dimensionalen Menge A des R_n existieren nicht nur, wie laut Definition der Dimension feststeht, beliebig kleine Umgebungen, sondern beliebig kleine Radialumgebungen, deren Begrenzungen mit A höchstens $(n-2)$-dimensionale Durchschnitte haben.* Und es gilt diese sich von selbst ergebende Verschärfung der Dimensionsdefinition bemerkenswerterweise unabhängig davon, ob A abgeschlossen ist oder nicht.

Es wäre in mehrfacher Hinsicht wichtig, wenn es gelänge, Verschärfungen der Dimensionsdefinition in dieser Richtung auch für die weniger als $(n-1)$-dimensionalen Mengen des R_n zu beweisen (wenigstens für die abgeschlossenen Mengen und die F_σ), in dem Sinn, daß zu jedem Punkt einer k-dimensionalen Teilmenge des R_n beliebig kleine Umgebungen *spezieller Art* existieren, deren Begrenzungen mit A höchstens $(k-1)$-dimensionale Durchschnitte haben. Ein diesbezügliches Resultat ergibt sich auf Grund des aus den obigen Entwicklungen (S. 117) folgendes Satzes: Ist A eine nulldimensionale abgeschlossene Teilmenge eines separabeln Raumes, also z. B. des R_n, so existieren zu jedem Punkt p von A und zu jeder vorgelegten Umgebung U von p zwei Umgebungen V und W von p, so daß $W \leqslant V < U$ gilt und die Begrenzung von jeder offenen Menge zwischen V und W zu A fremd ist. Da nämlich im R_n zwischen je zwei offenen Mengen V und W, für welche $W \leqslant V$ gilt, ein n-dimensionales Polytop (d. h. eine Summe von endlichvielen n-dimensionalen Simplexen) liegt, so sehen wir: *Jeder Punkt einer nulldimensionalen abgeschlossenen Teilmenge des R_n ist in beliebig kleinen n-dimensionalen Polytopen enthalten, deren Begrenzungen zu A fremd sind.*

Zweiter Beweis.

Wir erbringen nun einen zweiten andersartigen Beweis dafür, daß jede Teilmenge des R_n, deren Komplement im R_n dicht ist, höchstens $(n-1)$-dimensional ist. Sicherlich gibt es *eine* Teilmenge des R_n, deren Komplement im R_n dicht ist und die höchstens $(n-1)$-dimensional ist, nämlich *die Menge J aller Punkte des R_n, die mindestens eine irrationale Koordinate besitzen.* Bezeichnen wir nämlich mit M_n^k die, wie wir (S. 147f.) sahen, nulldimensionale Menge aller Punkte des R_n, die k rationale und $n-k$ irrationale Koordinaten besitzen ($k = 0, 1, \ldots, n-1, n$), so ist die Menge J als Summe der n nulldimensionalen Mengen M_n^k ($k = 0, 1, \ldots, n-1$) höchstens $(n-1)$-dimensional. Da die Summe von J und der nulldimensionalen Menge M_n^n n-dimensional ist, ist J also $(n-1)$-dimensional. Dies ergibt sich übrigens auch ohne Heranziehung der Mengen M_n^k durch vollständige Induktion. Das Komplement von J ist abzählbar und im R_n dicht.

Es sei nun A *irgend*eine vorgelegte Teilmenge des R_n, deren Komplement im R_n dicht ist. Das Komplement von A enthält sicher eine abzählbare im R_n dichte Teilmenge C. Um zu zeigen, daß A höchstens $(n-1)$-dimensional ist, werden wir nachweisen, daß die A als Teilmenge enthaltende Menge $R_n - C$ $(n-1)$-dimensional ist. Diese Behauptung ist sicher richtig, *wenn eine topologische Abbildung des R_n auf sich selbst exi-*

stiert, bei welcher die abzählbare im R_n dichte Menge C auf die Menge M_n^n aller Punkte des R_n mit n rationalen Koordinaten abgebildet wird. Denn eine solche Abbildung bildet zugleich die Menge $R_n - C$ auf die Menge J aller Punkte mit mindestens einer irrationalen Koordinate ab, und da diese Menge $(n-1)$-dimensional ist, ist auch die Menge $R_n - C$, als topologisches Bild von J, $(n-1)$-dimensional.

Zwei Teilmengen A und B des Raumes R heißen *isotop*, wenn eine topologische Abbildung von R auf sich selbst existiert, welche A und B aufeinander abbildet. Die erwähnte Behauptung, deren Nachweis zum Beweis des Satzes von den n-dimensionalen Teilmengen des R_n genügt, lautet in dieser Ausdrucksweise: Jede abzählbare im R_n dichte Teilmenge des R_n ist mit der Menge M_n^n isotop. Dieselbe ist offenbar äquivalent mit dem folgenden

Satz von der Isotopie der abzählbaren dichten Teilmengen des R_n. *Je zwei abzählbare im R_n dichte Teilmengen des R_n sind isotop.*

Es seien zum Beweise dieses Satzes A und B zwei vorgelegte abzählbare im R_n dichte Teilmengen des R_n. Wir ordnen sie in zwei Punktefolgen $\{a_k\}$ bzw. $\{b_k\}$ ($k = 1, 2, \ldots$ ad inf.). Wir bestimmen sodann im R_n ein Cartesisches Koordinatensystem derart, daß je zwei Punkte von A und ebenso je zwei Punkte von B sich in allen n Koordinaten unterscheiden, d. h. so, daß, wenn a und $\bar{a}$ irgendzwei Punkte von A mit den Koordinaten x_i bzw. $\bar{x}_i$ ($i = 1, 2, \ldots, n$) und b und $\bar{b}$ irgendzwei Punkte von B mit den Koordinaten y_i bzw. $\bar{y}_i$ ($i = 1, 2, \ldots, n$) sind, stets $x_i \neq \bar{x}_i$ und $y_i \neq \bar{y}_i$ für $i = 1, 2, \ldots, n$ gilt. Zur Bestimmung eines dieser Bedingung genügenden Koordinatensystems hat man bloß die n Koordinatenebenen $x_i = 0$ ($i = 1, 2, \ldots, n$) so zu wählen, daß keine von ihnen einer der abzählbarvielen Strecken parallel ist, welche zwei Punkte von A oder zwei Punkte von B verbinden.

Wir bestimmen nun eine eineindeutige Abbildung zwischen den Mengen A und B, bei welcher die Größenbeziehungen zwischen den entsprechenden Koordinaten entsprechender Punkte dieselben sind. Wir gehen folgendermaßen vor:

Wir bilden zunächst A auf eine Teilmenge von B ab durch die Festsetzungen: Dem Punkt a_1 von A entspreche der Punkt $b_{\nu_1} = b_1$ von B. Angenommen, es seien bereits den Punkten $a_1, a_2, \ldots, a_k$ von A die Punkte $b_{\nu_1}, b_{\nu_2}, \ldots, b_{\nu_k}$ von B zugeordnet, und zwar derart, daß, wenn x_i^r ($i = 1, 2, \ldots, n$) die Koordinaten des Punktes a_r und $y_i^{\nu_r}$ ($i = 1, 2, \ldots, n$) die Koordinaten des Punktes b_{ν_r} bezeichnen ($r = 1, 2, \ldots, k$), stets aus der Beziehung $x_i^r < x_i^s$ die Beziehung $y_i^{\nu_r} < y_i^{\nu_s}$ ($r, s = 1, 2, \ldots, k$, $i = 1, 2, \ldots, n$) folgt. Wir betrachten sodann den Punkt a_{k+1} mit den Koordinaten x_i^{k+1} ($i = 1, 2, \ldots, n$). Wegen der Voraussetzung über das Koordinatensystem ist $x_i^{k+1} \neq x_i^r$ ($r = 1, 2, \ldots, k$). Da die Menge B im R_n dicht ist, enthält sie einen Punkt b, dessen Koordinaten etwa y_i ($i = 1, 2, \ldots, n$) heißen mögen, so daß für $i = 1, 2, \ldots, n$ und für $r = 1, 2, \ldots, k$

$$\text{aus } x_i^{k+1} < x_i^r \text{ die Beziehung } y_i < y_i^{\nu_r},$$
$$\text{aus } x_i^{k+1} > x_i^s \text{ die Beziehung } y_i > y_i^{\nu_s}$$

folgt. Wir bezeichnen mit $b_{\nu_{k+1}}$ den Punkt mit kleinstem Index in der Folge $\{b_k\}$, dessen Koordinaten diesen Bedingungen genügen. Auf diese Weise ist auch dem Punkt a_{k+1}, also jedem Punkt von A ein Punkt von B zugeordnet. Es ist mithin A auf eine Teilmenge von B, nämlich auf die Menge B' der in der Folge $\{b_{\nu_k}\}$ ($k = 1, 2, \ldots$ ad inf.) enthaltenen Punkte, abgebildet.

Wir behaupten, daß $B' = B$ ist, d. h. daß bei der definierten Zuordnung jeder Punkt der Folge $\{b_k\}$ einem der Punkte $\{a_j\}$ ($j = 1, 2, \ldots$ ad inf.) zugeordnet wird. Wir beweisen dies durch vollständige Induktion. Sicher ist der Punkt b_1 einem Punkt von A zugeordnet, nämlich dem Punkt $a_{\mu_1} = a_1$. Angenommen, es sei bereits erwiesen, daß die Punkte $b_1, b_2, \ldots, b_k$ den Punkten $a_{\mu_1}, a_{\mu_2}, \ldots, a_{\mu_k}$ von A entsprechen. Wir betrachten dann den Punkt b_{k+1}. Seine Koordinaten seien y_i^{k+1} ($i = 1, 2, \ldots, n$). Mit Rücksicht auf die Voraussetzung über das Koordinatensystem gilt

$$y_i^{k+1} \neq y_i^r \; (i = 1, 2, \ldots, n, \; r = 1, 2, \ldots, k),$$

wo y_i^r die Koordinaten des Punktes b_r bezeichnen. Da A im R_n dicht ist, enthält A sicher einen Punkt a, dessen Koordinaten etwa x_i ($i = 1, 2, \ldots, n$) heißen mögen, so daß für $i = 1, 2, \ldots, n$ und für $r = 1, 2, \ldots, k$

$$\text{aus } y_i^{k+1} < x_i^r \text{ die Beziehung } x_i < x_i^{\mu_r},$$
$$\text{aus } y_i^{k+1} > y_i^s \text{ die Beziehung } x_i > x_i^{\mu_s}$$

folgt. Bezeichnet $a_{\mu_{k+1}}$ den Punkt mit kleinstem Index in der Folge $\{a_k\}$, dessen Koordinaten diesen Bedingungen genügen, dann entspricht der Punkt b_{k+1} bei der oben definierten Abbildung von A auf B' dem Punkt $a_{\mu_{k+1}}$. Also entspricht jeder Punkt von B einem Punkt von A, d. h. es ist $B = B'$, wie behauptet.

Wir erweitern nun die definierte Abbildung von A auf B zu einer Abbildung des R_n auf sich. Sei a irgendein vorgelegter Punkt von $R_n - A$. Seine Koordinaten seien x_i ($i = 1, 2, \ldots, n$). Wir ordnen dem Punkt a einen Punkt b von $R_n - B$ zu durch die Festsetzungen: Wenn *erstens* A einen Punkt a' enthält, dessen $i$te Koordinate $= x_i$ ist, dann enthält A mit Rücksicht auf die Voraussetzung über das Koordinatensystem *nur einen* solchen Punkt. Dem Punkt a' ist durch die Abbildung von A auf B ein Punkt b' von B zugeordnet. Die $i$te Koordinate dieses Punktes b'

wählen wir als $i$te Koordinate des dem Punkt a zuzuordnenden Punktes b. Wenn dagegen *zweitens* A keinen Punkt enthält, dessen $i$te Koordinate $= x_i$ ist, dann zerfallen die Punkte von A in zwei Klassen, nämlich in die Klasse der Punkte, deren $i$te Koordinate $> x_i$, und die Klasse der Punkte, deren $i$te Koordinate $< x_i$ ist. Entsprechend zerfallen mit Rücksicht darauf, daß die Abbildung von A auf B die Größenrelationen zwischen entsprechenden Koordinaten entsprechender Punkte unverändert läßt, auch die Punkte von B in zwei Klassen. Für die abzählbarvielen auf der X_i-Achse dichtliegenden Projektionspunkte von B auf die X_i-Achse wird durch diese Einteilung von B in zwei Klassen offenbar ein Schnitt, d. h. eine reelle Zahl, definiert. Diese reelle Zahl wählen wir als $i$te Koordinate des dem Punkt a zuzuordnenden Punktes b.

Durch diese Vorschrift wird jedem Punkt von $R_n - A$ ein Punkt von $R_n - B$ zugeordnet, also eine eineindeutige Abbildung des R_n auf sich selbst definiert, bei welcher A und B einander zugeordnet werden und von welcher man mühelos zeigt, daß sie beiderseits stetig, also topologisch ist. Damit ist der Isotopiesatz bewiesen.

5. Korollare.

Da das n-dimensionale Simplex im Sinne der Dimensionstheorie n-dimensional ist, ist auch jeder *n-dimensionale Komplex* n-dimensional, da er Summe von endlichvielen höchstens n-dimensionalen Simplexen ist, unter denen sich mindestens ein n-dimensionales befindet. Auch was die Komplexe betrifft, befindet sich also die Dimensionstheorie in Einklang mit dem üblichen Sprachgebrauch.

Der Q_ω enthält für jedes natürliche n ein n-dimensionales Teilintervall. Er ist demnach der Dimensionstheorie zufolge unendlichdimensional, — ebenfalls in Übereinstimmung mit der üblichen Terminologie.

Da der R_n und die offenen Teilmengen des R_n n-dimensional, der R_m und die offenen Teilmengen des R_m m-dimensional sind, und da topologische Abbildungen die Dimension erhalten (S. 241), so sind für $n \neq m$ eine offene Teilmenge des R_n und eine offene Teilmenge des R_m nicht topologisch aufeinander abbildbar. Diese Tatsache wurde in der vordimensionstheoretischen Topologie als Invarianz der Dimensionszahl bezeichnet, weshalb wir sie formulieren als

Klassischer Satz von der Invarianz der Dimensionszahl. *Die Intervalle des R_n und R_m sind für $n \neq m$ nicht topologisch aufeinander abbildbar.*

Sachlich korrekter wäre es, diese Aussage, die mit der Dimension im allgemeinen Sinn nichts zu tun hat, als *Satz von der topologischen Verschiedenheit verschiedendimensionaler Intervalle* zu bezeichnen, zum Unterschied von dem oben (S. 241) bewiesenen Satz von der topologischen Invarianz der Dimension.

Die Bedeutung des klassischen Invarianzsatzes für die vordimensionstheoretische Topologie beruhte darauf, daß er derselben ein Mittel lieferte, um für eine zwar immer noch sehr spezielle, aber über die elementar-geometrischen Gebilde doch hinausgehende Klasse von Raumgebilden eine Dimension überhaupt zu definieren. Während nämlich unter den *eineindeutigen* Bildern des R_n und des Intervalls des R_n ($n \geqq 1$) jeder beliebige R_k und das Intervall jedes beliebigen R_k ($k \geqq 1$) vorkommt und während unter den *eindeutigen stetigen* Bildern des R_n bzw. des Intervalls des R_n ($n \geqq 1$) jeder beliebige R_k bzw. das Intervall jedes beliebigen R_k ($k \geqq 0$) vorkommt, so daß man unmöglich alle eineindeutigen oder alle eindeutigen stetigen Bilder des R_n und des Intervalls des R_n als n-dimensional bezeichnen kann, ermöglicht der klassische Invarianzsatz folgende Festsetzung: Das topologische Bild des R_n und eines Intervalls des R_n heiße n-dimensional. Denn der klassische Invarianzsatz schließt die Möglichkeit aus, daß auf diese Weise einer und derselben Menge mehrere verschiedene Dimensionen zugeordnet werden. Auch die topologischen Bilder von n-dimensionalen Komplexen können auf Grund des klassischen Invarianzsatzes als n-dimensional bezeichnet werden. Eingehend untersucht wurden insbesondere die n-dimensionalen *Mannigfaltigkeiten*, das sind jene halbkompakten Räume, für welche jeder Punkt in einer Umgebung enthalten ist, deren abgeschlossene Hülle mit einem n-dimensionalen Simplex homöomorph ist. (Die kompakten Mannigfaltigkeiten heißen auch geschlossen). —

Eine weitere Konsequenz der n-Dimensionalität des R_n betrifft die *Begrenzungen* offener Teilmengen des R_n. Gäbe es eine beschränkte (d. h. in einem Intervall enthaltene) offene nichtleere Teilmenge U des R_n mit höchstens $(n-2)$-dimensionaler Begrenzung, dann wäre jeder Punkt des R_n in einer mit U kongruenten Umgebung enthalten, deren Begrenzung mit der Begrenzung von U kongruent, also homöomorph und daher gleichfalls höchstens $(n-2)$-dimensional wäre. Überdies könnte man dann durch Ähnlichkeitstransformation des Raumes zu jedem Punkt p des R_n und zu jeder Umgebung V von p eine p enthaltende zu U ähnliche Umgebung $\subset V$ konstruieren, deren Begrenzung mit der Begrenzung von U homöomorph, also höchstens $(n-2)$-dimensional wäre. Wenn es also eine beschränkte nichtleere offene Teilmenge des R_n mit höchstens $(n-2)$-dimensionaler Begrenzung gäbe, so wäre jeder Punkt des R_n in beliebig kleinen Umgebungen mit höchstens $(n-2)$-dimensionalen Begrenzungen enthalten, d. h. der R_n wäre höchstens $(n-1)$-dimensional. Da dies nicht der Fall ist, ist also die Begrenzung von jeder beschränkten nichtleeren offenen Teilmenge des R_n mindestens $(n-1)$-dimensional. Anderseits kann die Begrenzung einer offenen Teilmenge des R_n keine offene Teilmenge des R_n enthalten und ist daher höchstens $(n-1)$-dimensional. *Die Begrenzung jeder beschränkten nichtleeren offenen Teilmenge des R_n ist also $(n-1)$-dimensional.*

Zur Betrachtung einer *nicht*beschränkten offenen Teilmenge U des R_n bilden wir den R_n stereographisch, also topologisch, auf die um einen Punkt p verminderte Begrenzung B_n einer $(n+1)$-dimensionalen Sphäre S_{n+1} ab. Hierbei wird U auf eine offene Teilmenge U' von B_n abgebildet, welche den Punkt p als Häufungspunkt besitzt. Wenn nun das Komplement von U zum R_n einen nichtleeren offenen Teil enthält, so enthält auch das Komplement von U' zu B_n einen nichtleeren offenen Teil. Durch Drehung von B_n erkennt man, daß U' mit einer offenen Menge U_1' kongruent ist, die bei der stereographischen Projektion von R_n auf $B_n - p$ Bild einer beschränkten offenen Menge U_1 ist. Die Begrenzung von U_1, also die Begrenzung von U_1', ist dem Bewiesenen zufolge $(n-1)$-dimensional. Also ist die Begrenzung von U', welche mit der um einen Punkt verminderten Begrenzung von U_1' kongruent ist, $(n-1)$-dimensional, und mithin ist auch die Begrenzung von U $(n-1)$-dimensional. Wir sehen also: *Die Begrenzung jeder nichtleeren offenen Menge des R_n, deren Komplement einen nichtleeren offenen Teil enthält, ist $(n-1)$-dimensional.*

Ist U eine offene Menge des R_n, deren Komplement keinen offenen Teil enthält, dann ist $R_n - U$ höchstens $(n-1)$-dimensional. Dann ist ferner die Begrenzung von U mit $R_n - U$ identisch. In diesem Fall stimmt also die Dimension der Begrenzung von U mit der Dimension des Komplementes von U überein. Zusammenfassend können wir also aussprechen den folgenden

Satz über die Begrenzungen offener Mengen des R_n. *Unter den nichtleeren offenen Mengen des R_n haben jene, deren Komplement mindestens $(n-1)$-dimensional ist, eine $(n-1)$-dimensionale Begrenzung. Für die übrigen stimmt die Dimension der Begrenzung mit der Dimension des Komplementes überein.*

Wir beweisen ferner den

Satz über den n-stufigen Zusammenhang des R_n. *Der R_n ist n-stufig zusammenhängend.*

Wir haben zu diesem Zweck nachzuweisen: Ist A eine abgeschlossene $(n-1)$-stufig zusammenhangslose Teilmenge des R_n, so ist $R_n - A$ zusammenhängend. Wir machen also die Annahme, $R_n - A$ sei nicht zusammenhängend, und leiten aus ihr einen Widerspruch her. Zufolge der Annahme besäße $R_n - A$ mindestens zwei verschiedene nichtleere Komponenten K_1 und K_2. Da der R_n zusammenhängend im kleinen ist, ist jede Komponente einer im R_n offenen Menge offen (S. 227). Die beiden nichtleeren Mengen K_1 und K_2 wären also offen. Als Komponente der Menge $R_n - A$ wäre K_1 in der Menge $R_n - A$ abgeschlossen. Die Begrenzung der offenen Menge K_1 wäre mithin zur Menge $R_n - A$ fremd, also Teilmenge von A. Nun ist A $(n-1)$-stufig zusammenhangslos, also (S. 216) höchstens $(n-2)$-dimensional. Die Begrenzung der offenen Menge K_1 wäre mithin höchstens $(n-2)$-dimensional, und dies ist unmöglich, weil das Komplement von K_1 einen nichtleeren offenen Teil, nämlich die Menge K_2, enthält. Die Annahme, R_n sei nicht n-stufig zusammenhängend, führt also auf einen Widerspruch.

Wir bemerken noch, daß ein offenes Intervall des R_n mit dem R_n homöomorph, also ebenfalls n-stufig zusammenhängend ist. Ein abgeschlossenes Intervall des R_n ist, als abgeschlossene Hülle einer n-stufig zusammenhängenden Menge, n-stufig zusammenhängend. Der R_n ist also auch *n-stufig zusammenhängend im kleinen.*

Wenden wir auf das Intervall E_n des R_n, dessen n-Dimensionalität bewiesen wurde, die Umkehrung des allgemeinen Zerlegungssatzes an, so sehen wir, daß bei jeder Zerlegung von E_n in endlichviele hinlänglich kleine abgeschlossene Mengen für jede der Zahlen $k = 2, 3, \ldots, n+1$ unter den Summanden k-Tupel mit mindestens $(n-k+1)$-dimensionalem Durchschnitt auftreten. Nun ist der Durchschnitt von abgeschlossenen Teilmengen von E_n kompakt, und da eine mindestens n-dimensionale kompakte Menge ein mindestens n-stufiges Teilkontinuum enthält, so sehen wir:

Bei jeder Zerlegung eines Intervalles E_n in endlichviele hinlänglich kleine abgeschlossene Mengen gibt es unter den Summanden

$(n+1)$-Tupel, deren Durchschnitt nichtleer ist,
n-Tupel, deren Durchschnitt Kontinua enthält,
. . . .
k-Tupel, deren Durchschnitt $(n-k+1)$-stufige Kontinua enthält,
. . . .
Paare, deren Durchschnitt $(n-1)$-stufige Kontinua enthält.

Wir leiten nun aus den in den vorangehenden Abschnitten bewiesenen Sätzen noch eine Klassifikation der Teilmengen der beiden niedrigstdimensionalen Cartesischen Räume her. Für den R_1 wurde übrigens bereits oben (S. 88) festgestellt, daß unter seinen nichtleeren Teilmengen die nulldimensionalen dadurch gekennzeichnet sind, daß sie keinen offenen Teil enthalten, womit gleichbedeutend ist, daß sie keinen zusammenhängenden Teil enthalten, während die übrigen nichtleeren Teilmengen des R_1 eindimensional sind.

Im R_2 betrachten wir zunächst die nichtleeren abgeschlossenen Mengen. Unter ihnen sind die nulldimensionalen dadurch gekennzeichnet, daß sie zusammenhangslos oder auch dadurch, daß sie diskontinuierlich sind. Die eindimensionalen abgeschlossenen Mengen enthalten *Teilkontinua*, aber, da die Ebene zweidimensional ist, keine in der Ebene *offene* Teilmenge. Sie sind also dadurch charakterisiert, daß sie *nirgendsdicht*, *aber nicht zusammenhangslos* sind. Die zweidimensionalen Mengen sind dadurch gekennzeichnet, daß sie einen nichtleeren offenen Teil enthalten.

Unter den beliebigen (auch nichtabgeschlossenen) Teilmengen der Ebene sind die nulldimensionalen dadurch gekennzeichnet (vgl. S. 207), daß sie auch nach Hinzufügung eines beliebigen einzelnen Punktes total zusammenhangslos bleiben, die eindimensionalen dadurch, daß sie keinen offenen Teil enthalten, aber (zumindest nach Hinzufügung eines einzelnen Punktes) nicht total zusammenhangslos sind, die zweidimensionalen dadurch, daß sie einen offenen Teil enthalten.

Historisches. Die Unmöglichkeit einer topologischen Abbildung der Intervalle des R_1, R_2, R_3 aufeinander oder auf höherdimensionale Intervalle wurde von Lüroth (Math. Ann. *63*, 1907, S. 222) bewiesen, der klassische Invarianzsatz in voller Allgemeinheit von Brouwer (Math. Ann. *70*, 1911, S. 161), welcher auf diesen Satz die Definition n-dimensionaler Mannigfaltigkeiten (Math. Ann. *71*, 1912, S. 97f.) gründete. Ein anderer Beweis stammt von Lebesgue (Fund. Math. *2*, 1921, S. 265). Beweise der übrigen Sätze dieses Abschnittes finden sich bei Urysohn (Fund. Math. *7* und *8*) und bei mir (Monatshafte f. Math. u. Phys. *33* u. *34* sowie Math. Ann. *98*, S. 86f.).

Der Satz, daß unter den abgeschlossenen Teilmengen der Ebene die eindimensionalen mit den nirgendsdichten identisch sind, zeigt, daß, wenn wir allgemein als *Kurve* ein eindimensionales Kontinuum bezeichnen, in der Ebene die Kurven mit den nirgendsdichten Kontinua identisch sind. Nun wurden in der vordimensionstheoretischen Punktmengenlehre als *Cantorsche Kurven* die nirgendsdichten Teilkontinua der Ebene bezeichnet. Dieser Kurvenbegriff stimmt mit der anschaulichen Vorstellung von ebenen Kurven völlig überein, ist aber prinzipiell auf die Ebene beschränkt, denn schon im R_3 gibt es ja auch nirgendsdichte *flächen*hafte Kontinua. Wir sehen also, daß unser allgemeiner Kurvenbegriff für den Spezialfall, in welchem ein anschaulicher Kurvenbegriff vorlag, mit diesem äquivalent ist.

Dem Satz über die Begrenzungen offener Mengen zufolge ist die Begrenzung jeder beschränkten offenen Teilmenge des R_n $(n-1)$-dimensional, also enthält jede solche Begrenzung auf Grund des Theorems über höherstufigen Zusammenhang (S. 216) ein $(n-1)$-stufiges Teilkontinuum. Diese Aussage ist nun einer scharfen Präzisierung fähig. Man sieht zunächst leicht ein, daß die Begrenzung jeder beschränkten offenen Menge des R_n eine *reguläre* Begrenzung als Teil enthält, d. h. eine beschränkte Menge, welche gemeinsame Begrenzung zweier zusammenhängender offener Mengen des R_n ist. Und es gilt nun das für die Topologie des R_n wichtige Theorem: *Jede reguläre Begrenzung im R_n ist eine $(n-1)$-dimensionale Cantorsche Mannigfaltigkeit.* Ein Beweis findet sich bei Urysohn für den Fall $n = 3$ ausgeführt (Fund. Math. *7*, S. 96), für beliebiges n skizziert (Fund. Math. *8*, 1926, S. 312) bzw. auf ein Lemma zurückgeführt, welches von Alexandroff (Comptes Rendus *183*, 1926, S. 722) bewiesen worden ist.

6. Über die Deformierbarkeit abgeschlossener Mengen in gleichdimensionale Komplexe.

Der allgemeine Zerlegungssatz zeigt, daß die n-dimensionalen separabeln Räume und ihre abgeschlossenen Teilmengen einerseits und die n-dimensionalen Komplexe, d. h. (S. 15) die aus Simplexen in bestimmter Weise zusammengesetzten Gebilde, anderseits in gewisser Hinsicht ein analoges Verhalten aufweisen: Ein höchstens n-dimensionaler separabler Raum ist Summe von endlichvielen beliebig kleinen höchstens n-dimensionalen Stücken, die zu je zweien höchstens $(n-1)$-dimensionale Durchschnitte haben. Ein höchstens n-dimensionaler Komplex ist (laut Definition) Summe von endlichvielen höchstens n-dimensionalen Simplexen, die zu je zweien höchstens $(n-1)$-dimensionale Simplexe gemein haben. Insbesondere weisen die n-dimensionalen kompakten Teilmengen der Euklidischen Räume, was ihre Zerlegbarkeitseigenschaften betrifft, Analogien mit den n-dimensionalen Komplexen auf. Es ist nun sehr bemerkenswert, daß aus dieser Analogie durch im wesentlichen elementargeometrische Überlegungen eine weit engere Beziehung zwischen den n-dimensionalen kompakten Mengen und den n-dimensionalen Komplexen hergeleitet werden kann. Es gilt nämlich der Satz, daß jede kompakte Menge eines Euklidischen Raumes sich in einen gleichdimensionalen Komplex *deformieren* läßt, und zwar für jedes $\varepsilon > 0$ sich derart in einen gleichdimensionalen Komplex deformieren läßt, daß bei der Deformation kein Punkt um mehr als ε aus seiner ursprünglichen Lage verschoben wird, während sich eine kompakte Menge durch Deformationen mit hinreichend kleinen Verschiebungen der einzelnen Punkte nicht in einen niedrigerdimensionalen Komplex überführen läßt.

Eine strenge Präzisierung des Deformationsbegriffes wird durch folgende Definition geliefert: Wir sagen, die Menge A läßt sich in die Menge B **ε-deformieren,** *wenn B eindeutiges stetiges Bild von A ist und jeder Punkt der Menge A von seinem Bildpunkt in B einen Abstand $< \varepsilon$ hat.*

Es gilt in dieser Ausdrucksweise das folgende

Theorem von der Deformierbarkeit Euklidischer Mengen in gleichdimensionale Komplexe. *Ist A eine n-dimensionale kompakte Teilmenge eines Euklidischen Raumes R, so existiert in R für jede vorgelegte Zahl $\varepsilon > 0$ ein n-dimensionaler Komplex K, in den sich A ε-deformieren läßt. Dagegen läßt sich für hinreichend kleines ε* (d. h. für alle ε, die kleiner sind als ein gewisses ε_0) *die Menge A nicht in einen weniger als n-dimensionalen Komplex ε-deformieren.*

Wir beweisen zunächst den zweiten Teil der Behauptung, daß nämlich eine kompakte Menge nicht für jedes $\varepsilon > 0$ in einen niedrigerdimensionalen Komplex ε-deformierbar ist. Es gilt allgemein folgender Satz:

Eine kompakte Teilmenge eines Euklidischen Raumes oder des Q_ω läßt sich für hinreichend kleines ε in keine Menge geringerer Dimension ε-deformieren.

Sei nämlich A eine kompakte Teilmenge des Q_ω, zu der für jedes $\varepsilon > 0$ ein höchstens $(n-1)$-dimensionaler Komplex B_ε existiert, in den sich A ε-deformieren läßt. Wir behaupten, daß A höchstens $(n-1)$-dimensional ist. Nach der Umkehrung des letzten Teiles des Zerlegungssatzes genügt es zum Beweise dieser Behauptung, wenn wir zeigen: A ist Summe von endlichvielen beliebig kleinen abgeschlossenen Teilmengen, die zu je $n+1$ leere Durchschnitte haben. Wir behaupten nun tatsächlich: Ist $\eta < 0$ eine vorgelegte Zahl, so ist A Summe von endlichvielen abgeschlossenen Teilmengen mit Durchmessern $< \eta$, die zu je $n+1$ leere Durchschnitte haben.

Betrachten wir nämlich für die vorgelegte Zahl η die höchstens $(n-1)$-dimensionale Menge $B_{\frac{\eta}{3}} = B$, in die A $\frac{\eta}{3}$-deformierbar ist. Da B höchstens $(n-1)$-dimensional ist, ist B dem letzten Teil des Zerlegungssatzes zufolge Summe von endlichvielen abgeschlossenen Mengen $B_1, B_2, \ldots B_r$, deren Durchmesser $< \frac{\eta}{3}$ sind und die zu je $n+1$ leere Durchschnitte haben. Wir bezeichnen mit A_i $(i = 1, 2, \ldots, r)$ die Menge aller Punkte von A, deren Bildpunkte bei der Abbildung von A auf B in B_i liegen. Es gilt dann offenbar erstens $A = \sum_{i=1}^{r} A_i$, da ja jeder Punkt von A auf einen Punkt von B abgebildet wird. Zweitens ist für jedes i $(i = 1, 2, \ldots, r)$ der Durchmesser der Mengen $A_i < \eta$, denn jeder Punkt von A_i ist von seinem Bildpunkt um weniger als $\frac{\eta}{3}$ entfernt, und der Durchmesser von B_i ist $< \frac{\eta}{3}$. Also sind je zwei Punkte von A_i um weniger als $\frac{\eta}{3} + \frac{2\eta}{3} = \eta$ voneinander entfernt. Drittens gibt es keinen Punkt von A, der mehr als als n von den r Mengen A_i angehört; denn der Bildpunkt eines Punktes, welcher den Mengen $A_{i_1}, A_{i_2}, \ldots, A_{i_{n+1}}$ angehören würde, müßte den $n+1$ Mengen $B_{i_1}, B_{i_2}, \ldots, B_{i_{n+1}}$ angehören. Die r Mengen B_i haben aber zu je $n+1$ leere Durchschnitte. Als Summe der r Mengen A_i ist also A in der erforderlichen Weise als Summe von endlichvielen abgeschlossenen Mengen mit Durchmessern $< \eta$, die zu je $n+1$ leere Durchschnitte haben, dargestellt. Damit ist der erste Teil der Behauptung bewiesen.

Dem Beweise der zweiten Hälfte schicken wir einige Hilfsüberlegungen voran.

Es sei S_n ein n-dimensionales Simplex, S_r eine r-dimensionale Seite von S_n $(0 \leqq r \leqq n-1)$ und S_{n-r-1} die S_r gegenüberliegende Seite von S_n.

Die Seite S_{n-r-1} bestimmt zusammen mit jedem einzelnen Punkt x von S_r eine $(n-r)$-dimensionale Ebene. Dieselbe schneidet S_n in einem $(n-r)$-dimensionalen Simplex S^x_{n-r}, das mit S_r den einzigen Punkt x gemein hat. Dieses Simplex S^x_{n-r} ist offenbar Summe der zu einander bis auf den Punkt x fremden Strecken, welche x mit den Punkten von S_{n-r-1} verbinden. Wird dieses Verfahren auf jedes Simplex S^x_{n-r} angewendet, so zerfällt das ganze Simplex S_n in Strecken, deren Anfangspunkt x in S_r und deren Endpunkt in S_{n-r-1} liegt und die, abgesehen höchstens von diesen Anfangs- und Endpunkten, zueinander fremd sind. Die so definierte, durch S_r eindeutig bestimmte Menge von Vektoren, die von den Punkten von S_r zu Punkten von S_{n-r-1} führen und deren Summe mit S_n identisch ist, bezeichnen wir als das *Vektorfeld* $V(S_n, S_r)$.

Es sei K ein p-dimensionaler Komplex eines n-dimensionalen Euklidischen Raumes $(n \leqq p)$. Es liege eine simpliziale Zerlegung $\mathfrak{Z}$ von K vor und es sei L ein aus gewissen Elementen von $\mathfrak{Z}$ gebildeter q-dimensionaler Komplex $(q \leqq p)$. Wir setzen über die Zerlegung $\mathfrak{Z}$ voraus, daß jedes r-dimensionale Element E der Zerlegung entweder in L enthalten oder zu L fremd ist oder mit L genau *eine* höchstens $(r-1)$-dimensionale Seite (und deren Teilseiten) gemein hat, in welch letzterem Falle wir E ein *Grenzsimplex* von K in bezug auf L nennen und die zu L gehörige Seite von E als *Randseite* bezeichnen. Diese Annahme, daß bei der Zerlegung $\mathfrak{Z}$ von K tatsächlich jedes Grenzsimplex von K in bezug auf L nur eine Randseite besitzt, oder, wie dies auch kurz ausgedrückt werden möge, daß die Zerlegung $\mathfrak{Z}$ von K in bezug auf L *bequem* sei, kann ohne Beschränkung der Allgemeinheit gemacht werden; denn wenn $\mathfrak{Z}$ diese Eigenschaft nicht besitzt, so kann man mühelos eine Unterzerlegung von $\mathfrak{Z}$, in welcher kein Element zwei Eckpunkte von $\mathfrak{Z}$ enthält, angeben, welche in bezug auf L bequem ist.

Ein Simplex von L, welches die Randseite von mindestens einem Grenzsimplex von K in bezug auf L ist, nennen wir ein *Randsimplex* von K. Dieser Definition zufolge ist ein Randsimplex von K höchstens $(p-1)$-dimensional. Die Simplexe von L, welche nicht Randsimplexe sind, mögen *innere* Simplexe heißen.

Ist nun a irgendein Punkt von K, der in keiner ein Randsimplex von L enthaltenden $(p-1)$-dimensionalen Ebene liegt, so trifft jede Gerade, welche a mit einem Punkt eines Randsimplexes von L verbindet, dieses Simplex nur in einem Punkt. Die Summe der Verbindungsstrecken zwischen a und den Punkten eines r-dimensionalen Randsimplexes S von L ist also ein $(r+1)$-dimensionales Simplex, welches $\Omega(S, a)$ heißen möge.

Der Komplex, bestehend aus allen inneren Simplexen von L und aus allen Simplexen $\Omega(S, a)$, wo S irgendein Simplex von L bezeichnet, heiße $\Omega(L, a)$.

Der Komplex K läßt sich nun auf diesen Komplex $\Omega(L, a)$ durch folgende Festsetzung eindeutig und stetig abbilden: 1. Jeder Punkt eines inneren Simplexes von L möge sich selbst entsprechen. 2. Jeder Punkt x eines Randsimplexes von L ist erstens Endpunkt des Vektors von x nach a und zweitens Endpunkt von Vektoren des Feldes $V(K, L)$. Wir bilden nun jeden Vektor V dieses Feldes proportional auf den Vektor von x nach a derart ab, daß dabei x fest bleibt, daß also, wenn y den anderen Endpunkt von V bezeichnet, y in a übergeht. Hierdurch wird zunächst die Menge $U(L)$ aller Punkte, die sei es in L, sei es auf Strecken des Vektorfeldes $V(K, L)$ liegen, auf $\Omega(L, a)$ abgebildet. Um ganz K auf $\Omega(L, a)$ abzubilden, ordnen wir 3. jedem Punkt von K, der nicht in $U(L)$ liegt, den Punkt a zu. Offenbar entspricht auf diese Weise jeder Punkt von $\Omega(L, a)$, mindestens einem Punkt von K. Die so definierte Abbildung von K auf $\Omega(L, a)$, welche die *Radialisierung von K in bezug auf die Basis L und den Pol a* heißen möge, ist *stetig*. Man erhält nämlich eine stetige Deformation von K in $\Omega(L, a)$, indem man den Endpunkt jedes Vektors V des Feldes $V(K, L)$ und jeden nicht in $U(L)$ enthaltenen Punkt geradlinig und gleichförmig in den Punkt a sich bewegen läßt, wodurch der Vektor V in den Vektor von x nach a übergeht, während die Punkte der inneren Simplexe von L fest bleiben und die übrigen Punkte von K in a übergehen.

Offenbar besitzt die Radialisierung von K in $\Omega(L, a)$ die beiden folgenden (im weiteren verwendeten) Eigenschaften: a) Wenn der Durchmesser von $K < \varepsilon$ ist, so entfernt sich bei der Radialisierung jeder Punkt von K um weniger als ε aus seiner ursprünglichen Lage. b) Jedes Simplex von K wird in ein gleich- oder niedrigerdimensionales, also in ein nicht höherdimensionales Simplex von $\Omega(L, a)$ übergeführt. Es wird ja jedes innere Simplex von L bei der Radialisierung in sich selbst übergeführt, jedes Grenzsimplex mit dem Randsimplex T in das Simplex $\Omega(T, a)$ und jedes sonstige Simplex in das aus dem Punkt a bestehende nulldimensionale Simplex übergeführt.

Es seien nun im vorliegenden n-dimensionalen Euklidischen Raum ein q-dimensionaler Komplex L und ein q^*-dimensionaler Komplex L^* gegeben ($q^* \leqq q \leqq n - 1$), und es liege eine η-Deformation von L in L^* vor, bei welcher jedes Simplex von L in ein höchstens gleichdimensionales Simplex von L^* übergeführt wird. Es sei ferner a ein Punkt, der in keiner der $(n - 1)$-dimensionalen Ebenen liegt, welche ein Randsimplex von L oder ein Simplex von L^*, das Bild eines Randsimplexes von L ist, enthält. Derjenige Punkt von L^*, der bei der Deformation von L in L^* dem Punkt l von L zugeordnet wird, heiße l^*. Ersetzt man dann für jeden Punkt l von L den Vektor von l nach a durch den Vektor von l^* nach a, so wird der

Komplex $\Omega(L, a)$ in den Komplex $\Omega(L^*, a)$ deformiert. Diese η-Deformation wollen wir als durch die Deformation von L in L^* *induziert* bezeichnen.

Diese Bemerkung ist offenbar folgender Verallgemeinerung fähig: Es sei im n-dimensionalen Euklidischen Raum der q-dimensionale Komplex L gegeben als Summe $\sum_{i=1}^{r} L_i$ von q_i-dimensionalen Komplexen L_i $(q_i \leqq n-1)$, und es liege eine η-Deformation von L in $L^* = \sum_{i=1}^{r} L_i^*$ vor, bei welcher jedes Simplex von L_i in ein höchstens gleichdimensionales Simplex von L_i^* übergeht, so daß also die r Mengen L_i^* Komplexe sind. Sind dann $p_1, p_2, \ldots, p_r$ Punkte, die in keiner Hyperebene des R_n liegen, welche Randsimplexe von L oder Simplexe von L^*, die bei der Deformation aus Randsimplexen von L hervorgehen, enthält, dann induziert die Deformation von L in L^* eine bestimmte η-Deformation des Komplexes $\sum_{i=1}^{r} \Omega(L_i, p_i)$ in den Komplex $\sum_{i=1}^{r} \Omega(L_i^*, p_i)$.

Aus diesen Überlegungen ergibt sich nun der folgende

Hilfssatz. *Sind $K_1, K_2, \ldots, K_s$ p-dimensionale Komplexe des n-dimensionalen Euklidischen Raumes $(n \geqq p)$, welche Durchmesser $< \varepsilon$ besitzen und für eine gewisse Zahl m zu je $m+2$ leere Durchschnitte haben, dann läßt sich der Komplex $K = \sum_{i=1}^{s} K_i$ in einen m-dimensionalen Komplex K^* η-deformieren, wo $\eta = (m+1) \cdot \varepsilon$ ist.*

Zum Beweise bezeichnen wir den (evt. leeren) Durchschnittskomplex der j Komplexe $K_{i_1}, K_{i_2}, \ldots, K_{i_j}$ $(j \leqq m+1)$ mit $K_{i_1, i_2, \ldots, i_j}$. Die Summe aller nichtleeren Komplexe $K_{i_1, i_2, \ldots, i_j}$ für eine bestimmte Zahl j nennen wir K^j. Den Durchschnittskomplex von $K_{i_1, i_2, \ldots, i_j}$ mit K^{j+1} bezeichnen wir mit $L_{i_1, i_2, \ldots, i_j}$.

Wir nehmen nun eine simpliziale Zerlegung $\mathfrak{Z}$ des Raumes in Simplexe mit so kleinen Durchmessern vor, daß erstens die Simplexe der Komplexe $K_{i_1, i_2, \ldots, i_j}$ in Teilsimplexe zerlegt werden, also jeder Komplex $K_{i_1, i_2, \ldots, i_j}$ als ein aus Simplexen von $\mathfrak{Z}$ bestehender Komplex betrachtet werden kann, und daß zweitens die durch $\mathfrak{Z}$ hervorgerufene Zerlegung jedes nichtleeren Komplexes $K_{i_1, i_2, \ldots, i_j}$ in bezug auf den Komplex $L_{i_1, i_2, \ldots, i_j}$ bequem (S. 273) ist.

Wir betrachten nun vor allem die Komplexe $K_{i_1, i_2, \ldots, i_{m+1}}$, welche nichtleer sind. Je zwei von ihnen sind fremd, da es ja sonst Punkte gäbe, welche mehr als $m+1$ Komplexen K_i gemein wären. Wir wählen in jeder der nichtleeren Mengen $K_{i_1, i_2, \ldots, i_{m+1}}$ einen Punkt $p_{i_1, i_2, \ldots, i_{m+1}}$ und radialisieren $K_{i_1, i_2, \ldots, i_{m+1}}$ in bezug auf $p_{i_1, i_2, \ldots, i_{m+1}}$ als Pol und die leere Menge als Basis, d. h. wir bilden jeden Punkt von $K_{i_1, i_2, \ldots, i_{m+1}}$ auf den Punkt $p_{i_1, i_2, \ldots, i_{m+1}}$ ab, also den Komplex

$$K^{m+1} = \sum_{i_1, i_2, \ldots, i_{m+1}} K_{i_1, i_2, \ldots, i_{m+1}} = \sum_{i_1, i_2, \ldots, i_m} L_{i_1, i_2, \ldots, i_m}$$

auf den nulldimensionalen Komplex

$$\overset{*}{K}{}^{m+1} = \sum_{i_1, i_2, \ldots, i_{m+1}} p_{i_1, i_2, \ldots, i_{m+1}}.$$

Da die Durchmesser der $K_{i_1, i_2, \ldots, i_{m+1}} < \varepsilon$ sind, ist die Abbildung von K^{m+1} auf $\overset{*}{K}{}^{m+1}$ offenbar eine ε-Deformation.

Wir machen nun die induktive Annahme, es liege bereits eine $(m-j+1)\,\varepsilon$-Deformation des Komplexes

$$K^{j+1} = \sum_{i_1, i_2, \ldots, i_{j+1}} K_{i_1, i_2, \ldots, i_{j+1}} = \sum_{i_1, i_2, \ldots, i_j} L_{i_1, i_2, \ldots, i_j}$$

in einen $(m-j)$-dimensionalen Komplex

$$\overset{*}{K}{}^{j+1} = \sum_{i_1, i_2, \ldots, i_j} \overset{*}{L}_{i_1, i_2, \ldots, i_j}$$

vor, bei welcher jedes Teilsimplex von K^{j+1} in ein höchstens gleichdimensionales Teilsimplex von $\overset{*}{K}{}^{j+1}$ übergeführt wird, so daß, wenn $\overset{*}{L}_{i_1, i_2, \ldots, i_j}$ das Bild von $L_{i_1, i_2, \ldots, i_j}$ vermöge der Deformation bezeichnet, $\overset{*}{L}_{i_1, i_2, \ldots, i_j}$ ein Teilkomplex von $\overset{*}{K}{}^{j+1}$ ist.

Wir wählen dann in jedem der nichtleeren Komplexe $K_{i_1, i_2, \ldots, i_j}$ einen Punkt $p_{i_1, i_2, \ldots, i_j}$ außerhalb jener Hyperebenen, welche Randsimplexe von K^{j+1} oder $\overset{*}{K}{}^{j+1}$ enthalten und radialisieren $K_{i_1, i_2, \ldots, i_j}$ in bezug auf den Punkt $p_{i_1, i_2, \ldots, i_j}$ als Pol und den Komplex $L_{i_1, i_2, \ldots, i_j}$ als Basis. Da der Durchschnitt von je zwei Komplexen $K_{i_1, i_2, \ldots, i_j}$ und $K_{i'_1, i'_2, \ldots, i'_j}$ Teil von K^{j+1} ist und daher bei den Radialisierungen der Komplexe $K_{i_1, i_2, \ldots, i_j}$ fest bleibt, so schließen diese Radialisierungen stetig aneinander und ergeben insgesamt eine ε-Deformation des Komplexes

$$K^{j} = \sum_{i_1, i_2, \ldots, i_j} K_{i_1, i_2, \ldots, i_j} = \sum_{i_1, i_2, \ldots, i_{j-1}} L_{i_1, i_2, \ldots, i_{j-1}}$$

in einen Komplex

$$\sum_{i_1, i_2, \ldots, i_j} \Omega(L_{i_1, i_2, \ldots, i_j}; p_{i_1, i_2, \ldots, i_j}),$$

den wir mit $\Omega(K^{j+1}; p)$ bezeichnen wollen. Die nach Annahme bereits definierte $(m-j+1)\cdot\varepsilon$-Deformation von K^{j+1} in $\overset{*}{K}{}^{j+1}$ induziert daher (vgl. S. 275) eine $(m-j+1)\varepsilon$-Deformation von $\Omega(K^{j+1}; p)$ und daher eine $(m-j+2)\varepsilon$-Deformation von K^j in einen $(m-j+1)$-dimensionalen Komplex

$$\overset{*}{K}{}^j = \sum_{i_1, i_2, \ldots, i_j} \Omega(\overset{*}{L}_{i_1, i_2, \ldots, i_j}; p_{i_1, i_2, \ldots, i_j}),$$

bei welcher jedes Teilsimplex von K^j in ein höchstens gleichdimensionales Teilsimplex von $\overset{*}{K}{}^j$ übergeführt wird. Damit wird die Induktion weitergeführt.

Das Endergebnis für $j = 1$ besagt, daß $K^1 = \sum_{i=1}^{s} K_i$ in einen m-dimensionalen Komplex $\overset{*}{K}{}^1$ $(m+1)\cdot\varepsilon$-deformierbar ist, wie im Hilfssatz behauptet wird.

Es sei nun zum Beweis des Deformierbarkeitstheorems A eine n-dimensionale kompakte Teilmenge des m-dimensionalen Euklidischen Raumes R_m und η eine vorgelegte Zahl > 0. Wir bestimmen ε_0 so klein, daß $\varepsilon_0 < \eta$ ist und daß keine ε_0-Deformation von A in einen weniger als n-dimensionalen Komplex möglich ist. Es sei nun $\varepsilon > 0$ irgendeine Zahl $< \varepsilon_0$. Nach dem letzten Teil des Zerlegungssatzes ist A Summe von endlichvielen abgeschlossenen Mengen $A_1, A_2, \ldots, A_s$, deren Durchmesser $< \frac{\varepsilon}{2(n+1)}$ sind und die zu je $n+2$ leere Durchschnitte haben. Wir unterziehen den R_m einer so feinen simplizialen Zerlegung $\mathfrak{Z}$, daß, wenn K_i die Summe aller zu A_i nicht fremden Simplexe von $\mathfrak{Z}$ bezeichnet $(i = 1, 2, \ldots, s)$, die Menge

$$K_{i_1, i_2, \ldots, i_j} = K_{i_1} \cdot K_{i_2} \cdot \ldots \cdot K_{i_j}$$

nur dann nichtleer ist, wenn die entsprechende Menge

$$A_{i_1, i_2, \ldots, i_j} = A_{i_1} \cdot A_{i_2} \cdot \ldots \cdot A_{i_j}$$

nichtleer ist und daß jede der s Mengen K_i einen Durchmesser $< \frac{\varepsilon}{2(n+1)}$ besitzt.

Das System der s Komplexe $K_1, K_2, \ldots, K_s$ genügt den Voraussetzungen des Hilfssatzes und ist daher $\frac{\varepsilon}{2}$-deformierbar in ein System von m-dimensionalen Komplexen $\overset{*}{K}_1, \overset{*}{K}_2, \ldots, \overset{*}{K}_s$. Durch diese Deformation geht die

Menge A, welche $\subset \sum_{i=1}^{s} K_i$ ist, in eine abgeschlossene Teilmenge $\overset{*}{A}$ von von $\overset{*}{K} = \sum_{i=1}^{s} \overset{*}{K}_i$ über.

Wir setzen nun $\overset{*}{K} = \overset{*}{K}_0$, $\overset{*}{A} = \overset{*}{A}_0$ und nehmen an, es liege bereits ein Teilkomplex $\overset{*}{K}_j$ von $\overset{*}{K}$ und eine abgeschlossene Teilmenge $\overset{*}{A}_j$ von $\overset{*}{K}_j$ vor gemäß folgenden Bedingungen:

1. Jedes mindestens $(n-j+1)$-dimensionale Simplex, das in $\overset{*}{K}_j$ enthalten ist, ist in $\overset{*}{A}_j$ enthalten.

2. $\overset{*}{A}$ läßt sich in $\overset{*}{A}_j$ so deformieren, daß jeder Punkt von $\overset{*}{A}$ während der ganzen Deformation in demselben Simplex bleibt, indem er ursprünglich enthalten war.

Wir definieren nun zwei Mengen $\overset{*}{K}_{j+1}$ und $\overset{*}{A}_{j+1}$ durch folgende Vorschriften: $\overset{*}{K}_{j+1}$ bestehe aus allen mindestens $(n-j+1)$-dimensionalen Teilsimplexen von $\overset{*}{K}_j$, aus den in $\overset{*}{A}_j$ enthaltenen $(n-j)$-dimensionalen Simplexen und aus allen r-dimensionalen Simplexen von $\overset{*}{A}_j$ $(r < n-j)$.

Es sei ferner S ein nicht in $\overset{*}{A}_j$ enthaltenes Simplex von $\overset{*}{K}_j$, dann existiert mit Rücksicht auf die Abgeschlossenheit von $\overset{*}{A}$ im Innern von S ein zu S homothetisches Simplex S', das zu $\overset{*}{A}$ fremd ist. Wir deformieren nun S' homothetisch in S, wodurch alle Punkte des Zwischengebietes $S - S'$ auf den Rand von S befördert werden. Jene Menge, welche aus $\overset{*}{A}_j$ dadurch entsteht, daß auf jedes nicht in $\overset{*}{A}_j$ enthaltene Simplex von $\overset{*}{K}_j$ die beschriebene Deformation angewendet wird, heiße $\overset{*}{A}_{j+1}$. Offenbar entfernt sich bei der Deformation von $\overset{*}{A}_j$ in $\overset{*}{A}_{j+1}$ kein Punkt von $\overset{*}{A}_j$ aus dem Simplex, in dem er ursprünglich enthalten war. Da dasselbe nach Annahme 2. von der Deformation der Menge $\overset{*}{A}$ in $\overset{*}{A}_j$ gilt, so genügt also auch die aus diesen beiden Deformationen zusammengesetzte Deformation von $\overset{*}{A}$ in $\overset{*}{A}_{j+1}$ der Bedingung 2., und die Bestimmung der Mengen $\overset{*}{K}_{j+2}$ und $\overset{*}{A}_{j+2}$ kann vorgenommen werden.

Der Prozeß bricht für $j = n+1$ mit einen Komplex $\overset{*}{K}_{n+1}$ und einer mit diesem Komplex identischen Menge $\overset{*}{A}_{n+1}$ ab. Also läßt sich $\overset{*}{A}$ in $\overset{*}{A}_{n+1}$ so deformieren, daß während der Deformation kein Punkt das Simplex von $\overset{*}{K}$, in der er ursprünglich vorhanden war, verläßt. Da die Durchmesser der Simplexe von $\overset{*}{K} < \frac{\varepsilon}{2}$ sind, ist also $\overset{*}{A}$ in einen Komplex $\overset{*}{A}_{n+1} = \overset{*}{K}_{n+1}$ $\frac{\varepsilon}{2}$-deformierbar. Anderseits hatten wir $\overset{*}{A}$ durch eine $\frac{\varepsilon}{2}$-Deformation aus A gewonnen, so daß also die Kombination dieser beiden $\frac{\varepsilon}{2}$-Deformationen eine ε-Deformation von A in den Komplex $\overset{*}{K}_{n+1}$ darstellt. Als Teilkomplex von $\overset{*}{K}$ ist $\overset{*}{K}_{n+1}$ höchstens n-dimensional. Da $\varepsilon < \varepsilon_0$ gewählt wurde, ist $\overset{*}{K}_{n+1}$ mindestens n-dimensional. Also ist der Komplex $\overset{*}{K}_{n+1}$, in den A ε-deformierbar ist, n-dimensional, womit das Theorem bewiesen ist.

Historisches. Das Theorem von der Deformierbarkeit abgeschlossener euklidischer Mengen in gleichdimensionale Mengen und sein vorstehender Beweis stammen von Alexandroff (Math. Ann. *98*, 1928, S. 617). Der Gedanke des Beweises der Nicht-ε-Deformierbarkeit in niedrigerdimensionale Komplexe für hinreichend kleines ε bildete bereits den Kern des Beweises des klassischen Invarianzsatzes von Brouwer (Math. Ann. *70*, 1911, S. 161).

IX. Endlichdimensionale Räume und Cartesische Räume.

1. Über das Verhältnis separabler und kompakter Räume.

Wir untersuchen in diesem Kapitel das Verhältnis endlichdimensionaler separabler Räume zu Cartesischen Räumen und werden nachweisen, daß jeder endlichdimensionale separable Raum mit einer Teilmenge eines endlichdimensionalen Cartesischen Raumes homöomorph ist. In diesem Abschnitt untersuchen wir zunächst das Verhältnis endlichdimensionaler separabler und kompakter Räume und beweisen diesbezüglich das

Theorem von der Einbettbarkeit endlichdimensionaler separabler Räume in gleichdimensionale kompakte. *Jeder n-dimensionale separable Raum ist mit einer Teilmenge eines n-dimensionalen kompakten Raumes homöomorph.*

Der Gedankengang des Beweises ist folgender: Zu einem kompakten Raum konnten wir (S. 183), ausgehend von einer den Raum erzeugenden Doppelfolge, *Ketten* definieren, d. h. gewissen Bedingungen genügende Folgen von Systemen bestehend aus endlichvielen natürlichen Zahlen, und zwar so, daß jedem Punkt des Raumes eine Kette, jeder Kette ein Punkt des Raumes entspricht und der Raum mit der Menge aller Ketten, wofern in derselben ein gewisses Umgebungssystem definiert wird, homöomorph ist. Wenn der gegebene kompakte Raum höchstens n-dimensional ist, so enthalten sämtliche Glieder aller zugeordneten Ketten höchstens je $n + 1$ natürliche Zahlen. In beliebigen separabeln Räumen existieren nicht notwendig erzeugende Doppelfolgen, aber doch stets finite *ausgezeichnete* Doppelfolgen (S. 65). Mit Hilfe einer solchen Folge kann man nun in einem beliebigen separabeln Raum R ebenfalls Ketten definieren, so daß jedem Punkt des Raumes eine Kette, allerdings nicht notwendig jeder Kette ein Punkt von R entspricht. Dabei kann man auf Grund des Zerlegungssatzes, falls der gegebene separable Raum R höchstens n-dimensional ist, dafür sorgen, daß die Glieder der zugeordneten Ketten Systeme von höchstens je $n + 1$ natürlichen Zahlen sind. Man kann sodann auf Grund oben (S. 185 u. 188) dargestellter Überlegungen zeigen, daß die Gesamtheit aller so definierten Ketten (jener, die Punkten des gegebenen separabeln Raumes entsprechen, und jener, für welche dies nicht der Fall ist) einen höchstens n-dimensionalen kompakten Raum bildet, von dem eine Teilmenge, nämlich die Menge jener Ketten, welche den Punkten von R entsprechen, mit R homöomorph ist. Damit ist die Einbettung von R in einen höchstens n-dimensionalen kompakten Raum geleistet.

Man kann von dem kompakten Raum, in den man R solcherart einbettet, auch sagen, daß er aus R durch Hinzufügung gewisser idealer Punkte, nämlich jener Ketten, welche keinen Punkten von R entsprechen, entsteht. Die Hinzufügung idealer Elemente zur Gewinnung eines kompakten Raumes geschieht auf Grund des Zerlegungssatzes derart, daß der um die idealen Elemente erweiterte kompakte Raum höchstens n-dimensional ist. Wir schreiten nun an die Ausführung dieses Gedankens.

Es sei also R ein vorgelegter n-dimensionaler separabler Raum, $\{U_k^m\}$ $(k = 1, 2, \ldots, k_m, m = 1, 2, \ldots$ ad inf.) eine finite ausgezeichnete Doppelfolge von offenen Teilmengen von R, d. h. also eine Doppelfolge $\mathfrak{D}$, welche die Eigenschaft (†) besitzt: Für jede Folge $\{r_m\}$ $(m = 1, 2, \ldots$ ad inf.) von natürlichen Zahlen, ist die Menge $\prod_{m=1}^{\infty} U_{r_m}^m$ entweder leer oder sie besteht aus einem Punkt, gegen den sich die Mengenfolge $\{U_{r_m}^m\}$ $(m = 1, 2, \ldots$ ad inf.) konvergiert.

Dem letzten Teil des Zerlegungssatzes zufolge ist R Summe von endlichvielen in R abgeschlossenen Mengen, etwa von $A_1^1, A_2^1, \ldots, A_{r_1}^1$, die zu je $n + 2$ leere Durchschnitte haben und $\subset \mathfrak{D}^1$ sind, d. h. so daß jede der Mengen A_i^1 in mindestens einer der k_1 Mengen U_k^1 $(k = 1, 2, \ldots, k_1)$ als Teil enthalten ist. Das System dieser r_1 Mengen A_i^1 bezeichnen wir mit $\mathfrak{A}^1$. Angenommen, es sei R bereits für eine natürliche Zahl $m - 1$ dargestellt als Summe von r_{m-1} in R abgeschlossenen Mengen $\subset \mathfrak{D}^{m-1}$, nämlich als Summe der Mengen $A_1^{m-1}, A_2^{m-1}, \ldots, A_{r_{m-1}}^{m-1}$, die zu je $n + 2$ leere Durchschnitte haben. Das System dieser r_{m-1} Mengen A_i^{m-1} heiße $\mathfrak{A}^{m-1}$; das System $\sum_{i=1}^{m-1} \mathfrak{A}^i$ der $\sum_{i=1}^{m-1} k_i$ Mengen A_j^i $(1 \leqq i \leqq m - 1, 1 \leqq j \leqq r_i)$ bezeichnen wir mit $\mathfrak{B}^{m-1}$. Wir behaupten dann: R ist Summe von endlichvielen in R abgeschlossenen Mengen $A_1^m, A_2^m, \ldots, A_{r_m}^m$, die $\subset \mathfrak{D}^m$ sind, zu je $n + 2$ leere Durchschnitte haben und folgender *Zusatzbedingung* genügen: Sind $A_1, A_2, \ldots, A_r$ irgendwelche Mengen des Systems $\mathfrak{B}^{m-1}$, die einen leeren Durchschnitt haben, so hat keine der Mengen A_i^m $(i = 1, 2, \ldots, r_m)$ mit jeder der r Mengen A_i Punkte gemein.

Zum Beweise dieser Behauptung bezeichnen wir für jeden Punkt p von R mit $V_{m-1}(p)$ die Summe der p nicht enthaltenden Mengen des Systems $\mathfrak{B}^{m-1}$. Die in R offenen Mengen $R - V_{m-1}(p)$ für die verschiedenen Punkte p von R bilden offenbar ein endliches R überdeckendes Mengensystem, welches etwa aus den Mengen $W_1, W_2, \ldots, W_{j_{m-1}}$ bestehen möge. Ebenso ist das System $\mathfrak{E}^m$ der in R offenen Mengen $U_i^m \cdot W_j$ $(i = 1, 2, \ldots, k_m, j = 1, 2, \ldots, j_{m-1})$, wo U_i^m die Mengen von $\mathfrak{D}^m$ sind, ein endliches Überdeckungssystem von R. Nach dem letzten Teil des Zerlegungssatzes ist also R die Summe von endlichvielen in R abgeschlossenen Mengen $\subset \mathfrak{E}^m$, etwa der Mengen

$A_1^m, A_2^m, \ldots, A_{r_m}^m$, die zu je $n+2$ leere Durchschnitte haben. Das System dieser r_m Mengen A_j^m heiße $\mathfrak{A}^m$. Da die Mengen $A_j^m \subset \mathfrak{E}^m$ sind, sind sie erst recht $\subset \mathfrak{D}^m$, und da jede der Mengen A_j^m Teilmenge einer der j_{m-1} Mengen W_i ist, erfüllt das System $\mathfrak{A}^m$ auch die Zusatzbedingung unserer Behauptung.

Bestimmen wir auf Grund der bewiesenen Behauptung ausgehend vom System $\mathfrak{A}^1$ für jedes natürliche m ein Mengensystem $\mathfrak{A}^m$, so erhalten wir insgesamt ein System $\mathfrak{A} = \sum_{m=1}^{\infty} \mathfrak{A}^m$ von in R abgeschlossenen Mengen $\{A_i^m\}$ ($i = 1, 2, \ldots, r_m$, $m = 1, 2, \ldots$ ad inf.), welches folgende Eigenschaften besitzt:

1. Für jedes natürliche m haben je $n+2$ von den Mengen von $\mathfrak{A}^m$ einen leeren Durchschnitt.

2. Die Mengen von $\mathfrak{A}^m$ sind $\subset \mathfrak{D}^m$ ($m = 1, 2, \ldots$ ad inf.).

3. Sind für eine natürliche Zahl $m > 1$ $A_1, A_2, \ldots, A_r$ irgendwelche Mengen des Systems $\mathfrak{B}^{m-1} = \sum_{i=1}^{m-1} \mathfrak{A}_i$, deren Durchschnitt leer ist, so hat keine Menge von $\mathfrak{A}^m$ mit allen r Mengen A_i Punkte gemein.

Wir wollen nun der Einfachheit halber für jedes $i > r_m$ A_i^m gleich der leeren Menge setzen und für jedes System α bestehend aus endlichvielen natürlichen Zahlen $i_1, i_2, \ldots, i_r$ den Durchschnitt $A_{i_1}^m \cdot A_{i_2}^m \cdot \ldots \cdot A_{i_r}^m$ mit $A_{i_1, i_2, \ldots, i_r}^m$ oder auch mit A_α^m bezeichnen.

Eine Folge $\{\alpha_i\}$ ($i = 1, 2, \ldots$ ad inf.) von endlichen Systemen natürlicher Zahlen heiße (S. 183) eine *Kette*, wenn folgendes gilt:

a) Für jede natürliche Zahl ist die Menge $\prod_{i=1}^{m} A_{\alpha_i}^i$ nichtleer.

b) Die Folge $\{\alpha_i\}$ verliert die Eigenschaft a), sobald irgendeines ihrer Glieder α_i durch ein System α_i' von natürlichen Zahlen, welches α_i als echtes Teilsystem enthält, ersetzt wird, d. h. für jede natürliche Zahl r, die nicht Element von α_i ist, ist für mindestens einen Index m die Menge $A_r^i \cdot \prod_{j=1}^{m} A_{\alpha_j}^j$ leer.

Wir behaupten nun:

(*) *Sind* $\{\alpha_i\}$ *und* $\{\beta_i\}$ *zwei verschiedene Ketten* (d. h. sind für mindestens einen Index i die Systeme α_i und β_i verschieden), *dann sind die Systeme* α_i *und* β_i *für alle hinreichend großen* i *elementefremd.*

Sei nämlich zum Beweise r eine natürliche Zahl, die in β_i, aber nicht in α_i vorkommt. Dann ist zufolge der Definitionseigenschaft b) der Ketten für einen Index m die Menge $A_r^i \cdot \prod_{j=1}^{m} A_{\alpha_j}^j$ leer. Da die Mengen A_r^i und $\prod_{j=1}^{m} A_{\alpha_j}^j$ fremd sind, hat zufolge der Eigenschaft 3. des Systems $\mathfrak{A}$, falls m' eine natürliche Zahl $> i$ und $> m$ bezeichnet, keine Menge $A_r^{m'}$ sowohl mit A_r^i als auch mit $\prod_{j=1}^{m} A_{\alpha_j}^j$ Punkte gemein. Nun hat aber, wenn s ein

Element von $\beta_{m'}$ und t ein Element von $\alpha_{m'}$ bezeichnet, zufolge der Definitionseigenschaft a) der Ketten die Menge $A_s^{m'}$ mit A_r^i und die Menge $A_t^{m'}$ mit $\prod_{j=1}^{m} A_{\alpha_j}^j$ einen nichtleeren Durchschnitt. Also haben, wenn $m' > i$ und $m' > m$ gilt, die Systeme $\alpha_{m'}$ und $\beta_{m'}$ kein gemeinsames Element, womit die Behauptung (*) bewiesen ist.

Bezeichnen wir für eine vorgelegte Kette $\{\alpha_i\}$ und eine gegebene natürliche Zahl m die Gesamtheit aller Ketten $\{\beta_i\}$, für welche die Systeme $\beta_1, \beta_2, \ldots, \beta_m$ Teilsysteme von bzw. $\alpha_1, \alpha_2, \ldots, \alpha_m$ sind, als $m$te Umgebung der Kette $\{\alpha_i\}$, so ist (vgl. S. 187) mit Rücksicht auf (*) die Menge K aller Ketten ein kompakter Raum, und zwar mit Rücksicht auf die Eigenschaft 1. des Systems $\mathfrak{A}$ ein höchstens n-dimensionaler Raum. (Siehe den Zusatz während der Drucklegung am Ende dieses Abschnittes.)

Wir behaupten, daß R mit einer Teilmenge von K homöomorph ist. Zu diesem Zweck definieren wir zunächst eine eindeutige Abbildung von R auf eine Teilmenge von K durch folgende Festsetzung: Ist p ein vorgelegter Punkt von R, dann bezeichnen wir mit $\alpha_m(p)$ das System aller natürlichen Zahlen n_i, für die der Punkt in der Menge $A_{n_i}^m$ enthalten ist. Wir wollen zeigen, daß die jedem Punkt p von R solcherart zugeordnete Folge $\{\alpha_m(p)\}$ ($m = 1, 2, \ldots$ ad inf.) eine Kette, also ein Punkt von K ist.

Erstens ist die Folge $\{\alpha_m(p)\}$ offenbar ausgezeichnet, denn für jedes m enthält die Menge $\prod_{i=1}^{m} A_{\alpha_i}^i$ den Punkt p. Die Folge ist *zweitens* eine Kette. Sei nämlich r eine natürliche Zahl, die dem System α_i nicht angehört. Wir haben zu zeigen, daß für hinreichend großes natürliches m die Menge $A_{\alpha_m}^m$ zu A_r^i fremd ist. Sonst gäbe es ja offenbar eine Zahlenfolge $\{k_m\}$ ($m = 1, 2, \ldots$ ad inf.), so daß der Punkt p in allen Mengen $U_{k_m}^m$ enthalten wäre, aber unendlichviele von diesen Mengen nicht $\subset R - A_r^i$ wären. Da r dem System α_i nicht angehört, liegt p in der in R offenen Menge $R - A_r^i$. Der Punkt p wäre also in $\prod_{m=1}^{\infty} U_{k_m}^m$ enthalten, ohne daß sich die Folge $\{U_{k_m}^m\}$, von der unendlichviele Glieder nicht $\subset R - A_r^i$ wären, auf p zusammenzöge, und dies ist wegen der Eigenschaft (†) der Doppelfolge $\mathfrak{D}$ ausgeschlossen. Es ist also für fast alle m die Menge $A_{\alpha_m(p)}^m \subset R - A_r^i$, d. h. zu A_r^i fremd, w. z. b. w.

Jedem Punkt p von R ist also eindeutig eine Kette, d. h. ein Punkt von K zugeordnet, d. h. R ist auf eine Teilmenge des höchstens n-dimensionalen kompakten Raumes K eindeutig abgebildet. Man überzeugt sich mühelos davon, daß die so definierte eindeutige Abbildung umkehrbar eindeutig und beiderseits stetig ist. R ist also mit einer Teilmenge von K homöomorph. Der höchstens n-dimensionale kompakte Raum K ist, da er eine mit R homöomorphe, also n-dimensionale, Teilmenge enthält, n-dimensional. Damit ist der Einbettungssatz bewiesen.

Aus dem Beweis ergibt sich noch ein wichtiges Nebenresultat. Die Voraussetzung, daß der vorgelegte separable Raum R, von dem die Homöomorphie mit einer Teilmenge eines n-dimensionalen kompakten Raumes nachgewiesen wurde, n-dimensional ist, wurde während des ganzen Beweises nur insofern herangezogen, als auf den Raum R der Zerlegungssatz angewendet wurde, indem nämlich davon Gebrauch gemacht wurde, daß R Summe von endlichvielen beliebig kleinen abgeschlossenen Mengen ist, die zu je $n+2$ leere Durchschnitte haben. Es wurde also mehr bewiesen, als behauptet worden war. Es wurde nämlich gezeigt: Ein separabler Raum, der Summe von endlichvielen beliebig kleinen abgeschlossenen Mengen ist, die zu je $n+2$ leere Durchschnitte haben, ist mit einer Teilmenge eines höchstens n-dimensionalen kompakten Raumes homöomorph. In dieser Aussage ist aber enthalten die folgende: *Ein separabler Raum, welcher Summe von endlichvielen beliebig kleinen abgeschlossenen Mengen ist, die zu je $n+2$ leere Durchschnitte haben, ist höchstens n-dimensional.* Diese Aussage ist die Umkehrung des letzten Teiles des Zerlegungssatzes für beliebige separable Räume, deren Beweis wir (S. 163) vorbehalten hatten. Aus ihr ergibt sich (vgl. S. 182) die Umkehrung des allgemeinen Zerlegungssatzes für beliebige separable Räume.

Historisches. Der dargelegte Beweis des Satzes von der Einbettbarkeit endlichdimensionaler separabler Räume in gleichdimensionale kompakte und die Umkehrung des Zerlegungssatzes für beliebige separable Räume stammen von Hurewicz (Proc. Acad. Amsterdam *30,* 1927, S. 425). Ein allgemeinerer Satz, nämlich die Existenz n-dimensionaler kompakter Räume, in welche jeder n-dimensionale separable Raum einbettbar ist, war von mir (Proc. Acad. Amsterdam *29,* 1926, S. 1128) vermutungsweise ausgesprochen worden. Hurewicz zeigt (a. a. O. S. 429), daß man abzählbarviele separable Räume, die in ihrer Summe abgeschlossen sind, simultan in gleichdimensionale kompakte Räume einbetten kann, daß, genau gesprochen, folgendes gilt: Sind $M_1, M_2, \ldots, M_k, \ldots$ abzählbarviele abgeschlossene Teilmengen eines separabeln Raumes R, dann existiert ein kompakter Raum K, so daß R mit einer Teilmenge R' von K homöomorph ist und daß, wenn M_k' die Bildmenge von M_k bei der Abbildung von R auf R' bezeichnet, für jedes k die in K abgeschlossene, also kompakte, Menge $\overline{M}_k'$ dieselbe Dimension hat, wie M_k. Es wird dadurch die Frage nahegelegt, ob jeder separable Raum R mit einer Teilmenge eines kompakten Raumes K homöomorph ist, so daß jede abgeschlossene Teilmenge von R mit der abgeschlossenen Hülle ihrer Bildmenge in K gleichdimensional ist. Ferner wird (a. a. O. S. 430) bemerkt, daß ein separabler Raum R stets homöomorph ist mit einer Teilmenge R' eines gleichdimensionalen kompakten Raumes K, der in jedem Punkt p' von R' dieselbe Dimension besitzt, wie R im entsprechenden Punkt p.

Zusatz während der Drucklegung: Zum Beweis, daß der kompakte Raum K höchstens n-dimensional sei, ist nicht nur die Gültigkeit der Bedingung (*) nachzuweisen, sondern zu zeigen, daß die (erst während der Drucklegung dieses Buches bekannt gewordene) schärfere Hausdorffsche Bedingung d) von S. 187 erfüllt ist. Wie Frankl bemerkt hat, kann durch verschärfte Vorsichtsmaßregeln bei der Wahl der Mengen des Systems $\mathfrak{A}$ auch diese Bedingung d) erfüllt werden.

2. Die nulldimensionalen Räume.

Wir beweisen nun den Satz: Jeder nulldimensionale separable Raum ist homöomorph mit einer Teilmenge der R_1. Wir zeigen allgemeiner: *Jeder nulldimensionale separable Raum ist homöomorph mit einer Teilmenge des Diskontinuums.* Auf Grund des im vorigen Abschnitt bewiesenen Theorems würde es genügen, diese Behauptung für nulldimensionale *kompakte* Räume zu beweisen. Da sich indes der Beweis für beliebige separable Räume mit ganz denselben Mitteln wie der für kompakte Räume führen läßt, so bringen wir für die allgemeine Form der Behauptung einen vom vorigen Abschnitt unabhängigen Beweis.

Es sei also ein nulldimensionaler separabler Raum R vorgelegt. Es sei $\mathfrak{U}$ eine finite ausgezeichnete Folge (S. 65), bestehend aus den in R offenen Teilmengen $\{U_k^m\}$ $(k = 1, 2, \ldots, k_m,\ m = 1, 2, \ldots$ ad inf.) von R. Mit D bezeichnen wir das Diskontinuum, mit $\mathfrak{B}$ eine erzeugende Doppelfolge von D.

Nach dem Zerlegungssatz ist R Summe von endlichvielen Stücken $A_1^1, A_2^1, \ldots, A_j^1$, die paarweise fremd und $\subset \mathfrak{U}^1$ sind. Offenbar kann man diesen j_1 Mengen j_1 paarweise fremde nichtleere Stücke von D, die $\subset \mathfrak{B}^1$ sind, zuordnen, welche wir mit $D_1^1, D_2^1, \ldots, D_{j_1}^1$ bezeichnen wollen; die der Menge A_i^1 zugeordnete Menge heiße D_i^1.

Angenommen, es sei R bereits als Summe von endlichvielen paarweise fremden Stücken $A_1^m, A_2^m, \ldots, A_{j_m}^m$ dargestellt, die $\subset \mathfrak{U}^m$ sind, und es seien diesen Stücken j_m paarweise fremde nichtleere Stücke $D_1^m, D_2^m, \ldots, D_{j_m}^m$ von D, die $\subset \mathfrak{B}^m$ sind, zugeordnet. Nach dem Zerlegungssatz ist für jede der Zahlen $j = 1, 2, \ldots, j_m$ die Menge A_j^m Summe von endlichvielen paarweise fremden Stücken $\subset \mathfrak{U}^{m+1}$, denen wir entsprechende paarweise fremde Teilstücke von D_j^m, die $\subset \mathfrak{B}^{m+1}$ sind, zuordnen können. Führen wir dies für jede der j_m Mengen A_i^m durch, so ist insgesamt R dargestellt als Summe von endlichvielen, etwa j_{m+1}, nichtleeren Stücken $A_1^{m+1}, A_2^{m+1}, \ldots, A_{j_{m+1}}^{m+1} \subset \mathfrak{U}^{m+1}$, denen eine gleiche Anzahl von paarweise fremden nichtleeren Stücken von D, die $\subset \mathfrak{B}^{m+1}$ sind, entspricht, wobei stets, wenn $A_j^{m+1} \subset A_i^m$ gilt, für die entsprechenden Stücke von D die Beziehung $D_j^{m+1} \subset D_i^m$ besteht.

Auf diese Weise können wir also, ausgehend von den j_1 Stücken A_i^1 und den entsprechenden Stücken D_i^1 von D, für jede natürliche Zahl m den Raum R darstellen als Summe von endlichvielen paarweise fremden Stücken $A_1^m, A_2^m, \ldots, A_{j_m}^m \subset \mathfrak{U}^m$, denen nichtleere Stücke $D_1^m, D_2^m, \ldots, D_{j_m}^m$ von D, die $\subset \mathfrak{B}^m$ sind, entsprechen. Dies ermöglicht, eine Abbildung von R auf eine Teilmenge von D zu definieren. Ist p ein vorgelegter Punkt von R, so ist p für jedes natürliche m in einem der j_m Stücke A_j^m enthalten, da deren Summe mit R identisch ist; und zwar ist p in genau einer dieser Mengen enthalten, weil dieselben paarweise fremd sind. Zu jedem Punkt p von R existiert also eine Folge $\{r_m\}$ ($m = 1, 2, \ldots$ ad inf.) von natürlichen Zahlen, so daß $(p) \subset \prod_{m=1}^{\infty} A_{r_m}^m$ gilt. Da die Menge $A_{r_m}^m$ Teil einer der Mengen von $\mathfrak{U}^m$ ist und $\mathfrak{U}$ als ausgezeichnete Doppelfolge vorausgesetzt ist, kann der Durchschnitt $\prod_{m=1}^{\infty} A_{r_m}^m$ nicht mehr als einen Punkt enthalten, muß also mit der aus dem Punkt p bestehenden Menge (p) identisch sein. Da für jedes natürliche m die Beziehung $A_{r_m}^m \subset A_{r_{m+1}}^{m+1}$ gilt, gilt infolge der Bestimmung der Mengen D_k^m für jedes m die Beziehung $D_{r_m}^m \subset D_{r_{m+1}}^{m+1}$. Die Mengen $\{D_{r_m}^m\}$ ($m = 1, 2, \ldots$ ad inf.) stellen also eine monoton abnehmende Folge von nichtleeren abgeschlossenen Teilmengen der kompakten Menge D dar. Mithin ist nach dem Durchschnittssatz der Durchschnitt $\prod_{m=1}^{\infty} D_{r_m}^m$ nichtleer. Anderseits ist für jedes m die Menge $D_{r_m}^m$ in einer der Mengen von $\mathfrak{B}^m$ als Teilmenge enthalten, also kann der Durchschnitt $\prod_{m=1}^{\infty} D_{r_m}^m$, da das System $\mathfrak{B}$ als erzeugende Doppelfolge vorausgesetzt ist, nicht mehr als einen Punkt enthalten und besteht daher aus genau einem Punkt q. Wir ordnen nun jedem Punkt p von R, der für die Zahlenfolge $\{r_m\}$ ($m = 1, 2, \ldots$ ad inf.) den Durchschnitt $\prod_{m=1}^{\infty} A_{r_m}^m$ bildet, jenen Punkt q von D zu, der den Durchschnitt der entsprechenden Mengen $D_{r_m}^m$ ($m = 1, 2, \ldots$ ad inf.) bildet. Man erkennt mühelos, daß die so definierte eindeutige Abbildung von R auf eine Teilmenge von D umkehrbar eindeutig und beiderseits stetig ist.

Damit ist zu jedem nulldimensionalen separabeln Raum eine homöomorphe Teilmenge des Diskontinuums angegeben.

Der bewiesene Satz kann noch in einer anderen Form ausgesprochen werden. Ein diskontinuierlicher Raum, der mit einer Teilmenge M des R_1 homöomorph ist, ist, da M eine diskontinuierliche und daher nulldimensionale Teilmenge des R_1 ist, mit einer nulldimensionalen Menge homöomorph und daher nulldimensional. Anderseits ist, wie wir sahen, jeder nulldimensionale Raum, insbesondere also jeder diskontinuierliche Raum, der nulldimensional ist, mit einer Teilmenge des R_1 homöomorph. Wir können also sagen: *Die nulldimensionalen Räume sind identisch mit jenen diskontinuierlichen Räumen, die mit Teilmengen des R_1 homöomorph sind.*

Historisches. Das Resultat dieses Abschnittes stammt von Sierpiński (Fund. Math. *2*, 1921, S. 89). Das angegebene Verfahren zur topologischen Abbildung eines nulldimensionalen Raumes auf eine Teilmenge des Diskontinuums läßt sich, wenn der vorgelegte nulldimensionale Raum R perfekt (d. h. insichdicht und kompakt) ist, dahin verschärfen, daß es eine topologische Abbildung von R auf das Diskontinuum *selbst* ergibt, entsprechend einem Resultat von Brouwer (Versl. Akad. Amsterdam *18*, 1910, S. 835), daß jeder diskontinuierliche perfekte Raum mit dem Diskontinuum homöomorph ist. Da für jedes natürliche n die $n$te Potenz des Diskontinuums perfekt und nulldimensional ist, folgt hieraus zugleich, daß perfekte nulldimensionale Räume mit ihren Potenzen homöomorph sind.

3. Der Fundamentalsatz.

Es sei in einem kompakten Raum ein System von abgeschlossenen Mengen gegeben, welches folgenden Bedingungen genügt:

1. Jedem endlichen System $i_1, i_2, \ldots, i_k$ von natürlichen Zahlen ist eine Menge $A_{i_1, i_2, \ldots, i_k}$ zugeordnet. Für jedes natürliche k enthält das System höchstens endlichviele nichtleere Mengen $A_{i_1, i_2, \ldots, i_k}$ mit k Indizes.

2. Für jedes System $i_1, i_2, \ldots, i_k, i_{k+1}$ von natürlichen Zahlen gilt $A_{i_1, i_2, \ldots, i_k, i_{k+1}} \subset A_{i_1, i_2, \ldots, i_k}$.

3. Ist $\{i_k\}$ ($k = 1, 2, \ldots$ ad inf.) eine Folge natürlicher Zahlen, so ist der Durchschnitt

$$A_{i_1} \cdot A_{i_1, i_2} \cdot \ldots \cdot A_{i_1, i_2, \ldots, i_k} \cdot \ldots$$

dann und nur dann leer, wenn eine der ihn bildenden Mengen $A_{i_1, i_2, \ldots, i_k}$ leer ist, und enthält andernfalls genau einen Punkt.

Ein Mengensystem $\{A_{i_1, i_2, \ldots, i_k}\}$ dieser Art heißt ein *erzeugendes Mengensystem*. Die Menge A aller Punkte, welche für irgendeine Zahlenfolge $\{i_k\}$ ($k = 1, 2, \ldots$ ad inf.) den Durchschnitt

$$A_{i_1} \cdot A_{i_1, i_2} \cdot \ldots \cdot A_{i_1, i_2, \ldots, i_k} \cdot \ldots$$

bilden, heißt der *Kern* des erzeugenden Systems $\{A_{i_1, i_2, \ldots, i_k}\}$. Das System $\{A_{i_1, i_2, \ldots, i_k}\}$ nennen wir auch ein *den Kern A erzeugendes* System. Der Kern eines erzeugenden Systems ist offenbar stets eine *abgeschlossene* Menge.

Zwei (evtl. in verschiedenen Räumen gelegene) erzeugende Mengensysteme $\{A_{i_1, i_2, \ldots, i_k}\}$ und $\{B_{i_1, i_2, \ldots, i_k}\}$ heißen *homolog*, falls für jedes natürliche k irgendwelche Mengen $A_{i_1, i_2, \ldots, i_k}, A_{j_1, j_2, \ldots, j_k}, \ldots, A_{r_1, r_2, \ldots, r_k}$ mit k Indizes des einen Systems dann und nur dann einen leeren Durchschnitt haben, wenn die entsprechenden Mengen $B_{i_1, i_2, \ldots, i_k}, B_{j_1, j_2, \ldots, j_k}, \ldots, B_{r_1, r_2, \ldots, r_k}$ des anderen Systems einen leeren Durchschnitt haben. In dieser Forderung ist insbesondere enthalten, daß eine Menge $A_{i_1, i_2, \ldots, i_k}$ des einen Systems dann und nur dann leer ist, wenn die entsprechende Menge $B_{i_1, i_2, \ldots, i_k}$ des anderen Systems leer ist. Es gilt nun folgendes

Lemma. *Die Kerne homologer erzeugender Mengensysteme sind homöomorph.*

Es sei A der Kern des erzeugenden Systems $\{A_{i_1, i_2, \ldots, i_k}\}$, B der Kern des homologen Systems $\{B_{i_1, i_2, \ldots, i_k}\}$. Es sei a irgendein Punkt von A. Es seien etwa $A_{i_1, i_2, \ldots, i_k}$, $A_{j_1, j_2, \ldots, j_k}$, ..., $A_{s_1, s_2, \ldots, s_k}$ die sämtlichen Mengen mit k Indizes des A erzeugenden Systems, welche den Punkt a enthalten. Wir bezeichnen sie kurz mit $A_1^k(a)$, $A_2^k(a)$, ..., $A_{r_k}^k(a)$ und die entsprechenden Mengen $B_{i_1, i_2, \ldots, i_k}$, $B_{j_1, j_2, \ldots, j_k}$, ..., $B_{s_1, s_2, \ldots, s_k}$ mit $B_1^k, B_2^k, \ldots, B_{r_k}^k$. Betrachten wir die Menge $B(a) = \prod_{k=1}^{\infty} \sum_{i=1}^{r_k} B_i^k$. Da für jedes k die r_k Mengen $A_i^k(a)(i = 1, 2, \ldots, r_k)$ den Punkt a enthalten, also einen nichtleeren Durchschnitt haben, ist wegen der Homologie der Systeme $\{A_{i_1, i_2, \ldots, i_k}\}$ und $\{B_{i_1, i_2, \ldots, i_k}\}$ für jedes k die Menge $B_1^k \cdot B_2^k \cdot \ldots \cdot B_{r_k}^k$, also erst recht die Menge $\sum_{i=1}^{r_k} B_i^k$ nichtleer. Ferner gilt, da $\{B_{i_1, i_2, \ldots, i_k}\}$ ein erzeugendes Mengensystem ist und daher die Bedingung 2. eines erzeugenden Systems erfüllt, für jedes k die Beziehung

$$\sum_{i=1}^{r_{k+1}} B_i^{k+1} \subset \sum_{i=1}^{r_k} B_i^k.$$

Die Mengen $\left\{\sum_{i=1}^{r_k} B_i^k\right\} (k = 1, 2, \ldots \text{ ad inf.})$ bilden also eine monoton abnehmende Folge von abgeschlossenen nichtleeren Teilmengen eines kompakten Raumes. Mithin ist nach dem Durchschnittssatz die Menge $B(a)$ nichtleer. Anderseits kann die Menge $B(a)$ nicht mehr als einen Punkt enthalten; denn die Annahme, daß sie zwei verschiedene Punkte enthalte, führt sofort zu einem Widerspruch gegen die Bedingung 3., der das System $\{B_{i_1, i_2, \ldots, i_k}\}$, als erzeugendes System, genügt. Es ist also jedem Punkt a des Raumes A ein Punkt $B(a)$ von B zugeordnet. Man bestätigt mühelos, daß bei dieser Zuordnung je zwei verschiedenen Punkten von A verschiedene Punkte von B entsprechen, daß jeder Punkt von B einem Punkt von A zugeordnet ist und daß die solcherart definierte eineindeutige Abbildung der Mengen A und B beiderseits stetig, also topologisch ist. Damit ist die Homöomorphie von A und B erwiesen.

Um für einen vorgelegten kompakten Raum R die Homöomorphie mit einer Teilmenge eines Cartesischen Raumes nachzuweisen, *genügt* auf Grund des Lemmas *die Angabe eines R erzeugenden Systems und eines zu ihm homologen Systems von Teilmengen des Cartesischen Raumes.* Der Kern dieses letzteren Systems ist eine mit R homöomorphe Teilmenge des Cartesischen Raumes.

Wir können dies auch folgendermaßen aussprechen: Um die Homöomorphie eines vorgelegten kompakten Raumes R mit einer Teilmenge des R_n nachzuweisen, genügt es, ein R erzeugendes System $\{A_{i_1, i_2, \ldots, i_k}\}$ und zugleich ein System $\{B_{i_1, i_2, \ldots, i_k}\}$ von abgeschlossenen Teilmengen des R_n anzugeben, welches die folgenden Eigenschaften hat:

a) Der Durchschnitt eines Systems $B_{i_1,i_2,\ldots,i_k}$, $B_{j_1,j_2,\ldots,j_k}$, ..., $B_{r_1,r_2,\ldots,r_k}$ von Mengen mit k Indizes ist dann und nur dann nichtleer, wenn der Durchschnitt der entsprechenden Mengen $A_{i_1,i_2,\ldots,i_k}$, $A_{j_1,j_2,\ldots,j_k}$, ..., $A_{r_1,r_2,\ldots,r_k}$ nichtleer ist.

b) Für jedes System $i_1, i_2, \ldots, i_k, i_{k+1}$ von natürlichen Zahlen gilt

$$B_{i_1,i_2,\ldots,i_k,i_{k+1}} \subset B_{i_1,i_2,\ldots,i_k}.$$

c) Es existiert eine gegen Null konvergente Folge $\{\varepsilon_k\}$ ($k = 1, 2, \ldots$ ad inf.) von positiven Zahlen, so daß jede Menge $B_{i_1,i_2,\ldots,i_k}$ mit k Indizes in einem Intervall der Kantenlänge ε_k als Teilmenge enthalten ist.

Durch die Bedingung c) wird nämlich gewährleistet, daß das Mengensystem $\{B_{i_1,i_2,\ldots,i_k}\}$, welches die Bedingungen 1. und 2. eines erzeugenden Systems offenbar erfüllt, auch der Bedingung 3. genügt und daher ein erzeugendes System ist. Um die Bedingung c) zu realisieren, tut man am besten, eine gegen Null konvergente Folge $\{\varepsilon_k\}$ von positiven Zahlen, etwa die Folge $\varepsilon_k = \frac{1}{k}$ ($k = 1, 2, \ldots$ ad inf.), vorzugeben und zu verlangen, daß jede Menge $B_{i_1,i_2,\ldots,i_k}$ mit k Indizes von dem zu konstruierenden System $\{B_{i_1,i_2,\ldots,i_k}\}$ in einem Intervall der Kantenlänge ε_k als Teilmenge enthalten sei.

Und in der Tat, wenn wir den im vorigen Abschnitt durchgeführten Beweis für die Homöomorphie nulldimensionaler Räume mit Teilmengen des R_1 speziell für kompakte nulldimensionale Räume betrachten, so sehen wir, daß er in der eben festgelegten Ausdrucksweise auf folgendes hinausläuft: Es wurde zu einem vorgelegten nulldimensionalen kompakten Raum R ein erzeugendes Mengensystem $\{A_{i_1,i_2,\ldots,i_k}\}$ angenommen, in dem für jedes k je zwei Mengen mit k Indizes fremd sind, und es wurde zu diesem erzeugenden System ein homologes System $\{D_{i_1,i_2,\ldots,i_k}\}$ bestehend aus Stücken des Diskontinuums konstruiert, wobei die Kleinheitsbedingung c) für dieses letztere Mengensystem dadurch realisiert wurde, daß die Mengen mit k Indizes vom System $\{D_{i_1,i_2,\ldots,i_k}\}$ für eine vorgelegte erzeugende Doppelfolge $\mathfrak{V}$ des Diskontinuums $\subset \mathfrak{V}^k$ gewählt wurden. Wir haben im vorigen Abschnitt zwar mit Doppelfolgen $\{A_k^m\}$ und $\{D_k^m\}$ operiert, aber da jede Menge A_k^m $(m > 1)$ in einer Menge A_i^{m-1} und jede Menge D_k^m $(m > 1)$ in einer Menge D_i^{m-1} als Teilmenge enthalten ist, so bietet die Umbezeichnung der Doppelfolgen $\{A_k^m\}$ und $\{D_k^m\}$ zu erzeugenden Systemen $\{A_{i_1,i_2,\ldots,i_k}\}$ und $\{D_{i_1,i_2,\ldots,i_k}\}$ offenbar keine Schwierigkeit.

Bezeichnen wir ein erzeugendes System $\{A_{i_1,i_2,\ldots,i_k}\}$ eines n-dimensionalen kompakten Raumes als *kanonisch*, wenn für jedes k der Durchschnitt von je r Systemmengen mit k Indizes höchstens $(n - r + 1)$-dimensional ist $(r = 1, 2, \ldots, n + 2)$, so ist ein erzeugendes System eines nulldimensionalen kompakten Raumes kanonisch, wenn je zwei Mengen mit gleichviel Indizes zueinander fremd sind. Der Beweis des vorigen Abschnittes läuft dann also darauf hinaus, daß zu einem vorgelegten kanonischen erzeugenden System eines gegebenen nulldimensionalen kompakten Raumes sukzessive für $k = 1, 2, \ldots$ ad inf. die Mengen mit k Indizes eines homologen Systems von Stücken des Diskontinuums konstruiert wurden, wobei die Stücke des konstruierten Systems mit k Indizes von vorgeschriebener Kleinheit, nämlich $\subset \mathfrak{B}^k$ (für ein vorgegebenes System $\mathfrak{B}$) waren.

Auf höhere Dimensionen ist, wie wir an einem einfachen Beispiel zeigen wollen, dieses Verfahren nicht ohne weiteres zu verallgemeinern. Auch für einen Raum, der tatsächlich mit einer Teilmenge eines Cartesischen Raumes homöomorph ist, ist es doch unter Umständen unmöglich, zu einem vorgelegten erzeugenden System sukzessive ein homologes System von Teilmengen des Cartesischen Raumes, die noch dazu von vorgeschriebener Kleinheit sind, zu konstruieren. Beispielsweise ist offenbar ein Intervall I des R_1 homöomorph mit einer Teilmenge des R_1 (es ist ja selbst Teilmenge des R_1). Betrachten wir nun aber ein den Raum I erzeugendes kanonisches Mengensystem folgender Art: Das System möge eine einzige Menge A_1 mit einem Index, nämlich I selbst, enthalten; es möge drei Mengen $A_{1,1}$, $A_{1,2}$, $A_{1,3}$ mit zwei Indizes enthalten, von denen $A_{1,2}$ mit $A_{1,1}$ und $A_{1,3}$ je einen Punkt gemein hat, während $A_{1,1}$ und $A_{1,3}$ fremd sind; es möge sodann fünf Mengen mit drei Indizes enthalten, nämlich $A_{1,1,1}$, $A_{1,1,2}$, $A_{1,2,1}$, $A_{1,3,1}$, $A_{1,3,2}$. Der Durchschnitt von je zwei in der angeschriebenen Ordnung benachbarten Mengen sei ein Punkt, je zwei nicht benachbarte Mengen seien fremd. Die Menge $A_{1,2,1}$ sei mit $A_{1,2}$ identisch. Die Mengen mit mehr als drei Indizes von dem I erzeugenden System $\{A_{i_1, i_2, \ldots, i_k}\}$ seien irgendwie definiert; sie interessieren uns für das Folgende nicht. Nehmen wir nun an, es sei gefordert, zu diesem I erzeugenden Mengensystem ein homologes System zu konstruieren, in dem für $k > 1$ alle Mengen mit k Indizes Durchmesser $\leqq \frac{1}{k+1}$ haben. Diese Forderung ist durch sukzessive Bestimmung der Mengen homologen Systems unter Umständen nicht realisierbar: Denken wir nämlich der Menge A_1 ein Intervall B_1 von der Länge 1 zugeordnet; jeder der Mengen $A_{1,1}$, $A_{1,2}$, $A_{1,3}$ sei ein Teilintervall von B_1 von der Länge $\frac{1}{3}$ zugeordnet, wobei von diesen zugeordneten Intervallen $B_{1,1}$, $B_{1,2}$, $B_{1,3}$ das mittlere mit jedem der beiden anderen einen Punkt als Durchschnitt hat, während $B_{1,1}$ und $B_{1,3}$ fremd sind. Nun sehen wir: den Mengen $A_{1,1,1}$ und $A_{1,1,2}$ können wir zwei Hälften $B_{1,1,1}$ und $B_{1,1,2}$ des Intervalls $B_{1,1}$ entsprechen lassen, deren Länge $= \frac{1}{6}$ also $< \frac{1}{4}$ ist. Aber es ist unmöglich, der Menge $A_{1,2,1}$ eine Menge $B_{1,2,1}$

von vorgeschriebener Kleinheit, d. h. von einem Durchmesser $\leqq \frac{1}{4}$, zuzuordnen, so daß das entstehende System $\{B_{i_1,i_2,\ldots,i_k}\}$ mit $\{A_{i_1,i_2,\ldots,i_k}\}$ homolog ist. Denn, da $A_{1,2,1}$ sowohl mit $A_{1,1,2}$ als auch mit $A_{1,3,1}$ einen nichtleeren Durchschnitt hat, müßte eine Menge $B_{1,2,1}$ sowohl mit $B_{1,1,2}$ als auch mit $B_{1,3,1}$ einen nichtleeren Durchschnitt haben, d. h. $B_{1,2,1}$ müßte sowohl den Durchschnittspunkt der Mengen $B_{1,2}$ und $B_{1,1}$ als auch jenen der Mengen $B_{1,2}$ und $B_{1,3}$ enthalten; dies sind aber zwei Punkte im Abstand $\frac{1}{3}$; also existiert keine den Forderungen genügende Menge $B_{1,2,1}$ mit einem Durchmesser $\leqq \frac{1}{4}$.

Es ist klar, worauf der Unterschied der höherdimensionalen Fälle gegenüber dem nulldimensionalen Fall beruht: Zur Abbildung eines nulldimensionalen Raumes auf eine Teilmenge des R_1 hatten wir, sobald die paarweise fremden Mengen mit k Indizes von dem zu konstruierenden homologen System vorliegen, die Mengen mit $k+1$ Indizes dieses Systems als paarweise fremde Teilmengen von Mengen mit k Indizes zu bestimmen, und dies ist möglich, wie immer die Kleinheit der Mengen mit $k+1$ Indizes vorgeschrieben ist. Ersetzt man nämlich jede Menge mit $k+1$ Indizes durch eine Teilmenge mit kleinerem Durchmesser, so sind die neuen Mengen erst recht paarweise fremd. Betrachten wir dagegen einen höherdimensionalen Fall, so sehen wir, daß bloß für die Mengen mit *einem* Index des zu konstruierenden homologen Systems eine Kleinheitsbedingung ohne weiteres vorgeschrieben werden kann. Nehmen wir nämlich an, daß zu den Systemmengen $A_1, A_2, \ldots, A_k$ mit einem Index *entsprechende* Teilmengen des R_n existieren, d. h. also Mengen $B_1, B_2, \ldots, B_k$, so daß die Mengen $B_{i_1}, B_{i_2}, \ldots, B_{i_r}$ dann und nur dann einen leeren Durchschnitt haben, wenn die Mengen $A_{i_1}, A_{i_2}, \ldots, A_{i_r}$ einen leeren Durchschnitt haben, dann existieren auch den $A_{i_1}, A_{i_2}, \ldots, A_{i_k}$ entsprechende Mengen $B'_1, B'_2, \ldots, B'_k$ von vorgeschriebener Kleinheit. Man braucht ja, falls die nach Annahme existierenden Mengen $B_1, B_2, \ldots, B_k$ nicht selbst die vorgeschriebene Kleinheit besitzen, aus ihnen nur durch eine Ähnlichkeitstransformation Mengen von vorgeschriebener Kleinheit zu bilden, um ein den A_i entsprechendes System $B'_1, B'_2, \ldots, B'_k$ von gewünschter Kleinheit zu erhalten. Zu den Mengen mit einem Index eines erzeugenden Systems existieren also in einem R_n, wofern in ihm *überhaupt* entsprechende Mengen existieren, auch entsprechende Mengen von vorgeschriebener *Kleinheit*. Aber schon bei den Mengen mit zwei Indizes können die Verhältnisse anders liegen. Wenn den nichtleeren Mengen $A_1, A_2, \ldots, A_k$ mit einem Index des vorgelegten erzeugenden Systems bereits entsprechende Teilmengen $B_1, B_2, \ldots, B_k$ des R_n zugeordnet sind und wenn man etwa den in A_1 als Teilmengen enthaltenen Mengen mit zwei Indizes, den Mengen $A_{1,1}, A_{1,2}, \ldots, A_{1,l}$ entsprechenden Teilmengen $B_{1,1}$, $B_{1,2}$, ..., $B_{1,l}$ von B_1 zuordnen will, so hat man zu beachten, daß nicht nur diese Mengen untereinander gewissen Durchschnittsbedingungen genügen müssen, (daß nicht nur die Durchschnitte $B_{1,i_1} \cdot B_{1,i_2} \cdot \ldots \cdot B_{1,i_r}$ dann und nur dann leer sein müssen, wenn die entsprechenden Durchschnitte $A_{1,i_1} \cdot A_{1,i_2} \cdot \ldots \cdot A_{1,i_r}$ leer sind), sondern daß das System der Mengen $B_{1,i}$ gleichsam auch gewissen *Randbedingungen* genügen muß, daß z. B. die Menge $B_{1,i}$ auch mit der Menge B_2 oder B_3 einen nichtleeren Durchschnitt haben muß, falls $A_{1,i}$ mit A_2 bzw. A_3 einen nichtleeren Durchschnitt hat. Erst dadurch wird gewährleistet, daß die Mengen $B_{1,i}$ auch mit den Mengen $B_{2,j}$ und $B_{3,j}$ nichtleere Durchschnitte haben, wenn für die entsprechenden Mengen $A_{1,i}$ Entsprechendes gilt. Bei den Mengen mit k Indizes kommen die Randbedingungen auf folgendes hinaus: Es sei aus dem vorgelegten erzeugenden System eine Menge A mit k Indizes vorgegeben. In ihr ist ein gewisses System von abgeschlossenen Mengen, nämlich von Durchschnitten der Menge mit den übrigen Mengen mit k Indizes, ausgezeichnet. Der vorgelegten Menge A mit k Indizes entspricht eine bereits konstruierte Teilmenge B mit k Indizes des R_n; dem System von ausgezeichneten Teilmengen von A entspricht ein System von ausgezeichneten Teilmengen von B, nämlich von Durchschnitten von B mit den übrigen bereits konstruierten Mengen mit k Indizes des homologen Systems. In A ist nun ein System von Mengen mit $k+1$ Indizes gegeben. Es ist in B ein entsprechendes System von Mengen mit $k+1$ Indizes zu konstruieren, so daß jedes bestimmte System bestehend aus Teilmengen mit $k+1$ Indizes von B und aus ausgezeichneten Teilmengen von B dann und nur dann einen nichtleeren Durchschnitt hat, wenn das System bestehend aus den entsprechenden Teilmengen mit $k+1$ Indizes von A und den entsprechenden ausgezeichneten Teilmengen von A einen nichtleeren Durchschnitt hat. Im Falle der nulldimensionalen Räume sind die Durchschnitte von je zwei Mengen mit gleichviel Indizes leer, d. h. die ausgezeichneten Teilmengen sind leer, und daher sind keine Randbedingungen zu erfüllen. Für höherdimensionale Räume dagegen treten Randbedingungen im allgemeinen auf und sind, wie das einfache Beispiel oben lehrt, bei vorgeschriebener Kleinheit der Teilmengen mit $k+1$ Indizes von B nicht immer erfüllbar. Dies hat zur Folge, daß für einen höherdimensionalen Raum, selbst wenn er mit einer Teilmenge des R_n homöomorph ist, doch nicht immer zu einem *vorgegebenen* erzeugenden System schrittweise ein homologes erzeugendes System bestehend aus Teilmengen des R_n von *vorgeschriebener* Kleinheit konstruiert werden kann.

Um für höherdimensionale Räume homöomorphe Teilmengen Cartesischer Räume anzugeben, muß man vielmehr etwas anders verfahren. Man darf nicht von einem *vorgelegten* erzeugenden System des höherdimensionalen Raumes ausgehen, sondern man muß schrittweise gleichzeitig ein den vorgelegten Raum erzeugendes System und ein dazu homologes System von Teilmengen eines Cartesischen Raumes, welch letztere von vorgeschriebener Kleinheit sind, konstruieren. In Summa ergibt diese Konstruktion ein erzeugendes System des Raumes und ein dazu homologes erzeugendes System von Teilmengen des Cartesischen Raumes, und der Kern des letzteren ist dem Lemma zufolge eine mit dem vorgelegten Raum homöomorphe Teilmenge des Cartesischen Raumes.

Die simultane Konstruktion der beiden homologen erzeugenden Systeme führen wir in folgender Weise durch: Wir geben *erstens* zum vorgelegten kompakten Raum R eine ihn erzeugende Doppelfolge $\mathfrak{D}$ vor und beabsichtigen, die Konstruktion so einzurichten, daß alle Mengen mit k Indizes von dem zu konstruierenden erzeugenden System von $R \subset \mathfrak{D}^k$ sind, wodurch gewährleistet wird, daß das konstruierte System die Eigenschaft 3. eines erzeugenden Systems besitzt. Wir geben *zweitens* eine gegen Null konvergente Folge $\{\varepsilon_k\}$ $(k = 1, 2, \ldots$ ad inf.) von positiven Zahlen vor und beabsichtigen die Konstruktion des homologen Systems bestehend aus Teilmengen eines Cartesischen Raumes so einzurichten, daß jede Menge mit k Indizes dieses letzteren Systems in einem Intervall der Kantenlänge ε_k als Teilmenge enthalten ist, wodurch gewährleistet wird, daß das homologe System die Bedingung c) und daher die Bedingung 3. eines erzeugenden Systems erfüllt.

Wir stellen hierauf R als Summe von endlichvielen Stücken $\subset \mathfrak{D}$ dar und lassen, wofern dies möglich ist, diesen Stücken $A_1, A_2, \ldots, A_r$ ein System von Polytopen $P_1, P_2, \ldots, P_r$ eines Cartesischen Raumes entsprechen. Daß die Polytope dieses Systems in einem Cartesischen Raum, in dem ein solches entsprechendes Polytopensystem überhaupt existiert, auch in vorgeschriebener Kleinheit existieren, d. h. daß jedes innerhalb eines Intervalles der Kantenlänge ε_1 gewählt werden kann, wurde bereits auseinandergesetzt. Nunmehr betrachten wir die Menge A_1 und das System ihrer ausgezeichneten Teilmengen (das System der Durchschnitte von A_1 mit den übrigen Mengen A_i). Ihr entspricht ein Polytop P_1, in dem gewisse Teilpolytope ausgezeichnet sind, nämlich die Durchschnitte von P_1 mit den übrigen Polytopen P_i. Wir stellen nun A_1 als Summe von endlichvielen abgeschlossenen Mengen $A_{1,i}$ mit zwei Indizes, die $\subset \mathfrak{D}^2$ sind, dar und lassen diesen Mengen, wofern dies möglich ist, ein System von Teilpolytopen von P_1 entsprechen, so daß die Durchschnitte von diesen $P_{1,i}$ untereinander und mit den ausgezeichneten Teilpolytopen von P_1 dann und nur dann nichtleer sind, wenn die Durchschnitte der entsprechenden Mengen $A_{1,i}$ untereinander und mit den entsprechenden ausgezeichneten Teilmengen von A_1 nichtleer sind. Ein solches System von entsprechenden

Polytopen $P_{1,i}$ bestimmen wir, wofern dies überhaupt möglich ist, zunächst ohne Rücksicht auf die Größe der Polytope; denn daß wir nicht zugleich die Erfüllung der Durchschnitts- und Randbedingungen *und* der Kleinheitsbedingung fordern dürfen, haben wir ja bereits festgestellt. Wenn die Polytope $P_{1,i}$ nicht die vorgeschriebene Kleinheit haben, d. h. nicht durchwegs in Intervallen der Kantenlänge ε_2 enthalten sind, dann zerlegen wir diejenigen unter ihnen, welche zu groß sind, in Teilpolytope von der gewünschten Kleinheit und lassen nun dem System dieser Teilpolytope Teilmengen der entsprechenden Menge $A_{1,i}$ entsprechen, welche nichtleere Durchschnitte untereinander und mit ausgezeichneten Teilmengen von $A_{1,i}$ dann und nur dann haben, falls die entsprechenden Teilpolytope von $P_{1,i}$ nichtleere Durchschnitte untereinander und mit den ausgezeichneten Teilpolytopen von $P_{1,i}$ haben. Indem man die Teilpolytope von $P_{1,i}$, deren Kleinheit den Forderungen entspricht, evtl. noch etwas verkleinert, um gewisse Durchschnitte von ihnen, die nichtleer sind, leer zu machen, kann man die Existenz solcher entsprechender Teilmengen von $A_{1,i}$ nachweisen. Insgesamt hat man nun also A_1 in ein System von Mengen mit zwei Indizes, die $\subset \mathfrak{D}^2$ sind, zerlegt und zugleich ein diesen Mengen entsprechendes und die Randbedingungen erfüllendes System von Teilpolytopen von P_1, welche die gewünschte Kleinheit besitzen, angegeben. In derselben Weise behandelt man $A_2, \ldots, A_k$ und hat dann insgesamt Mengen mit zwei Indizes $\subset \mathfrak{D}^2$ und ein entsprechendes System von Polytopen von vorgeschriebener Kleinheit definiert. In derselben Weise behandelt man jede dieser Mengen mit zwei Indizes. Man zerlegt A_{i_1,i_2} in endlichviele abgeschlossene Mengen $\subset \mathfrak{D}^3$ mit drei Indizes und ordnet, wenn dies möglich ist, diesem Mengensystem ein entsprechendes die Randbedingungen erfüllendes System von Teilpolytopen des Polytops P_{i_1,i_2} zu, welche noch nicht notwendig die gewünschte Kleinheit besitzen. Sodann zerlegt man diejenigen unter diesen Teilpolytopen, welche zu groß sind, in geeigneter Weise, nämlich derart, daß in der entsprechenden Menge A mit drei Indizes ein entsprechendes System von Teilmengen existiert. Indem man auf diese Weise alle Mengen mit zwei Indizes behandelt, erhält man ein System von Mengen A_{i_1,i_2,i_3} mit drei Indizes $\subset \mathfrak{D}^3$ und ein entsprechendes System von Polytopen mit drei Indizes, die durchweg die gewünschte Kleinheit besitzen, d. h. in Intervallen der Kantenlänge ε_3 enthalten sind.

Und man erhält, in dieser Weise fortfahrend, wenn jede der nötigen Zuordnungen möglich ist, ein R erzeugendes System $\{A_{i_1,i_2,\ldots,i_k}\}$, von welchem die Mengen mit k Indizes $\subset \mathfrak{D}^k$ sind und ein dazu homologes System von Teilmengen eines Cartesischen Raumes, von welchem jede Menge mit k Indizes in einem Intervall der Kantenlänge $< \varepsilon_k$ enthalten ist.

Es fragt sich nun, unter welchen Umständen es für einen vorgelegten kompakten Raum R möglich ist, jedem System von Teilmengen, für welches dies im Verlaufe der geschilderten Konstruktion erforderlich ist, tatsächlich ein entsprechendes System von Teilmengen eines und desselben Cartesischen Raumes zuzuordnen und wievieldimensional der Cartesische Raum sein muß, damit dies möglich ist. Ein unendlichdimensionaler Raum ist mit keiner Teilmenge eines Cartesischen Raumes homöomorph, also sind für einen unendlichdimensionalen kompakten Raum für keine natürliche Zahl n allen Mengensystemen, denen im Verlaufe der Konstruktion entsprechende Systeme von Teilmengen eines Cartesischen Raumes zugeordnet werden sollen, entsprechende Teilmengen des R_n tatsächlich zuordenbar. Ebenso liegen die Verhältnisse z. B., wenn der vorgelegte kompakte Raum ein m-dimensionales Simplex ist und in den R_n $(n < m)$ eingebettet werden soll. Man versuche etwa, nach dem geschilderten Verfahren eine Quadratfläche auf eine Teilmenge der Strecke abzubilden!

Es müssen also Voraussetzungen über den vorliegenden kompakten Raum gemacht werden, welche seine Einbettung in einen Cartesischen Raum ermöglichen und zugleich Kennzeichen dafür enthalten, in einen wievieldimensionalen Cartesischen Raum die Einbettung vollzogen werden kann. Wir werden nun sehen, daß die für das Problem maßgebende Eigenschaft kompakter Räume ihre *Dimension* ist. Es gilt nämlich folgender

Einbettungssatz. *Ein n-dimensionaler kompakter Raum ist mit einer Teilmenge des* R_{2n+1} *homöomorph.*

Wir werden sehen, daß für einen n-dimensionalen kompakten Raum die in der geschilderten Konstruktion geforderten Zuordnungen möglich sind, wofern den Teilmengen des n-dimensionalen Raumes Teilmengen des R_{2n+1} zugeordnet werden, und daß diese Möglichkeit letzten Endes auf der elementargeometrischen Tatsache beruht, daß in einem $(2n+1)$-dimensionalen Cartesischen Raum zwei n-dimensionale ebene Teilräume im allgemeinen zueinander fremd sind.

Das angegebene Theorem enthält insbesondere die Aussage, daß jeder endlichdimensionale kompakte Raum mit einer Teilmenge eines Cartesischen Raumes homöomorph ist. Anderseits ist jede Teilmenge eines Cartesischen Raumes und daher jeder Raum, welcher mit einer Teilmenge eines Cartesischen Raumes homöomorph ist, endlichdimensional. Wir sehen also, daß für die Homöomorphie eines kompakten Raumes mit einer Teilmenge eines Cartesischen Raumes der Besitz einer endlichen Dimension notwendig und hinreichend ist. Auf Grund des Satzes über das Verhältnis endlichdimensionaler separabler und kompakter Räume gilt diese Behauptung für beliebige *separable* Räume. Es gilt also das fundamentale

Theorem von der topologischen Charakterisierung der mit Koordinaten beschreibbaren Räume. *Damit ein separabler Raum mit endlichvielen Koordinaten beschreibbar, d. h. mit einer Teilmenge eines Cartesischen Raumes homöomorph sei, ist notwendig und hinreichend, daß er eine endliche Dimension besitze.*

Der Inhalt dieses Theorems ist höchst überraschend. Es zeigt einerseits, daß die scheinbar so allgemeine Begriffsbildung des endlichdimensionalen separabeln Raumes inhaltlich nicht über die Teilmengen der wohlbekannten Cartesischen Räume hinausgeht; daß die für den Begriff des Raumes unwesentliche Forderung nach Beschreibbarkeit mit Koordinaten für endlichdimensionale Räume von selbst erfüllt ist; und anderseits, daß die Cartesischen Räume erheblich allgemeiner sind, als bisher angenommen wurde; daß sie nämlich topologisch alle endlichdimensionalen Räume umfassen, indem sie zu jedem endlichdimensionalen separabeln Raum eine homöomorphe Teilmenge enthalten.

Historisches. Den Einbettungssatz und das Charakterisierungstheorem habe ich (Proc. Acad. Amsterdam *29,* 1926, S. 476) ausgesprochen und für den Fall $n = 1$ mit Hilfe einer für höhere Dimensionen verallgemeinerbaren Methode bewiesen. Das in diesem Abschnitt bewiesene Lemma und seinen Beweis gab ich (a. a. O. S. 477) an. Es gehört in gewissem Sinn in den Gedankenkreis der oben (S. 180) dargestellten Alexandroffschen Umformung des Begriffes vom kompakten Raum. Denn läßt man für ein erzeugendes System eines kompakten Raumes R für jedes k den Mengen mit k Indizes (in derselben Weise wie S. 192 den Mengen $k$ten Schrittes einer R erzeugenden Doppelfolge) einen Komplex entsprechen, so besteht die Homologie zweier erzeugender Systeme darin, daß für jedes k die den beiden Systemen zugeordneten $k$ten Komplexe identisch sind. Zugleich sieht man aber auch, und ganz deutlich wird dies aus den nächsten Abschnitten hervorgehen, daß im Verlaufe der geschilderten Konstruktion *selbst* nicht mit diesen Komplexen gearbeitet wird, sondern vielmehr mit Systemen von Teilmengen (und zwar Polytopen) Cartesischer Räume, welche vielleicht mit größerem Recht als den vorgelegten kompakten Raum *approximierende* Mengen bezeichnet werden können, als die Komplexe von S. 192, da sie sich in einer dem vorgelegten Raum entsprechenden Weise aus Stücken zusammensetzen und sich überdies auf eine mit dem Raum homöomorphe Menge zusammenziehen, was für die S. 192 geschilderten Komplexfolgen (wegen ihrer S. 193 erwähnten Dualität zum Raum) im allgemeinen nicht der Fall ist.

4. Der Beweis.

Wir beweisen vor allem die Einbettbarkeit aller eindimensionalen kompakten Räume in den R_3. Es liege also ein höchstens eindimensionaler kompakter Raum R vor. Wir geben eine R erzeugende Doppelfolge $\mathfrak{D}$ und eine gegen Null konvergente Folge $\{\varepsilon_k\}$ von positiven Zahlen vor. Wir bestimmen nun nach dem allgemeinen Zerlegungssatz eine kanonische Zerlegung von R in Teile $\subset \mathfrak{D}^1$, d. h. wir stellen R als Summe dar von endlichvielen abgeschlossenen Mengen $A_1, A_2, \ldots, A_r$, die $\subset \mathfrak{D}^1$ sind, zu je zweien höchstens nulldimensionale und zu je dreien leere Durchschnitte haben. Wir lassen diesen Mengen im R_3 Polyeder $B_1, B_2, \ldots, B_r$ entsprechen, von welchen B_i und B_j dann und nur dann einen nichtleeren Durchschnitt, und zwar eine Teilstrecke ihrer Begrenzungen, gemein haben, wenn A_i und A_j einen nichtleeren Durchschnitt haben, und die zu je drei leere Durchschnitte haben.

Die Möglichkeit der Bestimmung solcher Polyeder des R_3 liegt auf der Hand. Man braucht nur jeder der r Mengen A_i einen Punkt p_i und dem Durchschnitt von je zwei nicht fremden Mengen A_i und A_j einen Punkt $p_{ij} = p_{ji}$ des R_3 entsprechen zu lassen und sodann jeden der r Punkte p_i mit jenen Punkten p_{ij}, die einen Index i besitzen, durch einen Streckenzug zu verbinden. Dies ist, da zwei Streckenzüge im R_3 im allgemeinen zueinander fremd sind und andernfalls durch beliebig kleine Abänderungen fremd gemacht werden können, in solcher Weise möglich, daß je zwei auftretende Streckenzüge, etwa der zwischen den Punkten p_i und p_{ij} und der zwischen den Punkten p_k und p_{kl}, abgesehen höchstens von ihren Endpunkten zueinander fremd sind. Die Summe der vom Punkt p_i ausgehenden Streckenzüge machen wir nun zum Nerv eines p_i im Innern enthaltenden Polyeders B_i. Wir legen zunächst jeden Punkt p_{ij} in eine Strecke $B_{ij} = B_{ji}$, welche mit den beiden in p_{ij} zusammenstoßenden Streckenzügen, die p_{ij} mit p_i und p_j verbinden, bloß den Punkt p_{ij} gemein hat. Dabei wählen wir diese Strecken B_{ij} so klein, daß sie paarweise fremd sind. Sodann bestimmen wir für jeden Punkt p_i zur Summe der von ihm ausgehenden Streckenzüge ein diese Streckenzüge (bis auf ihre von p_i verschiedenen Endpunkte p_{ij}) im Innern enthaltendes Polyeder B_i, welches auf seiner Begrenzung die Strecken B_{ij}, die einen Index i besitzen, enthält. Dabei wählen wir diese Polyeder B_i so dünn (so sehr an ihre Nerven sich anlehnend), daß je zwei Polyeder B_i und B_j dann und nur dann einen nichtleeren Durchschnitt, und zwar die auf ihren Begrenzungen gelegene Strecke B_{ij} gemein haben, falls von den Punkten p_i und p_j zwei zu einem Punkt p_{ij} führende Streckenzüge ausgehen, und daß je drei von den Polyedern B_i einen leeren Durchschnitt haben. Die so bestimmten Polyeder erfüllen offenbar unsere Forderungen. Wir können (vgl. S. 291) überdies annehmen, daß die B_i die gewünschte Kleinheit besitzen, d. h. daß jedes dieser Polyeder in einem Intervall der Kantenlänge ε_1 enthalten ist.

Wir nehmen nun an, es sei bereits eine kanonische Zerlegung von R in Mengen mit k Indizes, welche $\subset \mathfrak{D}^k$ sind, definiert, und ein entsprechendes System von Polyedern mit k Indizes, von denen jedes in einem Intervall der Kantenlänge ε_k enthalten ist, bestimmt. Um die Mengen und Polyeder mit $k+1$ Indizes zu bestimmen, betrachten wir eine Menge A mit k Indizes und das entsprechende Polyeder B mit k Indizes. In der Menge A sind endlichviele abgeschlossene Mengen $A^1, A^2, \ldots, A^s$ ausgezeichnet, nämlich die Durchschnitte von A mit den übrigen Mengen mit k Indizes (bzw. mit den evtl. bereits konstruierten Mengen mit $k+1$ Indizes). Diese Mengen A^i sind nulldimensional und paarweise fremd, denn da die Zerlegung von A in die Mengen mit k Indizes kanonisch ist, haben je zwei Mengen mit k Indizes einen höchstens nulldimensionalen Durchschnitt, und die Durchschnitte von je dreien sind leer, woraus die paarweise Fremdheit der Mengen A^i folgt. Den Mengen $A^1, A^2, \ldots, A^s$ entsprechen paarweise fremde Strecken $B^1, B^2, \ldots, B^s$ auf der Begrenzung von B, nämlich die Durchschnitte von B mit den übrigen Polyedern mit k Indizes (bzw. mit den bereits konstruierten Polyedern mit $k+1$ Indizes).

Wir bestimmen nun eine kanonische Zerlegung von A in endlichviele abgeschlossene Mengen $A_1, A_2, \ldots, A_r$, die $\subset \mathfrak{D}^{k+1}$ sind, und so daß

1. der Durchschnitt von je zwei Mengen A_i und A_j höchstens nulldimensional ist,

2. der Durchschnitt von je drei Mengen A_i leer ist,

3. der Durchschnitt von je zwei Mengen A_i und A_j mit einer Menge A^k leer ist. Die letztere Bedingung besagt, daß jeder Punkt der ausgezeichneten Menge $\sum_{j=1}^{s} A^j$ in genau einer der Mengen A_i enthalten ist, und ist unter Heranziehung des Hilfssatzes 2 von S. 170 realisierbar.

Wir betrachten nun vor allem die ausgezeichnete Menge $\sum_{j=1}^{s} A^j$. Es kann sein, daß durch die Zerlegung von A in die Mengen A_i eine Zerlegung dieser Menge induziert wird, daß nämlich manche von den Mengen A^j in Summanden zerlegt werden, welche in verschiedenen Mengen A_i als Teilmengen enthalten sind. Jedenfalls sind aber wegen Bedingung 3. alle Summanden, in welche die Menge $\sum_{j=1}^{s} A^j$ zerlegt wird, paarweise fremd. Es seien $\bar{A}^1, \bar{A}^1, \ldots, \bar{A}^t$ die paarweise fremden Summanden, in welche die Menge $\sum_{j=1}^{s} A^j$ insgesamt zerlegt ist. Wir lassen diesen Mengen paarweise fremde Strecken $\bar{B}^1, \bar{B}^2, \ldots, \bar{B}^t$ entsprechen, indem wir der Menge $\bar{A}^i$, falls sie Teilmenge von A^j ist, eine Teilstrecke $\bar{B}^i$ von B^j zuordnen.

Wir ordnen nun den Mengen $A_1, A_2, \ldots, A_r$ Teilpolyeder $B_1, B_2, \ldots, B_r$ von B zu, welche folgenden Bedingungen genügen:

1. Der Durchschnitt zweier Polyeder B_i und B_j ist dann und nur dann nichtleer, und zwar eine Teilstrecke der beiden Polyederbegrenzungen, falls der Durchschnitt $A_i \cdot A_j$ nichtleer ist.

2. Der Durchschnitt von je drei Polyedern B_i ist leer.

3. Das Polyeder B_i hat mit der Begrenzung von B dann und nur dann einen nichtleeren Durchschnitt, und zwar die Strecken $\bar{B}^j, \bar{B}^k, \ldots, \bar{B}^m$ ge-

mein, falls die Menge A_i die Mengen $\bar{A}^j$, $\bar{A}^k$, ..., $\bar{A}^m$ als Teilmengen enthält.

Die Möglichkeit der Zuordnung derartiger Polyeder ergibt sich aus denselben Überlegungen wie oben (S. 297), bloß hat man zur Berücksichtigung der Randbedingungen, d.h. zur Erfüllung der Bedingung 3., nicht nur jeder Menge A_i einen Punkt p_i und jedem nichtleeren Durchschnitt $A_i \cdot A_j$ einen Punkt p_{ij} im Innern von B zuzuordnen, sondern auch in jeder Strecke $\bar{B}^k$ einen Punkt q_k zu wählen und muß zur Bestimmung des Nervs des Polyeders B_i den Punkt p_i nicht nur mit den Punkten p_{ij}, die einen Index i besitzen, sondern auch mit allen jenen Punkten q_k durch einen Streckenzug verbinden, für welche die $\bar{A}^k$ Teilmenge von A_i ist.

Ist jedes der auf diese Weise bestimmten Polyeder in einem Intervall der Kantenlänge ε_{k+1} enthalten, dann sind wir am Ziel, indem dann eine kanonische Zerlegung von R in Mengen mit $k+1$ Indizes, die $\subset \mathfrak{D}^{k+1}$ sind, und ein entsprechendes System von hinlänglich kleinen Polyedern konstruiert ist. Wenn dies jedoch nicht der Fall ist, dann müssen wir die zu großen Polyeder in hinlänglich kleine unterteilen und zu dieser Unterteilung eine entsprechende Zerlegung der entsprechenden Teilmengen von R bestimmen.

Es sei zur näheren Untersuchung dieser Verhältnisse B eines der zu großen Polyeder mit $k+1$ Indizes. Auf seiner Begrenzung mögen sich die Strecken B^1, B^2, ..., B^s befinden, welche die Durchschnitte von B mit anderen Polyedern mit $k+1$ Indizes darstellen. Es ist dann vor allem denkbar, daß schon auf der Begrenzung von B die Kleinheitsbedingungen nicht erfüllt sind, d. h. daß unter den Strecken B^j auf der Begrenzung von B solche vorkommen, welche nicht in Intervallen der Länge ε_{k+1} enthalten sind. Dann ersetzen wir zunächst jede dieser zu großen Strecken durch eine Teilstrecke von gewünschter Kleinheit und ändern das Polyeder B ein wenig ab, so daß das entstehende Polyeder ein Teil von B ist dessen Begrenzung mit der Begrenzung von B bloß die verkleinerten Strecken gemein hat. Das so modifizierte Polyeder bezeichnen wir von nun ab mit B, die auf seiner Begrenzung ausgezeichneten kleinen Strecken mit B^1, B^2, ..., B^s. Wir zerlegen nun B kanonisch in endlichviele Polyeder $P_1, P_2, \ldots, P_m$, d. h. so, daß je k von den P_i einen höchstens $(4-k)$-dimensionalen Durchschnitt haben $(k = 2, 3, 4)$ und daß jede Strecke B^j der Begrenzung von genau einem der Polyeder P_i angehört, wobei wir die P_i so klein bestimmen, daß jedes von ihnen in einem Intervall der Länge ε_{k+1} enthalten ist. Hierauf ersetzen wir jedes dieser Polyeder P_i durch ein Teilpolyeder B_i $(i = 1, 2, \ldots, m)$ derart, daß zwei modifizierte Polyeder B_i und B_j dann und nur dann einen nichtleeren Durchschnitt, und zwar eine Teilstrecke ihrer Begrenzung gemein haben, wenn die entsprechenden Polyeder P_i und P_j einen zweidimensionalen Durchschnitt haben, und daß je drei von den B_i einen leeren Durchschnitt haben, während jede Strecke B^j, die in P_i enthalten ist, auch in B_i liegt. (Die Summe dieser Polyeder $B_1, B_2, \ldots, B_m$ ist im allgemeinen natürlich nicht mit B identisch.)

Wir wollen nun dem System dieser Polyeder B_i (welche wir noch gewissen Modifikationen zu unterwerfen uns vorbehalten) eine Zerlegung der Menge A entsprechen lassen. Wir greifen irgendeines der Polyeder B_i heraus und wollen ihm eine Teilmenge von A zuordnen. Zu diesem Zweck betrachten wir die abgeschlossene Menge, welche aus dem Polyeder $\sum_{j=1}^{m} B_j$ entsteht, wenn man das Innere des Polyeders B_i aus ihr tilgt. Es seien $B_1^i, B_2^i, \ldots, B_r^i$ die Komponenten dieser Menge. (Jede solche Komponente ist offenbar ein Polyeder.) Die auf der Begrenzung von B ausgezeichneten Strecken B^j sind teils in B_i, teils in den Polyedern B_k^i enthalten. Es seien etwa $B^{j,1}, B^{j,2}, \ldots, B^{j,t_j}$ jene von den Strecken B^k, die in B_j^i enthalten sind $(j = 1, 2, \ldots, r)$. Manche von den r Zahlen t_j können dabei natürlich $= 0$ sein. Wenn z. B. $t_j = 0$ ist, d. h. wenn das Polyeder B_j^i keine der ausgezeichneten Teilstrecken der Begrenzung von B enthält, dann wollen wir dieses Polyeder B_j^i, bzw. diejenigen Polyeder B_i, deren Summe B_j^i ist, aus dem System der Mengen B_i, denen Summanden von A zugeordnet werden sollen, einfach tilgen. Wir bezeichnen ferner mit $A^{j,k}$ jene ausgezeichnete (nulldimensionale) Teilmenge A^j von A, welcher die Strecke $B^{j,k}$ entspricht.

Nunmehr bilden wir, was offenbar möglich ist, zu jedem der nichtgetilgten Polyeder B_j^i $(j = 1, 2, \ldots, r)$ eine in A offene Menge, welche eine höchstens nulldimensionale zu den ausgezeichneten Mengen A^k fremde Begrenzung besitzt und von diesen ausgezeichneten Mengen gerade jene als Teilmengen enthält, von denen die entsprechenden Strecken in B_j^i liegen, d. h. die Mengen $A^{j,1}, A^{j,2}, \ldots, A^{j,t_j}$. Die abgeschlossene Hülle dieser in A offenen Menge nennen wir A_j^i und sorgen bei der Bestimmung dieser Mengen A_j^i $(j = 1, 2, \ldots, r)$ dafür, daß sie paarweise fremd seien. Nun betrachten wir die in A offene Menge $A - \sum_{j=1}^{r} A_j^i$. Es kann sein, daß diese Menge leer ist. In diesem Falle tilgen wir das Polyeder B_i aus dem System der Teilpolyeder von B, denen eine Teilmenge von A zugeordnet werden soll. Ist die betrachtete Menge nichtleer, so bezeichnen wir ihre abgeschlossene Hülle mit A_i. Dieses Stück A_i von A hat mit den Mengen A_j^i teils leere, teils nulldimensionale Durchschnitte. Wir wollen nun das Polyeder B_i durch ein derartiges Teilpolyeder ersetzen, daß das modifizierte Polyeder B_i mit einem Polyeder B_j^i dann und nur dann einen nichtleeren Durchschnitt, und zwar eine Teilstrecke seiner Begrenzung gemein hat, wenn die Mengen A_i und A_j^i einen nichtleeren Durchschnitt haben. Das so bestimmte Teilpolyeder von B_i, welches wir von nun ab mit B_i bezeichnen, lassen wir der Teilmenge A_i von A entsprechen.

Und nun können wir auf das um eins verminderte System der Teilpolyeder von B bzw. von den Polyedern B_j^i dasselbe Verfahren anwenden. Nach höchstens m-maliger Anwendung des Verfahrens sind die m Polyeder $B_1, B_2, \ldots, B_m$ von B erschöpft, d. h. jedem von ihnen, welches nicht im Verlaufe der Konstruktion getilgt wurde, ist eine Teilmenge von A zugeordnet, und die so bestimmten Teilmengen von A und die zugehörigen Polyeder entsprechen einander. Damit ist der Beweis abgeschlossen.

Wir erwähnen hier noch zwei Spezialfälle, die im Verlaufe dieser eigenartigen Konstruktion auftreten können. Es kann erstens sein, daß die Menge A mit der Summe der in ihr ausgezeichneten Teilmengen A^j *identisch* ist. In diesem Fall ist der Konstruktionsvorschrift zufolge jedes Polyeder B_i, welches keine der ausgezeichneten Teilstrecken B^j von B enthält, zu tilgen. Es werden nur jenen Polyedern, welche ausgezeichnete Strecken von B enthalten, Teilmengen von A zugeordnet, und zwar wird dem Polyeder, welches die Strecken $B^{j_1}, B^{j_2}, \ldots, B^{j_k}$ enthält, offenbar die Summe der diesen Strecken entsprechenden ausgezeichneten Mengen $A^{j_1}, A^{j_2}, \ldots, A^{j_k}$ zugeordnet. Zweitens kann sich der Fall ereignen, daß ein Polyeder B_i *alle* ausgezeichneten Strecken B^j von B enthält. In diesem Fall ist also jeder der Komponenten B_j^i die leere Menge zuzuordnen, d. h. dem betreffenden Polyeder B_i entspricht die ganze Menge A. Und dies ist auch anschaulich klar. Denn wenn das Polyeder B nicht der Kleinheitsbedingung genügt, aber ein die Randbedingungen erfüllendes Teilpolyeder B_i von vorgeschriebener Kleinheit enthält, dann kann B einfach durch B_i ersetzt werden.

Wir skizzieren hier nun zum Abschluß die Verallgemeinerung dieses Verfahrens, welche die Einbettung der n-dimensionalen Räume in den R_{2n+1} ergibt. Wir behandeln dabei sogleich den allgemeinen Fall mit Randbedingungen, in welchem es sich um folgende Aufgabe handelt:

Gegeben ist *erstens* ein höchstens n-dimensionaler kompakter Raum A und in ihm ein System von höchstens $(n-1)$-dimensionalen abgeschlossenen Teilmengen $A^1, A^2, \ldots, A^s$, die zu je k höchstens $(n-k)$-dimensionale Durchschnitte haben $(k = 2, 3, \ldots, n+1)$; *zweitens* ein $(2n+1)$-dimensionales Polytop B und auf seiner Begrenzung ein den „Rand"-mengen A^j entsprechendes System von $(2n-1)$-dimensionalen Polytopen $B^1, B^2, \ldots, B^s$, welche also zu je k einen nichtleeren Durchschnitt und zwar ein $(2n-2k+1)$-dimensionales Teilpolytop ihrer Begrenzungen dann und nur dann gemein haben, wenn die k entsprechenden Randmengen einen nichtleeren Durchschnitt haben.

Gewünscht wird *erstens* eine kanonische Zerlegung von A in hinlänglich kleine Mengen, d. h. eine Darstellung von A als Summe von endlichvielen abgeschlossenen Mengen $A_1, A_2, \ldots, A_r$, so daß der Durchschnitt von je k dieser Mengen und je l Randmengen höchstens $(n-k-l+1)$-dimensional ist $(k+l=2, 3, \ldots, n+2)$, wobei jede der Mengen A_i in einer offenen Menge eines vorgelegten Überdeckungssystems von A als Teilmenge enthalten ist. *Zweitens* ein entsprechendes System von hinlänglich kleinen $(2n+1)$-dimensionalen Teilpolytopen von B, d. h. ein System von Polytopen $B_1, B_2, \ldots, B_r$, von denen jedes in einem Intervall von vorgeschriebener Kleinheit enthalten ist, und so, daß der Durchschnitt von je k dieser Polytope B_i und je l der ausgezeichneten Randpolytope B^j von B dann und nur dann nichtleer und zwar ein $(2n-2k-2l+3)$-dimensionales Teilpolytop der $k+l$ Begrenzungen der betrachteten Polytope ist, falls der Durchschnitt der $k+l$ entsprechenden Mengen A_i und A^j nichtleer ist.

Wir zerlegen diese Aufgabe wie im Fall $n=1$ in zwei Teile. Wir bestimmen *erstens* eine kanonische Zerlegung von A in hinreichend kleine Mengen und ein entsprechendes System von Teilpolytopen von B ohne Rücksicht auf die Größe der letzteren und bestimmen sodann *zweitens* zu jedem der zu großen Teilpolytope von B ein System von hinreichend kleinen Teilpolytopen und eine entsprechende kanonische Zerlegung von der entsprechenden Teilmenge von A. Mit Rücksicht auf die Erledigung dieser Aufgaben für den Fall $n=1$, d. h. für den Fall eindimensionaler Räume können wir ihre Lösbarkeit für $(n-1)$-dimensionale Räume als erwiesen annehmen.

Zur Lösung der ersten Aufgabe bestimmen wir zunächst eine kanonische Zerlegung von A in hinreichend kleine abgeschlossene Teilmengen nach dem allgemeinen Zerlegungssatz bzw. nach Hilfssatz 2 von S. 170. Durch diese Zerlegung wird vor allem eine Zerlegung der Randmengen A^j in A induziert. Nach dem für $n-1$ als bewiesen angenommenen Verfahren können wir dem System der Mengen, in welche die Summe der Randmengen durch die Zerlegung von A zerlegt wird, ein entsprechendes System von $(2n-1)$-dimensionalen Teilpolytopen von der Summe der Randpolytope von B zuordnen.

Wir bestimmen sodann die $(n-1)$-dimensionalen Nerven dieser Randpolytope und die $(n-1)$-dimensionalen Nerven eines $(2n-1)$-dimensionalen Polytopensystems, welches den Durchschnitten der Mengen A_i untereinander entspricht. Hierauf lassen wir jeder dieser Mengen A_i einen Punkt p_i im Innern von B außerhalb der $(n-1)$-dimensionalen Nerven entsprechen und verbinden jeden solchen Punkt p_i durch n-dimensionale Ebenenzüge mit allen jenen von den vorliegenden $(n-1)$-dimensionalen Nerven der Rand- und der Durchschnittspolytope, für welche die entsprechenden Teilmengen von A in A_i enthalten sind. Die Wahl von n-dimensionalen Ebenenzügen $E_1, E_2, \ldots, E_r$, so daß je k von ihnen und je l von den Nerven der Randpolytope dann und nur dann einen nichtleeren Durchschnitt und zwar ein m-dimensionales Teilgebilde der vorliegenden $(n-1)$-dimensionalen

Nerven gemein haben, wenn die $k+l$ entsprechenden Teilmengen von A einen nichtleeren und zwar einen höchstens m dimensionalen Durchschnitt haben, ist möglich, da je zwei n-dimensionale ebene Gebilde des R_{2n+1} im allgemeinen fremd sind. Die nunmehr vorliegenden n-dimensionalen Ebenenzüge $E_1, E_2, \ldots, E_r$ werden zu Nerven von $(2n+1)$-dimensionalen Polytopen $B_1, B_2, \ldots, B_r$ gemacht, für welche der Durchschnitt von je k mit je l von den Randpolytopen B^j dann und nur dann nichtleer, und zwar ein $(2n-2k-2l+3)$-dimensionales Teilpolytop der $k+l$ Begrenzungen ist, wenn der Durchschnitt der $k+l$ entsprechenden Teilmengen von A, der höchstens $(n-k-l+1)$-dimensional ist, nichtleer ist. Damit ist der erste Teil der Aufgabe gelöst.

Es liege zweitens ein zu großes $(2n+1)$-dimensionales Polytop B vor, dessen Begrenzung ausgezeichnete $(2n-1)$-dimensionale Polytope B^j enthält. Es ist zunächst denkbar, daß schon auf der Begrenzung von B die Kleinheitsbedingungen nicht erfüllt sind, d. h. daß unter den $(2n-1)$-dimensionalen Polytopen B^j solche vorkommen, welche nicht in Intervallen von vorgeschriebener Kleinheit enthalten sind. Dann geben wir, was auf Grund der angenommenen Lösbarkeit der zweiten Aufgabe für den Fall $n-1$ möglich ist, ein System von hinreichend kleinen Teilpolytopen der Randpolytope von B und ein entsprechendes System von Teilmengen von A vor und operieren von nun ab bloß mit diesen hinreichend kleinen Randpolytopen B^j und den ihnen entsprechenden Mengen A^j. Wir zerlegen sodann B in hinreichend kleine Teilpolytope und leiten aus diesen ein System von Teilpolytopen B_i her, so daß je k von diesen B_i und je l von den B^j einen höchstens $(2n-2k-2l+3)$-dimensionalen Durchschnitt haben. Um einem einzelnen dieser Polytope, etwa B_i, eine Teilmenge A_i von A entsprechen zu lassen, betrachten wir jenes Gebilde, welches aus der Summe der Teilpolytope B_i durch Tilgung des offenen Polytops B_i entsteht. In diesem Komplement sind im allgemeinen (d. h. wenn nicht der für den Fall $n=1$ erwähnte zweite Spezialfall vorliegt, in welchem dem Polytop B_i ganz A zugeordnet werden kann) gewisse von den Randpolytopen B^j von B enthalten. Indem wir zu den entsprechenden Mengen A^j sie enthaltende Stücken von A zuordnen und zum Komplement übergehen, erhalten wir eine in A offene Menge, deren abgeschlossene Hülle wir, wenn sie nichtleer ist, mit A_i bezeichnen und dem Polytop B_i zuordnen. Natürlich müssen bei dieser Konstruktion sowie im Fall $n=1$ die Polytope B_i stets dann durch Teilpolytope ersetzt werden, wenn zu bewirken ist, daß k Polytope B_i und l Polytope B^j, für welche der Durchschnitt der $k+l$ entsprechenden Teilmengen von A leer ist, einen leeren Durchschnitt haben. Die Fortsetzung dieses Verfahrens bis zur Erschöpfung aller Polytope B_i ergibt die Lösung der zweiten Aufgabe.

X. Zusammenfassungen und Ausblicke.

1. Die Hauptsätze der Dimensionstheorie.

a) Zur Definition.

Ein Raum heißt höchstens n-dimensional, wenn jeder Punkt in beliebig kleinen Umgebungen mit höchstens $(n-1)$-dimensionalen Begrenzungen enthalten ist. Ein Raum heißt n-dimensional, wenn n die kleinste Zahl ist, so daß jeder Punkt des Raumes in beliebig kleinen Umgebungen mit höchstens $(n-1)$-dimensionalen Begrenzungen enthalten ist. Ein Raum, der nicht höchstens n-dimensional ist, heißt mindestens $(n+1)$-dimensional. (-1)-dimensional heißt der leere Raum und nur dieser. Räume, welche keine endliche Dimension besitzen, heißen unendlichdimensional.

Ein Raum heißt n-dimensional im Punkte p, wenn n die kleinste Zahl ist, so daß p in beliebig kleinen Umgebungen mit höchstens $(n-1)$-dimensionalen Begrenzungen enthalten ist. Ein Raum ist n-dimensional, wenn er in allen Punkten höchstens n-dimensional und in mindestens einem Punkt n-dimensional ist.

Eine Teilmenge M des Raumes R heißt höchstens n-dimensional im Punkte p des Raumes, wenn p in beliebig kleinen Umgebungen enthalten ist, deren Begrenzungen mit M höchstens $(n-1)$-dimensionale Durchschnitte haben. Eine Teilmenge eines Raumes heißt n-dimensional, wenn sie in allen ihren Punkten höchstens n-dimensional und in mindestens einem ihrer Punkte n-dimensional ist. Es ist damitgleichbedeutend (S. 115), wenn man sagt, eine Menge M sei n-dimensional, wenn sie in allen ihren Punkten höchstens n-dimensional und in mindestens einem Punkte des Raumes n-dimensional ist. Die Dimension des Teiles ist niemals größer als die des Ganzen (S. 81).

Ist M eine m-dimensionale Teilmenge eines n-dimensionalen Raumes, so ist jeder Punkt von M in beliebig kleinen Umgebungen enthalten, deren Begrenzungen höchstens $(n-1)$-dimensional sind und mit M höchstens $(m-1)$-dimensionale Durchschnitte haben (S. 169). Im R_n, dem n-dimensionalen Cartesischen Raum, ist jeder Punkt einer höchstens $(n-1)$-dimensionalen Menge M in beliebig kleinen Radialumgebungen enthalten, deren Begrenzungen mit M höchstens $(n-2)$-dimensionale Durchschnitte haben (S. 262). Jeder Punkt einer nulldimensionalen abgeschlossenen Teilmenge M eines Cartesischen Raumes ist in beliebig kleinen Polytopen enthalten, deren Begrenzungen zur Menge M fremd sind (S. 263).

b) Der Summensatz.

Die Summe endlichvieler oder abzählbarvieler n-dimensionaler abgeschlossener Teilmengen eines separabeln Raumes ist n-dimensional. (*Summensatz* S. 92.) Die Summe einer im Punkte p n-dimensionalen abgeschlossenen Menge und abzählbarvieler höchstens n-dimensionaler abgeschlossener Mengen ist im Punkte p n-dimensional. (*Verschärfter Summensatz* S. 94.)

Damit ein separabler Raum n-dimensional sei, ist notwendig und hinreichend, daß er Summe von $n + 1$, aber nicht von weniger als $n + 1$ nulldimensionalen Mengen sei. (*Zerspaltungssatz* S. 113.) Ein n-dimensionaler Raum, der Summe von $n + 1$ nulldimensionalen Mengen ist, unter denen sich eine abzählbare Menge befindet, heißt rational n-dimensional.

Die Summe einer m-dimensionalen und einer n-dimensionalen Menge ist höchstens $(m + n + 1)$-dimensional (S. 114). Ist einer der beiden Summanden zugleich F_σ und G_δ, dann ist die Dimension der Summe gleich der Dimension des höherdimensionalen Summanden (S. 115). Die Dimension einer Summe von k Mengen übersteigt die Summe der Dimensionen der Summanden um höchstens $k - 1$ und, falls sich unter den Summanden r $(r > 1)$ rationaldimensionale befinden, um höchstens $k - r$ (S. 121). Die Summe abzählbarvieler abgeschlossener rational n-dimensionaler Teilmengen eines separabeln Raumes ist rational n-dimensional (S. 121). Jede endlichdimensionale Teilmenge eines separabeln Raumes ist in einer gleichdimensionalen G_δ-Menge enthalten (S. 118).

Damit ein separabler Raum n-dimensional sei, ist notwendig und hinreichend, daß in ihm je zwei fremde abgeschlossene Teilmengen durch eine höchstens $(n - 1)$-dimensionale Teilmenge, aber nicht je zwei fremde abgeschlossene Teilmengen durch eine weniger als $(n - 1)$-dimensionale Teilmenge trennbar seien. (*Trennbarkeitssatz* S. 117.)

c) Die dimensionelle Raumstruktur.

In einem vorgelegten separabeln Raum R sei R^n die Menge aller Punkte, in denen R mindestens n-dimensional ist. Diese Menge heißt der $n$te Dimensionsteil von R. Der Raum R ist n-dimensional, wenn der $n$te Dimensionsteil von R nichtleer, der $(n + 1)$te Dimensionsteil von R leer ist. Jeder Dimensionsteil eines separabeln Raumes ist ein F_σ (S. 127).

Der $n$te Dimensionsteil eines n-dimensionalen kompakten Raumes ist homogen n-dimensional, d. h. in allen seinen Punkten n-dimensional. Der $k$te Dimensionsteil eines kompakten Raumes ist entweder leer oder eine in jedem ihrer Punkte mindestens k-dimensionale Menge (S. 128).

Der $n$te Dimensionsteil eines n-dimensionalen separabeln Raumes ist entweder n-dimensional oder $(n - 1)$-dimensional. Jede nichtleere im $k$ten Dimensionsteil eines separabeln Raumes offene Menge ist mindestens $(k - 1)$-dimensional (S. 135).

Wenn der $k$te Dimensionsteil eines separabeln Raumes nichtleer ist, so ist er für $k \geqq 1$ insichdicht, für $k \geqq 2$ kondensiert (S. 150).

Ein n-dimensionaler separabler Raum, dessen $n$ter Dimensionsteil $(n-1)$-dimensional ist, heißt schwach n-dimensional. Ein eindimensionaler Raum, dessen erster Dimensionsteil abzählbar ist, heißt äußerst schwach eindimensional. Es existieren äußerst schwach eindimensionale Räume (S. 146). Wenn die $n$te Potenz eines äußerst schwach eindimensionalen Raumes n-dimensional ist, so ist sie schwach n-dimensional (S. 148).

Die abgeschlossene Hülle des $n$ten Dimensionsteiles eines n-dimensionalen separabeln Raumes ist in jedem Punkt des $n$ten Dimensionsteiles n-dimensional. In einem separabeln Raum R ist für jedes k die Menge $\overline{R^k}$ in jedem Punkte der Menge R^k mindestens k-dimensional (S. 151).

Damit der $n$te Dimensionsteil des n-dimensionalen Raumes R homogen n-dimensional sei, ist folgende Bedingung hinreichend: Ist A irgendeine in $R - R^n$ abgeschlossene Menge, dann existiert zu einer Folge $\{V_j\}$ $(j = 1, 2, \ldots$ ad inf.) von Umgebungen von A, für die $\bar{A} = \prod_{j=1}^{\infty} \overline{V}_j$ gilt, eine höchstens $(n-2)$-dimensionale Teilmenge P von A und eine Folge $\{U_i\}$ $(i = 1, 2, \ldots$ ad inf.) von offenen Mengen mit höchstens $(n-2)$-dimensionalen Begrenzungen, so daß 1. $A - P \subset \sum_{i=1}^{\infty} U_i$ gilt; 2. jedes V_j fast alle U_i als Teilmengen enthält. Damit der n-dimensionale Raum R stark n-dimensional sei, ist hinreichend, daß der $n$te Dimensionsteil R^n von zweiter Kategorie ist (S. 154).

d) Der Zerlegungssatz.

Ein n-dimensionaler separabler Raum ist Summe von endlichvielen beliebig kleinen Stücken, die

zu je zweien höchstens $(n-1)$-dimensionale
zu je dreien höchstens $(n-2)$-dimensionale
. . . .
zu je k höchstens $(n-k+1)$-dimensionale
. . . .
zu je $n+1$ höchstens nulldimensionale
zu je $n+2$ (-1)-dimensionale (leere)

Durchschnitte haben.

Bei jeder Zerlegung eines n-dimensionalen separabeln Raumes in endlichviele hinlänglich kleine abgeschlossene Mengen treten

Paare mit mindestens $(n-1)$-dimensionalem
Tripel mit mindestens $(n-2)$-dimensionalem
. . . .
k-Tupel mit mindestens $(n-k+1)$-dimensionalem
. . . .
n-Tupel mit mindestens eindimensionalem
$(n+1)$-Tupel mit mindestens nulldimensionalem (nichtleerem)

Durchschnitt auf.

e) Dimension und Zusammenhang.

Ein Raum R heißt zusammenhängend, wenn er nicht Summe ist von zwei abgeschlossenen fremden echten Teilmengen. Ein mehr als einen Punkt enthaltender zusammenhängender kompakter Raum heißt Kontinuum. Ein Raum ohne Teilkontinuum heißt diskontinuierlich. Ein Raum ohne eine mehr als einen Punkt enthaltende zusammenhängende Teilmenge heißt zusammenhangslos. Ein Raum, der für je zwei Punkte p und q Summe ist von zwei abgeschlossenen fremden Teilmengen, von denen die eine p, die andere q enthält, heißt total zusammenhangslos.

Die nulldimensionalen Räume sind total zusammenhangslos; die total zusammenhangslosen Räume sind zusammenhangslos; die zusammenhangslosen Räume sind diskontinuierlich (S. 203). Es gibt total zusammenhangslose Räume, die nicht nulldimensional sind; es gibt zusammenhangslose Räume, die nicht total zusammenhangslos sind; es gibt diskontinuierliche Räume, die nicht zusammenhangslos sind (S. 203). Es gibt für jedes natürliche n total zusammenhangslose separable Räume, welche n-dimensional sind, und diskontinuierliche unendlich-dimensionale Räume (S. 209). Unter den nichtleeren Teilmengen eines kompakten Raumes sind die nulldimensionalen identisch mit jenen, welche auch nach Hinzufügung eines beliebigen einzelnen Punktes total zusammenhangslos sind (S. 207). Unter den kompakten und halbkompakten Räumen sind die diskontinuierlichen, zusammenhangslosen, total zusammenhangslosen und nulldimensionalen identisch (S. 213).

Jeder Punkt des $k$ten Dimensionsteiles eines kompakten Raumes ist in einem Teilkontinuum des $k$ten Dimensionsteiles enthalten (S. 209).

Ein mehrpunktiger Raum heißt mindestens n-stufig zusammenhängend, wenn er nicht Summe ist von zwei abgeschlossenen echten Teilmengen, deren Durchschnitt $(n-1)$-stufig zusammenhangslos ist, d. h. keinen $(n-1)$-stufig zusammenhängenden Teil enthält. Einstufig zusammenhängend sind die mehrpunktigen schlechthin zusammenhängenden Räume. Ein n-stufig zusammenhängender kompakter Raum heißt ein n-stufiges Kontinuum.

Ein n-dimensionaler kompakter Raum enthält ein n-stufiges, aber kein $(n+1)$-stufiges Kontinuum (S. 216).

f) Dimension und stetige Abbildungen.

Durch stetige Abbildung kann die Dimension eines Raumes sowohl erniedrigt als auch erhöht werden (S. 234).

Wird die Dimension eines kompakten Raumes durch eindeutige stetige Abbildung um k Einheiten erniedrigt, d. h. wird ein m-dimensionaler auf einen $(m-k)$-dimensionalen Raum abgebildet, dann gibt es unter den Urbildmengen der einzelnen Punkte des Bildraumes solche von einer Dimension $\geqq k$ (S. 235).

Wird die Dimension eines separabeln Raumes durch eindeutige stetige Abbildung um k Einheiten erhöht, d. h. wird ein m-dimensionaler auf einen $(m+k)$-dimensionalen Raum abgebildet, dann gibt es unter den Urbildmengen der einzelnen Punkte des Bildraumes solche, welche mindestens $k+1$ Punkte enthalten (S. 237).

Homöomorphe Räume sind gleichdimensional und besitzen dieselbe Dimension in entsprechenden Punkten (S. 241).

g) Die Dimensionsverhältnisse in Cartesischen Räumen.

Der R_n und die offenen Teilmengen des R_n sind n-dimensional. Jede n-dimensionale Teilmenge des R_n enthält einen offenen Teil (S. 244). Der R_n ist n-stufig zusammenhängend. Die Begrenzung jeder offenen Teilmenge des R_n, deren Komplement mindestens $(n-1)$-dimensional ist, insbesondere also die Begrenzung jeder beschränkten offenen Menge des R_n ist $(n-1)$-dimensional (S. 268). Die gemeinsame Begrenzung zweier beschränkter zusammenhängender offener Mengen ist $(n-1)$-stufig zusammenhängend (S. 270).

Eine kompakte Teilmenge eines Cartesischen Raumes ist für jedes $\varepsilon > 0$ ε-deformierbar in einen gleichdimensionalen Komplex, aber für hinlänglich kleines ε nicht ε-deformierbar in einen niedrigerdimensionalen Komplex (S. 271).

h) Einbettungstheoreme.

Jeder endlichdimensionale separable Raum ist mit einer Teilmenge eines gleichdimensionalen kompakten Raumes homöomorph (S. 280).

Jeder n-dimensionale separable Raum ist mit einer Teilmenge des R_{2n+1} homöomorph (S. 295).

Unter den separabeln Räumen sind die endlichdimensionalen und diejenigen, welche mit endlichvielen Koordinaten beschreibbar (mit Teilmengen Cartesischer Räume homöomorph) sind, identisch (S. 296).

2. Ungelöste Probleme.

Es seien hier zum Abschluß einige noch ungelöste Fragen und Probleme zusammengestellt, die teilweise bereits in den vorangehenden Kapiteln erwähnt worden sind.

Zunächst eine Frage aus dem Problemenkreis des *Summensatzes.* Wir haben gesehen, daß die Summe einer m-dimensionalen und einer n-dimensionalen Menge höchstens $(m+n+1)$-dimensional ist und daß, wenn einer der beiden Summanden zugleich ein F_σ und ein G_δ ist, die Dimension der Summe gleich der Dimension des höherdimensionalen Summanden ist. Wir wollen allgemein eine n-dimensionale Teilmenge A eines Raumes R als *beständig n-dimensional* bezeichnen, wenn die Dimension von A durch

Addition einer gleichdimensionalen Menge nicht erhöht werden kann, d. h. wenn für jede höchstens n-dimensionale Menge B die Menge $A + B$ n-dimensional ist. Beispielsweise also ist beständigdimensional eine Menge, die zugleich F_σ und G_δ ist, und allgemeiner jede Menge, welche Teilmenge ist von einer gleichdimensionalen Menge, die zugleich F_σ und G_δ ist. Hingegen ist die Menge aller rationalen Punkte des R_1 ein unbeständig nulldimensionales F_σ, die Menge aller irrationalen Punkte des R_1 ein unbeständig nulldimensionales G_δ. Allgemeiner könnte man eine Menge A unbeständig n-dimensional von einem Grade $\geqq m$ nennen, wenn eine höchstens n-dimensionale Menge B existiert, so daß die Menge $A + B$ $(n + m)$-dimensional ist. *Unbeständig n-dimensional vom Grade m* sind dann jene n-dimensionalen Mengen zu nennen, deren Dimension durch Hinzufügung gleichdimensionaler Mengen auf $n + m$, aber nicht mehr, erhöht werden kann. Die beständig n-dimensionalen Mengen sind in dieser Ausdrucksweise die vom Grade Null unbeständig n-dimensionalen. Der Unbeständigkeitsgrad einer n-dimensionalen Menge ist höchstens $n + 1$. Übrigens ist der so definierte Unbeständigkeitsgrad der Dimension einer Menge durchaus abhängig von dem die Menge enthaltenden Raum und auch für Teilmengen eines und desselben Raumes nicht invariant gegenüber topologischen Abbildungen. So ist z. B. die unbeständig nulldimensionale Menge aller irrationalen Punkte des R_1 mit einer Teilmenge des beständig nulldimensionalen (weil kompakten) Diskontinuums homöomorph. Nichtsdestoweniger wäre eine Untersuchung der betreffenden Verhältnisse, insbesondere die Angabe hinreichender Bedingungen für Beständigkeit der Dimension für Teilmengen kompakter Räume von einigem Interesse. Es scheint nicht ausgeschlossen, daß unter den Teilmengen kompakter Räume die beständigdimensionalen identisch sind mit jenen, die in gleichdimensionalen Mengen, die zugleich F_σ und G_δ sind, als Teilmengen enthalten sind.

In der Theorie der dimensionellen *Raumstruktur* ist (wie S. 138 erwähnt) ungelöst die Frage nach der Dimension der Dimensionsteile beliebiger separabler Räume *in ihren Punkten.* In Zusammenhang mit dieser Frage steht auch folgendes Problem: *Enthält jeder stark n-dimensionale Raum eine homogene n-dimensionale Teilmenge?* Sollte dies der Fall sein, dann wären also unter den n-dimensionalen Räumen die stark n-dimensionalen dadurch gekennzeichnet, daß sie eine homogen n-dimensionale Teilmenge enthalten.

An der Existenz schwach n-dimensionaler Räume für beliebiges n zweifle ich nicht im geringsten. Doch liegt eine Konstruktion solcher Räume bisher nicht vor. Zur Lösung dieses Problems kommen wohl drei Wege in Betracht. Man kann erstens versuchen, durch Verallgemeinerung der oben (S. 139ff.) dargelegten Konstruktion auf beliebige Dimensionen, insbesondere unter Heranziehung eines mehrdimensionalen Begriffes des Zerreißens, eine direkte Konstruktion schwach n-dimensionaler Mengen zu liefern. Man kann zweitens versuchen nachzuweisen, daß die $n$ten Potenzen der äußerst schwach eindimensionalen Menge n-dimensional sind, in welchem Fall durch das oben Bewiesene (S. 148) ihre Schwachdimensionalität gesichert wäre. Man kann endlich versuchen, eine schwach eindimensionale Menge als Bild einer reellen Funktion einer reellen Veränderlichen darzustellen und in analoger Weise als Bilder von reellen Funktionen mehrerer Veränderlicher schwach mehrdimensionale Mengen herzustellen. Was den zweiten Weg betrifft, so ist zu bedenken, daß möglicherweise schwach n-dimensionale Räume existieren, aber die $n$te Potenz äußerst schwach eindimensionaler Räume dennoch weniger als n-dimensional ist. Wenn nämlich der allgemeine Produktsatz, auf den wir noch zurückkommen — die Behauptung nämlich, daß das Produkt eines n-dimensionalen und eines m-dimensionalen Raumes $(n + m)$-dimensional ist —, für beliebige separable Räume nicht gelten sollte, dann ist nicht ausgeschlossen, daß es gerade die Potenzen äußerst schwach eindimensionaler Räume sind, für die er versagt, womit aber die Existenz schwach n-dimensionaler Mengen natürlich nicht widerlegt wäre. — Ferner ließen sich in der Theorie der dimensionellen Raumstruktur vielleicht noch weitere Bedingungen für starke und schwache Dimension separabler Räume angeben.

Weitere Probleme, die Struktureigenschaften der Räume betreffend, werden durch die folgenden Bemerkungen vorgezeichnet. Der $k$te Dimensionsteil eines Raumes, über dessen Dimensions- und Kontinuitätseigenschaften wir wichtige Aussagen herleiten konnten, ist (vgl. S. 126f.) das Komplement des Gleichwertigkeitsteiles des Systems der offenen Mengen mit höchstens $(k-2)$-dimensionalen Begrenzungen. Man kann nun für irgendwelche Systeme von offenen Mengen die Gleichwertigkeitsteile und ihre Komplemente näher untersuchen, und dabei stellt sich heraus (vgl. meine Arbeiten in den Math. Ann. *95*, und Jahresber. d. Deutsch. Math. Ver. *35*, insbes. S. 131ff., sowie die von Hurewicz, Math. Ann. *96*), daß für ein System $\mathfrak{U}$ von offenen Mengen wichtige gestaltliche Eigenschaften des Gleichwertigkeitsteiles und seines Komplementes lediglich von gewissen abstrakten Eigenschaften des Systems $\mathfrak{U}$ abhängen. Bezeichnen wir mit $K_{\mathfrak{U}}$ das Komplement des Gleichwertigkeitsteiles des Systems $\mathfrak{U}$, so gilt z. B. folgende Aussage, welche u. a. das Theorem von den Kontinuitätseigenschaften der Dimensionsteile (S. 209) in sich befaßt: *Wenn das System* $\mathfrak{U}$ 1. *neben jeder in ihm vorkommenden offenen Menge U auch jede offene Menge enthält, deren Begrenzung Teil von der Begrenzung von U ist, und* 2. *neben je endlichvielen in ihm vorkommenden offenen Mengen $U_1, U_2, \ldots, U_k$ auch die Summe $U_1 + U_2 + \ldots U_k$, — unter diesen Voraus-*

setzungen ist jeder Punkt der Menge $K_{\mathfrak{U}}$ in einem Teilkontinuum von $K_{\mathfrak{U}}$ enthalten. In dieser Weise spiegeln sich gleichsam *algebraische* Eigenschaften eines Systems $\mathfrak{U}$ von offenen Mengen in der Art der genannten Bedingungen 1. und 2. in *gestaltlichen* Eigenschaften des Gleichwertigkeitsteiles von $\mathfrak{U}$ und seines Komplementes $K_{\mathfrak{U}}$ wider. Eine nähere Untersuchung dieser Verhältnisse dürfte noch auf manche derartige Beziehung führen.

Dabei scheint es mir (vgl. meine Ausführungen Jahresber. d. Deutsch. Math. Ver. *35*, S. 140f.) durchaus im Bereich der Möglichkeit zu liegen, daß sich derartige allgemeine Aussagen, wie die eben angeführte, trotz ihrer großen Abstraktheit sogar physikalischer Anwendungen fähig zeigen. Man denke z. B. einen Raum, etwa den dreidimensionalen Cartesischen Raum, von irgendwelchen Strömen, Kraftlinien o. dgl. durchflossen. Manche offene Mengen des Raumes mögen Begrenzungen besitzen, die von dem betreffenden Strom durchflossen werden. Wir bezeichnen mit $\mathfrak{U}$ das System aller offenen Mengen des Raumes, deren Begrenzung von dem betreffenden Strom *nicht* durchflossen wird. Offenbar erfüllt dieses System $\mathfrak{U}$ die beiden Bedingungen des vorhin genannten Satzes. Denn wenn 1. U eine offene Menge ist, deren Begrenzung $B(U)$ von dem Strom nicht durchflossen wird, dann wird offenbar auch für eine offene Menge V, deren Begrenzung Teil der Begrenzung $B(U)$ ist, die Begrenzung $B(V)$ nicht von dem Strom durchflossen; und wenn 2. $U_1, U_2, \ldots, U_k$ offene Mengen sind, deren Begrenzungen nicht von dem Strom durchflossen werden, dann wird auch die Begrenzung der offenen Menge $U_1 + U_2 + \cdots + U_k$ von dem Strom nicht durchflossen; denn nach dem Additionssatz für Begrenzungen offener Mengen gilt

$$B(U_1 + U_2 + \cdots + U_k) \subset B(U_1) + B(U_2) + \cdots + B(U_k).$$

Also ist für das definierte System $\mathfrak{U}$ jeder Punkt der Menge $K_{\mathfrak{U}}$ in einem Teilkontinuum von $K_{\mathfrak{U}}$ enthalten. Was sind nun die Punkte von $K_{\mathfrak{U}}$? Ein Punkt des Raumes liegt im Gleichwertigkeitsteil von $\mathfrak{U}$, wenn der Punkt in beliebig kleinen Umgebungen von $\mathfrak{U}$, d. h. in beliebig kleinen Umgebungen, deren Begrenzungen von dem Strom nicht durchflossen werden, enthalten ist. Ein Punkt p liegt also in $K_{\mathfrak{U}}$, wenn die Begrenzungen aller hinlänglich kleinen Umgebungen von p von dem betreffenden Strom durchflossen werden. Ein Punkt aber, für den die Begrenzungen aller hinlänglich kleinen Umgebungen von dem Strom durchflossen werden, kann in gewissem Sinne als ein *Quellpunkt* der Stromwirkung bezeichnet werden, und unser Satz lehrt also, daß jeder derartige Quellpunkt in einem aus Quellpunkten bestehenden Kontinuum enthalten ist. Man denke hierbei nicht an Ströme, welche sich kugelwellenförmig durch den ganzen Raum ausbreiten, denn von einem derartigen Strom wird die Begrenzung von *jeder* offenen Menge durchflossen, so daß für einen derartigen Strom die Menge K_u in trivialer Weise mit dem ganzen Raum identisch ist. Eine nichttriviale und unter Umständen vielleicht recht wichtige Aussage liefert der Satz für Ströme, welche manche Begrenzungen durchfließen, manche nicht. Für solche Ströme lehrt der Satz nämlich, daß die in gewissem Sinne wirkenden Punkte aus rein mengentheoretischen Gründen nicht diskret, sondern bloß *in kontinuierlichen Ballungen* auftreten können, ein Satz, der bei geeigneter Interpretation vielleicht das Zusammenhalten kleiner Ladungen verständlich machen wird.

Die Lehre vom *Zusammenhang* war in der vordimensionstheoretischen Punktmengenlehre die einzige Theorie einer gestaltlichen Eigenschaft allgemeiner Raumgebilde. Es wurden in ihr vor allem die (einstufig) zusammenhängenden Gebilde, die entsprechenden verstreuten Mengen, die irreduziblen Kontinua, die im kleinen zusammenhängenden Mengen und die Begriffe des (einstufigen) Getrenntseins zweier Mengen untersucht. Trotz wichtiger Resultate, von denen mehrere in den vorangehenden Kapiteln dargestellt worden sind, muß die Lehre vom Zusammenhang heute noch als im Anfangsstadium befindlich bezeichnet werden. Der bisher ausschließlich untersuchte Zusammenhangsbegriff ist nämlich in den verschiedensten Hinsichten verallgemeinerbar, wobei diese Verallgemeinerungen teils anschaulichen Vorstellungen entsprechen, teils durch formale Überlegungen aufgedrängt werden. Und es scheint mir zweifellos, daß das Studium von vielen dieser Verallgemeinerungen zu sehr wichtigen Resultaten führen wird.

Wir haben im vorangehenden nur eine dieser Verallgemeinerungen, nämlich den durch die Anschauung nahegelegten Begriff des *höherstufigen* Zusammenhanges betrachtet und in eine wichtige Beziehung zum Dimensionsbegriff gesetzt. Eine zweite Verallgemeinerung des Zusammenhangsbegriffes, der Begriff des *mehrpunktigen* Zusammenhanges, hat sich von großer Wichtigkeit für die Kurventheorie erwiesen (vgl. meine Arbeit Fund. Math. *10*, S. 100). Es sei hier nun noch auf eine dritte Möglichkeit der Verallgemeinerung des Zusammenhangsbegriffes hingewiesen. Den bisher untersuchten Begriffen des Zusammenhanges und Getrenntseins liegt die Betrachtung einer Zerspaltung des Raumes in *zwei* Summanden zugrunde. Man könnte nun auch Zerspaltungen in *mehrere* Summanden untersuchen und zur Grundlage einer Theorie des Zusammenhängens eines Raumes zwischen mehreren Mengen und des Getrenntseins mehrerer Mengen durch andere machen, worauf sich die Theorie eines *höhergradigen* Zusammenhanges gründen ließe. Ein Raum heißt zusammenhängend zwischen zwei fremden abgeschlossenen nichtleeren Teilmengen A und B, wenn bei jeder Zerlegung von R in zwei abgeschlossene Summanden, von denen der eine A und der andere B enthält, der Durchschnitt der beiden Summanden nichtleer ist. Entsprechend könnte man nun von einem Raum sagen, er sei zusammenhängend zwischen den drei abgeschlossenen Mengen A, B, C, die paarweise nichtleere, aber zu dritt einen leeren Durchschnitt haben, wenn bei jeder Zerlegung des Raumes in drei abgeschlossene Summanden, von denen der eine A, der andere B, der dritte C enthält, der Durchschnitt der drei Summanden nichtleer ist. Die Eigenschaft, zwischen zwei fremden abgeschlossenen Mengen zusammenhängend zu sein, kommt, wie man leicht einsieht, wenn sie jeder Menge einer monoton abnehmenden Folge von kompakten Mengen zukommt, auch dem Durchschnitt der Folge zu, was nach dem Reduktionssatz zur Folge hat, daß ein kompakter Raum, der zwischen den beiden abgeschlossenen Mengen A und B zusammenhängend ist, eine Teilmenge enthält, die hinsichtlich der Eigenschaften, abgeschlossen und zwischen A und B zusammenhängend zu sein, irreduzibel ist. Insbesondere enthält also jedes Kontinuum zu je zwei seiner Punkte ein zwischen ihnen irreduzibles Kontinuum. Ganz in derselben Weise läßt sich zeigen, daß ein zwischen drei Mengen A, B, C zusammenhängender kompakter Raum eine Teilmenge enthält, die hinsichtlich der Eigenschaften, abgeschlossen und zwischen A, B, C zusammenhängend zu sein, irreduzibel ist. Es ist klar, wie diese Begriffsbildungen für beliebiges n zu verallgemeinern sind. Diese Verallgemeinerung wird durch formale Betrachtungen nahegelegt. Es stellt sich aber hinterher auch eine sehr anschauliche Bedeutung dieser Begriffsbildungen heraus: Ihre Beziehungen zu dem (in der Funktionentheorie vielverwendeten) Begriff des mehrfachen Zusammenhanges liegen ja auf der Hand.

Was man nun von einer systematischen Untersuchung dieser und ähnlicher Verallgemeinerungen des Zusammenhangsbegriffes vor allem erwarten kann, ist eine Lösung des außerordentlich wichtigen Problems einer *topologischen Charakterisierung des n-dimensionalen Simplexes.* Wir haben im vorigen Kapitel eine topologische Kennzeichnung der *Teilmengen* der endlichdimensionalen Simplexe kennen gelernt. Damit ein separabler Raum mit einer Teilmenge eines endlichdimensionalen Simplexes homöomorph sei, ist notwendig und hinreichend, daß er eine endliche Dimension im Sinne der in diesem Buch entwickelten Dimensionstheorie besitzt. Gestaltliche Bedingungen, welche notwendig und hinreichend dafür sind, daß ein Raum mit einem endlichdimensionalen *Simplex selbst* homöomorph sei, sind bisher unbekannt. Bloß für das ein- und zweidimensionale Simplex sind charakteristische gestaltliche Eigenschaften bekannt. Eine sehr elegante topologische Kennzeichnung der Strecke (vgl. Lennes, Am. Journ. *33*, 1911, S. 303) lautet: Jeder zwischen zwei Punkten zusammenhängende und hinsichtlich dieser Eigenschaft irreduzible kompakte Raum ist mit einer Strecke homöomorph. Es ist mit Sicherheit anzunehmen, daß Verallgemeinerungen des Zusammenhangsbegriffes in der oben angedeuteten Art zu einer entsprechenden topologischen Kennzeichnung des n-dimensionalen Simplexes durch Irreduzibilität hinsichtlich gewisser Zusammenhangseigenschaften führen. Neben dieser Kennzeichnung der Strecke durch irreduziblen Zusammenhang gibt es noch Kennzeichnungen, die sich auf den Zusammenhang im kleinen berufen. Auch diese Charakterisierungen dürften als Spezialfälle in allgemeinen Kennzeichnungen des n-dimensionalen Simplexes enthalten sein, in welche die Begriffe des höherstufigen und höhergradigen Zusammenhanges im kleinen eingehen.

Ein sehr wichtiges ungelöstes Problem der Dimensionstheorie ist die Frage nach dem *Produktsatz*, d. h. die Frage, ob das Produkt eines m-dimensionalen und eines n-dimensionalen Raumes stets $(m + n)$-dimensional ist. Daß ein solcher Produktraum höchstens $(m + n)$-dimensional ist, läßt sich, wie wir (S. 248) sahen, ganz so beweisen wie die Tatsache, daß der R_n höchstens n-dimensional ist. Es wäre sehr wichtig, wenn man auch den Beweis der Tatsache, daß der R_n mindestens n-dimensional ist, zu einem Beweise des Satzes ausgestalten könnte, daß das Produkt eines m-dimensionalen und eines n-dimensionalen Raumes mindestens $(m + n)$-dimensional ist. Zumindest unter der Voraussetzung der Kompaktheit der Faktorräume ist die Gültigkeit dieser Behauptung, also die Gültigkeit des Produktsatzes, sehr wahrscheinlich. Verallgemeinerungen des Zusammenhangsbegriffes in der Art des höherstufigen und höhergradigen Zusammenhanges dürften als Hilfsbegriffe beim Beweise dieses Satzes eine Rolle spielen.

Was die *Einbettungsprobleme* betrifft, so ist vor allem die (vermutlich übrigens mehr kombinatorische als mengentheoretische) Frage naheliegend, welches die kleinste Zahl m ist, für die alle n-dimensionalen separabeln Räume mit Teilmengen des R_m homöomorph sind. Ist die Schranke $m = 2n + 1$ scharf und existieren für jede Zahl k, die der Ungleichung $n + 1 \leq k \leq 2n + 1$ genügt, n-dimensionale Räume (und vielleicht schon n-dimensionale Komplexe), die in den R_k, aber nicht in den R_{k-1} einbettbar sind?

Ein weiteres Problem aus dem Kreise der Einbettungssätze betrifft die *n-dimensionalen Universalräume.* Es bezeichne E_n einen n-dimensionalen Würfel der Kantenlänge 1. Wir teilen ihn in 3^n homothetische Teilwürfel der Kantenlänge $\frac{1}{3}$. Es sei nun k eine natürliche Zahl, welche der Ungleichung $1 \leq k \leq n$ genügt. Wir tilgen aus E_n von den 3^n Teilwürfeln den innersten, d. h. jenen, der den Mittelpunkt von E_n enthält, und alle jene, welche mit dem innersten Teilwürfel einen mindestens k-dimensionalen Durchschnitt haben. (Im Falle $k = n$ wird also bloß der innerste Teilwürfel getilgt, im Falle $n = 1$ werden bloß jene 2^n Teilwürfel nicht getilgt, die mit dem innersten Teilpunkt einen Eckpunkt gemein haben.) Zu den nichtgetilgten Würfeln nehmen wir jene Punkte der Begrenzung, die durch die Tilgungen entfernt wurden, wieder hinzu und erhalten so ein gewisses System von abgeschlossenen n-dimensionalen Würfeln der Kantenlänge $\frac{1}{3}$. Jeden derselben unterwerfen wir wieder einer Unterteilung in 3^n homothetische Teilwürfel (der Kantenlänge $\frac{1}{9}$), von denen wir den innersten und diejenigen, welche mit dem innersten einen mindestens k-dimensionalen Durchschnitt haben, tilgen. Dieses Verfahren setzen wir ad infinitum fort. Die Menge, welche so entsteht, bezeichnen wir mit E_n^{k-1}. (Die Menge E_1^0 ist offenbar das Diskontinuum.) Man bestätigt leicht, daß für jedes n und jedes k die Menge E_n^{k-1} ein $(k-1)$-dimensionales im kleinen zusammenhängendes Kontinuum ist. Es gilt nun der Satz, daß jede Teilkurve der Ebene (d. h. jedes nirgendsdichte ebene Kontinuum) mit einer Teilmenge von E_2^1 homöomorph ist (Sierpiński, C. R. *162*, S. 629), und allgemeiner, daß die Menge E_2^1 zu jeder (auch nichtabgeschlossenen) höchstens eindimensionalen Teilmenge der Ebene eine homöomorphe Teilmenge enthält (vgl. meine Abhandlung Fund. Math. *10*, S. 106). Ferner gilt das Theorem, daß jeder eindimensionale separable Raum mit einer Teilmenge der Menge E_3^1 homöomorph ist (vgl. meine Note Proc. Acad. Amsterdam *29*, S. 1125), so daß also die Menge E_3^1 als eindimensionaler Universalraum bezeichnet werden kann, ebenso wie das Diskontinuum E_1^0 ein nulldimensionaler Universalraum ist (vgl. S. 288f.). Ich halte es nun für außerordentlich wahrscheinlich, daß für jedes n und jedes k jede höchstens k-dimensionale Teilmenge des R_n mit einer Teilmenge der Menge E_n^k homöomorph ist und daß mithin die Menge E_{2k+1}^k zu jedem höchstens k-dimensionalen separabeln Raum eine homöomorphe Teilmenge enthält, also als *k-dimensionaler Universalraum* bezeichnet werden kann. —

Wir haben uns im vorliegenden Buch fast ausschließlich mit endlichdimensionalen Räumen beschäftigt. Eine systematische Behandlung der *unendlichdimensionalen* Räume und Mengen steht noch aus und wird sicher interessante Resultate ergeben. Es sei hier insbesondere auf drei Klassen von unendlichdimensionalen Räumen hingewiesen, welche nähere Beachtung verdienen. Erstens jene Räume, denen sich als Dimension eine *Ordinalzahl der zweiten Zahlenklasse* zuordnen läßt, indem man die Dimensionsdefinition wörtlich ins Transfinite fortsetzt durch die Festsetzung: Ein Raum R besitzt die Dimension α, wenn α die kleinste Ordinalzahl ist, so daß jeder Punkt von R in beliebig kleinen Umgebungen enthalten ist, deren Begrenzungen weniger als α-dimensional sind. (-1)-dimensional ist die leere Menge und nur diese. Zweitens sind von Interesse jene Räume, welche unendlichdimensional, aber *Summe von abzählbarvielen endlichdimensio-*

nalen, also von abzählbarvielen nulldimensionalen *Räumen* sind. Drittens endlich jene Räume, welche *Produkt von abzählbarvielen endlichdimensionalen Räumen* sind und die Teilmengen dieser Räume. Das Produkt abzählbarvieler separabler Räume ist nicht notwendig ein separabler Raum, denn schon der R_ω, das Produkt abzählbarvieler Strecken, ist kein separabler Raum, da er, wie man leicht bestätigt, kleine abzählbare dichte Teilmengen enthält. Gerade in dieser Richtung liegen aber vielleicht Verallgemeinerungen des Raumbegriffes, die noch von einer gewissen Fruchtbarkeit sind. Denn die Beschreibbarkeit mit abzählbarvielen Koordinaten verbürgt eine gewisse geometrische Anschaulichkeit. —

Der Gegenstand mehrerer noch gar nicht behandelter Fragen sind die Beziehungen zwischen den Begriffen von *Dimension und Maß.* Ihre Beantwortung würde eine Verknüpfung der beiden wichtigsten Mengenfunktionen, der diskreten Dimension und des kontinuierlichen Maßes, herstellen. In diesem Buch haben wir keinerlei Fragen, die mit dem Messen zusammenhängen, behandelt. Ihre zusammenfassende Darstellung bleibe einer anderen Gelegenheit vorbehalten. (Man vergleiche inzwischen meine Untersuchungen über allgemeine Metrik, Math. Annalen *100.*)

Ein rein dimensionstheoretisches Problem entspringt dem Vergleich der Dimensionstheorie mit der Lebesgueschen Maßtheorie in methodischer Hinsicht. In der letzteren Theorie wird aus einigen einfachen Forderungen an den Bereich der meßbaren Mengen und an die Maßfunktion eine Definition von Meßbarkeit und Maß zwangsläufig hergeleitet. Das analoge Problem ist für die Dimensionstheorie noch ungelöst. Es besteht in der Aufstellung einiger einfacher *Forderungen* an eine für alle Teilmengen des Raumes definierte Funktion, welche notwendig und hinreichend dafür sind, daß die Funktion mit der Dimension der Mengen übereinstimmt (vgl. meine Ausführungen im Jahresber. d. Deutsch. Math.-Ver. *35,* S. 147 f. und den Hinweis auf Alexandroff daselbst). Notwendig, aber natürlich bei weitem nicht hinreichend sind beispielsweise die beiden folgenden Bedingungen: Die Dimension ist für alle nichtleeren Mengen eine nichtnegative Zahl oder unendlich. Die Dimension des Teiles ist niemals größer als die des Ganzen. Zumindest hinsichtlich der *kompakten* Räume und ihrer abgeschlossenen Teilmengen dürfte sich ein System von einfachen Postulaten, welches zwangsläufig auf die Präzisierung der anschaulichen Dimensionsvorstellung führt, wohl aufstellen lassen.

Nun wird in der Maßtheorie die Zuordnung eines Maßes auf eine spezielle Klasse von Mengen, auf die *meßbaren* Mengen, eingeschränkt, während in der Dimensionstheorie *jedem* separabeln Raum und *jeder beliebigen* Teilmenge eines separabeln Raumes eine Dimension zugeordnet wird. Dafür allerdings ist für die nichtkompakten Räume und die nichtabgeschlossenen Teilmengen kompakter Räume das Problem einer zwangsläufigen Herleitung des Dimensionsbegriffes aus Forderungen wohl nicht eindeutig lösbar. Es hängt dies damit zusammen, daß diese nichtabgeschlossenen Gebilde vielfach der Erfahrung und der gewöhnlichen Anschauung entrückt sind, und daher, insbesondere auch was den Gebrauch des Wortes Dimension betrifft, zur schwebenden Klasse von Dingen (vgl. S. 74) gehören. Für gewisse von diesen Gebilden, welche ja ganz merkwürdige Singularitäten aufweisen, wäre eine übereinstimmende Antwort auf die Frage nach ihrer Dimension wohl nicht zu erzielen. Wir haben beispielsweise vier Klassen von verstreuten Mengen kennen gelernt, die diskontinuierlichen, die zusammenhangslosen, die total zusammenhangslosen und die nulldimensionalen. Die Dimensionstheorie definiert die höherdimensionalen Gebilde ausgehend von den nulldimensionalen. Anschaulich möglich ist es aber auch, eine der drei anderen Klassen von verstreuten Mengen als die Klasse der nulldimensionalen Gebilde zu bezeichnen und ausgehend von diesen Gebilden rekursiv zu den höherdimensionalen aufzusteigen. Anschaulich möglich ist dies deshalb, weil unter den abgeschlossenen Teilmengen kompakter Räume die vier Klassen von verstreuten Mengen zusammenfallen und daher hinsichtlich der anschaulich am meisten zugänglichen Gebilde jede dieser drei verschiedenen Dimensionsdefinitionen mit der unseren äquivalent wird.

Jede Festlegung auf eine bestimmte Dimensionsdefinition, sei es auf die, welche in diesem Buch zum Ausgangspunkt einer Theorie gemacht wurde, sei es auf eine mit ihr für die abgeschlossenen Teilmengen kompakter Räume äquivalente, im übrigen aber nicht notwendig übereinstimmende (z. B. auf eine der drei erwähnten Definitionen, welche einen anderen Ausgangspunkt der Rekursion wählen), jede solche Festlegung ist also (im Einklang mit unseren allgemeinen Bemerkungen von S. 76) mit einem gewissen Maß von Willkür verbunden und kann ihre Rechtfertigung nur durch die Fruchtbarkeit und ästhetische Vollkommenheit der sich aus ihr ergebenden Theorie finden. Gerade in der letzten Hinsicht allerdings scheint die der Dimensionstheorie zugrundeliegende Definition gegenüber anderen ausgezeichnet zu sein. Das Zurückführen der Rekursion bis auf die leere Menge weist auf eine besondere innere Konsequenz der Definition hin, welche z. B. in der Formulierung des allgemeinen Zerlegungssatzes ihre Auswirkung findet. Diese Definition ist es, welche (in Analogie zur Forderung nach Permanenz der Rechengesetze bei Erweiterungen eines Zahlbereiches in der Arithmetik) in weitem Maße die Gültigkeit der für *abgeschlossene* Mengen bestehenden Beziehungen für *beliebige* Mengen gewährleistet, eine Permanenz, die nur an zwei Stellen durchbrochen ist: Das Theorem von der Struktur kompakter Räume (S. 128) und die Theoreme von den Beziehungen zwischen Dimension und Zusammenhang kompakter Räume (S. 209 u. 216) verlieren für beliebige separable Räume ihre allgemeine Gültigkeit. Hingegen sind der Summensatz, der Zerspaltungssatz, der Zerlegungssatz, die Einbettungssätze u. v. a. nicht nur für kompakte, sondern für beliebige separable Räume gültig. Insbesondere auch gilt der Satz von der Einbettbarkeit endlichdimensionaler separabler Räume in gleichdimensionale kompakte.

Sehen wir dagegen, wie es stünde, wenn man aus der anschaulich gleichfalls möglichen Definition D, welche von den diskontinuierlichen Mengen als den nulldimensionalen ihren Ausgang nimmt, eine Theorie entwickeln wollte. Der Summensatz bliebe gültig, der Zerspaltungssatz hingegen, daß jede n-dimensionale Menge Summe von $n + 1$ nulldimensionalen Mengen ist, wäre schon falsch; an seine Stelle würde folgende kompliziertere Aussage treten: Eine im Sinne der Definition D n-dimensionale Menge ist Summe von einer im Sinne der Definition D nulldimensionalen und von n im Sinne der Dimensionstheorie nulldimensionalen Menge. Komplizierter wäre die Formulierung des Zerlegungssatzes. Falsch (und ohne irgendein Analogon) wäre der Satz von der Einbettbarkeit endlichdimensionaler separabler Räume in gleichdimensionale kompakte, falsch das Theorem von der Charakterisierung der Teilmengen Cartesischer Räume. (Es gibt ja diskontinuierliche, also im Sinn der Definition D nulldimensionale Räume, welche im Sinne der Dimensionstheorie unendlichdimensional, also mit keiner Teilmenge eines Cartesischen Raumes homöomorph sind.)

Entsprechende Überlegungen lassen sich hinsichtlich anderer Definitionen anstellen, welche von der in diesem Buche entwickelten irgendwie abweichen, und weisen auf eine tiefe innere Berechtigung dieser Definition in ihrer vollen Allgemeinheit, für beliebige Teilmengen separabler Räume, hin.

Es sei zum Abschluß noch bemerkt, daß gleich der Dimension auf Grund des im vorangehenden entwickelten Prinzips der Betrachtung von Umgebungsbegrenzungen noch viele andere wichtige gestaltliche Eigenschaften der Raumgebilde definitorisch erfaßt werden können und daß die dimensionstheoretischen Methoden, vor allem die in diesem Buch entwickelten Methoden zur geeigneten Modifikation von Begrenzungen, wichtige Aussagen über die gestaltliche Struktur der Raumgebilde in vieler Hinsicht, nicht bloß hinsichtlich ihrer Dimension ermöglichen. Speziell für die Kurven und Flächen können der Dimensionstheorie parallellaufende Theorien entwickelt werden (vgl. meine Grundzüge einer Theorie der Kurven, Math. Ann. *95*, sowie die anknüpfenden Abhandlungen, Math. Ann. *96*, und Fund. Math. *10*), welche weiten Einblick in die gestaltlichen Eigenschaften und Zusammenhänge dieser niedrigstdimensionalen Gebilde gewähren. Die diesbezüglichen Ergebnisse sind so umfangreich, daß ihre Darstellung den Gegenstand eines eigenen Buches bilden wird.

Verzeichnis der zitierten Autoren.

Den Herren Dr. F. Frankl und cand. H. Hornich danke ich für ihre Hilfe beim Lesen der Korrekturen dieses Buches, Herrn Frankl insbesondere für seine wertvollen Bemerkungen zu den Seiten 43f., 164, 191. Der Verlagsbuchhandlung B. G. Teubner danke ich für ihr in mehrfacher Hinsicht bewiesenes großes Entgegenkommen.

Wien, im Sommer 1928. **K. M.**

Lehrbuch der abzählenden Methoden der Geometrie. Von Dr. *H. G. Zeuthen,* weil. Prof. a. d. Univ. Kopenhagen. Mit 38 Fig. [XII u. 394 S.] gr. 8. 1914. (TmL XXXIX.) Geh. ℛℳ 12.60, geb. ℛℳ 15.—

Seit Poncelets Aufstellung des Kontinuitätsprinzipes hat man in der Geometrie vielfach abzählende Methoden benutzt, um geometrische Ergebnisse, oft von großer Allgemeinheit, ohne Aufstellung und Behandlung algebraischer Gleichungen zu gewinnen. Das Buch hat den Zweck, die genannten Methoden in ihrer Gesamtheit darzustellen und ihre Anwendungen zu erläutern, so daß damit für jede — ganz einfache oder sehr allgemeine — geometrische Aufgabe die einfachsten Hilfsmittel zur Verfügung gestellt werden, und zwar in solcher Weise, daß mit der Auflösung der Aufgaben eine exakte Begründung der gewonnenen Ergebnisse verbunden wird.

Die nichteuklidische Geometrie. Historisch-kritische Darstellung ihrer Entwicklung. Von Dr. *R. Bonola,* weil. Prof. a. d. Univ. Bologna. Aut. deutsche Ausg. besorgt von Dr. *H. Liebmann,* Prof. a. d. Univ. Heidelberg. 3. Aufl. Mit 52 Fig. im Text. [VI u. 207 S.] 8. 1921. (WuH IV.) Geb. ℛℳ 5.60

Gibt eine Einführung in die Methoden und Ziele der nichteuklidischen Geometrie, die so elementar gehalten ist, daß auch der mathematisch weniger Vorgebildete den Ausführungen zu folgen vermag.

Nichteuklidische Geometrie in elementarer Behandlung. Von weil. Prof. Dr. *M. Simon.* Herausg. von Studienrat Dr. *K. Fladt,* Stuttgart. Mit 125 Fig. im Text u. 1 Titelbild. [XVIII u. 115 S.] gr. 8. 1925. (Zeitschrift für math. und naturw. Unterricht, Beiheft 10.) Geh. ℛℳ 8.—

Das Buch betrachtet es als seine Hauptaufgabe, den elementar-geometrischen, konstruktiven Standpunkt der Klassiker, ihrer Vorläufer und Nachfolger zur Geltung zu bringen. Die Darstellung schließt damit unmittelbar an die euklidische Schulgeometrie an, vertieft deren Stoff und ergänzt ihre Methodik, indem sie den Schulmathematiker befähigt, die Elementargeometrie von einem höheren Standpunkt aus kritisch zu überblicken.

Die vierte Dimension. Eine Einführung in das vergleichende Studium der verschiedenen Geometrien. Von Dr. *Hk. de Vries,* Prof. a. d. Univ. Amsterdam. Nach der 2. holländischen Ausgabe ins Deutsche übertragen von Frau Dr. *R. Struik.* Mit 35 Fig. im Text. [IX u. 167 S.] 8. 1926. (WuH XXIX.) Geb. ℛℳ 8.—

Die auf Grund der kürzlich erschienenen zweiten, vermehrten und verbesserten Auflage veranstaltete Übersetzung des Werkes wird vielfach willkommen sein, denn die Art und Weise, in der es die Grundgedanken und Elemente der euklidischen mehrdimensionalen sowie der nichteuklidischen Geometrien, speziell der hyperbolischen und elliptischen zu vermitteln weiß, entspricht dem Bedürfnis aller derer, die sich — insbesondere für das Studium der Mathematik wie der Physik — auf angenehmem Wege in diese Gebiete einführen lassen wollen.

Die natürliche Geometrie. Vier Vorträge. (Gehalten im Juli 1922 in Hamburg auf Einladung des Mathematischen Seminars der Hamburger Universität.) Von Dr. *J. Hjelmslev,* Prof. a. d. Univ. Kopenhagen. [36 S.] 8. 1923. (Abhandlungen a. d. Math. Seminar der Hamburger Univ., Einzelschriften 1. Heft.) Geh. ℛℳ 1.—

Über Analysis situs. Von Dr. *H. Tietze,* Prof. a. d. Univ. Erlangen. [32 S.] 8. 1923. (Abhandlungen a. d. Math. Seminar der Hamburger Univ., Einzelschriften 2. Heft). Geh. ℛℳ 1.—

Allgemeine Infinitesimalgeometrie und Erfahrung. Von Dr. *W. Wirtinger,* Prof. a. d. Univ. Wien. Mit einem Bildnis. [23 S.] 8. 1926. (Abhandlungen a. d. Math. Seminar d. Univ. Hamburg. Einzelschriften. 3. Heft.) Geh. ℛℳ 1.—

Vorlesungen über reelle Funktionen. Von Dr. *C. Carathéodory,* Prof. a. d. Univ. München. 2. Aufl. Mit 47 Fig. im Text. [X u. 718 S.] gr. 8. 1927. Geh. ℛℳ 27.—, geb. ℛℳ 29.—

„Es ist ein Werk aus einem Guß, das vieles Neue und Eigenartige enthält. Viele vom Verfasser eingeführte Begriffe und Ergebnisse werden zweifellos zum dauernden Besitz der Wissenschaft werden. Es ist ein wertvolles Geschenk, das uns Carathéodory mit diesem tief durchdachten Werk beschert hat."

(Jahrbuch über die Fortschritte der Mathematik.)

Verlag von B. G. Teubner in Leipzig und Berlin

MIX
Papier aus verantwortungsvollen Quellen
Paper from responsible sources
FSC® C105338
www.fsc.org

If you have any concerns about our products,
you can contact us on
ProductSafety@springernature.com

In case Publisher is established outside the EU,
the EU authorized representative is:
Springer Nature Customer Service Center GmbH
Europaplatz 3, 69115 Heidelberg, Germany

Printed by Libri Plureos GmbH
in Hamburg, Germany